Sprachsensibilität in Bildungsprozessen

Reihe herausgegeben von

Martin Butler, Institut für Anglistik, Universität Oldenburg, Oldenburg, Niedersachsen, Deutschland

Juliana Goschler, Carl von Ossietzky Universität, Oldenburg, Deutschland

Nanna Fuhrhop, Inst. f. Germanistik, Univ. Oldenburg, Oldenburg, Niedersachsen, Deutschland

Ira Diethelm, Computer Science Education, Carl von Ossietzky Universität, Oldenburg, Deutschland

Vera Busse, Universität Vechta, Vechta, Deutschland

Welche Rolle spielt Sprache in Bildungsprozessen? Dieser Frage widmen sich die in der Reihe erscheinenden Arbeiten, die die Bedingungen, Formen und Effekte sprachlichen Handelns in Bildungskontexten in den Blick nehmen. Die Reihe versteht sich als Ort zur Initiierung eines interdisziplinären Dialogs fachdidaktischer, bildungswissenschaftlicher und fachwissenschaftlicher Perspektiven auf diesen Gegenstandsbereich, trägt durch ihren fächerübergreifenden Charakter dessen Multidimensionalität Rechnung und leistet so einen Beitrag zur Entwicklung von Bausteinen einer kritisch-reflexiven Sprachsensibilität in Bildungsprozessen.

Juliana Goschler · Peter Rosenberg ·
Till Woerfel
(Hrsg.)

Empirische Zugänge zu Bildungssprache und bildungssprachlichen Kompetenzen

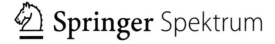 Springer Spektrum

Hrsg.
Juliana Goschler
Fakultät III – Sprach- und
Kulturwissenschaften, Institut für
Germanistik
Carl von Ossietzky Universität
Oldenburg
Oldenburg, Deutschland

Peter Rosenberg
Fakultät für Kulturwissenschaften
Europa-Universität Viadrina
Frankfurt (Oder), Deutschland

Till Woerfel
Sprache und Bildungssystem
Mercator-Institut für Sprachförderung
und Deutsch als Zweitsprache
Köln, Deutschland

ISSN 2524-8081   ISSN 2524-809X (electronic)
Sprachsensibilität in Bildungsprozessen
ISBN 978-3-658-43736-7   ISBN 978-3-658-43737-4 (eBook)
https://doi.org/10.1007/978-3-658-43737-4

Die Deutsche Nationalbibliothek verzeichnet diese Publikation in der Deutschen Nationalbibliografie; detaillierte bibliografische Daten sind im Internet über https://portal.dnb.de abrufbar.

Planung/Lektorat: Marija Kojic
Springer Spektrum ist ein Imprint der eingetragenen Gesellschaft Springer Fachmedien Wiesbaden GmbH und ist ein Teil von Springer Nature.
Die Anschrift der Gesellschaft ist: Abraham-Lincoln-Str. 46, 65189 Wiesbaden, Germany

Das Papier dieses Produkts ist recyclebar.

Inhaltsverzeichnis

Empirische Zugänge zu Bildungssprache und bildungssprachlichen Kompetenzen: Eine Einleitung

Juliana Goschler, Peter Rosenberg und Till Woerfel

Das Konzept der „Bildungssprache" hat die Diskussion um Chancengleichheit im deutschen Bildungssystem in den letzten zwanzig Jahren entscheidend geprägt und verändert. Dass Ingrid Gogolin, Hans-Joachim Roth und Ursula Neumann diesen schon seit fast zweihundert Jahren in verschiedenen Disziplinen und Kontexten (vgl. u. a. Habermas, 1978; Ickler, 1997; Scheler, 1969; Wienbarg, 1834) verwendeten Begriff im Rahmen des BLK-Programms „Förderung von Kindern und Jugendlichen mit Migrationshintergrund" (FörMiG) „als Vokabel eines neuen Verständnisses einer umfassenden sprachlichen Bildung" (Roth, 2015, S. 37) „neu gefunden" (ebd.) haben, hat entscheidende Impulse sowohl für die bildungspolitische als auch die wissenschaftliche Auseinandersetzung geliefert.

Zunächst einmal war dadurch ein gemeinsames „Vokabular" geschaffen, das den Diskurs zwischen Wissenschaft, Bildungspolitik- und -praxis mit Blick

J. Goschler (✉)
Institut für Germanistik, Carl von Ossietzky Universität Oldenburg, Oldenburg, Deutschland
E-Mail: juliana.goschler@uni-oldenburg.de

P. Rosenberg
Europa-Universität Viadrina, Frankfurt (Oder), Deutschland
E-Mail: rosenberg@europa-uni.de

T. Woerfel
Mercator-Institut für Sprachförderung und Deutsch als Zweitsprache, Universität zu Köln, Köln, Deutschland
E-Mail: till.woerfel@mercator.uni-koeln.de

© Der/die Autor(en), exklusiv lizenziert an Springer Fachmedien Wiesbaden GmbH, ein Teil von Springer Nature 2024
J. Goschler et al. (Hrsg.), *Empirische Zugänge zu Bildungssprache und bildungssprachlichen Kompetenzen,* Sprachsensibilität in Bildungsprozessen, https://doi.org/10.1007/978-3-658-43737-4_1

auf die Notwendigkeit und Umsetzung durchgängiger sprachlicher Bildung ermöglichte.

Zweitens war somit auch zwischen den verschiedenen Akteur/-innen im Bildungssystem ein differenzierter Blick auf die Sprachfähigkeiten mehrsprachig aufwachsender Kinder mit Deutsch als Zweitsprache möglich: Die vorher immer wieder geäußerte pauschale Annahme, diese würden die deutsche Sprache nicht oder nur schlecht beherrschen, schien ohnehin weder mit wissenschaftlichen Befunden zu mehrsprachigem Spracherwerb übereinzustimmen noch mit alltäglichen Beobachtungen von migrationsbedingt mehrsprachigen Kindern und Jugendlichen der zweiten und dritten Generation, die sich offensichtlich problemlos im deutschsprachigen Alltag behaupten konnten und können. Dass dies aber nicht unbedingt gleichbedeutend sein muss mit einer Beherrschung der im Bildungskontext notwendigen Register, war – so selbstverständlich dieser Befund uns heute erscheinen mag – ein entscheidender Punkt, der das Nachdenken über Mehrsprachigkeit und damit einhergehende sprachliche Heterogenität im deutschen Bildungssystem deutlich verändert hat.

Drittens war auch der Zusammenhang nicht nur zwischen Migrationshintergrund, sondern auch sozioökonomischem Status der Eltern und Bildungserfolg v. a. in den Sekundäranalysen von Bildungsvergleichsstudien besser erklärbar (z. B. Gresch, 2016; Haag et al., 2012; Lokhande, 2016; Stanat et al., 2010). Dass die Sprache der Bildungsinstitutionen nicht nur für mehrsprachig aufwachsende Kinder und Jugendliche eine Herausforderung darstellen kann, sondern für alle diejenigen, die wenig Kontakt mit der Sprache der gebildeten Mittelschicht und insbesondere schriftsprachlichen Erzeugnissen haben, eröffnete mehr als vorher die Möglichkeit, gedanklich nicht nur bei den individuellen sprachlichen Voraussetzungen von Schüler/-innen anzusetzen, sondern gleichzeitig die Sprache der Bildungsinstitutionen (insbesondere der Schulen) in den Blick zu nehmen und diese einerseits kritisch zu betrachten und andererseits darüber nachzudenken, wie diese Sprache eigentlich vermittelt werden könnte und müsste.

Das wiederum führte viertens dazu, dass die sprachwissenschaftliche Auseinandersetzung mit dem Register „Bildungssprache" vertieft wurde – auch über die Beschäftigung mit Fachsprachen hinaus. So wurde unter anderem vermehrt versucht, sprachliche Phänomene zu identifizieren, die als „typisch" für bildungssprachliche Kontexte gelten können. Inzwischen existieren eine Reihe von Merkmalslisten (z. B. Berendes et al., 2013: 26; Gogolin & Duarte, 2016: 489–490; Heppt, 2016: 33–35), die die Eigenschaften von Bildungssprache zu fassen versuchen. Immer wieder wurde und wird darauf hingewiesen, dass sich Bildungssprache unter anderem durch eine Häufung komplexer Strukturen wie

Komposita, attributive Erweiterungen von Nominalphrasen, Haupt- und Nebensatzgefüge, Passivsätze und andere komplexe Strukturen auszeichne. Dies wurde vielfach beispielhaft gezeigt und belegt – dennoch fehlt es weiterhin an vielen Stellen an systematischeren und auch quantitativen Untersuchungen, die der Frage nachgehen, ob und gegebenenfalls wie stark sich Sprache in Bildungskontexten durch einzelne oder durch die Häufung verschiedener dieser Merkmale tatsächlich von anderen sprachlichen Registern unterscheidet. Lässt sich „Bildungssprache" also durch das Vorkommen oder die Häufigkeit spezifischer sprachlicher Formen charakterisieren?

Es ist jedoch auch schon von verschiedenen Forscher/-innen, insbesondere aus sprachdidaktischer Perspektive, darauf hingewiesen worden, dass diese zum Teil sehr starke Formfokussierung dem Phänomen „Bildungssprache" nicht gerecht werde und dass sich Bildungssprache – und vor allem bildungssprachliches Handeln – angemessener durch seine Funktionen bestimmen lasse. So lassen sich die von Feilke (2014) beschriebenen „Textprozeduren" auffassen, die eine Art sprachliche Handlungsmuster sind, mit denen bestimmte Funktionen verknüpft sind. Die von Steinhoff (2019) vorgeschlagene Charakterisierung bildungssprachlicher Kompetenz geht in eine ähnliche Richtung, indem er (neben epistemischen und sozialsymbolischen Aspekten) sprachliche Handlungsmuster und Praktiken als Teil bildungssprachlicher Kompetenz auffasst. Das bedeutet für die Vermittlung, dass diese keinesfalls allein an sprachlichen Formen festgemacht werden darf, sondern dass es um das Erlernen domänenspezifischer Praktiken geht, die auch immer einem bestimmten Zweck dienen.

Auch der von Pohl (2016) eingeführte Begriff der Epistemisierung zielt darauf ab, besonders die Funktion sprachlicher Strukturen zu fokussieren, die eine sprachliche Darstellung und eine kognitive Konzeptualisierung ermöglichen, „bei der erkanntes Wissen zusehends aus dem unmittelbar persönlichen Erlebnisraum des erkennenden Individuums heraustritt und mehr und mehr zu einem von konkreten Situationen in der Welt abstrahierten, unter bestimmten, für das Erkennen besonders relevanten Aspekten systematisierten sowie intersubjektiv ausgehandelten Wissen wird" (Pohl, 2016: 55). Hier wird also die formale Betrachtung von Sprache um eine funktionale Perspektive erweitert, die ausdrücklich auch den Bereich der Kognition umfasst.

Aber auch diese theoretisch breiteren Zugänge, die nicht nur grammatische und lexikalische Eigenheiten von Sprache in Bildungskontexten fokussieren, sondern deutlich stärker auch Lernende und Lehrende und deren Intentionen und Fähigkeiten sowie interaktionale Aspekte sprachlichen Handelns in den Blick nehmen, werfen eine Reihe von Fragen auf, die weiterhin empirisch untersucht werden müssen.

Es ist also klar, dass sowohl der Begriff als auch das Konstrukt „Bildungssprache" aus theoretischer Sicht kritisch, zumindest aber differenziert betrachtet werden sollte. Als Ausgangspunkt für eine vertiefte Beschäftigung scheint er sich dennoch zu eignen. Denn ob man den Begriff „Bildungssprache" kategorisch ablehnt, ihm punktuell kritisch gegenübersteht oder ihn als Annäherung an das Phänomen von Registerspezifika in Bildungskontexten akzeptiert, spielt eine eher untergeordnete Rolle für die Beobachtung, dass sowohl aus sprachwissenschaftlicher als auch aus sprachdidaktischer Sicht die Beschreibung von Sprache und sprachlichen Handlungen in Bildungskontexten und die Bestimmung von sprachlichen Kompetenzen empirisch noch lückenhaft ist. Der formfokussierten Betrachtung fehlt es vielfach an empirisch gesicherten Erkenntnissen darüber, wie häufig bestimmte Formen tatsächlich sind und inwiefern dies auch von unterschiedlicher Medialität (mündlich/schriftlich), Konzeption (konzeptionell schriftlich/konzeptionell mündlich), Textsorte (z. B. Lehrendenvortrag, Lehrtext, Fachvortrag, Fachgespräch, Fachtext, Protokoll, Bericht usw.), Fach und Fachkultur, Zielgruppe (z. B. Schüler/-innen bestimmter Jahrgangsstufen und Schulformen, erwachsenes Laienpublikum, Fachleute anderer Fächer usw.) abhängt. Die funktionale Sicht auf „Bildungssprache" ist häufig noch stark theoretisch geprägt und bisher ebenfalls nur punktuell durch empirische Untersuchungen von sprachlichen Varianten und Handlungsmustern untermauert – welche durch die höhere Komplexität der zugrunde liegenden theoretischen Konzepte möglicherweise auch schwieriger umsetzbar sind.

Schließlich fehlt an vielen Stellen die empirische Grundlage dafür, „typische" bildungssprachliche Formen und/oder Funktionen oder auch bestimmte sprachliche Handlungen als tatsächlich „schwierig" einzustufen. Dies beruht vielmehr häufig auf Plausibilitätsurteilen. Ebenso vage bleibt vielfach, für welche Gruppen von Sprecher/-innen bestimmte Strukturen tatsächlich schwierig(er) sind und welche diese mehr oder weniger problemlos beherrschen. An dieser Stelle werden zum Beispiel Sprecher/-innen des Deutschen als Fremdsprache oder Zweitsprache häufig als diejenigen genannt, die mit diesen Strukturen Schwierigkeiten haben könnten – eine pauschale Vorannahme, die man eigentlich am Anfang der Debatte über „Bildungssprache" gerade vermeiden wollte.

Es stellen sich deshalb aus unserer Sicht weiterhin viele Fragen, denen man in der Forschung nachgehen sollte und muss. Das betrifft zum einen die Eigenschaften des Konstrukts „Bildungssprache":

Welche Eigenschaften von Bildungssprache unterscheiden diese tatsächlich signifikant von anderen Registern? Welche sprachlichen Phänomene sind kennzeichnend für Bildungssprache? Davon ausgehend, dass „Bildungssprache" aber sicher kein in sich homogenes Register ist, stellen sich darüber hinaus die Fragen, welche Faktoren dabei eine Rolle spielen, wie sich verschiedene Instanzen von bildungssprachlichem Sprachgebrauch voneinander abgrenzen lassen, wie sich beispielsweise gesprochene Sprache im Unterricht von geschriebenen Texten zu Lehrzwecken unterscheidet, ob und wie sich Sprache im Unterricht abhängig vom Alter der Schüler/-innen verändert und wie sich die Sprache verschiedener (Unterrichts-)fächer voneinander unterscheidet.

Zum anderen wissen wir immer noch deutlich zu wenig über die tatsächlichen sprachlichen Kompetenzen von Lernenden. Was beherrschen diese, was fällt ihnen tatsächlich schwer? Wie entwickeln sich diese Kompetenzen? Unterscheiden sich dabei verschiedene Gruppen von Lernenden systematisch voneinander – z. B. neu zugewanderte Schüler/-innen, mehrsprachig aufwachsende Schüler/-innen, Schüler/-innen mit „bildungsfernem" familiären Hintergrund – oder sind die Unterschiede zu individuell, um Aussagen über bestimmte Gruppen treffen zu können? Kurz gesagt: Was ist tatsächlich schwierig und für wen? Und wie kann dies in der empirischen Forschung einerseits und in der (schulischen) Praxis andererseits überprüft werden? Diese Fragen sind auch für die aktuelle und zukünftige Entwicklung von Tools zwingend notwendig, die Lehrkräfte bei der Diagnostik und Bedarfsanalyse (im Sinne des Scaffoldings) unterstützen können, etwa um bildungssprachliche Hürden in Lernmaterialien zu erkennen und Entlastungen vorzuschlagen (vgl. Weiss et al., 2018, 2023).

Schließlich scheint es uns unerlässlich, auch den Kenntnisstand von Lehrenden in den Blick zu nehmen. Denn der Begriff „Bildungssprache" mag inzwischen zumindest als Schlagwort den meisten Lehrenden an Schulen und Universitäten bekannt sein, aber welche Vorstellungen sowohl über Sprache als auch über Lernende verbinden sie damit? Wie kann man die Kenntnisse effektiv erweitern und Lehrende zu einem kompetenten, reflektierten und professionellen Umgang mit Sprache befähigen? Eignen sich bisherige Formate der universitären Vorbereitung, oder bleiben bestimmte Aspekte von Bildungssprache und bildungssprachlichen Kompetenzen bei den (zukünftigen) Lehrer/-innen weiterhin ausgeblendet oder zu wenig fokussiert?

All diese Fragen sind unserer Ansicht nach empirische Fragen. Keineswegs endgültig geklärt ist bisher, mit welchen empirischen Methoden man sich diesen Fragen am sinnvollsten nähern kann. Deshalb werden auch methodische Überlegungen diesen Band durchziehen: Wie lassen sich formale Eigenschaften von Sprache in Bildungskontexten mittels korpuslinguistischer Untersuchungen bestimmen? Welche qualitativen und quantitativen Verfahren eignen sich, um bildungssprachliche Kompetenzen und deren Entwicklung (und auch Defizite) empirisch genauer zu bestimmen? Welche Rolle können Testverfahren spielen und wie müssen sie konstruiert sein? Wie lassen sich psycholinguistische

Methoden einsetzen, um die „Schwierigkeit" sprachlicher Strukturen zu erfassen? Welche sprachlichen Hilfen, die Lernenden den Zugang zu fachsprachlichen Texten erleichtern, sind tatsächlich effektiv? Und mit welchen Verfahren können das Wissen, die Vorstellungen und Strategien von angehenden und aktiven Lehrkräften zum Umgang mit Fach- und Bildungssprache in sprachlich heterogenen Klassen und Lerngruppen genauer erfasst und überprüft werden?

Die in diesem Band versammelten Aufsätze widmen sich den oben genannten Fragen aus verschiedenen Perspektiven. Die Aufsätze von Cordula Meißner, Madeleine Domenech und Elisabeth Mundt sowie Katrin Kleinschmidt-Schinke und Juliana Goschler haben spezifische *formale Eigenschaften von „Bildungssprache"* im Blick und benutzen dafür verschiedene Korpora als Datengrundlage.

Cordula Meißners Aufsatz „Mündlicher Wortschatzgebrauch im Registervergleich. Ein Beitrag zur Bildungsspracheforschung aus korpusbasierter Perspektive" präsentiert die Ergebnisse eines (explorativen) korpusbasierten Registervergleichs der Charakteristika des Wortschatzes in mündlicher Unterrichtskommunikation. Dabei wird der Wortschatz in der mündlichen Unterrichtskommunikation dem in privaten, interprofessionellen, öffentlichen und akademischen kommunikativen Kontexten gegenübergestellt. Dadurch können besondere lexikalische Eigenschaften mündlicher Unterrichtskommunikation herausgearbeitet werden. Der Aufsatz schließt somit an die Frage nach den spezifischen Eigenschaften von „Bildungssprache" (hier in Form von Unterrichtsdiskurs) im Unterschied zu anderen Kommunikationskontexten an und zeigt außerdem exemplarisch, wie Fragen dieser Art korpuslinguistisch untersucht werden können.

Madeleine Domenech und Elisabeth Mundt untersuchen ein Korpus elizitierter persuasiver Briefe von Schüler/-innen der 5. Jahrgangsstufe auf den Gebrauch von argumentativen Konnektoren. Sie zeigen, welche Konnektoren wie häufig eingesetzt werden, wie viele und welche argumentativen Konnektoren verwendet werden und ob dabei Unterschiede im Konnektorengebrauch von Schüler/-innen an Hauptschulen und Gymnasien bestehen. Darüber hinaus werden auch die Textstrukturen darauf hin untersucht, ob Anzahl, Dichte und Breite des Konnektorengebrauchs mit der kommunikativen Vielfalt von Argumentationsstrategien einhergehen und inwiefern sich Bezüge zwischen der Verwendung von Konnektoren einzelner semantischer Gruppen und der Nutzung spezifischer Argumentationsstrategien zeigen lassen. Damit werden zwei Aspekte bildungssprachlicher Kompetenzen – nämlich argumentative Kompetenzen auf der funktionalen und der Gebrauch entsprechender sprachlicher Formen, hier argumentative Konnektoren – auf ihr Vorhandensein bei einer bestimmten Gruppe von Lernenden und auf die Verbindung von Form und Funktion fokussiert. Darüber hinaus zeigt der Aufsatz auch, wie die Untersuchung dieser Verbindung auf der Basis elizitierter Daten in Verbindung mit quantitativen korpuslinguistischen Methoden möglich ist.

Katrin Kleinschmidt-Schinke und Juliana Goschler widmen sich dem Phänomen der komplexen Nominalphrasen, die in ihrer informationsverdichtenden Funktion häufig als typisch „bildungssprachlich" bezeichnet werden. In einem Vergleich von mündlichem und schriftlichem Unterrichtsdiskurs (in Form eines Korpus aus mündlichen Äußerungen von Lehrkräften und schriftlichen Vermittlungstexten) jeweils für unterschiedliche Jahrgangsstufen kann gezeigt werden, dass Nominalphrasen in geschriebener Sprache komplexer sind als in gesprochener, dass aber auch mit dem Alter der angesprochenen Schüler/-innen jeweils die Komplexität steigt, und zwar durch das immer häufigere Auftreten bestimmter Attributarten sowie die steigende Tendenz zur mehrfachen syntaktischen Einbettung. Auch dieser Aufsatz verbindet die Frage nach Charakteristika von wissensvermittelnder Sprache mit der Frage, wie diese trotz der Schwierigkeit, an größere Mengen geeigneter Korpusdaten (insbesondere gesprochener Unterrichtssprache) zu kommen, und trotz der Grenzen der automatisierten Analyse zumindest hypothesenbildend empirisch untersucht werden können.

Die Beiträge von Andrea Drynda, Doreen Bryant und Benjamin Siegmund, Anja Müller, Katharina Weider und Valentina Cristante und Mareike Fuhlrott beschäftigen sich mit dem *Erlernen bildungssprachlicher Strukturen.*

Andrea Drynda untersucht in ihrem Beitrag zwei neu zugewanderte Schülerinnen, sogenannte Seiteneinsteigerinnen in das deutsche Bildungssystem, über einen Zeitraum von knapp einem Jahr hinweg, in dem diese eine Sprachlernklasse besuchten. Die Analyse von jeweils am Anfang und am Ende dieses Zeitraums verfassten Texten zeigt bestimmte Aspekte des Sprachausbaus auf, die die Grundlage für den Umgang mit den insbesondere in höheren Klassenstufen geforderten sprachlichen Fähigkeiten bilden. Der Aufsatz zeigt beispielhaft, wie longitudinale Daten qualitativ untersucht werden können, um erste Erwerbsschritte nachzeichnen und charakterisieren zu können.

Doreen Bryant und Benjamin Siegmund gehen einer in allen Merkmalslisten typisch bildungssprachlicher Formen auftauchenden Konstruktion nach: dem Passiv. Zunächst erörtern sie aus funktionaler Perspektive das Verhältnis von Passiv und Aktiv und betonen, dass das Passiv verschiedene semantische und informationsstrukturelle Funktionen erfüllen kann. In der sich anschließenden

Diskussion der schulischen Erwartungen an Verständnis und Produktion des Passivs (beispielhaft in den Fächern Deutsch und Geographie) arbeiten Bryant und Siegmund den widersprüchlichen Umgang mit dem Passiv in schulischen Kontexten heraus: Einerseits würden Form und Funktion kaum oder erst sehr spät explizit thematisiert, andererseits enthielten Lehrtexte der Sekundarstufe eine Fülle von Passivkonstruktionen. Schließlich wird die Frage nach der tatsächlichen Schwierigkeit des Passivs gestellt, indem empirische Studien zum rezeptiven und produktiven Erwerb dieser Konstruktion im (Vor-)Schulalter diskutiert werden. Die Ergebnisse weisen darauf hin, dass das Verständnis des Passivs bei den meisten Kindern bereits in der ersten Klasse problemlos ist, aber bestimmte Aspekte des Passivs erst im Laufe der Schulzeit mit größerer Sicherheit beherrscht werden, u. a. Passivsätze, in denen ein Agens realisiert ist, und die angemessene eigene Verwendung in entsprechenden Textsorten und Genres. Der Aufsatz liefert damit differenzierte Ergebnisse zum Passiv in bildungssprachlichen Kontexten und zeigt auf, welche Widersprüche es in den gängigen Darstellungen noch gibt und wie diese mittels empirischer Forschung ausgeräumt werden könnten.

Anja Müller, Katharina Weider und Valentina Cristante beschäftigen sich mit dem Wortlernen beim Lesen von Sachtexten. Dabei wird untersucht, ob die Textaufbereitung einen Einfluss auf den Erwerb neuer Wörter hat und welche Art der Textaufbereitung das Erlernen neuer Wörter am besten unterstützt. Dazu wurde ein Experiment zum Fast Mapping (also dem Erlernen neuer Wörter durch ein- oder zweimalige Darbietung des Wortes im Kontext) durchgeführt, in dem die Einführung von neuen Fachbegriffen im Vergleich zum Originaltext durch Hervorhebungen und durch zusätzliche Erläuterungen variiert wurde. Die Ergebnisse zeigen, dass Schüler/-innen tatsächlich neue Wörter mit ihren Bedeutungen durch das Lesen von Sachtexten erlernen können, dass sie aber signifikant besser abschneiden, wenn neue Wörter in einer Art „Infobox" gesondert erklärt werden. Die bloße Markierung von neuen Wörtern durch Fettdruck ist deutlich weniger hilfreich und zeigt nur bei der Reproduktion der Wörter durch die Schüler/-innen einen signifikanten Einfluss. Diese Ergebnisse erweitern die Erkenntnisse zum Verständnis des Erwerbs bildungs- und fachsprachlichen Wortschatzes und zum Effekt niedrigschwelliger (da lediglich ergänzender) Aufbereitungen von Lehrtexten, die ja in vielen Handreichungen und Ratgebern empfohlen und auch in vielen Lehrwerken bereits umgesetzt werden. Außerdem leistet der Aufsatz einen wichtigen methodischen Beitrag zu der Diskussion um die optimale Gestaltung „sprachsensibler" Lehrmaterialien, da die Autor/-innen beispielhaft zeigen, wie solche Gestaltungsoptionen mit experimentellen Methoden überprüft werden können.

Mareike Fuhlrott stellt in ihrem Beitrag die Frage, ob eine schreibfördernde Optimierung von Aufgaben das sprachliche und damit auch das fachliche Lernen fördern kann. Die vorgestellte Studie kombiniert eine Qualitative Inhaltsanalyse mit einer Quantifizierung und eine darauf aufbauende Interventionsstudie. Dabei wurden im ersten Teil der Studien 1345 Schulbuchaufgaben untersucht, insbesondere auf das Vorhanden- bzw. Nicht-Vorhandensein direkter Instruktionen zum Lesen und Schreiben, die explizite Adressat/-innenorientierung und den Anteil sprachlicher Hilfen. Die Ergebnisse zeigen, dass der Großteil aller Aufgaben in den untersuchten Lehrwerken nicht-sequenzierte, sogenannte *Ein-Satz-Aufgaben,* sind, während explizite Schreibaufgaben mit sprachlichen Hilfen äußerst selten auftreten. Die an diese Erkenntnis anknüpfende Interventionsstudie untersucht das Lernpotenzial optimierter Varianten solcher Aufgaben. Diese zeichnen sich durch Operatoren mit Ausdruckshilfen und die Sequenzierung der Aufgabenstellung mit expliziten schreibbezogenen Instruktionsmerkmalen aus. Die Ergebnisse der ersten Pilotstudie im Pre-Post-Test-Design weisen darauf hin, dass durch schreibförderliche Aufgabenoptimierungen Schüler/-innen bildungssprachliche Kompetenzen im Fachunterricht über das Lösen kleiner Aufgaben erfolgreich trainieren können. Dieses (bisher noch vorläufige) Ergebnis liefert ein wichtiges empirisches Argument für die an vielen Stellen bereits geforderte Optimierung von Aufgabenstellungen bei Schreibaufgaben im Fachunterricht. Die Kombination der beiden Methoden der Inhaltsanalyse und der experimentellen Intervention zeigt auf, wie verschiedene Methoden kombiniert werden können, um einerseits den Ist-Zustand von Lehrwerken und andererseits den Effekt sprachsensibel überarbeiteter Materialien zu überprüfen.

Die Aufsätze von Jana Gamper sowie Birgit Heppt und Anna Volodina beschäftigen sich mit den Möglichkeiten der *Sprachstandsfeststellung im Bereich bildungssprachlicher Kompetenzen.*

Jana Gamper diskutiert nominale Strukturen als Indikator für bildungssprachliche Fähigkeiten in der Sekundarstufe I. Sie zeigt auf der Grundlage erwerbstheoretischer Annahmen und der bisherigen empirischen Forschung, dass nominale Strukturen in Form von ausgebauten Nominalphrasen und Nominalisierungen als Instrument der inhaltlichen Verdichtung beim Ausbau des literat geprägten formellen Registers eine Schlüsselrolle spielen. Sie könnten deshalb nach dem Vorbild profilanalytischer Verfahren als Indikator in einem praktikablen, schnell durchführbaren Diagnoseverfahren für bildungssprachliche Kompetenzen dienen. Um ein solches Verfahren empirisch zu untermauern, seien allerdings noch umfassende Analysen großer Mengen an lernersprachlichen Daten nötig, die die

Zusammenhänge der Verwendung bestimmter nominaler Strukturen mit anderen formalen und funktionalen Merkmalen der Lernertexte empirisch absichern.

Birgit Heppt und Anna Volodina stellen ein Verfahren vor, das bildungssprachliche Kompetenzen von Grundschüler/-innen testen soll. Das Testverfahren BiSpra 2–4 setzt dabei ebenfalls auf die Indikatorfunktion bestimmter sprachlicher Formen, hier das Verständnis bildungssprachlich anspruchsvoller Hörtexte *(BiSpra-Text),* Satzverbindungen mit Konnektoren *(BiSpra-Satz)* und fächerübergreifend verwendeter bildungssprachlicher Begriffe *(BiSpra-Wort).* Der Aufsatz widmet sich im Detail der Frage, inwieweit sich durch das Testverfahren festgestellte Leistungsunterschiede zwischen monolingual deutschsprachig aufwachsenden, simultan bilingual aufwachsenden und Kindern mit Deutsch als Zweitsprache durch Unterschiede im sozioökonomischen und bildungsbezogenen familiären Hintergrund erklären lassen. Die Ergebnisse weisen darauf hin, dass die Leistungsnachteile von mehrsprachigen Lernenden im Verständnis von Bildungssprache nur zum Teil auf sozioökonomische und bildungsbezogene familiäre Faktoren zurückzuführen sind, dass also mit hoher Wahrscheinlichkeit auch die Faktoren der Kontaktdauer und der Beginn des Erwerbs des Deutschen eine signifikante Rolle für den erfolgreichen Erwerb bildungssprachlicher Fähigkeiten spielen.

Die Aufsätze von Miriam Langlotz et al. sowie derjenige von Anja Binanzer, Heidi Seifert und Carolin Hagemeier betrachten die *Kompetenzen von Lehramtsstudierenden zum Thema Bildungssprache und sprachlicher Heterogenität* und den Effekt entsprechender universitärer Lehrveranstaltungen zu diesem Thema genauer.

Miriam Langlotz, Olaf Gätje, Rainer Müller, Niklas Reichel und Lena Schenk zeigen anhand einer explorativen qualitativen Studie, ob und wie es angehenden Lehrkräften gelingt, bildungs- und fachsprachliche Strukturen in Lehrbüchern zu identifizieren, und inwiefern sie in der Lage sind, mögliche sprachliche Probleme von Schüler/-innen zu antizipieren. Dazu wurden Lehramtsstudierende des Faches Physik in leitfadengestützten Interviews zu einem Ausschnitt eines Physiklehrwerks befragt. Ein Teil der Studierenden hatte vorher ein Projektseminar zum Thema „Fach- und Bildungssprache" besucht, die anderen Studierenden nicht. Die Ergebnisse zeigen, dass Lehramtsstudierende sehr unterschiedliche Zugänge zu den sprachlichen Anforderungen des Faches haben, wobei der Besuch des vorangegangenen Seminars keine entscheidende Rolle zu spielen scheint. Dieser Befund ist einerseits von großem Interesse für die Weiterentwicklung von Lehr- und Weiterbildungskonzepten für Lehramtsstudierende und bereits aktive Lehrkräfte und zeigt andererseits beispielhaft, wie auch Methoden der qualitativen

Sozialforschung zumindest explorativ für Fragen nach fachdidaktischen Kompetenzen und Strategien zukünftiger und aktiver Lehrender und zur Evaluation von universitären Lehrkonzepten genutzt werden können.

Anja Binanzer, Heidi Seifert und Carolin Hagemeier stellen ebenfalls Daten zur Kompetenzentwicklung Studierender im Bereich Bildungssprache und sprachliche Vielfalt vor. Sie untersuchen Teilnehmende des Seminars „Schule der Vielfalt: Deutsch als Zweitsprache und sprachliche Bildung" mit einer quantitativen Fragebogenstudie im Pre-Post-Design zur Wissensentwicklung in den Themenfeldern *Mehrsprachigkeit, Sprachliche Register* und *Sprachsensibler Unterricht* und kombinieren dies mit einer qualitativen Studie zum Themenfeld *Sprachliche Register,* bei der die Studierenden Lehrwerktexte hinsichtlich ihrer bildungs- und fachsprachlichen Eigenschaften analysieren. Dadurch können Lernerfolge, aber auch verbleibende Schwierigkeiten der Lehramtsstudierenden in diesem Bereich identifiziert und beschrieben werden. Auch dieser Aufsatz zeigt somit über die unmittelbaren Ergebnisse der konkreten Begleitforschung zu einem universitären Lehrangebot hinaus, wie eine solche methodisch umgesetzt werden kann, in diesem Fall mit einer Kombination aus qualitativen Beobachtungs- und quantitativen Testverfahren.

Damit umfassen die Aufsätze in diesem Band ein breites thematisches Spektrum von eher formalen Eigenschaften von Sprache in Bildungskontexten über Erwerbsverläufe und sprachliche Lernprozesse und die Förderung dieser, Diagnostik und Sprachstandsfeststellung im Bereich bildungssprachlicher Kompetenzen bis hin zur Ausbildung von Metawissen und Vermittlungskompetenzen bei angehenden Lehrkräften. Methodisch werden qualitative und quantitative Ansätze, Befragungen, Beobachtungen, Elizitationen und Korpora, sowie experimentelle Verfahren genutzt und zum Teil kombiniert. Dabei werden einzelne Forschungslücken geschlossen, aber vor allem können die hier vorliegenden Beiträge beispielhaft zeigen, welche empirischen Methoden sich eignen, die offenen Fragen zu adressieren, aber auch welche methodischen und praktischen Probleme bestehen bleiben. Insofern wünschen wir uns als Herausgeber/-innen dieses Bandes, dass dieser als Ausgangspunkt und Anregung für die weitere Arbeit in einem immer noch offenen, spannenden und praxisrelevanten Forschungsfeld verstanden wird.

Literatur

Berendes, K., Dragon, N., Weinert, S., Heppt, B., & Stanat, P. (2013). Hürde Bildungs-sprache? Eine Annäherung an das Konzept „Bildungssprache" unter Einbezug aktueller empirischer Forschungsergebnisse. In A. Redder & S. Weinert (Hrsg.), *Sprachförderung und Sprachdiagnostik: Interdisziplinäre Perspektiven* (S. 17–41). Waxmann.

Efing, C. (2014). Berufssprache & Co: Berufsrelevante Register in der Fremdsprache. Ein varietätenlinguistischer Zugang zum berufsbezogenen Daf-Unterricht. *Info DaF, 41(4)*, 415–441.

Feilke, H. (2014). Argumente für eine Didaktik der Textprozeduren. In H. Feilke & T. Bach-mann (Hrsg.), *Werkzeuge des Schreibens. Beiträge zu einer Didaktik der Textprozeduren* (S. 11–34). Fillibach bei Klett.

Gogolin, I., & Duarte, J. (2016). Bildungssprache. In J. Killian, B. Brouёr, & D. Lüttenberg (Hrsg.), *Handbuch Sprache in der Bildung, Handbücher Sprachwissen (HSW)* (S. 478–499). De Gruyter.

Gresch, C. (2016). Ethnische Ungleichheit in der Grundschule. In C. Diehl, C. Hunkler, & C. Kristen (Hrsg.), *Ethnische Ungleichheiten im Bildungsverlauf: Mechanismen, Befunde, Debatten* (S. 475–515). Springer Fachmedien.

Haag, N., Böhme, K., & Stanat, P. (2012). Zuwanderungsbezogene Disparitäten. In P. Stanat, H.A. Pant, K. Böhme, & D. Richter (Hrsg.), *Kompetenzen von Schülerinnen und Schülern am Ende der vierten Jahrgangsstufe in den Fächern Deutsch und Mathematik. Ergebnisse des IQB-Ländervergleichs 2011* (S. 209–235). Waxmann.

Habermas, J. (1978). Umgangssprache, Wissenschaftssprache, Bildungssprache. *Merkur, 32(4)*, 327–342.

Heppt, B. (2016). *Verständnis von Bildungssprache bei Kindern mit deutscher und nicht-deutscher Familiensprache* (Dissertation). Humboldt-Universität zu Berlin. https://edoc. hu-berlin.de/bitstream/handle/18452/18186/heppt.pdf?sequence.

Ickler, T. (1997). Die Disziplinierung der Sprache. Fachsprachen in unserer Zeit. *Forum für Fachsprachen-Forschung, 33*. Narr.

Lokhande, M. (2016). *Doppelt benachteiligt? Kinder und Jugendliche mit Migrationshin-tergrund im deutschen Bildungssystem. Eine Expertise im Auftrag der Stiftung Mer-cator.* https://ec.europa.eu/migrant-integration/sites/default/files/2016-06/Expertise-Dop pelt-benachteiligt.pdf

Kempert, S. et al (2016). Die Rolle der Sprache für zuwanderungsbezogene Ungleichheiten im Bildungserfolg. In C. Diehl, C. Hunkler, & C. Kristen (Hrsg.), *Ethnische Ungleich-heiten im Bildungsverlauf. Mechanismen, Befunde, Debatten* (S. 157–241). Springer VS.

Pohl, T. (2016). Die Epistemisierung des Unterrichtsdiskurses – ein Forschungsrahmen. In E. Tschirner, O. Bärenfänger, & J. Möhring (Hrsg.), *Deutsch als fremde Bildungssprache: Das Spannungsfeld von Fachwissen, sprachlicher Kompetenz, Diagnostik und Didaktik* (S. 55–79). Stauffenburg.

Roth, H.-J. (2015). Die Karriere der „Bildungssprache". Kursorische Betrachtungen in historisch-systematischer Anmutung. In I. Dirim, I. Gogolin, D. Knorr, M. Krüger-Potratz, & W. Weiße (Hrsg.), *Impulse für die Migrationsgesellschaft. Bildung, Politik und Religion* (S. 37–60). Waxmann.

Scheler, M. (1969). *Die Wissensformen und die Gesellschaft* (2., durchgeseh.Aufl. mit Zusätzen.). Francke.

Stanat, P., Rauch, D., & Segeritz, M. (2010). Schülerinnen und Schüler mit Migrationshintergrund. In E. Klieme et al. (Hrsg.), *PISA 2009. Bilanz nach einem Jahrzehnt* (S. 200–230). Waxmann.

Steinhoff, T. (2019). Konzeptualisierung bildungssprachlicher Kompetenzen. Anregungen aus der pragmatischen und funktionalen Linguistik und Sprachdidaktik. *Zeitschrift für Angewandte Linguistik, 71*, 327–352.

Weiss, Z., Dittrich, S., & Meurers, D. (2018). A Linguistically-Informed Search Engine to Identifiy Reading Material for Functional Illiteracy Classes. *Proceedings of the 7th Workshop on NLP for Computer Assisted Language Learning* (S. 79–90). https://www.aclweb.org/anthology/W18-7109.

Weiss, Z., Woerfel, T., & Meurers, D. (2023). Intelligente digitale Werkzeuge in der sprachlichen Bildung: Chancen und Herausforderungen. In M. Becker-Mrotzek, I. Gogolin, P. Stanat, & H.-J. Roth (Hrsg.), *Grundlagen sprachlicher Bildung in der mehrsprachigen Gesellschaft. Konzepte und Erkenntnisse* (S. 185–197). Waxmann.

Wienbarg, L. (1834). *Soll die plattdeutsche Sprache gepflegt oder ausgerottet werden? Gegen Ersteres für Letzteres beantwortet* (1. Aufl.). Hoffmann und Campe.

Mündlicher Wortschatzgebrauch im Registervergleich. Ein Beitrag zur Bildungsspracheforschung aus korpusbasierter Perspektive

Cordula Meißner

1 Einleitung

Sprache in der Schule wird in der aktuellen Forschung häufig aus der Perspektive der Vermittlung von bildungssprachlichen Kompetenzen in den Blick genommen. Dies betrifft auch die mündliche Unterrichtskommunikation als die zentrale Form der schulischen Wissensvermittlung (Ehlich, 2009). Leitend ist dabei ein Verständnis von Bildungssprache als einer speziellen an Darstellungsformen der konzeptionellen Schriftlichkeit orientierten Sprachform, deren Beherrschung mit schulischem Erfolg in Zusammenhang gesehen wird. Sie wird sowohl für den schriftlichen als auch den mündlichen Sprachgebrauch angenommen (vgl. Gogolin & Duarte, 2016; Feilke, 2012a). Mit der Fokussierung auf das Ziel der Beherrschung bestimmter an Schriftlichkeit orientierter Ausdrucksformen wird in Bezug auf die Unterrichtskommunikation einerseits die explizite Bearbeitung bildungssprachlicher Ausdrucksformen in der Interaktion untersucht, andererseits das Vorkommen dieser Formen in der Sprache von Lehrpersonen (LP) und Schülerinnen und Schülern (SuS) betrachtet (vgl. u. a. Harren, 2015; Kleinschmidt-Schinke, 2018; Weiss et al., 2022). Wie der Sprachgebrauch beschaffen ist, in dem sich die Wissensvermittlung in der mündlichen Unterrichtskommunikation insgesamt vollzieht, kommt weniger in den Blick. Dabei stellen sich in sprachlich heterogenen Klassen und in Bezug auf Deutsch im Kontext von Mehrsprachigkeit (vgl. Riehl & Schröder, 2022) für Lernende mit unterschiedlichen sprachlichen Repertoires und unterschiedlich

C. Meißner (✉)
Institut für Germanistik, Universität Innsbruck, Innsbruck, Österreich
E-Mail: cordula.meissner@uibk.ac.at

© Der/die Autor(en), exklusiv lizenziert an Springer Fachmedien Wiesbaden GmbH, ein Teil von Springer Nature 2024
J. Goschler et al. (Hrsg.), *Empirische Zugänge zu Bildungssprache und bildungssprachlichen Kompetenzen,* Sprachsensibilität in Bildungsprozessen,
https://doi.org/10.1007/978-3-658-43737-4_2

15

umfangreichen Spracherfahrungen im Deutschen differenzielle Lernerfordernisse. Besonders relevant ist dies im Hinblick auf den Wortschatz, dem für sprachliches und fachliches Lernen eine wesentliche Rolle zukommt (vgl. Osburg, 2016). Um die sprachlichen Anforderungen und Lerngelegenheiten, die sich aus dem Sprachgebrauch authentischer mündlicher Unterrichtskommunikation ergeben, einschätzen zu können, ist es notwendig, Aussagen über dessen Beschaffenheit zu treffen. Einen Ansatz hierfür bietet die korpusbasierte Registerforschung (vgl. Biber & Conrad, 2009). Sie richtet den Blick auf die in einem Gebrauchskontext häufig auftretenden Sprachmerkmale und interpretiert Häufigkeit als Zeichen kontextspezifischer kommunikativer Funktionalität. Für das Deutsche fehlen jedoch bislang korpusbasierte Registeranalysen zur Unterrichtskommunikation. Im vorliegenden Beitrag wird eine Untersuchung vorgestellt, die mithilfe eines explorativen korpusbasierten Registervergleichs die Charakteristika des Wortschatzgebrauchs in der mündlichen Unterrichtskommunikation empirisch beschreibt. Ausgehend von dem didaktischen Konzept der Bildungssprache (2) wird zunächst die Perspektive der korpusbasierten Registeranalyse vorgestellt (3) und der Wortschatzgebrauch in der mündlichen Unterrichtskommunikation als Untersuchungsgegenstand umrissen (4). Anschließend wird eine Studie präsentiert, die den mündlichen Wortschatzgebrauch in der Unterrichtskommunikation jenem in privaten, interprofessionellen, öffentlichen und akademischen kommunikativen Kontexten (also Ziel- und Bezugsdomänen schulischer Ausbildung) gegenüberstellt (5). Anhand der Ergebnisse können lexikalische Eigenschaften der mündlichen Unterrichtskommunikation im Registervergleich herausgearbeitet werden. Dies ermöglicht eine empirische Annäherung an die Sprachform, die im Mündlichen in Kontexten der schulischen Präsentation und Vermittlung von Wissensinhalten verwendet wird sowie an die aus Unterschieden zu Bezugsregistern resultierenden Anforderungen im Umgang mit ihr (6).

2   Bildungssprache als sprachdidaktisches Konzept

Unter dem Begriff der Bildungssprache werden aus sprachdidaktischer Perspektive Ausdrucksmittel zusammengefasst, die in Bildungskontexten der Darstellung und Vermittlung von Wissensinhalten dienen und deren Beherrschung für den schulischen Erfolg besondere Bedeutung beigemessen wird (Feilke, 2012a; Gogolin & Duarte, 2016). Einen wesentlichen Bezugspunkt hierfür bilden die Ausdrucksformen der konzeptionellen Schriftlichkeit (Koch & Oesterreicher, 2008). Bildungssprachliche Kompetenzen werden daher im Zusammenhang mit der Literalitätsentwicklung betrachtet (Feilke, 2012b) und schriftbezogen verstanden, auch wenn sie mündlich zum Ausdruck kommen (Feilke, 2012a, S. 6). Als bildungssprachlich werden insbesondere bestimmte lexikalisch-grammatisch-textuelle Merkmale fokussiert, die der kontextentbundenen Darstellung komplexer Inhalte dienen. Diese Merkmale stellen für die Forschung zur Bildungssprachevermittlung einen besonderen Ankerpunkt dar. So wird ihr Vorhandensein etwa in Lehrbüchern (vgl. z. B. Bryant et al., 2017; Gätje & Langlotz, 2020; Niederhaus, 2011), aber auch in der Sprache von LP und SuS im Unterricht (z. B. Kleinschmidt-Schinke, 2018; Weiss et al., 2022) untersucht. Um die bildungsbezogene funktionale Einbettung zu erfassen, ist eine Beschreibung der eingesetzten Sprachstrukturen ausgehend von Handlungen bzw. Praktiken erforderlich (Morek & Heller, 2012; Steinhoff, 2019, S. 329). Als sprachdidaktisches Konzept ist Bildungssprache auf den Bildungskontext Schule, die hierfür formulierten Kompetenzziele (Steinhoff, 2019, S. 330–33) und entsprechend didaktisch gerechtfertigte Normen (i.s.d. Schulsprache, vgl. Feilke, 2012b) bezogen.

Anders als in dieser Bestimmung als „Sprache des Lernens" (vgl. Gogolin & Duarte, 2016, S. 479; Feilke, 2012a, S. 6), umfasst Bildungssprache als stilistisches Konzept jene Ausdrucksformen, die mit der Funktion von Wissensdarstellung und -kommunikation verbunden sind, wenn es sich um Wissen handelt, das in seiner Herkunft und Elaboration über das Alltagswissen hinausgeht (vgl. Ortner, 2009, S. 2227). Hierdurch kommen auch außerschulische Kommunikationskontexte in den Blick. Ausgehend von seiner kommunikativen Funktion ist „bildungssprachliches Handeln als Wissensdarstellung und -kommunikation" (Morek & Heller, 2012, S. 71) zwar v. a. im Kontext von Bildung und Wissenschaft relevant, findet sich aber darüber hinaus auch in Kontexten des alltäglichen und gesellschaftlichen Lebens, in denen sachlich komplexere Inhalte verhandelt werden (vgl. Morek & Heller, 2012, S. 74). Bildungssprache wird hier als domänenübergreifend genutzte Verkehrssprache beschrieben, welche die Aufgabe hat, „zwischen Wissenschaft bzw. speziellem Sphärenwissen und Alltag zu vermitteln" Ortner, 2009, S. 2232), und mithilfe derer sich Menschen ein Orientierungswissen in verschiedenen lebensweltlich relevanten Wissensgebieten verschaffen können (vgl. Habermas, 1981, S. 345). In dieser Funktion der Verkehrssprache weist Bildungssprache eine funktionale Ähnlichkeit mit der „alltäglichen Wissenschaftssprache" (AWS) (Ehlich, 1999) auf, welche der Gemeinsprache entstammende fachübergreifend genutzte Ausdrucksmittel umfasst, die in wissenschaftlichen Texten die Zusammenhänge zwischen den fachterminologisch ausgedrückten Inhalten versprachlichen (vgl. Ehlich, 1999, S. 9; zur Beziehung zwischen AWS und Bildungssprache Ortner, 2009, S. 2232). Auch im didaktischen Konzept der Bildungssprache wird ein Bezug zu Ausdrucksmitteln der AWS hergestellt (vgl. Uesseler et al., 2013, S. 48–51; Köhne et al., 2015, S. 70; Lange, 2020, S. 54).

Die kompetenzbezogen verstandene Bildungssprache wird v. a. über ein bestimmtes Set von Ausdrucksmitteln gefasst, deren Vermittlung im Rahmen schulischer Ausbildung gefordert wird. Dabei wird eingeräumt, dass der Sprachgebrauch im Unterricht ein anderer sein kann:

> Der Begriff Bildungssprache bezieht sich also weder auf wünschenswerte noch notwendigerweise auf die reale Kommunikation im Bildungskontext, sondern vielmehr auf die mit Bildung assoziierten Ziele der Aneignung von Wissen in Formen, die über die alltägliche Erfahrung hinausgehen. Dieses Wissen kann in spezifische Redemittel gekleidet sein, zu denen ein junger Mensch durch Bildung Zugang erhalten muss. (Gogolin & Duarte, 2016, S. 487).

Die Sprache, in der sich die Wissensvermittlung in der Unterrichtskommunikation vollzieht, wird mit diesem Konzept somit selbst nicht in den Blick genommen. Außer Betracht bleibt dabei auch, wie mündlicher Sprachgebrauch in authentischen außerschulischen, im Sinne der Verhandlung komplexer Sachverhalte ‚bildungssprachlichen' Handlungskontexten beschaffen ist, was also die sprachlichen Anforderungen sind, die sich für die Teilhabe in entsprechenden kommunikativen Kontexten ergeben. Die Perspektive der korpusbasierten Registeranalyse, die nicht das didaktische Konzept der Bildungssprache, sondern den Sprachgebrauch in Bildungskontexten wie dem der mündlichen Unterrichtskommunikation zum Ausgangspunkt nimmt, kann diese beiden Aspekte adressieren und so eine empirische Annäherung an die Sprachformen, die im Mündlichen in Kontexten der Präsentation und Vermittlung von Wissensinhalten verwendet werden, ermöglichen.

3 Sprache in Bildungskontexten: Die Perspektive der korpusbasierten Registeranalyse

Der Gegenstand der korpusbasierten Registeranalyse ist der Sprachgebrauch in spezifischen Verwendungskontexten. Register bezeichnet dabei eine Varietät, die mit einem bestimmten Gebrauchskontext (und damit auch kommunikativen Funktionen) assoziiert ist (vgl. Biber & Conrad, 2009, S. 6). In der korpusbasierten Registeranalyse wird die Analyse der für einen Gebrauchskontext charakteristischen Sprachmerkmale mit der Beschreibung der situationalen Eigenschaften dieses Kontextes verbunden und das häufige Vorkommen von Merkmalen auf Anforderungen bzw. kommunikative Zwecke der Kommunikationssituation zurückgeführt. Die sprachlichen Merkmale einer Kommunikationssituation werden quantitativ auf der Grundlage von digitalen Sprachdatensammlungen (Korpora) ermittelt, wobei die Charakteristika eines Registers v. a. im Vergleich zu den Merkmalsausprägungen in anderen Kommunikationskontexten deutlich werden (vgl. Biber & Conrad, 2009, S. 6–9). Das häufige Vorkommen von bestimmten lexikalischen oder grammatischen Merkmalen wird als Zeichen ihrer funktionalen Relevanz für den spezifischen Kontext interpretiert. Durch die korpusbasierte Registeranalyse konnten für das Englische Erkenntnisse zu Unterschieden in der Wahl sprachlicher Mittel in verschiedenen Gebrauchskontexten gewonnen werden, die auch für die Fremdsprachenvermittlung eine Basis bilden. So wurden etwa in einer umfangreichen Korpusstudie lexikalisch-grammatische Merkmale schriftlicher und mündlicher Genres der Hochschulkommunikation bestimmt (vgl. Biber et al., 2002; Biber, 2006).

In der Fremdsprachenvermittlung bildet die Beschreibung des authentischen Sprachgebrauchs, d. h. jener sprachlichen Mittel der L2, mit denen Lernende in der kommunikativen Praxis verschiedener Domänen tatsächlich rezeptiv und produktiv umgehen müssen, eine wichtige Orientierungsgröße. Methoden der Korpuslinguistik, durch die große Mengen authentischer Gebrauchsdaten ausgewertet werden können, stellen die Basis für eine gebrauchsbasierte Sprachbeschreibung dar, die für die Fremdsprachenforschung Bedeutung erlangt hat (vgl. etwa Ellis et al., 2016; Römer, 2011; Fandrych & Tschirner, 2007). Durch Korpusanalysen können Häufigkeiten und Muster im Sprachgebrauch aufgedeckt und auf dieser Grundlage Rückschlüsse auf Sprachverarbeitung und Spracherwerb gezogen werden (vgl. Ellis, 2017). Eine gebrauchsbasierte Sprachbeschreibung wird daher genutzt, um didaktische Entscheidungen zu treffen, etwa im Hinblick auf die Auswahl, Darstellung oder Progression von Lerninhalten (vgl. Römer, 2011). Neben regelhaftem Wissen über sprachliche Strukturen sollten Lernende auch Zugang zu den domänenspezifisch typischen Verwendungsmustern dieser Strukturen erhalten (vgl. Ellis et al., 2016). Um diese zu ermitteln, stützt sich insbesondere die fach- bzw. wissenschaftssprachebezogene Fremdsprachenforschung auf korpuslinguistische Auswertungen von domänen- und genrespezifischen Gebrauchsdaten (vgl. zum Englischen z. B. Balance & Coxhead, 2022; Flowerdew, 2015; Gardner & Davies, 2014). Eine korpusbasierte Registerbeschreibung kann auch im Hinblick auf den Sprachgebrauch im schulischen Bildungskontext der mündlichen Unterrichtskommunikation Aufschluss bringen.

4   Die Unterrichtskommunikation als Bildungskontext: Mündlicher Wortschatzgebrauch als Untersuchungsgegenstand

Die mündliche Unterrichtskommunikation bzw. der Unterrichtsdiskurs ist für die Institution Schule der zentrale Kommunikationstyp (vgl. Ehlich, 2009, S. 327). In Bezug auf die Sprache in der Unterrichtskommunikation ist der Wortschatz von besonderem Interesse, da ihm eine zentrale Rolle für Wissensvermittlung und Wissensdarstellung (vgl. Osburg, 2016, S. 319) und damit hinsichtlich der kommunikativen Funktion von ‚Bildungssprache' (vgl. Morek & Heller, 2012) zukommt. Aus rezeptiver Sicht bildet Wortschatz den wichtigsten Prädiktor für das Lese- sowie Hörverstehen (vgl. z. B. Laufer, 2010; van Zeeland & Schmitt, 2013; Osburg, 2016, S. 320). In der eingangs beschriebenen didaktischen Konzeption wird Bildungssprachlichkeit im Wortschatz v. a. über formseitig auffällige Einheiten (z. B. lange/komplexe Wörter, Fachwörter, Fremdwörter, seltene Wörter) bestimmt (vgl. etwa Gogolin & Duarte, 2016, S. 489) und so in Bezug auf die Unterrichtskommunikation etwa quantitativ die Vorkommenshäufigkeit der genannten Phänomene in der Sprache von Lehrenden und Lernenden ermittelt (Kleinschmidt-Schinke, 2018; Weiss et al., 2022) oder qualitativ gesprächsanalytisch die interaktive Bearbeitung entsprechender Ausdrucksmittel im Handlungskontext nachgezeichnet (vgl. z. B. Harren, 2015, S. 131–154).

Betrachtet man den in der Unterrichtskommunikation gebrauchten Wortschatz jedoch in seiner Gesamtheit, so kommen aus einer auf Lernerfordernisse Bezug nehmenden Perspektive wie sie für den L2-Erwerb eingenommen wird (vgl. Coxhead, 2000; Nation, 2013) die Wortschatzbereiche der fachspezifischen, der fachübergreifenden und der gemeinsprachlichen Lexik in den Blick. Gemeinsprachlicher oder Grundwortschatz wird empirisch über die in allen Texten häufig vorkommenden Wörter bestimmt (vgl. z. B. Gardner & Davies, 2014). In Bezug auf Fremdsprachenlernende wird mit ihm eine allgemeinsprachliche Basiskompetenz gleichgesetzt, die dem Verfügen über einen (auch nach pragmatisch-kommunikativen Kriterien bestimmten) Grundwortschatz entspricht (vgl. z. B. Coxhead, 2000; Lange et al., 2015). Die fachübergreifende Lexik (in der Forschung zum Englischen ‚Academic Vocabulary', vgl. Coxhead, 2020) korrespondiert mit dem Konzept der AWS. Es handelt sich um Lexik, die nicht Gegenstand der Vermittlung im Fachunterricht ist, jedoch dem Ausdruck wissensmethodologischer Inhalte dient, die fachübergreifend relevant sind (vgl. Ehlich,

1999)[1]. Spezifische Lexik oder Fachlexik wird in ihrer empirischen Operationalisierung frequenz- und distributionsbezogen gefasst als in nicht-fachlichen Texten seltener und in fachlichen Texten nicht übergreifend vorkommender Wortschatz (vgl. Liu & Lei, 2020, Gardner & Davies, 2014). Zu beachten ist dabei, dass Fachtermini, d. h. Einheiten mit fachspezifisch festgelegter Bedeutung, formgleich zu Einheiten anderer Wortschatzbereiche sein (vgl. Nation, 2013, S. 289–304) und in der Form auffällig *(Kühlmitteltemperatursensor)* oder unauffällig *(Besitz* als juristischer Terminus, vgl. Roelcke, 2020, S. 106) erscheinen können.

Die genannten Wortschatzbereiche sind mit unterschiedlichen Erwerbsanforderungen verbunden (vgl. Nation, 2013, S. 44–91). Um ein gemeinsprachliches Wort in fachlichen Kontexten verstehen bzw. verwenden zu können, muss man wissen, ob es in seiner gemeinsprachlich bekannten Bedeutung gebraucht wird oder eine weitere Bedeutung (allgemein-wissenschaftlich oder fachspezifisch) erworben werden muss sowie welche Gebrauchsmuster (konstruktionell, kollokationell) für den jeweiligen Fachkontext bestehen. Einheiten der fachübergreifenden Lexik müssen (als separate lexikalische Einheit oder vertiefend zu einer formgleichen gemeinsprachlichen Einheit) in ihrer allgemein-wissenschaftlichen, wissensmethodologischen Bedeutung verstanden und in fachlich adäquaten Gebrauchsmustern angeeignet werden. Bei Einheiten des Fachwortschatzes ist im Unterschied zur fachübergreifenden Lexik eher davon auszugehen, dass sie im Fachunterricht eingeführt werden (vgl. Ehlich, 1999, S. 8; Köhne et al., 2015, S. 69). Auch sie sind jedoch mit spezifisch zu erwerbenden Gebrauchsmustern verbunden. Die in den genannten Aspekten liegenden Anforderungen an den Wortschatzausbau in Bildungskontexten umfassen in Bezug auf den L1-Erwerb nicht nur eine Vergrößerung des Wortschatzumfangs, sondern v. a. einen Ausbau an Wortschatztiefe, an semantischem, formalem und relationalem Wortwissen (vgl. Juska-Bacher & Jakob, 2014, S. 68). Sie variieren für Lernende mit unterschiedlichen sprachlichen Repertoires und Spracherfahrungen im Deutschen. Wie die Forschung zum Wortschatzerwerb in der Fremdsprache gezeigt hat, betreffen Schwierigkeitsfaktoren hier wortbezogene Aspekte (u. a. Kognatenstatus, Formähnlichkeit zu anderen Wörtern der L2, Wortart (wobei Verben als relationale Wortart bei der Verarbeitung die größte Integrationsleistung erfordern), semantische Abstraktheit vs. Konkretheit, Mehrdeutigkeit), daneben kontextbezogene (Vorkommenshäufigkeit) und lernerbezogene Faktoren (z. B. vorhandener

---

[1] In diesem Verständnis wird die AWS auch als Teil der Bildungssprache betrachtet (Uesseler et al., 2013, S. 48–51; Köhne et al., 2015, S. 70; Lange, 2020, S. 54, siehe Kap. 2).

Wortschatzumfang in der L2) (vgl. zusammenfassend Peters, 2020; Kormos, 2020).

Eine vom didaktischen Konzept der Bildungssprache ausgehende Betrachtung der Unterrichtskommunikation, die auf ausgewählte als bildungssprachlich eingeordnete und als solche auffällige Ausdrucksformen im Wortschatz ausgerichtet ist, lässt die Merkmale, die sich im Sprachgebrauch durch ihre Häufigkeit auszeichnen und hierdurch ihre spezifische Funktionalität für das Register anzeigen, ebenso unberücksichtigt wie den Aspekt, dass die im Unterricht gebrauchte Sprache für Lernende mit unterschiedlichen Erwerbsanforderungen verbunden sein kann. Wie Registerstudien zum Wortschatzgebrauch im Englischen auch quantitativ gezeigt haben, bestehen zwischen sprachlichen Merkmalen von Lehrbuchtexten und der Unterrichtskommunikation deutliche Unterschiede, sodass eine Übertragung der Anforderungen vom Schriftlichen auf das Mündliche nicht gerechtfertigt ist (vgl. Biber et al., 2002; Biber, 2006). Untersuchungen zum Wortschatzgebrauch in authentischen mündlichen Handlungskontexten können Aufschluss über tatsächliche Anforderungen geben, damit Lernende auf ein Agieren in diesen Kontexten vorbereitet werden können.

Wird das Ziel verfolgt, eine solche Untersuchung quantitativ durchzuführen, ist eine Operationalisierung relevanter Wortschatzbereiche erforderlich. Der dazu im vorliegenden Beitrag aufgegriffene Ansatz (vgl. Meißner, 2021; Meißner, 2023) bildet anhand von Schnittmengen mit Referenzwortlisten alltäglichen Grundwortschatz, AWS-Lexik und spezifische Lexik auf die untersuchten Daten ab. Als Referenzliste dient zum einen der Zertifikatswortschatz B1 (Goethe-Institut, 2016, ca. 2.400 Lemmata), welcher den auf dem B1-Niveau vermittelten Grundwortschatz[2] repräsentiert. Daneben wird das gemeinsame sprachliche Inventar der Geisteswissenschaften (GeSIG-Inventar, vgl. Meißner & Wallner, 2019) als Referenz genutzt, welches die in geisteswissenschaftlichen Fächern übergreifend gebrauchte Lexik umfasst (insgesamt 4.490 Lemmata) und somit das mit der AWS korrespondierende Konzept der fachübergreifenden Lexik abbildet.[3] Als dritte Referenzliste dient die DeReWo-Liste (vgl. Stadler, 2014, ca. 320.000

---

[2] Der B1-Wortschatz des Goethe-Instituts wurde nicht auf der Basis von Frequenz, sondern nach kommunikativ-pragmatischen Kriterien zusammengestellt. Er umfasst den Wortschatz, der für die Realisierung der für das Sprachniveau ausgewählten Sprachhandlungen benötigt wird (vgl. Lange et al., 2015, S. 206).

[3] Das GeSIG-Inventar wurde auf der Basis eines Korpus geisteswissenschaftlicher Dissertationen aus 19 Fachbereichen im Umfang von insgesamt 22,8 Mio. Token ermittelt. Für jeden Fachbereich wurde ein Teilkorpus aus mindestens 10 Dissertationen und 1 Mio. Token aufgebaut. Das Inventar enthält alle Lemmata, die der Form nach in allen 19 Teilkorpora vorkommen (vgl. Meißner & Wallner, 2019, S. 39–60) und bildet damit den fachübergreifenden

Lemmata), welche für die verschriftlichte (öffentliche) Gesamtsprache steht. Es handelt sich um die Grundformenliste des Deutschen Referenzkorpus (Stand 2012), der größten verfügbaren Sammlung geschriebener deutschsprachiger Texte (welche v. a. Zeitungstexte enthält). Sie umfasst für jedes Lemma die Angabe der Häufigkeitsklasse (HK)[4] und wird unterteilt in häufigere (bis einschließlich HK 15[5], DEREWO_häufig) und seltenere Einheiten (ab HK 16, DEREWO_selten). Die Beschreibung von Wortschatzbereichen operiert auf der Ebene von Lemmatypes, sie abstrahiert damit von den kontextspezifischen Einzelverwendungen. In diesem Rahmen wird der Wortschatzgebrauch in einem Untersuchungskorpus über einen formbasierten Abgleich mit den Referenzlisten[6] hinsichtlich folgender erwerbsbezogener Aspekte beschreibbar: Der Abgleich mit der B1-Liste erfasst Einheiten, die der Form nach Einheiten entsprechen, die in zumindest einer Bedeutung auf dem B1-Niveau bekannt sein sollten. Der Abgleich mit der GeSIG-Liste erfasst Einheiten, die der Form nach jenen entsprechen, welche in wissenschaftlichen Disziplinen übergreifend gebraucht werden, insofern der AWS zuzurechnen und (als Voraussetzung für den fachübergreifenden Gebrauch) als polyfunktional anzunehmen sind (vgl. Meißner & Wallner, 2019: 176–197). Sie stehen damit für entsprechende Schwierigkeitsmerkmale. Bei den nach den Abgleichen mit B1 und GeSIG noch verbleibenden Einheiten handelt es sich um Formen, die keine Entsprechung in Grundwortschatz oder fachübergreifender Lexik haben und insofern spezifischeren Wortschatz darstellen. Durch den Abgleich mit DEREWO_häufig und DEREWO_selten werden sie nach der Häufigkeit in der verschriftlichten öffentlichen Gesamtsprache weiter unterschieden.

Wortschatz geisteswissenschaftlicher Disziplinen ab. Es weist zwar auch in einem naturwissenschaftlichen Testkorpus hohe Deckungswerte auf (Meißner & Wallner, 2019, 96–99), hat aber für fachübergreifende Lexik nicht-geisteswissenschaftlicher Fächer keinen Anspruch auf Vollständigkeit.

[4] Die Häufigkeitsklasse gibt die Frequenz eines Wortes relativ zum häufigsten Wort des Korpus an. Die HK der DeReWo-Liste reichen von HK 0 für das häufigste Lemma (bestimmter Artikel) bis zu HK 29 für Einmalvorkommen (vgl. Stadler, 2014, S. 9).

[5] DEREWO_häufig umfasst die 17.643 häufigsten Grundformeneinheiten (Lemmata) der DeReWo-Liste. Die HK 15 beginnt bei Rangposition 10.970 und reicht bis Rang 17.643. Die Teilung bei HK 15, also bei der Hälfte der Anzahl von HK in der DeReWo-Liste, hat heuristischen Wert, um eine Abstufung der Häufigkeit vornehmen zu können.

[6] Den verwendeten Wortschatzlisten liegen unterschiedliche Erhebungsmethoden zugrunde. Einheiten der GeSIG- und der B1-Liste, die nicht in DeReWo enthalten sind, gehen v.a. auf Unterschiede in der Erstellung der Listen zurück (etwa in GeSIG, jedoch nicht in DeReWo enthaltene adjektivische Partizipien). Vgl. für eine umfassendere Diskussion Meißner (2023, S. 15).

Hinter dieser Differenzierung steht die Annahme, dass bei niedrigeren Frequenz-
werten erwartet werden kann, dass die Möglichkeit, den Einheiten außerhalb
des Unterrichts zu begegnen, geringer ist, sie daher als anspruchsvoller angenommen werden können. Für Einheiten, die auch in DeReWo nicht erscheinen,
wäre tendenziell nicht zu erwarten, dass ihnen Lernende außerhalb des Unterrichts begegnen können.[7] So werden für ein Untersuchungskorpus insgesamt
sechs Wortschatzbereiche bestimmbar: „nur_B1" (alltäglicher Grundwortschatz;
Einheiten, die Teil der B1- jedoch nicht Teil der GeSIG-Liste sind), „B1+GESIG"
(AWS-polyvalenter Grundwortschatz; Einheiten, die Teil der B1- sowie der
GeSIG-Liste sind)[8], „nur_GESIG" (AWS jenseits des Grundwortschatzes; Einheiten, die Teil der GeSIG-, aber nicht mehr Teil der B1-Liste sind)[9], „DEREWO_
häufig" (Einheiten, die weder Teil von B1 noch von GESIG, aber in der Liste
DEREWO_häufig enthalten sind), „DEREWO_selten" (Einheiten, die entsprechend nur in der Liste DEREWO_selten enthalten sind) sowie „nicht_DEREWO"
(verbleibenden Einheiten, die nur im Untersuchungskorpus vorkommen, also jenseits der (in DeReWo 2012 erfassten) verschriftlichten öffentlichen Gesamtsprache liegen). DEREWO_häufig, DEREWO_selten und nicht_DEREWO stehen für
spezifischere Ausdrucksmittel jenseits von Grundwortschatz und fachübergreifender Lexik, wobei die Spezifik sich auf fachliche oder alltägliche bzw. mündliche
Ausdrucksmittel beziehen kann. Die drei Bereiche unterscheiden Einheiten nach
ihrer Häufigkeit in der verschriftlichten öffentlichen Gesamtsprache.

Diese Operationalisierung wurde bereits angewendet, um explorativ den
Wortschatz der Unterrichtskommunikation auf Basis der Datensätze aus dem
FOLK-Korpus zu beschreiben (vgl. Meißner, 2023), welche acht Unterrichtsstun-
den im Wirtschaftsgymnasium sowie sieben in der Berufsschule umfassen.[10] In

---

[7] Die DeReWo-Liste erlaubt aufgrund ihrer Datenbasis nur eine Annäherung an tatsächliche
Inputmöglichkeiten. Diese können zudem individuell verschieden sein.

[8] Insgesamt enthält das GeSIG-Inventar 1534 Nomen-, Verb- bzw. Adjektivlemmata, die
formgleich zu Einheiten des B1-Wortschatzes sind (vgl. Meißner & Wallner, 2020, S. 199).

[9] Insgesamt enthält das GeSIG-Inventar 2426 Lemmata an Nomen, Verben bzw. Adjektiven,
die über den B1-Wortschatz hinausgehen (vgl. Meißner & Wallner, 2020, S. 199).

[10] Die Datensätze zu Unterrichtsstunden im Wirtschaftsgymnasium umfassen acht im Jahr
2011 erhobene Sprechereignisse (SE), an denen fünf verschiedene LP sowie 56 SuS beteiligt sind. Die Unterrichtsstunden in der Berufsschule umfassen sieben 2009 erhobene SE, an
denen zwei LP und 25 SuS beteiligt sind. Alle Aufnahmen beinhalten vollständige Unterrichtsstunden in Form von Plenumsinteraktionen. Die Korpora sind hinsichtlich der Unterrichtsfächer nicht ausgewogen. Am Wirtschaftsgymnasium handelt es sich um die Fächer
Deutsch (vier SE), BWL (drei SE) und Geschichte (ein SE). Die Schulstufe wird in den
Metadaten nicht explizit benannt, Unterrichtsthemen wie Abiturvorbereitung lassen jedoch
auf die Sekundarstufe II schließen. Bei den Datensätzen aus der Berufsschule handelt es

beiden Teilkorpora entfiel mit 71 % bzw. 76 % die Mehrheit der geäußerten Nomen-, Vollverb- und Adjektiv-Token auf die LP. Hinsichtlich der Wortschatzbereiche fand sich bei LP gegenüber SuS ein signifikanter Mehrgebrauch des Bereichs B1+GESIG sowie der Wortart Verb, bei SuS gegenüber den LP hingegen ein Mehrgebrauch der Bereiche nur_B1, DEREWO_häufig und DEREWO_selten sowie der Wortart Nomen. Der Bereich B1+GESIG erwies sich als zentral für den Sprachgebrauch der mündlichen Unterrichtskommunikation: Er prägt die Sprache von LP (60 % dieser Token), ist für die gemeinsam von LP und SuS genutzten Lemmata wesentlich (68 % dieser Token) und kennzeichnet den (fach- bzw.) unterrichtsstundenübergreifend gebrauchten Wortschatz (93 % dieser Token). Daneben deuten sich fachliche Unterschiede an, die einerseits eine größere Bedeutung von gesamtschriftsprachlich selten oder nicht gebrauchter spezifischer Lexik (DEREWO_selten, nicht_DEREWO) im Korpus Berufsschule (und den hier v. a. repräsentierten technischen Fächern) und andererseits eine größere Bedeutung von polyvalentem Grundwortschatz sowie gesamtschriftsprachlich häufigerer spezifischer Lexik (B1+GESIG, DEREWO_häufig) im Korpus Wirtschaftsgymnasium (und den hier repräsentierten geistes- und gesellschaftswissenschaftlichen Fächern) betreffen (vgl. Meißner, 2023, S. 28–29).

Damit liegen erste quantitative Ergebnisse vor, die den Wortschatzgebrauch in der Unterrichtskommunikation in seiner Gesamtheit beschreiben. Weiteren Aufschluss zu den lexikalischen Charakteristika der Unterrichtskommunikation kann ein Vergleich mit dem Wortschatzgebrauch in anderen kommunikativen Kontexten bringen. Ein solcher Registervergleich soll hier unternommen werden.

5 Der Wortschatzgebrauch in der Unterrichtskommunikation im Registervergleich: Eine Korpusstudie

Ziel der Korpusstudie ist es, den Wortschatzgebrauch in der mündlichen Unterrichtskommunikation im Verhältnis zu jenem in anderen Domänen zu beschreiben. Die Studie ist explorativ insofern sie mit den über die Datenbank für gesprochenes Deutsch (DGD) aktuell verfügbaren Sprachdaten arbeitet, die für

---

sich um fünf SE des Fachs „Managementsysteme von Ottomotoren" und zwei SE aus dem Fach „Arbeits- und Berufspädagogik". Die Themen sind jeweils verschieden (vgl. dazu die Metadaten des FOLK-Korpus).

die betrachteten Kommunikationsbereiche keine Ausgewogenheit hinsichtlich Variation und Datenumfang bieten bzw. anstreben.

5.1   Methodisches Vorgehen

Die Basis für die Untersuchung bilden die Korpora FOLK[11] (Schmidt, 2018; Kaiser, 2018), GWSS (Fandrych et al., 2014) und MIKO (Wisniewski et al., 2022) aus der Datenbank für gesprochenes Deutsch (DGD)[12]. Die gesprochenen Daten liegen in der DGD transkribiert vor und sind durch orthographische Normalisierung, Lemmatisierung und Wortartenannotation aufbereitet (Westpfahl et al., 2017).[13] Es werden auf dieser Grundlage insgesamt 13 Untersuchungskorpora zusammengestellt, um die Unterrichtskommunikation im Registervergleich zu beschreiben.

Die in FOLK verfügbaren Datensätze zur Unterrichtskommunikation bilden mit acht Sprechereignissen (SE) von Unterrichtsstunden im Wirtschaftsgymnasium sowie sieben SE von Unterrichtsstunden in der Berufsschule zwei Untersuchungskorpora. Es handelt sich jeweils um Plenumsinteraktionen, für die der Sprachgebrauch von LP und SuS bereits differenziert untersucht wurde (vgl. Meißner, 2023) und die hier insgesamt als Repräsentation des mündlichen Wortschatzgebrauchs in der Unterrichtskommunikation behandelt werden.

Sieben Untersuchungskorpora bilden exemplarisch Sprechkontexte verschiedener Domänen ab. Die Stratifikation des FOLK-Korpus nutzend, wurden aus der privaten, der institutionellen und der öffentlichen Interaktionsdomäne jeweils Gesprächsarten mit möglichst umfangreichem verfügbarem Datenbestand ausgewählt. Aus der privaten Interaktionsdomäne, die „informelle Gespräche mit Familie und/oder Freunden und Bekannten" umfasst (Kaiser, 2018, S. 522), wurden Tisch- und Telefongespräche gewählt. Bei der institutionellen Interaktionsdomäne handelt es sich um „Gespräche, die im Rahmen institutioneller Räumlichkeiten [stattfinden] bzw. Handlungen mit Personen in der Rolle institutioneller bzw. professioneller Vertreter und mit den entsprechenden konstitutiven Aktivitäten" (Kaiser, 2018, S. 522). Es wurden hier mit Schichtübergabegesprächen im Krankenhaus und Meetings in einer sozialen Einrichtung zwei

---

[11] In der Version 2.18 (25-07-2022).

[12] Vgl. https://agd.ids-mannheim.de.

[13] FOLK und GWSS können über den Zugang ZuRecht recherchiert werden (vgl. Frick & Schmidt, 2020), MIKO ist über die Rechercheoberfläche der DGD abfragbar.

Gesprächsarten der interprofessionellen Kommunikation ausgewählt, also Gespräche, bei denen fachliche Expertinnen und Experten miteinander kommunizieren (Kaiser, 2018, S. 528). Aus der öffentlichen Interaktionsdomäne, die Gespräche umfasst, „die im Rahmen öffentlich zugänglicher und/oder massenmedial vermittelter Anlässe stattfinden" (Kaiser, 2018, S. 521), wurden mit einer Plenardebatte im Bundestag, Podiumsdiskussionen und einem Schlichtungsgespräch drei Gesprächsarten des Lebensbereichs Politik gewählt.[14]

Wissenschafts- und Hochschulkommunikation bilden als institutionelle Kontexte tertiärer Bildung und in der konzeptuellen Schnittstelle von Bildungs- und Wissenschaftssprache in Bezug auf die AWS eine relevante Vergleichsgröße. Es wurden daher die hierzu in der DGD vorhandenen Datensätze ausgeschöpft. Anhand der Metadaten wurden Korpora nach Rollen in Interaktionstypen zusammengestellt, die das Sprechen von einerseits Prüfer/innen, andererseits Prüflingen[15] im Prüfungsgespräch an der Hochschule[16], das Sprechen von vortragenden Studierenden im Seminarreferat und in der anschließenden Diskussion sowie das Sprechen von wissenschaftlichen Expert/innen im Konferenzvortrag sowie in der anschließenden Diskussion umfassen. Es handelt sich jeweils um Daten aus dem GeWiss-Korpus (Fandrych et al., 2014), die im Fachbereich der deutschen Philologie erhoben wurden.[17] Daneben werden Vorlesungen des Faches Medizin aus dem MIKO-Korpus einbezogen.[18] Bei den Vorträgen und der Vorlesung handelt es sich um (überwiegend) monologisches Sprechen.

Für die Analyse wurden aus den Untersuchungskorpora Stichproben gezogen, die jeweils all jene Nomen-, Vollverb- und Adjektivlemmata umfassen, die

---

[14] In der Plenarsitzung geht es um mehrere Themen, die drei Podiumsdiskussionen behandeln jeweils ein Thema, im Schlichtungsgespräch geht es in allen SE um das Bauprojekt Stuttgart 21. Diese Gesprächsarten umfassen z. T. auch längere Redebeiträge einzelner beteiligter Personen und könnten als partiell monologisch beschrieben werden (zu einer Untersuchung der tatsächlichen Anteile langer Redebeiträge in den Gesprächsarten des FOLK-Korpus vgl. Meißner und Frick (2023)).

[15] Mit „Prüfling" wird die Rollenbezeichnung im Korpus wiedergegeben.

[16] Die Daten zu den Prüfungsgesprächen wurden hier aus dem FOLK-Korpus genommen. Sie wurden ursprünglich im Rahmen des GeWiss-Projektes erhoben und sind in der DGD auch Teil des GWSS-Korpus.

[17] GWSS enthält Daten von L1- und L2-Sprecher/innen des Deutschen. Es wurden hier jeweils Daten von L1-Sprecher/innen ausgewählt.

[18] Es handelt sich um sechs SE, die jeweils die ersten drei Sitzungen der Vorlesungen „Funktionelle Anatomie" sowie „Physik für Mediziner/innen" umfassen (vgl. zu näheren Angaben die Metadaten des Korpus in der DGD).

eine Mindestfrequenz von 10 aufweisen.[19] Damit wird für den Registervergleich ein Ausschnitt des häufiger verwendeten Inhaltswortschatzes zugrunde gelegt.[20] Tab. 1 zeigt die verwendeten Untersuchungskorpora sowie die Stichproben im Überblick.[21]

Die erhobenen Stichproben wurden nach der in Kap. 4 beschriebenen Operationalisierung von Wortschatzbereichen ausgewertet. Dazu wurden die Nomen-, Vollverb- und Adjektivlemmalisten mit Hilfe formbasiert-automatischer Abgleiche[22] mit den Referenzlisten B1, GeSIG und DeReWo nach den Bereichen nur_ B1, B1+GESIG, nur_GESIG, DEREWO_häufig, DEREWO_selten und nicht_ DEREWO annotiert und anschließend die auf diese Bereiche entfallenden Tokenmengen in paarweisen Vergleichen zwischen den Teilkorpora auf signifikante quantitative Unterschiede geprüft (vgl. Anhang 1 für die den Berechnungen zugrunde liegenden Tokenwerte).[23]

---

[19] Hierfür wird die in den Korpora vorliegende automatische Aufbereitung durch Lemmatisierung und Wortartenannotation genutzt (vgl. Westpfahl et al., 2017). Bei Partikelverben können die Häufigkeitswerte Ungenauigkeiten aufweisen, wenn in Distanzstellung gebrauchte Partikelverben nicht als solche lemmatisiert werden und so fälschlich die Frequenzwerte von Basisverben erhöht sind (vgl. diesbezüglich für die DeReWo-Liste Stadler 2014, S. 27). Die Frequenzschwelle schließt zufällig überrepräsentierte und aufgrund von Fehlern in der Lemmatisierung selten vorkommende Formen aus. Eine Beschränkung war erforderlich, um eine manuelle Fehlerprüfung für alle Lemmata, die nicht in der DeReWo-Liste enthalten sind, durchführen zu können.

[20] In den Stichproben ist jeweils der seltene Wortschatz unvollständig repräsentiert. Der Fokus liegt hier auf Unterschieden im Wortschatzgebrauch zwischen den kommunikativen Kontexten, nicht auf einer vollständigen Beschreibung aller einzelnen Kontexte. Für eine vollständige Untersuchung des Wortschatzes in den Korpora der Unterrichtskommunikation vgl. Meißner (2023).

[21] Die Unterschiede in den Anteilen von Token der Stichproben an den Token der Untersuchungskorpora spiegeln neben Merkmalen der Korpuszusammensetzung auch Eigenschaften der Register wider. So bildet die thematische Vielfalt in privaten Telefongesprächen ein Merkmal dieser Sprechsituation im Vergleich etwa zur thematischen Fixierung in Vorträgen (vgl. Koch & Oesterreicher, 2008). Eine größere thematische Variation bedingt eine größere Variation im Wortschatz, was dazu führt, dass eine geringere Menge an Lemmata die Vorkommenshäufigkeit von 10 erreicht. Es handelt sich insgesamt um opportunistische Untersuchungskorpora (d. h. es werden verfügbare Datenbestände verwendet). Sie sind hinsichtlich ihrer Umfänge heterogen und streben keine Repräsentativität für die jeweilige Gesprächsart an.

[22] Der Abgleich fand auf Ebene der Lemmaform für jede Wortart statt, wobei die Großschreibung sowie unterschiedliche Konventionen in den Referenzlisten bzgl. der Lemmaform berücksichtigt wurden.

[23] Es wurde der Log-Likelihood-Test verwendet (vgl. Rayson & Garside, 2000) und die von P. Rayson bereitgestellte in Excel integrierte Berechnungsmöglichkeit des LLR-Wertes für

Tab. 1 Datengrundlage der Untersuchung

	Untersuchungskorpus	Quelle	Anzahl SE	hh:mm	Token Korpus	Token Stichprobe	Anteil
Unterrichtskommunikation	1 Unterrichtsstunde im Wirtschaftsgymnasium	FOLK	8	07:00	51.748	7.209	14%
	2 Unterrichtsstunde in der Berufsschule	FOLK	7	07:31	49.801	8.324	17%
informelle Gespräche mit Familie und/oder Freunden und Bekannten	3 Tischgespräch	FOLK	12	14:59	169.101	21.588	13%
	4 Telefongespräch (privat)	FOLK	48	31:13	329.263	31.254	9%
Gespräche im institutionellen Rahmen (interprofessionelle Gespräche)	5 Schichtübergabe im Krankenhaus	FOLK	8	02:38	27.492	2.911	11%
	6 Meeting in einer sozialen Einrichtung	FOLK	5	10:37	124.426	17.661	14%
Gespräche im öffentlicher und/oder massenmedial vermittelter Anlässe, Lebensbereich Politik	7 Plenarsitzung im Bundestag	FOLK	1	05:07	43.140	7.072	16%
	8 Podiumsdiskussion (Politik)	FOLK	3	07:18	64.463	10.329	16%
	9 Schlichtungsgespräch	FOLK	4	21:31	206.576	37.927	18%
Gespräche und monologisches Sprechen in Wissenschafts- bzw. Hochschulkommunikation	10 Prüfungsgespräch an der Hochschule (Prüfer/in)	FOLK	19	10:21	41.835	5.146	12%
	11 Prüfungsgespräch an der Hochschule (Prüfling)				55.996	6.801	12%
	10 Seminarreferat (Vortragende/r)	GWSS	18	09:10	42.288	5.662	13%
	12 Expertenvortrag (Vortragende/r)	GWSS	14	10:03	75.074	10.741	14%
	13 Vorlesung (Medizin)	MIKO	6	07:15	62.028	10.692	17%

5.2   Ergebnisse

5.2.1   Verhältnis der Wortarten in den Stichproben

Die Untersuchungskorpora weisen Unterschiede im Anteil von Nomen, Verben und Adjektiven im durch die Stichproben erfassten häufig gebrauchten Inhaltswortschatz auf (vgl. Abb. 1).

Die Korpora der öffentlichen Domäne des Lebensbereichs Politik enthalten mit bis zu 53 % die größten Anteile an Nomen, gefolgt von den akademischen Sprechsituationen. Tisch- und Telefongespräche sowie auch Meetings haben mit 30 % die geringsten Nomenanteile. In den Unterrichtskorpora sind die Nomenanteile jeweils signifikant höher als für Tisch- und Telefongespräche sowie Meetings und signifikant niedriger als in den öffentlichen Untersuchungskorpora, den Vortragskorpora und dem Vorlesungskorpus.[24] Der Vollverbanteil ist für beide Unterrichtskorpora im Vergleich zu den privaten und interprofessionellen Korpora niedriger und im Vergleich zu allen Untersuchungskorpora der öffentlichen und akademischen Domäne höher.[25] In den untersuchten Stichproben erweist sich somit der Wortschatzgebrauch in der Unterrichtskommunikation im Vergleich zu den privaten und beruflichen Gesprächen als nominaler, im Vergleich

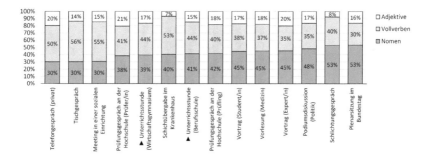

Abb. 1 Anteile der Wortarten in den Stichproben (Tokenwerte), aufsteigend gruppiert nach dem Anteil der Nomen

---

den Vergleich von zwei Korpora genutzt. Vgl. unter: http://ucrel.lancs.ac.uk/llwizard.html (30.03.2023).

[24] Jeweils p < 0,01 und niedriger.

[25] Jeweils p < 0,001 und niedriger, gegenüber dem Korpus Prüfer/in p < 0,05.

zu den öffentlichen Gesprächen und den monologischen akademischen Sprechkontexten jedoch als verbaler. Im Folgenden wird betrachtet, welche Anteile die
Wortschatzbereiche nach Wortart jeweils einnehmen.

5.2.2   Die Wortschatzbereiche im Registervergleich

Abb. 2 zeigt die Anteile der Wortschatzbereiche für die Nomen, Vollverben und
Adjektive je Untersuchungskorpus. Es wurde eine Gruppierung aufsteigend nach
dem Anteil der Wortschatzbereiche vorgenommen, die mit den Merkmalen korre-
spondieren, die im didaktischen Konzept von Bildungssprache fokussiert werden
(d. h. nach dem summierten Anteil von nur_GESIG (AWS jenseits des Grundwortschatzes) sowie den DEREWO-bezogenen Bereichen (spezifische Lexik)).
Weiß dargestellt sind die Bereiche, deren Einheiten formseitig mit Einheiten des
B1-Wortschatzes korrespondieren, wobei der unterste Abschnitt der Säulen den
Bereich nur_B1, der darauffolgende Abschnitt den Bereich B1+GESIG zeigt. In
Anhang 2 sind zur Illustration die jeweils fünf häufigsten Einheiten der Bereiche
für alle Korpora aufgeführt.

Die Ergebnisse werden zunächst aus der Perspektive der Wortschatzbereiche
beschrieben. Im Fokus stehen dabei die signifikanten Unterschiede, die sich in
Bezug auf die Anteile dieser Bereiche zwischen den Gesprächsarten der Domänen
gezeigt haben.

Alltäglicher Grundwortschatz (nur_B1): In Tisch- und Telefongesprächen entfallen für Nomen und Adjektive mehr Token als in allen anderen Korpora auf
den Bereich nur_B1.[26] Bei Verben weisen die Schichtübergabegespräche gegenüber allen anderen Korpora mehr nur_B1-Token auf, gefolgt von Tisch- und
Telefongesprächen.[27] Im Vergleich zwischen den privaten Gesprächsarten zeigen
Tischgespräche mehr nur_B1-Token, als Telefongespräche.[28] Ein Mehrgebrauch
des alltäglichen Grundwortschatzes kennzeichnet also in den hier betrachteten
Korpora die privaten Gespräche sowie berufliche Gespräche, in denen alltägliche
Inhalte professionell relevant sind (wie bei der Patientenpflege im Arbeitskontext
des Krankenhauses; vgl. Anhang 2).

---

[26] Jeweils p < 0,0001; bei Adjektiven für Telefongespräche gegenüber Schichtübergabe und
Meeting p < 0,05.

[27] Mehrgebrauch für Schichtübergabe gegenüber allen anderen jeweils p < 0,01 und niedriger; Tischgespräche gegenüber allen (bis auf Schichtübergabe) jeweils p < 0,0001 und
Telefongespräche gegenüber allen öffentlichen und akademischen Korpora mit jeweils
p < 0,0001.

[28] Bei Nomen p < 0,01; bei Verben und Adjektiven p < 0,0001.

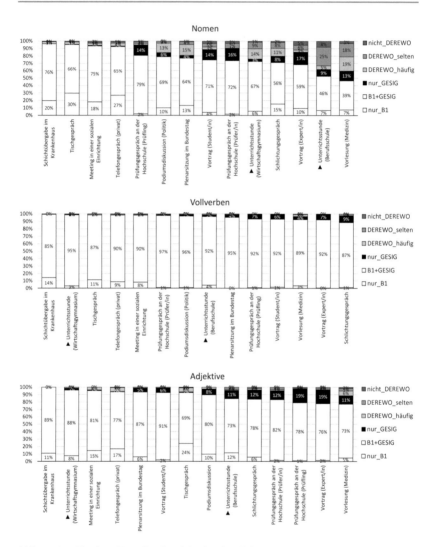

Abb. 2 Anteile der Wortschatzbereiche in den Stichproben der Untersuchungskorpora (Tokenwerte), aufsteigend gruppiert nach dem summierten Anteil der Bereiche nur_GESIG, DEREWO_häufig, DEREWO_selten und nicht_DEREWO

AWS-polyvalenter Grundwortschatz (B1+GESIG): Auf diesen Bereich entfallen für alle drei Wortarten in allen Stichproben die größten Tokenmengen.[29] Im Hinblick auf Unterschiede zwischen den Korpora zeigt sich ein nach Wortarten differenziertes Bild: Ein Mehrgebrauch von B1+GESIG-Nomen kennzeichnet die interprofessionellen Gesprächsarten Schichtübergabe und Meeting gegenüber den privaten und öffentlichen Gesprächsarten sowie auch gegenüber den Korpora der Unterrichtskommunikation, den Expertenvorträgen und den Vorlesungen.[30] Zwischen Schichtübergabegesprächen und Meetings besteht kein signifikanter Unterschied. Für Verben und Adjektive des Bereichs finden sich hingegen keine einheitlichen quantitativen Unterschiede. So gibt es z. B. für die Vorträge und die Vorlesungen im Anteil der B1+GESIG-Verben keine Unterschiede zu privaten Telefongesprächen oder den Meetings, für Expertenvorträge und Vorlesungen bei den B1+GESIG-Adjektiven keinen Unterschied zu Telefongespräch, Schichtübergabe oder Meeting. Für die Verben und Adjektive zeigt sich damit eine stärkere Ähnlichkeit zwischen den Domänen hinsichtlich der quantitativen Anteile des Wortschatzgebrauchs.

AWS jenseits des Grundwortschatzes (nur_GESIG): Dieser Bereich zeigt bei Nomen, Verben und Adjektiven einen Mehrgebrauch in den Untersuchungskorpora der öffentlichen Domäne des Lebensbereichs Politik gegenüber den privaten und den interprofessionellen Gesprächen.[31] Dabei gibt es Unterschiede zwischen den öffentlichen Gesprächsarten.[32] Das Schlichtungsgespräch zeichnet sich durch einen Mehrgebrauch von nur_GESIG-Verben gegenüber allen anderen Untersuchungskorpora aus.[33] Der Bereich nur_GESIG erweist sich damit in den

---

[29] Die Wortschatzbereiche unterscheiden sich bzgl. der Anzahl der insgesamt über alle Untersuchungskorpora vorkommenden verschiedenen Lemmata sowie bzgl. ihrer Verbreitung. Es sind für nur_B1 insgesamt 352 Lemmata, die durchschnittlich in 1,7 Korpora vorkommen, für B1+GESIG 827 in durchschnittlich 3,6, für nur_GESIG 277 in durchschnittlich 1,6, für DEREWO_häufig 268 in durchschnittlich 1,2, für DEREWO_selten 178 in 1,1 und für nicht_DEREWO 78 in 1,02. Der Bereich B1+GESIG umfasst also insgesamt gesehen die meisten Lemmata mit der weitesten Verbreitung.

[30] Jeweils $p < 0,01$ und niedriger; nur Meeting vs. Vortrag (Student/in) $p < 0,05$.

[31] Bei Nomen und Adjektiven jeweils $p < 0,0001$, bei Verben für Podiumsdiskussion und Schlichtungsgespräch $p < 0,0001$, für Plenarsitzung $p < 0,05$ bis $0,001$.

[32] Bei Nomen und Adjektiven gibt es jeweils einen Mehrgebrauch im Schlichtungsgespräch gegenüber der Podiumsdiskussion und in dieser gegenüber der Plenarsitzung; bei Verben einen Mehrgebrauch im Schlichtungsgespräch gegenüber der Plenarsitzung und in dieser gegenüber der Podiumsdiskussion.

[33] Jeweils $p < 0,0001$.

betrachteten Korpora als ein deutliches Kennzeichen des Wortschatzgebrauchs öffentlicher Gespräche des Lebensbereichs Politik.

Die nur_GESIG-Nomen bilden daneben ein Kennzeichen der akademischen Untersuchungskorpora. Sie zeigen hier jeweils einen Mehrgebrauch gegenüber allen anderen Korpora[34], heben also in den vorliegenden Stichproben den Wortschatzgebrauch der Wissenschafts- bzw. Hochschulkommunikation übergreifend von allen anderen Kontexten ab.

Für die nur_GESIG-Verben und -Adjektive zeigt sich in den akademischen Korpora ein Mehrgebrauch gegenüber den privaten und interprofessionellen Korpora sowie den Unterrichtsstunden im Wirtschaftsgymnasium.[35] Die Unterschiede zu den öffentlichen Korpora sowie zum Korpus Berufsschule sind nicht einheitlich. Während der Gebrauch von nur_GESIG-Nomen ein klares Kennzeichen der akademischen Sprechkontexte ist, weist der Gebrauch von Verben und Adjektiven dieses Bereichs somit auch Berührungspunkte mit den öffentlichen Gesprächen und mit der Unterrichtskommunikation auf.

Spezifischer Wortschatz (DEREWO_häufig, DEREWO_selten, nicht_ DEREWO): Diese Wortschatzbereiche sind bei den Nomen am stärksten ausgeprägt. Die öffentlichen Gesprächsarten weisen sowohl gegenüber den privaten als auch gegenüber den interprofessionellen einen Mehrgebrauch von DEREWO_häufig- und DEREWO_selten-Nomen auf.[36] Die interprofessionellen zeigen hingegen diesbezüglich keinen Mehrgebrauch gegenüber den privaten Gesprächsarten. Spezifischer nominaler Wortschatz ist somit neben der AWS jenseits des Grundwortschatzes ein weiteres Kennzeichen der öffentlichen Gesprächsarten gegenüber den privaten und interprofessionellen.

Für die akademischen Korpora zeigt sich ein Mehrgebrauch der DEREWO_ selten-Nomen gegenüber den privaten und interprofessionellen Korpora,[37] in Bezug auf die öffentlichen Gesprächsarten sind die Unterschiede jedoch nicht einheitlich,[38] bei den Unterrichtskorpora ist das Verhältnis sogar umgekehrt: Das Korpus Berufsschule weist mehr DEREWO_selten-Nomina als alle akademischen

---

[34] Jeweils p < 0,0001.

[35] Jeweils p < 0,0001, nur bei Adjektiven im Korpus Prüfer/in gegenüber Schichtübergabe p < 0,05.

[36] Jeweils p < 0,0001.

[37] Jeweils p < 0,0001, nur Korpus Prüfling gegenüber Telefongespräch und Meeting p < 0,01.

[38] So ist etwa der Anteil an DEREWO_häufig- und DEREWO_selten-Nomen im Schlichtungsgespräch höher als im Korpus Prüflinge oder den Vortragskorpora, der Anteil von DEREWO_häufig-Nomen in Plenarsitzungen und Podiumsdiskussionen höher als in den akademischen Untersuchungskorpora des Fachbereichs Philologie (jeweils p < 0,0001).

Korpora auf,[39] das Korpus Wirtschaftsgymnasium mehr als alle akademischen Korpora des Fachbereichs Philologie.[40] Der Mehrgebrauch von spezifischem nominalem Wortschatz, der auch der Gesamtsprache angehört, dort aber seltener ist, stellt in den untersuchten Stichproben somit ein Kennzeichen sowohl der akademischen Sprechkontexte als auch der öffentlichen Gesprächsarten sowie der Unterrichtskommunikation gegenüber privaten und interprofessionellen Gesprächen dar.

Die Korpora Berufsschule, Vorlesung und Expertenvortrag zeichnen sich besonders durch den Gebrauch spezifischer nominaler Lexik aus. Das Korpus Berufsschule unterscheidet sich von allen anderen Korpora durch einen Mehrgebrauch von DEREWO_selten- und nicht_DEREWO-Nomen.[41] Die Vorlesungen zeigen gegenüber allen Korpora (außer Berufsschule) einen Mehrgebrauch von DEREWO_häufig- und DEREWO_selten-Nomen,[42] die Expertenvorträge gegenüber allen Korpora (außer Berufsschule) einen Mehrgebrauch von nicht_ DEREWO-Nomen.[43]

5.2.3 Das Wortschatzprofil der Unterrichtskommunikation im Registervergleich

Es soll hier nun speziell die Position der Unterrichtskorpora im Vergleich zu den anderen Domänen in den Blick genommen werden. Dabei zeigt sich zunächst eine Gemeinsamkeit. In beiden Unterrichtskorpora finden sich weniger Einheiten des alltäglichen Grundwortschatzes (nur_B1) als in den privaten Korpora (betrifft Nomen, Verben und Adjektive) sowie in den interprofessionellen Korpora (betrifft nur_B1-Nomen und -Verben), jedoch mehr nur_B1-Verben als in den öffentlichen Korpora und den akademischen Korpora des Fachbereichs Philologie (d. h. den Prüfungsgesprächen und Vorträgen).[44] Die Unterrichtskorpora stehen somit bezüglich des Gebrauchs der nur_B1-Lexik zwischen privaten bzw.

---

[39] Jeweils p < 0,0001.

[40] Jeweils p < 0,01 und niedriger.

[41] Jeweils p < 0,001.

[42] Jeweils p < 0,0001. Diese Ergebnisse bestätigen für die mündliche Medizin-Vorlesung die Ergebnisse einer Studie, die den Wortschatz in universitären Lehrbuchtexten verschiedener Studienfächer mit Texten aus Hochschulzulassungsprüfungen verglichen und hierbei insbesondere für das Fach Medizin signifikant schwierigeren Wortschatz (im Sinne einer geringeren Deckung durch allgemeinsprachliche Wortlisten) festgestellt hat (Möhring & Bärenfänger, 2018, S. 464).

[43] Jeweils p < 0,0001.

[44] Jeweils p < 0,001 und niedriger.

interprofessionellen Gesprächsarten (weniger als diese) und öffentlichen Rede-
kontexten bzw. akademischen Prüfungs-/Vortragskontexten (mehr als diese).[45]
Folgende Unterschiede kennzeichnen die beiden Unterrichtskorpora:

Unterrichtsstunden im Wirtschaftsgymnasium: Hier ist der Anteil von
B1+GESIG-Verben höher als in den privaten und interprofessionellen Korpora.[46]
Es gibt diesbezüglich jedoch keine signifikanten Unterschiede gegenüber den aka-
demischen Korpora des Fachbereichs Philologie.[47] B1+GESIG-Verben sind für
diese schulischen und akademischen Kommunikationskontexte also von gleicher
quantitativer Bedeutung. Anders stellt sich dies für den Bereich nur_GESIG dar:
Es gibt im Korpus Wirtschaftsgymnasium zwar mehr nur_GESIG-Nomen und
-Adjektive als in den privaten und interprofessionellen Korpora, jedoch weniger nur_GESIG-Lexik aller Wortarten als in den öffentlichen und akademischen
Korpora.[48] Noch einmal anders sind die Verhältnisse für den spezifischen nominalen Wortschatz. Hier gibt es im Korpus Wirtschaftsgymnasium nicht nur mehr
DEREWO_häufig- und DEREWO_selten-Nomen als in den privaten und interprofessionellen Korpora, sondern auch mehr als in den akademischen Korpora
des Fachbereichs Philologie.[49] Im Vergleich zum Korpus Berufsschule zeigen
sich im Korpus Wirtschaftsgymnasium mehr DEREWO_häufig-, jedoch weniger
DEREWO_selten-Nomen.[50] Insgesamt weist das Korpus Wirtschaftsgymnasium
damit einen den akademischen Korpora der Philologie vergleichbaren Anteil an
Verben des AWS-polyvalenten Grundwortschatzes (B1+GESIG) auf, jedoch eine
im Vergleich zum akademischen und öffentlichen Wortschatzgebrauch geringere
Nutzung der AWS-Lexik jenseits des Grundwortschatzes (nur_GESIG), zudem
im Vergleich zu den philologischen akademischen Korpora ein Mehr an spezifischer nominaler Lexik (DEREWO_häufig und DEREWO_selten) und im

---

[45] Dass sich im Vergleich zu den Medizin-Vorlesungen kein signifikanter Unterschied im
Gebrauch der nur_B1-Verben findet, könnte eine Ähnlichkeit zwischen diesen Formen der
schulischen und akademischen unterrichtlichen Wissensvermittlung widerspiegeln. So gehören die Verben *gucken* und *kriegen* in den Unterrichtskorpora und dem Vorlesungskorpus zu
den häufigsten nur_B1-Einheiten (vgl. Anhang 2).

[46] Jeweils $p < 0{,}0001$.

[47] Gegenüber den Medizin-Vorlesungen findet sich im Korpus Wirtschaftsgymnasium ein
Mehrgebrauch von B1+GESIG-Verben ($p > 0{,}01$).

[48] Mehrgebrauch jeweils $p < 0{,}01$ und niedriger; Mindergebrauch bei nur_GESIG-Verben
und -Adjektiven jeweils $p < 0{,}0001$ (nur bei Adjektiven gegenüber Plenarsitzung $p < 0{,}001$);
bei Nomen jeweils $p < 0{,}0001$ (nur gegenüber Plenarsitzung nicht signifikant).

[49] Mehrgebrauch gegenüber privat und interprofessionell jeweils $p < 0{,}0001$; gegenüber den
akademischen Korpora der Philologie jeweils $p < 0{,}01$ und niedriger.

[50] Jeweils $p < 0{,}0001$.

Vergleich zur Berufsschule ein Mehr an spezifischer nominaler Lexik, die in der verschriftlichten öffentlichen Gesamtsprache häufiger ist (DEREWO_häufig).

Unterrichtsstunden in der Berufsschule: Anders als im Korpus Wirtschaftsgymnasium unterscheidet sich der Anteil von B1+GESIG-Verben hier nicht einheitlich durch einen Mehrgebrauch von den privaten und interprofessionellen Korpora. Es bestehen zudem gegenüber allen akademischen Korpora (einschließlich der Medizin-Vorlesungen) keine signifikanten Unterschiede in der Gebrauchshäufigkeit von B1+GESIG-Verben. Ein weiteres Unterscheidungsmerkmal des Korpus Berufsschule besteht in der geringeren Bedeutung von nominaler Lexik des Bereichs B1+GESIG. Hier zeigt sich ein signifikanter Mindergebrauch gegenüber allen anderen Untersuchungskorpora (außer den Medizinvorlesungen).[51] Der Bereich nur_GESIG ist hingegen im Korpus Berufsschule präsenter als im Korpus Wirtschaftsgymnasium. Es gibt hier einen Mehrgebrauch der nur_GESIG-Lexik aller Wortarten gegenüber den privaten und interprofessionellen Korpora sowie lediglich bei nur_GESIG-Nomen einen einheitlichen Mindergebrauch gegenüber den akademischen Korpora, bei nur_GESIG-Verben und -Adjektiven sowie gegenüber den öffentlichen Korpora zeigten sich unterschiedliche Ergebnisse.[52] Ein Unterschied besteht zudem in der stärkeren Nutzung spezifischer nominaler Lexik im Korpus Berufsschule. Gegenüber allen anderen Korpora findet sich hier ein Mehrgebrauch von DEREWO_selten- und nicht_DEREWO-Nomen.[53] Der Gebrauch von DEREWO_häufig-Nomen ist höher als in den privaten und interprofessionellen Korpora sowie den akademischen Korpora der Philologie.[54] Das Korpus Berufsschule hat damit insgesamt einen dem akademischen Gebrauch quantitativ vergleichbaren Anteil an Verben des AWS-polyvalenten Grundwortschatzes (B1+GESIG), der sich jedoch nicht einheitlich als Mehrgebrauch gegenüber privaten und interprofessionellen Gesprächen abhebt. Nomen

---

[51] Jeweils p < 0,0001.

[52] Mehrgebrauch gegenüber privaten und interprofessionellen Korpora jeweils p < 0,0001; Mindergebrauch gegenüber akademischen Korpora nur_GESIG-Nomen und Verben jeweils p < 0,0001; jedoch bei Verben gegenüber Korpus Prüfer/in Mehrgebrauch (p < 0,05); Mindergebrauch von nur_GESIG-Verben gegenüber Plenarsitzung p < 0,01, gegenüber Schlichtung p < 0,0001; gegenüber der Podiumsdiskussion besteht kein signifikanter Unterschied. Bei nur_GESIG-Adjektiven kein Unterschied zum Korpus Prüfer/in sowie Schlichtungsgesprächen; Mindergebrauch gegenüber Korpora Prüfling und Expertenvortrag (p < 0,0001); Mehrgebrauch gegenüber Korpora Studentischer Vortrag und Medizin-Vorlesung (p < 0,0001), Plenarsitzung (p < 0,0001) und Podiumsdiskussion (p < 0,01).

[53] Jeweils p < 0,0001.

[54] Jeweils p < 0,01 und niedriger.

des AWS-polyvalenten Grundwortschatzes sind von geringerer Bedeutung, AWS-Lexik jenseits des Grundwortschatzes (nur_GESIG) sowie auch die nominale spezifische, v. a. gesamtsprachlich seltenere Lexik haben eine größere Bedeutung.

5.3   Zusammenfassung

Es lässt sich zusammenfassend folgendes Bild zur Nutzung der Wortschatzbereiche in den Untersuchungskorpora festhalten:

- Private Gespräche unterscheiden sich von allen anderen Korpora durch einen Mehrgebrauch von Nomen und Adjektiven aus dem Bereich nur_B1 (alltäglicher Grundwortschatz).
- Interprofessionelle Gespräche unterscheiden sich von privaten und öffentlichen durch einen Mehrgebrauch von Nomen des Bereichs B1 + GESIG (AWS-polyvalenter Grundwortschatz).
- Öffentliche Gespräche des Lebensbereichs Politik unterscheiden sich von privaten und interprofessionellen durch einen Mehrgebrauch an Nomen, Verben und Adjektiven des Bereichs nur_GESIG (AWS jenseits des Grundwortschatzes) sowie an Nomen der Bereiche DEREWO_häufig und DEREWO_selten (spezifische Lexik).
- Akademische Kommunikationskontexte unterscheiden sich einheitlich gegenüber privaten, interprofessionellen und öffentlichen Gesprächen durch den Mehrgebrauch von Nomen des Bereichs nur_GESIG (Ausdrücke für allgemein-wissenschaftliche Konzepte);
- Es bestehen Ähnlichkeiten zwischen dem Sprechen in akademischen Kontexten und öffentlichen Kontexten des Lebensbereichs Politik in der Gebrauchshäufigkeit von Verben und Adjektiven des Bereichs nur_GESIG sowie in der Gebrauchshäufigkeit von Nomen der Bereiche DEREWO_häufig und DEREWO_selten. In diesen Feldern unterscheidet sich akademisches Sprechen nur von privaten und interprofessionellen Gesprächen einheitlich durch einen Mehrgebrauch.

Auf der Basis der Untersuchungskorpora zu Unterrichtsstunden aus Wirtschaftsgymnasium und Berufsschule lässt sich als Profil des Wortschatzgebrauchs der Unterrichtskommunikation im Registervergleich Folgendes festhalten:

- Unterrichtskommunikation ist durch einen Mehrgebrauch von Nomen der Bereiche DEREWO_häufig und DEREWO_selten (spezifischer nominaler Lexik) gegenüber privaten und interprofessionellen Gesprächen, aber auch gegenüber akademischen Sprechkontexten des Fachbereichs Philologie gekennzeichnet.

- Sie weist einen Mindergebrauch an Lexik der AWS jenseits des Grundwortschatzes (nur_GESIG) gegenüber akademischen Kommunikationskontexten, aber auch gegenüber öffentlichen Kommunikationskontexten des Lebensbereichs Politik auf.

- Im Verhältnis zu privaten und interprofessionellen Gesprächen weist die Unterrichtskommunikation hingegen mehr nur_GESIG-Lexik auf (im Korpus Berufsschule betrifft dies alle Wortarten, im Korpus Wirtschaftsgymnasium Nomen und Adjektive).

- Die Unterschiede sind für die zwei Unterrichtskorpora unterschiedlich ausgeprägt. Im Korpus Wirtschaftsgymnasium (und den hier repräsentierten geistes- bzw. gesellschaftswissenschaftlichen Fächern) besteht ein stärkerer Gebrauch des AWS-polyvalenten Grundwortschatzes sowie der nominalen spezifischen Lexik, die mit gesamtsprachlich häufigeren Einheiten korrespondiert (DEREWO_häufig). Im Korpus Berufsschule (und den dort repräsentierten v. a. technischen Fächern) besteht ein ausgeprägterer Gebrauch von AWS-Lexik jenseits des Grundwortschatzes (nur_GESIG) sowie von nominaler spezifischer Lexik, die mit gesamtsprachlich selteneren Einheiten korrespondiert (DEREWO_selten, nicht_DEREWO).[55]

# 6	Fazit

Der Beitrag hat in einer explorativen Analyse den Wortschatzgebrauch in der mündlichen Unterrichtskommunikation mit dem einer Auswahl von privaten, interprofessionellen, öffentlichen und akademischen Kommunikationskontexten verglichen. Die Ergebnisse erlauben eine erste Einschätzung des mündlichen Sprachgebrauchs in der Unterrichtskommunikation im Verhältnis zu außerschulischen Kommunikationskontexten. Es hat sich gezeigt, dass der Wortschatzgebrauch in der Unterrichtskommunikation eine Zwischenstellung einnimmt und sich von privaten und interprofessionellen Gesprächen auf der einen Seite und

---

[55] Diesen Unterschieden entsprechen Erwerbsanforderungen einerseits hinsichtlich der Wortschatztiefe bzw. -qualität (polyvalente Einheiten), andererseits hinsichtlich des Wortschatzumfangs (seltenere Einheiten) (vgl. Juska-Bacher & Jakob, 2014).

von öffentlichen sowie akademischen Kommunikationskontexten auf der anderen Seite im Anteil des alltäglichen Grundwortschatzes (nur_B1) sowie der AWS jenseits des Grundwortschatzes (nur_GESIG) unterscheidet: In der Unterrichtskommunikation wird weniger alltäglicher Grundwortschatz als in den privaten und interprofessionellen Gesprächen, jedoch mehr als in öffentlichen und akademischen Kontexten gebraucht. Es wird mehr AWS jenseits des Grundwortschatzes als in den privaten und interprofessionellen Gesprächen, jedoch weniger als in öffentlichen und akademischen Kontexten gebraucht. Daneben sind Ähnlichkeiten zwischen Unterrichtskommunikation und akademischem sowie auch öffentlichem Wortschatzgebrauch im Anteil nominaler spezifischer Lexik (DEREWO_häufig, DEREWO_selten) deutlich geworden. Teilweise geht die Nutzung in der Unterrichtskommunikation hier quantitativ über den akademischen und öffentlichen Gebrauch hinaus. Schließlich bestehen in Bezug auf die Verwendung von Verben des AWS-polyvalenten Grundwortschatzes (B1+GESIG) fast keine quantitativen Unterschiede zwischen der Unterrichtskommunikation und den akademischen Sprechkontexten. Das Register der Unterrichtskommunikation, wie es in der explorativen Studie repräsentiert ist, liegt somit hinsichtlich des Gebrauchs von Grundwortschatz und alltäglicher Wissenschaftssprache zwischen privaten/beruflichen und öffentlichen/akademischen kommunikativen Kontexten, hinsichtlich des Gebrauchs nominaler spezifischer Lexik liegt es bei öffentlichen/akademischen Kontexten.

Die Ergebnisse ermöglichen weitere Schlussfolgerungen, wenn man die Spracherfahrungen gegenüberstellt, die durch die Register der untersuchten kommunikativen Kontexte ermöglicht werden. So können aus den ermittelten Unterschieden Hypothesen zu Inputgelegenheiten und sprachlichen Herausforderungen abgeleitet werden:

Dass in der Unterrichtskommunikation Lexik der AWS jenseits des Grundwortschatzes sowie nominale spezifische Lexik häufiger anzutreffen ist als in außerschulischen privaten oder beruflichen Kontexten, lässt diesbezügliche Herausforderungen beim Eintritt in den schulischen Bildungskontext erwarten. Für das Korpus Wirtschaftsgymnasium hat sich zudem im Vergleich zu den privaten und interprofessionellen Gesprächen ein häufigerer Gebrauch von Verben des AWS-polyvalenten Grundwortschatzes gezeigt. Hier wäre eine Herausforderung zu erwarten, die sich insbesondere auf die Flexibilität dieser Lexik in verschieden fachlichen Kontexten bezieht. Wie eine umfassendere Untersuchung der Datensätze zu den Unterrichtsstunden gezeigt hat, kommt dem AWS-polyvalenten Grundwortschatz in der Unterrichtskommunikation eine besondere Bedeutung zu, da er die Sprache der LP, die von LP und SuS gemeinsam gebrauchte Sprache sowie die fach- und unterrichtsstundenübergreifend gebrauchte Sprache quantitativ prägt (vgl. Meißner, 2023), also jene Sprache, welche die Zusammenhänge zwischen begrifflichen Wissensinhalten herstellt (vgl. Ehlich, 1999, S. 8–9 in dieser Hinsicht zur AWS). Für Lernende stellt der AWS-polyvalente Grundwortschatz Herausforderungen an den Ausbau von Wortschatztiefe, die je nach Umfang der vorhandenen gemein- bzw. alltagssprachlichen Fähigkeiten im Deutschen unterschiedlich hoch ausfallen können.[56]

Dass Lexik der AWS jenseits des Grundwortschatzes (nur_GESIG) in der mündlichen Unterrichtskommunikation wiederum seltener gebraucht wird als in akademischen Kontexten, lässt entsprechende Herausforderungen beim Übergang von der Schule zur Hochschule erwarten. In öffentlichen Kommunikationskontexten des Lebensbereichs Politik findet dieser Wortschatzbereich stärker Verwendung, es bieten sich hier andere Inputgelegenheiten.[57]

Für die untersuchten Gesprächsarten der öffentlichen Domäne des Lebensbereichs Politik hat sich im Vergleich zu den privaten und interprofessionellen Korpora ein Mehrgebrauch sowohl von Lexik der AWS jenseits des Grundwortschatzes (nur_GESIG) als auch von nominaler spezifischer Lexik (DEREWO_häufig, DEREWO_selten) gezeigt. Es sind dies dieselben Unterschiede, die für die privaten und interprofessionellen Gespräche auch im Vergleich zur Unterrichtskommunikation bestehen und aus denen somit Herausforderungen auch im Umgang mit kommunikativen Kontexten der öffentlichen Domäne resultieren können.

Die Untersuchung hat explorativen Charakter. Bei der Bewertung der Ergebnisse muss einbezogen werden, dass die verwendeten Datensätze für die Kommunikationskontexte keine repräsentative Abbildung geben. Die ausgewählten betrachteten Gesprächsarten bilden auch die Variation innerhalb der öffentlichen, institutionellen und privaten Interaktionsdomäne nicht ab. Die Ergebnisse zeigen jedoch schlaglichtartig Unterschiede im Sprachgebrauch und den damit eröffneten Inputgelegenheiten. Eine weitere Aufgabe bestünde hier in der systematischen

---

[56] Im Vergleich der untersuchten Gesprächsarten hat sich gezeigt, dass der Bereich B1+GESIG jeweils den größten Anteil einnimmt, besonders deutlich bei den Verben. Dieser Wortschatzbereich bildet aufgrund seiner spezifischen Verwendbarkeit eine Ressource, die über verschiedene Kommunikationsbereiche hinweg zum Einsatz kommt und in weiter (fachlich) differenzierten Verwendungsmustern auch für die an die schulische Ausbildung anschließenden beruflichen und akademischen Kontexte Relevanz besitzt.

[57] Allerdings ist aus der Forschung zum wissenschaftlichen Schreiben bekannt, dass die AWS auf der Ebene einzelner Wortschatzeinheiten domänenspezifische Gebrauchsmuster aufweist, was auch für das Mündliche zu erwarten wäre (vgl. zu Unterschieden in presse- und wissenschaftssprachlichen Gebrauchsspezifika etwa Wallner (2014), Andresen (2016)).

Beschreibung für ein möglichst breites Spektrum an Kommunikationskontexten. Dies betrifft auch die genauere Erfassung fachlicher bzw. disziplinärer
Unterschiede (und damit spezifischer Anforderungen) in Unterrichts- und Hochschulkommunikation. Hierfür wären fachlich differenziertere und ausgewogenere
Korpora erforderlich. Zudem ist zu berücksichtigen, dass die Untersuchung auf
der Ebene des Lemmas durchgeführt wurde. Unterschiede in Gebrauchsmustern
von Wortschatzeinheiten müssten zusätzlich betrachtet werden.

   Die vorgestellte Korpusanalyse hat den Wortschatzgebrauch der Unterrichtskommunikation im Registervergleich betrachtet, um auf Basis von Sprachgebrauchsmerkmalen Aussagen über sprachliche Anforderungen zu treffen, die
sich für die Teilhabe in diesem Kommunikationskontext ergeben und für Lernende mit unterschiedlichen Spracherfahrungen differenziell ausfallen können.
Der Perspektive der korpusbasierten Registeranalyse folgend, bilden die ermittelten Gebrauchshäufigkeiten der Wortschatzbereiche Zeichen ihrer funktionalen
Relevanz in den kommunikativen Kontexten. Aus der Perspektive des sprachlichen Lernens lassen sie Schlussfolgerungen im Hinblick auf Inputbeschaffenheit
und sprachliche Anforderungen zu. Eine Beschreibung des Sprachgebrauchs in
der schulischen Unterrichtskommunikation im Vergleich zum Sprachgebrauch,
in dem Inhalte in interprofessionellen und akademischen aber auch privaten
und öffentlichen Kontexten verhandelt werden, kann so kompetenzbezogene
didaktische Entscheidungen informieren und damit einen Beitrag zur Bildungsspracheforschung leisten.

Anhang

Anhang 1: Tokenwerte für die Nomen, Vollverben und Adjektive der Stichproben aus den Untersuchungskorpora

		nur_B1	B1+GESIG	nur_GESIG	DEREWO_häufig	DEREWO_selten	nicht_DEREWO	gesamt	
Tischgespräch	NN	1 939	4 273	31	193	70	16	6 522	30%
	VV	1 366	10 520	0	142	31	0	12 059	56%
	ADJ	723	2 063	30	167	11	13	3 007	14%
	gesamt	4 028	16 856	61	502	112	29	21 588	100%
Telefongespräch	NN	2 527	6 144	90	360	134	132	9 387	30%
(privat)	VV	1 361	14 040	33	164	69	0	15 667	50%
	ADJ	1 053	4 759	28	323	37	0	6 200	20%
	gesamt	4 941	24 943	151	847	240	132	31 254	100%
Schichtübergabe	NN	232	896	0	33	0	12	1 173	40%
im Krankenhaus	VV	218	1 312	10	0	0	0	1 540	53%
	ADJ	22	176	0	0	0	0	198	7%
	gesamt	472	2 384	10	33	0	12	2 911	100%
Meeting in einer	NN	964	4 044	44	148	73	93	5 366	30%
sozialen	VV	784	8 726	10	90	68	0	9 678	55%
Einrichtung	ADJ	383	2 112	23	99	0	0	2 617	15%
	gesamt	2 131	14 882	77	337	141	93	17 661	100%
Plenarsitzung	NN	503	2 399	143	554	137	32	3 768	53%
im Bundestag	VV	0	2 044	82	16	0	0	2 142	30%
	ADJ	73	1 013	63	13	0	0	1 162	16%
	gesamt	576	5 456	288	583	137	32	7 072	100%
Podiums-	NN	499	3 423	278	631	126	11	4 968	48%
diskussion	VV	30	3 501	80	29	0	0	3 640	35%
(Politik)	ADJ	171	1 374	133	43	0	0	1 721	17%
	gesamt	700	8 298	491	703	126	11	10 329	100%
Schlichtungs-	NN	3 075	11 218	1 695	2 159	1 570	325	20 042	53%
gespräch	VV	175	13 133	1 409	273	24	21	15 035	40%
	ADJ	168	2 223	356	50	53	0	2 850	8%
	gesamt	3 418	26 574	3 460	2 482	1 647	346	37 927	100%
Unterrichtsstunde	NN	160	1 906	94	391	254	37	2 842	39%
im Wirtschafts-	VV	99	3 016	12	10	23	0	3 160	44%
gymnasium	ADJ	93	1 067	31	16	0	0	1 207	17%
	gesamt	352	5 989	137	417	277	37	7 209	100%
Unterrichtsstunde	NN	234	1 575	321	180	858	273	3 441	41%
in der Berufsschule	VV	150	3 355	84	46	0	0	3 635	44%
	ADJ	145	912	139	18	34	0	1 248	15%
	gesamt	529	5 842	544	244	892	273	8 324	100%
Prüfungsgespräch	NN	34	1 428	317	10	134	58	1 981	38%
an der Hochschule	VV	19	2 033	31	15	0	0	2 098	41%
(Prüfer/in)	ADJ	17	872	130	18	30	0	1 067	21%
	gesamt	70	4 333	478	43	164	58	5 146	100%
Prüfungsgespräch	NN	58	2 223	394	50	64	35	2 824	42%
an der Hochschule	VV	23	2 511	185	0	0	0	2 719	40%
(Prüfling)	ADJ	14	982	237	10	15	0	1 258	18%
	gesamt	95	5 716	816	60	79	35	6 801	100%
Vortrag	NN	101	1 782	353	88	120	78	2 522	45%
(Student/in)	VV	32	1 971	138	0	10	0	2 151	38%
	ADJ	21	896	62	10	0	0	989	17%
	gesamt	154	4 649	553	98	130	78	5 662	100%
Vortrag	NN	463	2 865	808	145	313	259	4 853	45%
(Expert/in)	VV	17	3 415	271	18	0	0	3 721	35%
	ADJ	34	1 657	402	29	45	0	2 167	20%
	gesamt	514	7 937	1 481	192	358	259	10 741	100%
Vorlesung	NN	358	1 886	645	922	870	142	4 823	45%
(Medizin)	VV	134	3 519	159	101	36	0	3 949	37%
	ADJ	202	1 458	128	99	21	12	1 920	18%
	gesamt	694	6 863	932	1 122	927	154	10 692	100%

Anhang 2: Die häufigsten fünf Lemmatypes der Wortschatzbereiche für die Untersuchungskorpora. Angegeben ist jeweils die Häufigkeit pro 1000 Token.

	nur_B1		B1+GESIG		nur_GESIG		DEREWO_häufig		DEREWO_selten		nicht_DEREWO	
Tischgespräch	essen	1,40	sagen	5,60	Prinzip	0,10	geil	0,26	angucken	0,12	Stückchen	0,09
	gucken	1,32	machen	5,29	angeblich	0,09	blöd	0,20	Scheiß	0,09	nice	0,08
	kriegen	0,98	wissen	4,38	grundsätzlich	0,09	übel	0,18	Linsensuppe	0,07		
	Euro	0,79	gehen	3,73	Vorurteil	0,08	Ratte	0,17	Frischkäse	0,07		
	schmecken	0,63	kommen	3,12			hingehen	0,13	Boiler	0,07		
Telefongespräch (privat)	gucken	0,91	machen	3,56	Prinzip	0,09	witzig	0,22	angucken	0,11	OP	0,06
	kriegen	0,57	sagen	3,31	auflegen	0,06	blöd	0,22	Mami	0,08	Waze	0,06
	Ahnung	0,53	wissen	2,93	heftig	0,05	krass	0,19	Stemchen	0,07	Bachelorarbeit	0,05
	cool	0,44	gut	2,57	Vorlesung	0,04	Papa	0,18	Papi	0,05	Navi	0,04
	nächste	0,40	gehen	2,29	aufbauen	0,04	geil	0,13	hinfahren	0,05	Bussi	0,04
Schichtübergabe im Krankenhaus	schlafen	3,09	sagen	5,86	ansetzen	0,36	Visite	0,80			Rivotril	0,44
	Uhr	1,71	kommen	5,42			Rundgang	0,40				
	kriegen	1,49	Frau	5,20								
	Zimmer	1,02	gut	4,00								
	gucken	0,98	Herr	3,60								
Meeting in einer sozialen Einrichtung	gucken	1,50	machen	7,38	grundsätzlich	0,18	Techniker	0,19	Hilfeplan	0,17	Hapkido	0,18
	kriegen	1,48	sagen	7,28	Ganze	0,17	hingehen	0,19	angucken	0,17	Toberaum	0,16
	nächste	0,88	wissen	4,50	Prinzip	0,10	blöd	0,18	Tagesgruppe	0,16	Fuffi	0,13
	Mama	0,63	gehen	3,82	Protokoll	0,08	doof	0,18	schwätzen	0,12	Geschwisterchen	0,12
	holen	0,55	kommen	3,53	erfassen	0,08	schräg	0,17	reinschreiben	0,10	Ferienspielwoche	0,08
Plenarsitzung im Bundestag	Kollegin	1,83	Frage	3,80	Maßnahme	1,21	Enteignung	1,76	Asylbewerberleistungsgesetz	0,49	Mietpreisbremse	0,49
	nächste	1,09	sagen	3,52	konkret	0,58	Bundesregierung	1,39	Zusatzfrage	0,46	Düngemittelverordnung	0,25
	Euro	1,07	Herr	3,31	entsprechend	0,46	Kommission	1,21	Mieterin	0,44		
	Bundeskanzlerin	0,95	machen	3,13	umsetzen	0,42	Wohnraum	0,90	Baukindergeld	0,37		
	Miete	0,81	sagen	3,08	grundsätzlich	0,42	Staatssekretär	0,81	Wohnungsmarkt	0,37		
Podiumsdiskussion (Politik)	Euro	0,73	sagen	6,07	russisch	0,71	Musikhochschule	1,37	Wortmeldung	0,22	SEM	1,57
	Hochschule	0,70	Frage	3,15	Konzept	0,70	Enteignung	0,59	Schulmusik	0,17	Zweite	0,17
	herzlich	0,64	Herr	3,06	Standort	0,47	Hektar	0,57				
	Arbeitsplatz	0,62	geben	2,90	Argument	0,42	Mikrofon	0,43				
	Münchner	0,56	machen	2,31	klassisch	0,31	Komma	0,37				
Schlichtungsgespräch	Folie	1,32	Herr	7,71	ausführen	0,43	Tunnel	1,76	Neubaustrecke	1,23	Quelldruck	0,18
	Bahnhof	1,30	sagen	6,01	Konzept	0,42	Komma	0,91	Magistrale	0,65	Gleisvorfeld	0,16
	Strecke	1,06	machen	3,41	Schicht	0,34	Wirtschaftsprüfer	0,36	Kopfbahnhof	0,55	planfeststellen	0,10
	Gleis	0,89	kommen	3,20	Verfahren	0,33	Grundwasser	0,29	Schlichtung	0,42	Gäubahn	0,10
	Doktor	0,80	Frage	2,90	erläutern	0,30	Bohrung	0,28	Einsparpotenzial	0,30	Risikopuffer	0,09
Unterrichtsstunde im Wirtschaftsgymnasium	kriegen	0,64	sagen	5,26	Kapital	0,43	Eigenkapital	0,43	Parabel	0,64	BWL	0,33
	nächste	0,52	machen	3,98	Handlung	0,39	Bilanz	0,68	Fremdkapital	0,58	VWL	0,19
	Euro	0,52	gehen	3,44	Prinzip	0,27	Tunnel	0,68	Zugführer	0,50	Deutungsebene	0,19
	falsch	0,44	heißen	3,19	Ganze	0,27	Komma	0,64	Sachebene	0,43		
	gucken	0,37	wissen	2,80	Verbindlichkeit	0,25	Wächter	0,50	Sachanlage	0,37		
Unterrichtsstunde in der Berufsschule	kriegen	1,33	machen	7,17	entsprechend	1,63	Norm	0,76	Steuergerät	1,49	Halbgeber	0,98
	gucken	1,08	Herr	6,14	Masse	1,37	Zylinder	0,68	Volt	1,33	Fehlersuchplan	0,64
	Motor	1,00	sagen	5,46	Signal	1,35	Pin	0,66	Spule	1,16	Zündleitung	0,44
	einverstanden	0,94	gehen	4,48	Spannung	1,16	Schaltung	0,60	Diode	1,02	Igeber	0,40
	nächste	0,82	wissen	3,59	Begriff	0,84	abziehen	0,38	Zündfunke	0,92	Ruhestromabschaltung	0,36
Prüfungsgespräch an der Hochschule (Prüfer/in)	Verb	0,53	sagen	6,45	Prinzip	1,27	konzeptionell	0,43	Textsorte	0,98	Grammatikunterricht	0,33
	gucken	0,45	geben	4,69	literarisch	1,17	anschauen	0,36	Literaturunterricht	0,62	Sprachbewusstheit	0,29
	spannend	0,41	Text	3,01	Ansatz	1,05	Orient	0,24	produktionsorientiert	0,48	HPLU	0,26
	Adjektiv	0,29	machen	2,44	Drama	0,67			Textanalyse	0,38	Schreibdidaktik	0,26
			kommen	2,44	Funktion	0,57			Restaurationszeit	0,36	Interpretationsaufsatz	0,24
Prüfungsgespräch an der Hochschule (Prüfling)	gucken	0,41	sagen	4,73	Prinzip	1,09	Grammatik	0,29	Phraseologismus	0,29	Codeswitch	0,25
	Verb	0,32	Text	3,93	literarisch	0,95	Orient	0,25	produktionsorientiert	0,27	Textverstehen	0,20
	falsch	0,25	geben	3,61	Tagebuch	0,55	Gedächtnis	0,25	Literaturunterricht	0,23	Phonem	0,18
	Laut	0,18	machen	2,46	beziehen	0,54	syntaktisch	0,18	Textanalyse	0,23		
	Dialekt	0,18	Text	2,34	Ansatz	0,54	Laie	0,18	Mündlichkeit	0,21		
Vortrag (Student/in)	Lerner	1,30	sagen	4,52	Prinzip	0,95	Wohnen	0,61	Medienkompetenz	0,78	Interjektionen	0,50
	gucken	0,47	sagen	4,33	Verfahren	0,95	Sprichwort	0,45	Fremdsprachenunterricht	0,57	Lernen	0,31
	Migration	0,31	Beispiel	3,64	Identität	0,80	Silbe	0,40	Lernende	0,52	Lernen	0,31
	Deutsch	0,31	machen	2,58	Begriff	0,66	Sprache	0,38	Tutor	0,38	Duden	0,26
	klicken	0,28	kommen	2,41	Kriterium	0,66	Lehrplan	0,24	Landeskunde	0,35	Phraseologismen	0,24
Vortrag (Expert/in)	Plakat	1,12	sagen	3,93	sprachlich	0,97	Norm	0,29	Stilistik	0,65	Diskurslinguistik	0,51
	Lerner	0,79	geben	3,84	beziehen	0,59	Italienisch	0,53	Testgruppe	0,40	tun-Periphrase	0,33
	Englisch	0,64	machen	2,70	fachlich	0,53	anschauen	0,24	Kontrollgruppe	0,36	Awareness	0,28
	Studierende	0,63	Beispiel	2,53	Ebene	0,52	Englische	0,23	Fremdsprachenunterricht	0,32	Kommunikationsräume	0,25
	Deutsch	0,51	sehen	2,28	Diskurs	0,49	Sektion	0,21	lexikalisch	0,32	Lernen	0,25
Vorlesung (Medizin)	elektrisch	2,92	sehen	4,37	Spannung	2,92	Ladung	2,97	Kondensator	1,31	Feldlinien	0,56
	Knochen	1,85	geben	3,66	Widerstand	1,73	Magnetfeld	1,76	Spule	1,29	Probekörper	0,34
	Muskel	0,85	heißen	3,24	entsprechend	0,92	Gelenk	1,50	Volt	0,85	Gelenkflächen	0,26
	gucken	0,76	Strom	3,03	Begriff	0,87	magnetisch	0,77	Stromfluss	0,68	TSZH	0,23
	kriegen	0,50	machen	2,95	erzeugen	0,84	Kapazität	0,58	Omega	0,58	Wechselstromkreis	0,21

Literatur

Andresen, M. (2016). Im Theorie-Teil der Arbeit werden wir über Mehrsprachigkeit diskutieren – Sprechhandlungsverben in Wissenschafts- und Pressesprache. *Zeitschrift für Angewandte Linguistik, 64*, 47–66.

Balance, O., & Coxhead, A. (2022). What can corpora tell us about English for academic purposes? In A. O'Keeffe & M. McCarthy (Hrsg.), *The Routledge handbook of corpus linguistics* (2. Aufl., S. 405–415). Routledge.

Biber, D. (2006). *University language. A corpus-based study of spoken and written registers*, Studies in corpus linguistics/23. Benjamins.

Biber, D., & Conrad, S. (2009). *Register, genre, and style*. Cambridge University Press.

Biber, D., Conrad, S., Reppen, R., Byrd, P., & Helt, M. (2002). Speaking and writing in the university: A multidimensional comparison. *TESOL Quarterly, 36*(1), 9–48.

Bryant, D., Berendes, K., Meurers, D., & Weiss, Z. (2017). Schulbuchtexte der Sekundarstufe auf dem linguistischen Prüfstand. Analyse der bildungssprachlichen Komplexität in Abhängigkeit von Schultyp und Jahrgangsstufe. In M. Hennig (Hrsg.), *Linguistische Komplexität – ein Phantom?* (S. 281–309). Stauffenburg.

Coxhead, A. (2000). A new academic word list. *TESOL Quarterly, 34*(2), 213–238.

Coxhead, A. (2020). Academic vocabulary. In S. Webb (Hrsg.), *The Routledge handbook of vocabulary studies* (S. 97–110). Routledge.

Ehlich, K. (1999). Alltägliche Wissenschaftssprache. *Informationen Deutsch als Fremdsprache, 26*, 3–24.

Ehlich, K. (2009). Unterrichtskommunikation. In M. Becker-Motzek (Hrsg.), *Mündliche Kommunikation und Gesprächsdidaktik, Deutschunterricht in Theorie und Praxis 3* (S. 327–348). Schneider-Verlag Hohengehren.

Ellis, N. C. (2017). Cognition, corpora, and computing: Triangulating research in usage-based language learning. *Language Learning, 67*(1), 40–65.

Ellis, N. C., Römer, U., & O'Donnell, M. B. (2016). *Usage-based approaches to language acquisition and processing. Cognitive and corpus investigations of construction grammar*, Language learning monograph series/10. Wiley.

Fandrych, C., Meißner, C., & Slavcheva, A. (Hrsg.). (2014). *Gesprochene Wissenschaftssprache. Korpusmethodische Fragen und empirische Analysen, Wissenschaftskommunikation/9*. Synchron.

Fandrych, C., & Tschirner, E. (2007). Korpuslinguistik und Deutsch als Fremdsprache. Ein Perspektivenwechsel. *Deutsch als Fremdsprache, 2007*(4), 195–204.

Feilke, H. (2012a). Bildungssprachliche Kompetenzen – fördern und entwickeln. *Praxis Deutsch, 39*(233), 4–13.

Feilke, H. (2012b). Schulsprache – Wie Schule Sprache macht. In S. Günthner, W. Imo, D. Meer, & G. J. Schneider (Hrsg.), *Kommunikation und Öffentlichkeit. Sprachwissenschaftliche Potenziale zwischen Empirie und Norm* (S. 149–175). De Gruyter.

Flowerdew, L. (2015). Corpus-based research and pedagogy in EAP: From lexis to genre. *Language Teaching, 48*(1), 99–116.

Frick, E. & Schmidt, T. (2020). Using Full Text Indices for Querying Spoken Language Data. In P. Bański (Hrsg.), *8th Workshop on Challenges in the Management of Large Corpora (CMLC-8)*. LREC 2020 Workshop, Language Resources and Evaluation Conference,

11–16 May 2020: Proceedings. Paris, Stroudsburg, PA: European Language Resources Association (ELRA); Association for Computational Linguistics, 40–46. Abgerufen von https://ids-pub.bsz-bw.de/frontdoor/index/index/docId/9814 [30.09.2022].

Gardner, D., & Davies, M. (2014). A new academic vocabulary list. *Applied Linguistics, 35*(3), 305–327.

Gätje, O., & Langlotz, M. (2020). Der Ausbau literater Strukturen in Schulbüchern – Eine Untersuchung von Nominalgruppen in Schulbüchern der Fächer Deutsch und Physik im Vergleich. In M. Langlotz (Hrsg.), *Grammatikdidaktik: Theoretische und empirische Zugänge zu sprachlicher Heterogenität, Thema Sprache – Wissenschaft für den Unterricht/ 33* (S. 273–307). Schneider Verlag Hohengehren.

Goethe-Institut. (2016). *Goethe-Zertifikat B1. Deutschprüfung für Jugendliche und Erwachsene. Wortliste.* Abgerufen von https://www.goethe.de/pro/relaunch/prf/de/Goethe-Zertif ikat_B1_Wortliste.pdf [30.09.2022].

Gogolin, I., & Duarte, J. (2016). Bildungssprache. In J. Kilian, B. Brouër, & D. Lüttenberg (Hrsg.), *Handbuch Sprache in der Bildung* (S. 478–499). De Gruyter.

Habermas, J. (1981). Umgangssprache, Bildungssprache, Wissenschaftssprache (1977). In J. Habermas (Hrsg.), *Kleine politische Schriften I-IV* (S. 340–363). Suhrkamp.

Harren, I. (2015). *Fachliche Inhalte sprachlich ausdrücken lernen. Sprachliche Hürden und interaktive Vermittlungsverfahren im naturwissenschaftlichen Unterrichtsgespräch in der Mittel- und Oberstufe.* Mannheim: Verlag für Gesprächsforschung. Abgerufen von https:// nbn-resolving.org/urn:nbn:de:101:1-2019082018450873386852 [30.09.2022].

Juska-Bacher, B., & Jakob, S. (2014). Wortschatzumfang und Wortschatzqualität und ihre Bedeutung im fortgesetzten Spracherwerb. *Zeitschrift für Angewandte Linguistik, 61*(1), 49–75.

Kaiser, J. (2018). Zur Stratifikation des FOLK-Korpus: Konzeption und Strategien. In *Gesprächsforschung, 19,* 515–552. https://ids-pub.bsz-bw.de/frontdoor/index/index/ docId/8668 [30.09.2022].

Kleinschmidt-Schinke, K. (2018). *Die an Die Schüler/-Innen Gerichtete Sprache (SgS). Studien Zur Veränderung der Lehrer/-Innensprache Von der Grundschule Bis Zur Oberstufe,* Germanistische Linguistik/310. De Gruyter.

Koch, P. & Oesterreicher, Wulf (2008). Mündlichkeit und Schriftlichkeit von Texten. In N. Janich (Hrsg.), *Textlinguistik. 15 Einführungen* (S. 199–215). Narr.

Köhne, J., Kronenwerth, S., Redder, A., Schuth, E., & Weinert, S. (2015). Bildungssprachlicher Wortschatz – linguistische und psychologische Fundierung und Itementwicklung. In A. Redder, J. Naumann, & R. Tracy (Hrsg.), *Forschungsinitiative Sprachdiagnostik und Sprachförderung –Ergebnisse* (S. 67–92). Waxmann.

Kormos, J. (2020). How does vocabulary fit into theories of second language learning? In S. Webb (Hrsg.), *The Routledge handbook of vocabulary studies* (S. 207–222). Routledge.

Lange, I. (2020). Bildungssprache. In I. Gogolin, A. Hansen, S. McMonagle, & D. P. Rauch (Hrsg.), *Handbuch Mehrsprachigkeit und Bildung* (S. 53–58). Springer VS.

Lange, W., Okamura, S. & Scharloth, J. (2015). Grundwortschatz Deutsch als Fremdsprache. Ein datengeleiteter Ansatz. In J. Kilian & J. Eckhoff (Hrsg.), *Deutscher Wortschatz – beschreiben, lernen, lehren. Beiträge zur Wortschatzarbeit in Wissenschaft, Sprachunterricht, Gesellschaft* (S. 203–219). Lang.

Laufer, B. (2010). Lexical threshold revisited: Lexical text coverage, learners' vocabulary size and reading comprehension. *Reading in a Foreign Language, 22*(1), 15–30.

Liu, D., & Lei, L. (2020). Technical vocabulary. In S. Webb (Hrsg.), *The Routledge handbook of vocabulary studies* (S. 111–124). Routledge.

Meißner, C. (2023). Sprachgebrauch in der mündlichen Unterrichtskommunikation. Eine korpusbasierte Wortschatzanalyse. *Zeitschrift für Angewandte Linguistik, 78(1)*, 1–37.

Meißner, C. (2021). Berufsspezifischer Wortschatz am Arbeitsplatz. Korpuslinguistische Analysen und Perspektiven für die berufsbezogene Sprachförderung. In I.-L. Sander & C. Efing (Hrsg.), *Der Betrieb als Sprachlernort,* Kommunizieren im Beruf/4 (S. 50–77). Narr Francke Attempto.

Meißner, C., & Frick, E. (2023). Interaktionskorpora als Ressource für die Vermittlung diskursiver Fähigkeiten in der Fremd- und Zweitsprache: Eine korpuslinguistische Analyse langer Redebeiträge in Gesprächsarten des Deutschen. In S. Schmölzer-Eibinger & B. Bushati (Hrsg.), *Miteinander reden – Interaktion als Ressource für den Erst-, Zweit- und Fremdspracherwerb* (S. 40–65). Beltz Juventa.

Meißner, C. & Wallner, F. (2019). *Das gemeinsame sprachliche Inventar der Geisteswissenschaften. Lexikalische Grundlagen für die wissenschaftspropädeutische Sprachvermittlung,* Studien Deutsch als Fremd- und Zweitsprache/6. Erich Schmidt.

Meißner, C. & Wallner, F. (2020). Die fachübergreifende Lexik in den Niveaustufen des Gemeinsamen Europäischen Referenzrahmens (GER). Ansatzpunkte für die Vermittlung bildungssprachlicher Kompetenzen. *Deutsch als Fremdsprache, 2020 (4)*, 196–205.

Möhring, J., & Bärenfänger, O. (2018). Hochschulzugangsprüfungen und die Studienrealität: Eine empirische Untersuchung zu Lese- und Wortschatzanforderungen in der Studieneingangsphase. *Informationen Deutsch als Fremdsprache, 45*(4), 540–572.

Morek, M., & Heller, V. (2012). Bildungssprache – Kommunikative, epistemische, soziale und interaktive Aspekte ihres Gebrauchs. *Zeitschrift für Angewandte Linguistik, 57*(1), 67–101.

Nation, P. (2013). *Learning vocabulary in another language* (2. Aufl.). Cambridge University Press.

Niederhaus, C. (2011). *Fachsprachlichkeit in Lehrbüchern. Korpuslinguistische Analysen von Fachtexten der beruflichen Bildung*, Sprach-Vermittlungen/10. Waxmann.

Ortner, H. (2009). Rhetorisch-stilistische Eigenschaften der Bildungssprache. In U. Fix, A. Gardt, & J. Knape (Hrsg.), *Rhetorik und Stilistik,* Handbücher zur Sprach- und Kommunikationswissenschaft (HSK)/31.2 (S. 2227–2240). De Gruyter.

Osburg, C. (2016). Sprache und Begriffsbildung: Wissenserwerb im Kontext kognitiver Strukturen. In J. Kilian, B. Brouër, & D. Lüttenberg (Hrsg.), *Handbuch Sprache in der Bildung* (S. 319–345). De Gruyter.

Peters, E. (2020). Factors affecting the learning of single word items. In S. Webb (Hrsg.), *The Routledge handbook of vocabulary studies* (S. 125–142). Routledge.

Rayson, P. & Garside, R. (2000). Comparing corpora using frequency profiling. In A. Kilgarriff & T. Berber Sardinha (Hrsg*.), Proceedings of the workshop on comparing corpora, held in conjunction with the 38th annual meeting of the Association for Computational Linguistics (ACL 2000).* 1–8 October 2000, Hong Kong (S. 1–6). Association for Computational Linguistics (ACL).

Riehl, C. M., & Schroeder, C. (2022). DaF/DaZ im Kontext von Mehrsprachigkeit. *Deutsch als Fremdsprache, 2*, 67–76.

Roelcke, T. (2020). *Fachsprachen (4., neu bearbeitete und wesentlich* (erweiterte). Schmidt.

Römer, U. (2011). Corpus research applications in second language teaching. *Annual Review of Applied Linguistics, 31*, 205–225.

Schmidt, T. (2018). Gesprächskorpora. In M. Kupietz & T. Schmidt (Hrsg.), *Korpuslinguistik, Germanistische Sprachwissenschaft um 2020/5* (S. 209–230). De Gruyter.

Stadler, H. (2014). *Die Erstellung der Basislemmaliste der neuhochdeutschen Standardsprache aus mehrfach linguistisch annotierten Korpora: Institut für Deutsche Sprache.* Abgerufen von https://ids-pub.bsz-bw.de/frontdoor/index/index/year/2014/docId/2999 [30.09.2022].

Steinhoff, T. (2019). Konzeptualisierung bildungssprachlicher Kompetenzen. Anregungen aus der pragmatischen und funktionalen Linguistik und Sprachdidaktik. *Zeitschrift für Angewandte Linguistik, 2019(71),* 327–352.

Uesseler, S., Runge, A., & Redder, A. (2013). „Bildungssprache" diagnostizieren. Entwicklung eines Instruments zur Erfassung von bildungssprachlichen Fähigkeiten bei Viert- und Fünftklässlern. In A. Redder & S. Weinert (Hrsg.), *Sprachförderung und Sprachdiagnostik. Interdisziplinäre Perspektiven* (S. 42–67). Waxmann.

van Zeeland, H., & Schmitt, N. (2013). Lexical coverage in L1 and L2 listening comprehension: The same or different from reading comprehension? *Applied Linguistics, 34*(4), 457–479.

Wallner, F. (2014). *Kollokationen in Wissenschaftssprachen. Zur lernerlexikographischen Relevanz ihrer wissenschaftssprachlichen Gebrauchsspezifika.* Stauffenburg.

Weiss, Z., Lange-Schubert, K., Geist, B., & Meurers, D. (2022). Sprachliche Komplexität im Unterricht. *Zeitschrift für germanistische Linguistik, 50*(1), 159–201.

Westpfahl, S., Schmidt, T., Jonietz, J., & Borlinghaus, A. (2017). *STTS 2.0. Guidelines für die Annotation von POS -Tags für Transkripte gesprochener Sprache in Anlehnung an das Stuttgart Tübingen Tagset (STTS).* https://ids-pub.bsz-bw.de/frontdoor/index/index/start/0/rows/10/sortfield/score/sortorder/desc/searchtype/simple/query/POS+Folk/docId/6063 [30.09.2022].

Wisniewski, K., Lenhard, W., Möhring, J., & Spiegel, L. (Hrsg.) (2022). *Sprache und Studienerfolg bei Bildungsausländerinnen und Bildungsausländern.* Waxmann.

Bildungssprache zwischen Wort und Text: Analyse des Konnektorengebrauchs beim schriftlichen Argumentieren in Klasse 5

Madeleine Domenech und Elisabeth Mundt

1   Einleitung

Der Gebrauch von Wörtern wie *weil* und *aber,* sog. Konnektoren, spielt nicht nur in der alltäglichen Sprachverwendung eine zentrale Rolle, sondern ist auch fester Bestandteil schulischer Sprachbetrachtung – sei es mit Blick auf grammatische Phänomene oder Normen der Textproduktion. Auch in der wissenschaftlichen Auseinandersetzung mit schulrelevanten Sprachkompetenzen werden Konnektoren berücksichtigt und tauchen bspw. in verschiedenen theoretischen und empirischen Modellierungen sog. bildungssprachlicher Fähigkeiten auf (siehe z. B. Gogolin & Lange, 2011; Heppt et al., 2020; Uccelli et al., 2015). Der sichere Umgang mit Konnektoren scheint sich verschiedenen empirischen Untersuchungen zufolge nicht nur positiv auf sprachbezogene Kompetenzen auszuwirken (z. B. Kohnen & Retelsdorf, 2019), sondern sogar auf fachliche Schulleistungen (z. B. Volodina et al., 2021). Genau an der Schnittstelle von (bildungs)sprachlichen Fähigkeiten und fachlichem Lernen situieren sich argumentative Fähigkeiten, deren fächerübergreifende Relevanz nicht nur in den Curricula verschiedener Fächer abgebildet wird, sondern auch empirisch nachgewiesen werden konnte (z. B. Domenech et al., 2017). Gerade für das Argumentieren spielt

M. Domenech (✉)
Institut für Erziehungswissenschaften, Universität Kassel, Kassel, Deutschland
E-Mail: madeleine.domenech@uni-kassel.de

E. Mundt
Institut für Psychologie, Universität Kassel, Kassel, Deutschland
E-Mail: e.mundt@uni-kassel.de

J. Goschler et al. (Hrsg.), *Empirische Zugänge zu Bildungssprache und bildungssprachlichen Kompetenzen,* Sprachsensibilität in Bildungsprozessen, die Verknüpfung von Äußerungen sowie die sprachliche Explikation von Bezügen eine besondere Rolle, was den Gebrauch unterschiedlichster Konnektoren erfordert.

Die Forschungslage zur Verwendung von Konnektoren in argumentativen Zusammenhängen ist allerdings nach wie vor lückenhaft. Dies gilt insb. für den Beginn der Sekundarstufe I als relevante ‚Etappe' für den Ausbau bildungssprachlicher Fähigkeiten und die Erforschung spezifischer Verwendungsmuster bei der Produktion von Konnektoren. An diesem Punkt setzt die vorliegende Studie an. Anhand persuasiver Schülerbriefe untersucht sie, welche Konnektoren in argumentativen Texten in Klasse 5 verwendet werden und wie der Einsatz von Konnektoren mit der kommunikativen Gestaltung der Argumentationen zusammenhängt.

Der Aufbau dieses Beitrags ist dabei wie folgt: In Kap. 2 stellen wir zunächst die theoretische und empirische Grundlage für die hernach präsentierte Untersuchung dar. Dabei erklären wir zuerst, was genau wir mit Konnektoren meinen, verorten sie dann in verschiedenen theoretischen Modellen bildungsrelevanter Sprachkompetenzen und geben anschließend einen Überblick über die empirischen Befunde zu Relevanz und Aneignung von Konnektoren als bildungssprachlichem Element. Zuletzt wird erläutert, welche spezifische Bedeutung Konnektoren beim Argumentieren zukommt. Kap. 3 beschreibt die Anlage der Untersuchung, die Stichprobe und die einbezogenen Variablen. Die Ergebnisse werden in Kap. 4 berichtet und in Kap. 5 interpretiert und eingeordnet. Wir schließen in Kap. 6 damit, dass wir die Limitationen unserer Studie und weitere Forschungsbedarfe aufzeigen.

2   Theoretische und empirische Ausgangslage

Konnektoren[1] erfüllen in der Sprachverwendung mindestens zwei wesentliche Funktionen: Zum einen verbinden sie Propositionen. Diese Funktion wird in der Literatur entweder mit einem Fokus auf strukturelle Aspekte beschrieben – in der Duden Grammatik (2009, S. 1066) ist beispielsweise von der „Verknüpfung von Aussagen und Sätzen" die Rede – oder mit der Betonung bedeutungsbezogener Aspekte: So heißt es im Handbuch der deutschen Konnektoren des Instituts für deutsche Sprache (Pasch et al., 2003, S. 1), dass Konnektoren „die Bedeutung

---

[1] In der Literatur existieren eine ganze Reihe alternativer Termini, z. B. *Satzverknüpfer* und *Bindewörter* oder *Konjunktionen, Subjunktionen* und *Junktionen,* welche aus unterschiedlichen theoretischen und/oder analytischen Perspektiven und Disziplinen jeweils verschiedene Merkmale der Konnektoren hervorheben.

zweier Sätze zueinander in eine spezifische Relation" setzen. Diese semantischen Bedeutungsrelationen werden in der Literatur unterschiedlich kategorisiert. Der Duden unterscheidet bspw. kausal, konditional, kopulativ, temporal, spezifizierend und vergleichend; das Handbuch der deutschen Konnektoren (Breindl et al., 2015) differenziert auf Ebene der semantischen Klassen u. a. additiv, adversativ, instrumental, kausal, konditional, konzessiv, metakommunikativ und temporal. Die zweite Grundfunktion von Konnektoren besteht darin, dass sie genau diese Verbindung sprachlich in Form von einem (z. B. *und, weil*) oder mehreren Wörtern (z. B. *entweder … oder*) explizieren, wobei diese Ausdrücke unterschiedlichen Wortarten entstammen. Hier sind insb. Junktionen (Konjunktionen und Subjunktionen), Relativwörter, Adverbien und Präpositionen zu nennen (siehe Breindl et al., 2015; Duden Grammatik, 2009).

Diese Eigenschaften an den Schnittstellen von Wort- und Satz- bzw. Äußerungsebene sowie von Bedeutung und Form machen Konnektoren zu einem zentralen Element des sprachlichen Repertoires und damit zu einem theoretisch und empirisch besonders interessanten Forschungsgegenstand – auch für die inzwischen zahlreichen Arbeiten zum Thema Bildungssprache (für einen Überblick siehe bspw. Morek & Heller, 2012; Steinhoff, 2019).

2.1 Verortung von Konnektoren in verschiedenen theoretischen Modellen bildungsrelevanter Sprachkompetenzen

Konnektoren tauchen in verschiedenen Zusammenstellungen auf, welche versuchen, die Merkmale von Bildungssprache deskriptiv für einzelne Ebenen des linguistischen Systems zu erfassen. Dabei werden Konnektoren sowohl dem lexikalisch-semantischen als auch dem morpho-syntaktischen Bereich zugeordnet (z. B. Gogolin & Duarte, 2016; Gogolin & Lange, 2011).

Neben solchen meist bildungswissenschaftlich orientierten Ansätzen, die Konnektoren eher als isoliertes, lokales Phänomen auf Wort- bis Satzebene betrachten, werden Konnektoren in linguistisch bzw. sprachdidaktisch ausgerichteten Ansätzen eher als integraler Bestandteil komplexerer Äußerungseinheiten in kommunikativ eingebetteten Sprachhandlung(ssituation)en konzeptualisiert (siehe auch Morek & Heller, 2012 sowie Steinhoff, 2019 für eine ähnliche Kategorisierung).

Hier ist bspw. das Konzept der *Textprozeduren* zu nennen, welche als duale, komplexe sprachliche Zeichen (textsorten)typische kommunikative Aufgaben bzw. Handlungsschemata mit mehr oder weniger idiomatisierten sprachlichen

Ausdrücken (von der Wort- über die Satz- bis hin zur Textstrukturebene) zusammenbringen (Feilke, 2010; Feilke & Bachmann, 2014). Gerade mit Blick auf bildungssprachliche Verwendungszusammenhänge wird dabei bspw. die besondere Rolle von mehrteiligen Konnektoren wie *zwar … aber* als „Werkzeug des Argumentierens" (Feilke, 2010, S. 11) auf Satz- und Textebene betont (siehe auch Rezat, 2011).

In anderen Arbeiten zur Entwicklung und Überprüfung eines medialitäts- und gattungsübergreifenden Modells von Diskurskompetenz (MeGaDisK, Quasthoff, 2009, 2011) umfasst der sog. Kompetenzbereich der *Markierung* die Verwendung genretypischer sprachlicher Formen. Diesem kommt gerade im Kontext schulischer Sprachverwendung eine besondere Bedeutung zu. Diese Fähigkeit zur explizitsprachlichen Markierung von Äußerungen beinhaltet u. a. auch den Einsatz verschiedener Konnektoren, wie am Beispiel des schriftlichen Argumentierens empirisch nachgewiesen werden konnte (Quasthoff & Domenech, 2016).

Beiden Ansätzen ist gemein, dass sie Konnektoren explizit an verschiedenen Schnittstellen verorten: a) als eine Art Nexus zwischen Wort- und (Mehr)Satzebene, welcher b) in seiner indikatorischen bzw. idiomatischen Funktion äußerungs- bzw. textkonstituierend ist, und zwar sowohl auf c) Prozess- und Produktebene als auch für d) die Rezeption und Produktion. Diese ‚Schnittstellen-Funktion' ist insb. auch für bildungssprachlich geprägte kommunikative Kontexte wie das schulische Lernen mit fachwissenschaftlichen Lehrbuchtexten oder die argumentative Textproduktion relevant.

2.2 Empirische Befunde zum bildungssprachlichen Konnektorengebrauch

2.2.1 Zusammenhänge mit schulischen Kompetenzen

Die Bedeutung von Konnektoren für verschiedene Aspekte schulischen Lernens ist empirisch bereits recht gut belegt. So konnte bspw. nachgewiesen werden, dass das Textverständnis von Grundschüler:innen durch den Einsatz von Konnektoren profitiert – selbst wenn die jeweiligen semantischen Konzepte noch unsicher beherrscht werden (Cain & Nash, 2011). Daran anknüpfend konnten Volodina et al. (2021) zeigen, dass das Konnektorenverständnis – über Grammatikwissen, allgemeine kognitive Fähigkeiten und den sozio-ökonomischen Status hinaus – das Leseverstehen verbessert. Auch für die Sekundarstufe I konnten Kohnen und Retelsdorf (2019) unter Einbezug vieler relevanter Kontrollvariablen belegen, dass das Konnektorenwissen einen spezifischen Beitrag zum Textverständnis leistet (zumindest für einsprachige Lerner). Phillips Galloway und Ucelli (2019) berichten darüber hinaus, dass bildungssprachliche Kompetenzen, die u. a. den angemessenen Gebrauch von Konnektoren umfassen, auch für die Textproduktion bedeutsam sind. Die Qualität von Texten wird wiederum durch den Einsatz typischer Konnektoren mitbestimmt, wie sich bspw. in der Untersuchung von Anskeit (2018) zu beschreibenden und argumentativen Texten von Grundschüler:innen zeigt. Analog dazu beobachtet Langlotz (2014) systematische Unterschiede in der Verwendung von Konnektoren bzw. Junktionen bei verschiedenen Textsorten und in verschiedenen Altersstufen. Taylor et al. (2019) weisen am Beispiel schriftlicher Argumentationen Zusammenhänge zwischen dem Gebrauch bestimmter (in diesem Fall adversativer) Konnektoren und der Komplexität von Argumentationen nach.

Neben diesen Befunden, die auf die Relevanz von Konnektoren für eine große Bandbreite bildungssprachlicher Verwendungszusammenhänge im engeren Sinne (Rezeption und Produktion von Texten) verweisen, existieren aber auch Hinweise auf ihre Bedeutsamkeit für ‚sprachfernere' Aspekte schulischen Lernens. Taylor et al. (2019) berichten bspw. Bezüge zur inhaltlichen Komplexität von Argumentationen und Volodina et al. (2021) konnten sogar positive Effekte des Konnektorenwissens auf mathematische Leistungen zeigen.

2.2.2 Aneignung des Konnektorengebrauchs

Verständnis und Gebrauch der Konnektoren erweisen sich dabei u. a. als abhängig von ihrer Bedeutung und ihrer Frequenz. Die für die englische Sprache empirisch belegte Erwerbsreihenfolge von additiven über temporale, kausale, konditionale hin zu adversativen und konzessiven Konnektoren (z. B. Cain et al., 2005) ist auch für das Deutsche zum Teil bestätigt. So zeigt bspw. eine Teilstudie von Dragon et al. (2015), dass Grundschüler:innen temporale Konnektoren sicherer als kausale bzw. konzessive beherrschen, wobei besonders große Unsicherheiten bei seltenen Ausdrücken auftreten (dies bestätigen auch Zufferey und Gygax (2020) für ältere Schreibende). Dass die Aneignung konzessiver Strukturen besonders herausfordernd ist, zeigen verschiedene Untersuchungen des schriftlichen Argumentierens. So beobachten Feilke (2021) und Rezat (2011) bspw. erst am Ende der Sekundarstufe I eine Zunahme konzessiver Konnektoren in Schülertexten. Der funktionale und schriftsprachlich angemessene Einsatz solcher Ausdrücke ist Petersen (2014) zufolge sogar bis in die Oberstufe hinein noch unsicher.

Daneben scheint auch die generelle Verfügbarkeit zielsprachlicher Ressourcen bedeutsam für die Verwendung von Konnektoren zu sein. So enthalten kürzere

Texte zu Beginn der Sekundarstufe I bspw. ein deutlich eingeschränkteres Repertoire[2] argumentativer Konnektoren gegenüber längeren Texten (Domenech, 2019) und mehrsprachig aufwachsende Schüler:innen haben bis in die Oberstufe hinein Schwierigkeiten, Konnektoren zielsprachlich korrekt in ihre Texte zu integrieren (Petersen, 2014). In diese Richtung weisen auch Befunde zur Relevanz der Familien- bzw. Erstsprache für das Verstehen von Konnektoren (z. B. Dragon et al., 2015; Heppt et al., 2012; Kohnen & Retelsdorf, 2019); wobei aktuelle Studien in vergleichenden Analysen verschiedener familialer Einflussfaktoren eher die Bedeutung des sozio-ökonomischen Status' der Familie (Volodina & Weinert, 2020) bzw. des elterlichen Bildungsniveaus und des Vorhandenseins von Büchern im Haushalt hervorheben (Volodina et al., 2020).

Die für andere Bereiche der Textproduktion belegten Schulformunterschiede (siehe z. B. Domenech & Quasthoff, in Vorb; Langlotz, 2021), welche die oben erwähnten individuellen und familiären Voraussetzungen gewissermaßen ‚aggregieren', zeigen sich zum Teil auch im Bereich der Konnektorenverwendung. Zufferey und Gygax (2020) stellen in ihren Auswertungen eines produktiven Konnektorentests auf Französisch mit Jugendlichen fest, dass sich das erwartungskonform bessere Abschneiden der Gymnasiasten gegenüber den Berufsschüler:innen bei frequenten Konnektoren zeigt, bei seltenen Ausdrücken jedoch nicht. Auch eine aktuelle Reanalyse des FD-LEX-Korpus (2018) von Feilke (2021) belegt eine unterschiedliche Nutzung von Konnektoren in argumentativen Texten von Fünft- und Neuntklässlern in integrierten Gesamtschulen einerseits und Gymnasien andererseits; für die relative Gesamtzahl von Konnektoren findet er jedoch keine Schulformunterschiede.

In der Zusammenschau scheint sich die Aneignung von Konnektoren also nicht nur auf summativ-quantitativer Ebene abzubilden, sondern auch mit Blick auf die Nutzung bestimmter semantischer Kategorien sowie die Verwendung seltener Ausdrücke oder die korrekte Integration konnektorenbasierter Formulierungen in eigene Äußerungen. Diese Facetten werden wiederum durch individuelle Voraussetzungen sowie familiäre oder institutionelle Gegebenheiten bedingt.

Für den schulischen Ausbau des Konnektorengebrauchs zur Teilhabe an bildungs- und fachsprachlichen Bildungsprozessen scheint die Sekundarstufe I insofern zentral, da in dieser Phase (nach der Aneignung basaler Sprachkompetenzen in der Grundschule) zunehmend komplexere Sachverhalte differenziert versprachlicht werden müssen. Eine entsprechende Förderung sollte im besten

---

[2] Im Sinne verschiedener Lexeme bzw. semantischer Kategorien, nicht der relativen Anzahl von Konnektoren pro Text.

Fall an den zu Beginn der Sekundarstufe I vorhandenen Kompetenzen ansetzen und gezielt wenig oder nur unsicher verwendete Konnektoren fokussieren. Bislang liegen für diese Altersstufe jedoch nur wenige Befunde vor.

2.2.3   Die Bedeutung von Konnektoren beim Argumentieren

Mit Blick auf die Bedeutung von Konnektoren für bildungssprachliche Verwendungszusammenhänge scheint die Diskursfunktion der Argumentation besonders interessant. So gilt sie zum einen als „zentrale Sprachhandlung im Fach- und Sprachunterricht" (Schicker & Schmölzer-Eibinger, 2021) mit prototypisch bildungssprachlichen Merkmalen (Feilke, 2013; Morek & Heller, 2012; Vollmer, 2011). Zum anderen zeichnen sich Argumentationen durch die Integration verschiedener Textfunktionen und kommunikativer Strategien aus, weshalb sie textlinguistisch auch als hybrid charakterisiert werden (Domenech, 2019; Feilke, 2008; Pohl, 2014; Quasthoff & Domenech, 2016; Vollmer, 2011). Die sprachliche Explikation dieser unterschiedlichen Aspekte legt in besonderem Maße den Einsatz von Konnektoren nahe – und zwar aus verschiedenen semantischen Kategorien, wie die Zusammenstellung argumentativer Konnektoren in Feilke (2021) eindrücklich illustriert.

Vor dem Hintergrund der oben beschriebenen theoretischen Konzeptualisierungen von Konnektoren als funktionales ‚Schnittstellen-Element' zwischen Wort-, Satz- und Textebene wäre es empirisch aufschlussreich, die Verwendung von Konnektoren nicht nur möglichst differenziert zu erfassen, sondern auch im Zusammenhang mit anderen, globalen bzw. satzübergreifenden Facetten der Textproduktion zu analysieren – wie bspw. den Rückgriff auf bestimmte Argumentationsstrategien. So wäre z. B. anzunehmen, dass die Begründung und/oder Stützung von Argumenten mit dem Einsatz kausaler Konnektoren einhergeht, das Abwägen verschiedener Aspekte einer Argumentation konditionale Formen erfordert und der Einbezug bzw. die Entkräftung von Gegenargumenten typischerweise mit der Verwendung adversativ-konzessiver Ausdrücke assoziiert sein sollte.

3   Anlage der Untersuchung

3.1   Forschungsfragen

Vor diesem Hintergrund bearbeitet die vorliegende Studie folgende Fragestellungen:

1) Auf deskriptiver Ebene interessiert uns
   a) welche argumentativen Konnektoren in persuasiven Texten in Klasse 5 wie häufig verwendet werden, und
   b) ob sich beim Konnektorengebrauch (Anzahl, Dichte, Breite) die zu erwartenden schulformspezifischen Unterschiede zeigen.
2) Darüber hinaus sollen auch Zusammenhänge mit text-strukturellen Aspekten untersucht werden, nämlich:
   a) Wie hängt der Konnektorengebrauch (Anzahl, Dichte, Breite) mit der kommunikativen Gestaltung der Argumentation zusammen?
   b) Und lassen sich die theoretisch erwartbaren Zusammenhänge zwischen bestimmten semantischen Kategorien von Konnektoren und typischen Argumentationsstrategien nachweisen?

3.2   Projekt und Schreibaufgabe

Die vorliegende Studie basiert auf Daten des BMBF-geförderten Forschungsprojekts „Die Rolle familialer Unterstützung beim Erwerb von Diskurs- und Schreibfähigkeiten in der Sekundarstufe I" (FUnDuS; Wild et al., 2018). Hierbei handelt es sich um eine längsschnittliche Studie, die die Entwicklung von Argumentationskompetenz im Verlauf der Sekundarstufe I unter Berücksichtigung verschiedener individueller und familialer Ressourcen untersuchte. Die Erhebungen fanden zwischen 2010 und 2014 in Nordrhein-Westfalen statt.

Die folgenden Analysen basieren ausschließlich auf den Daten des ersten Messzeitpunkts, als die Schüler:innen die 5. Jahrgangsstufe besuchten. Neben verschiedenen Hintergrundangaben und Kompetenzmaßen wurde u. a. auch das Schreiben eines persuasiven Briefs erfasst, welches in dem Testheft über zwei Aufgaben angelegt war: Zunächst wurden die Schüler:innen mit dem Inhalt und der kommunikativen Ausrichtung des Schreibsettings vertraut gemacht: Die Klassenkameradin Marie hat bei einem Malwettbewerb an der Schule ein Bild ihrer älteren Schwester eingereicht und damit gewonnen. Die Schüler:innen waren zunächst aufgefordert, sich mögliche Gründe zu überlegen und festzuhalten, warum Marie dem Klassenlehrer ihren Betrug gestehen sollte. Anschließend sollten sie unter Nutzung dieser Gründe einen überzeugenden Brief an die Klassenkameradin verfassen (Abb. 1). Hierfür hatten die Schüler:innen im Rahmen der standardisierten Erhebung 7,5 min Zeit, wobei die meisten Schreibenden diese nicht voll ausnutzten.

✏ **Was würdet ihr in dem Brief schreiben? Ihr dürft hier die Gründe nutzen, die ihr euch eben überlegt habt. Denkt dran: Es geht darum, Marie mit <u>möglichst guten Gründen</u> zu überzeugen!**

> Hallo Marie,
>
> du hast mir ja erzählt, dass du dein Bild gar nicht selbst gemalt hast. Ich
>
> finde, du solltest alles unserem Klassenlehrer erzählen, weil …
>
> _____
>
> _____

Abb. 1 Schreibaufgabe für Klasse 5 im Projekt FUnDuS

3.3 Stichprobe und Variablen

Die Stichprobe besteht aus $N = 1455$ Schüler:innen der 5. Klasse (45,3 % weiblich), die im Mittel 11,0 Jahre ($SD = 0,68$) alt sind. Von ihnen besuchen 574 (39,5 %) eine Hauptschule und 881 (60,5 %) ein Gymnasium. Das Korpus, das unseren Analysen zugrunde liegt, besteht entsprechend aus 1455 persuasiven Briefen, die bei der Bearbeitung der Schreibaufgabe (Abb. 1) entstanden sind.

Diese Texte wurden hinsichtlich verschiedener Merkmale ausgewertet. Durch Auszählen der Wörterzahl wurde zunächst die *Textlänge* ermittelt. Zur Bestimmung der anderen Maße (Konnektorengebrauch, Argumentationsstrategien) wurde jeweils ein Teil der Texte von einer zweiten Person eingeschätzt, um die Reliabilität der Ratings beurteilen zu können.[3]

_____

[3] Dazu wurde jeweils der einfaktorielle unjustierte Intra-Klassen-Korrelationskoeffizient (ICC) berechnet. Hierbei handelt es sich um ein Maß, das den Grad der Übereinstimmung unterschiedlicher Rater bei der Einschätzung metrischer (intervall- oder verhältnisskalierter) Variablen und damit die Reliabilität (Zuverlässigkeit) der Urteile einzelner Rater angibt. Der Wert kann sich zwischen 0 und 1 bewegen, wobei 1 eine 100 %ige Übereinstimmung indiziert und 0 keinerlei Übereinstimmung anzeigt. In der Literatur wird gemeinhin ein Wert von mindestens .7 als Indiz für gute Reliabilität angegeben. Bei der Interpretation der Werte sind aber u. a. die Art der Rater (z. B. Experten vs. Laien) und der gerateten Objekte (z. B. Ausprägung von Eigenschaften einer Person vs. Anzahl bestimmter Wörter in einem Text) zu berücksichtigen. Da die Rater in dieser Studie geschult waren und es sich bei der Zählung von Konnektoren um eine Erhebung mit vergleichsweise wenig Interpretationsspielraum handelt,

Der Konnektorengebrauch wird mit verschiedenen Variablen auf lokaler/ wortbezogener Ebene beschrieben. Hierbei wurden ausschließlich Konnektoren der semantischen Kategorien erfasst, die für das Argumentieren notwendig erschienen: kausal im engeren Sinne (z. B. *deshalb*), adversativ (z. B. *aber*), konzessiv (z. B. *obwohl*), final (z. B. *damit*) und konditional (z. B. *wenn*). Additive (z. B. *und*), temporale (z. B. *nachdem*) oder modale (z. B. *indem*) und konsekutive (z. B. *sodass*) Konnektoren wurden also nicht berücksichtigt.

Die *Anzahl der Konnektoren* bezeichnet in dieser Studie somit die Summe aller argumentativer Konnektoren, die in einem Text verwendet wurden. Der ICC beträgt für diese Variable ,96. Als relatives Maß der Konnektorenhäufigkeit dient die *Dichte der Konnektoren*. Sie gibt an, wie viele Konnektoren ein Schreiber pro 100 Wörter verwendet hat. Beide Häufigkeitsmaße korrelieren zu $r = ,77$, $p < ,001$ miteinander. Die *Breite der Konnektoren* erfasst darüber hinaus, wie viele verschiedene argumentative Konnektoren ein Schreiber nutzt. Diese Variable wurde mit einer Reliabilität von ICC = ,94 erfasst. Dass die Breite der Konnektoren von der Anzahl der genutzten Konnektoren abhängig ist, spiegelt sich in der hohen Korrelation von $r = ,91$, $p < ,001$ mit der Anzahl und $r = ,74$, $p < ,001$ mit der Dichte der Konnektoren.

Neben diesen übergreifenden Maßen wurden die verwendeten Konnektoren auch einzeln erfasst und unter Bezugnahme auf das Handbuch der deutschen Konnektoren (Breindl et al., 2015) in semantische Gruppen geclustert. Die *kausalen Konnektoren* (ICC = ,98) umfassen dabei die Wörter *also, da, daher, darum, denn, deshalb, deswegen, schließlich* und *weil*. Das Cluster der adversativ-konzessiven Konnektoren (ICC = 1,0) beinhaltet die Wörter *aber, allerdings, dagegen, doch* und *zwar* sowie *dabei, dennoch, obwohl* und *trotzdem*. Zu den *finalen Konnektoren* (ICC = 1,0) wurden *damit* und *um* gezählt. Schließlich wurden auch *konditionale Konnektoren*[4] berücksichtigt; hierzu zählen die Wörter *wenn, falls* und *sonst* (ICC = ,91).

Zur Beantwortung von Fragestellung 2 wurden auf globaler, satzübergreifender Ebene verschiedene Strategien der sog. argumentativen *Vertextung* erfasst, also die inhaltlich und strukturell genretypische Gestaltung von Äußerungen in den Texten (Quasthoff & Domenech, 2016). Dabei wurde jeweils geratet, ob eine bestimmte Strategie in einem Text vorhanden ist oder nicht (1 *ja*, 0 *nein*):

---

sollten die Übereinstimmungswerte hierfür z. B. relativ nahe bei 1 liegen. Als weiterführende Lektüre empfehlen wir Wirtz und Caspar (2002) oder Gwet (2014).

[4] Positiv-konditionale (z. B. *wenn*) und negativ-konditionale (z. B. *sonst*) Konnektoren wurden in dieser Studie zusammengefasst.

Das *Abwägen,* also die Integration von Bedingungen in die Begründung, wurde mit einer Übereinstimmung von ICC = ,88 erfasst. Dazu zählen Formulierungen, die eine Voraussetzung und eine Begründung enthalten, z. B. „wenn der Lehrer es irgendwann rausbekommt, bekommst du mehr Ärger als wenn du es jetzt sagst" oder „wenn du lügst, glaubt dir irgendwann niemand mehr". Formulierungen, die z. B. nur den Claim begründen (z. B. „wenn du es nicht erzählst, wirst du ein schlechtes Gewissen haben") oder eine persönliche Wertung enthalten (z. B. „ich fände es toll, wenn du es erzählst"), werden nicht gezählt.

Als zweite Strategie wurde die Nutzung der sog. *Toulmin'schen Stützung* untersucht (ICC = ,94). Hierbei wird erfasst, ob der Schreiber seine Argumentation durch allgemeingültige Regeln oder Normen im Sinne Toulmins (1996) stützt. Dies kann mit generischen Formulierungen (z. B. „Ehrlichkeit ist gut"), mit Regelbezügen („ein Wettbewerb muss fair sein") oder auch Sprichwörtern (z. B. „Ehrlichkeit währt am längsten") umgesetzt werden. Nicht gewertet werden Formulierungen, die sich auf konkretes Verhalten beziehen (z. B. „das war nicht fair") oder persönliche Standpunkte enthalten (z. B. „ich finde Wahrheit immer am besten").

Drittens wurde erfasst, ob die argumentative Strategie des Einbezugs und der Entkräftung von *Gegenargumenten* genutzt wurde (ICC = ,83). Ein Punkt wurde vergeben, sobald mögliche Gegenargumente bzw. Gründe, die der Position des Verfassers entgegenstehen, genannt und selbst entkräftet wurden. Als mögliche Gegenargumente wurden etwa berücksichtigt, dass man den Preis behalten will, ein Schuldeingeständnis schwer ist, man dann ggf. Ärger bekommt oder als Lügnerin dastünde. Mögliche Erwiderungen darauf können beispielsweise sein, dass das andere Mädchen aber sehr traurig ist, dass ein Geständnis aber mutig wäre, man sich danach besser fühlt und Andere das sicher toll fänden. Das bloße „nicht wollen" wird hierbei nicht als Gegenargument gewertet, ebenso wenig wie implizite Gegenargumente, die nicht expliziert wurden (z. B. „niemand wird auf dich böse sein").

Als Gesamtmaß für die kommunikative *Vielfalt der Argumentation* wurde die Summe aus den drei Strategievariablen gebildet.

4 Ergebnisse

4.1 Konnektorengebrauch in Klasse 5

Die Texte, die die Schüler:innen bei der Bearbeitung der Schreibaufgabe produzierten, umfassten durchschnittlich 59,3 Wörter (SD = 26,8, Min = 2, Max = 177). Im Mittel wurden dabei 2,1 argumentative Konnektoren verwendet (SD =

Tab. 1 Mittelwertsunterschiede im Konnektorengebrauch der 5. Klasse an Hauptschulen ($n = 574$) und Gymnasien ($n = 881$)

	Hauptschule M (SD)	Gymnasium M (SD)	t	Cohen's d
Anzahl der Konnektoren	1,6 (1,4)	2,4 (1,7)	$-9,2, p < ,001$	$d = -0,47$
Dichte der Konnektoren	3,7 (2,9)	3,4 (2,2)	$1,9, p = ,06$	$d = 0,11$
Breite der Konnektoren	1,3 (1,0)	1,9 (1,2)	$-9,0, p < ,001$	$d = -0,46$

1,7, Min $= 0$, Max $= 11$); wobei 229, also 15,7 % der Schüler:innen keinen einzigen Konnektor einsetzten und weitere 368 (25,3 %) nur einen Konnektor nutzten. Die Dichte der Konnektoren lag durchschnittlich bei 3,5 Konnektoren pro 100 Wörter ($SD = 2,5$, Min $= 0$, Max $= 16,7$); die mittlere Breite der argumentativen Konnektoren pro Text beträgt in der untersuchten Stichprobe $M = 1,6$ ($SD = 1,2$, Min $= 0$, Max $= 6$). Sowohl die Anzahl der Konnektoren ($r = ,61$, $p < ,001$) als auch die Breite ($r = ,53$, $p < ,001$) hängen signifikant mit der Textlänge zusammen.

Zur Beantwortung von Fragestellung 1 wurde der Konnektorengebrauch zunächst deskriptiv ausgewertet: Insgesamt wurden 23 verschiedene kausale, adversative, konzessive, finale und konditionale Konnektoren erfasst. Am häufigsten waren dabei die Wörter *wenn* (1128), *weil* (641) und *aber* (413), am seltensten die Wörter *dabei* (3), *dagegen* (3), *allerdings* (1) und *dennoch* (1).[5]

Zur Überprüfung der Unterschiede zwischen den Schulformen (Frage 1b) wurden t-Tests durchgeführt. Dabei zeigte sich zunächst, dass die Textlänge systematisch variiert: Während ein Schülertext an einer Hauptschule durchschnittlich 44,1 ($SD = 22,4$) Wörter umfasste, hatten die Texte, die an Gymnasien geschrieben wurden, eine mittlere Länge von 69,3 ($SD = 24,7$) Wörtern ($t = -20,1$, $p < ,001$, Cohen's $d = -1,06$). Die Ergebnisse der schulformbezogenen Mittelwertvergleiche zum Konnektorengebrauch sind in Tab. 1 zusammengefasst.

Die Schülertexte an Gymnasien weisen also mit durchschnittlich 2,4 argumentativen Konnektoren und 1,9 verschiedenen Konnektorenwörtern pro Text eine

---

[5] Nach semantischen Gruppen sortiert ergaben sich für die übrigen Konnektoren folgende Häufigkeiten:
kausal: *denn* (180), *also* (159), *deswegen* (96), *deshalb* (50), *da* (19), *darum* (19), *schließlich* (13), *daher* (5); adversativ-konzessiv: *obwohl* (50), *zwar* (45), *trotzdem* (26), *doch* (16);
konditional: *sonst* (106), *falls* (10);
final: *damit* (51), *um* (22).

signifikant höhere Anzahl und Breite an Konnektoren auf, dabei sind die Effektgrößen fast mittel groß. Dagegen ist die Dichte der Konnektoren in Texten an Hauptschulen marginal größer.

4.2 Konnektorengebrauch und Strategien argumentativer Vertextung

Im zweiten Teil der Auswertungen wurden Zusammenhänge zwischen dem Konnektorengebrauch und text-strukturellen Aspekten analysiert. Die Zusammenhänge zwischen Anzahl, Dichte und Breite des Konnektorengebrauchs und der kommunikativen Vielfalt der Argumentation (Frage 2a) sind in Abb. 2 dargestellt.

Alle drei Aspekte des Konnektorengebrauchs hängen bedeutsam mit der kommunikativen Vielfalt, also der Menge der erfassten Argumentationsstrategien, zusammen. Der Zusammenhang zwischen Dichte und Argumentationsvielfalt ist dabei aber nur schwach.

Bei der Überprüfung text-struktureller Bezüge zwischen den semantisch geclusterten Konnektoren und bestimmten Argumentationsstrategien wurden insb. Zusammenhänge zwischen konditionalen Konnektoren und dem Abwägen, zwischen kausalen Konnektoren und Toulmin'scher Stützung, sowie zwischen adversativ-konzessiven Konnektoren und dem Einbezug von Gegenargumenten erwartet. Für die Gruppe der finalen Konnektoren lag keine Hypothese vor.

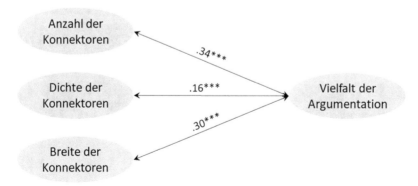

Abb. 2 Korrelationen zwischen Anzahl, Dichte und Breite der verwendeten Konnektoren und Vielfalt der Argumentationsstrategien (*** $p < ,001$)

Insgesamt wurden in den 1455 Schülertexten 1244 konditionale, 1182 kausale, 558 adversativ-konzessive und 73 finale Konnektoren verwendet. Die Strategie des Abwägens wurde von 484 Schüler:innen angewendet, 270 Schreiber:innen stützten sich bei ihrer Argumentation im Toulmin'schen Sinne auf allgemeingültige Regeln und Normen und 78 Schüler:innen nutzten potenzielle Gegenargumente, um ihren Adressaten zu überzeugen.

Abb. 3 illustriert die signifikanten Zusammenhänge zwischen den Konnektoren der einzelnen semantischen Kategorien und den drei Argumentationsstrategien (Frage 2b).

Entsprechend unserer Annahmen erweisen sich die Zusammenhänge zwischen der Nutzung konditionaler Konnektoren und der Strategie des Abwägens sowie zwischen den adversativ-konzessiven Konnektoren und dem Einbezug von Gegenargumenten als besonders hoch. Entgegen unseren Annahmen lässt sich jedoch nur eine sehr schwache Verbindung zwischen kausalen Konnektoren und der Toulmin'schen Stützung finden. Dagegen korreliert der Einsatz kausaler Konnektoren auch leicht mit dem Einbezug von Gegenargumenten. Ebenso liegt ein schwacher Zusammenhang zwischen adversativ-konzessiven Konnektoren und der Argumentationsstrategie des Abwägens vor. Die finalen Konnektoren weisen keinen Zusammenhang zu einer der drei Argumentationsstrategien auf.

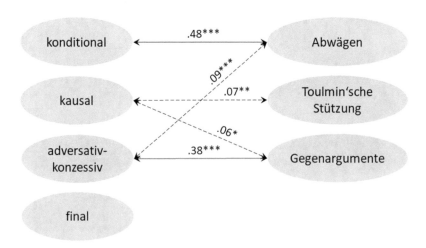

Abb. 3 Korrelationen zwischen Konnektoren einzelner semantischer Kategorien und spezifischen Argumentationsstrategien (* $p < ,05$, ** $p < ,01$, *** $p < ,001$)

5   Diskussion

Die Tatsache, dass ein erheblicher Anteil der Schüler:innen gar keinen der erhobenen argumentativen Konnektoren in dem verfassten Text verwendet, ist zum Teil möglicherweise über den vorgegebenen Briefanfang und der einleitenden Nebensatzkonstruktion mit *weil* zu erklären. Dies könnte dazu geführt haben, dass insb. Schreiber:innen kürzerer Texte nur eine ‚Minimalversion' des Briefs verfasst haben, die aus dem vervollständigten Anfangssatz und einer Schlussformel besteht. In diese Richtung deutet auch die Korrelation zwischen der Anzahl der Konnektoren und der Textlänge.

Die Vorkommenshäufigkeiten der verschiedenen Konnektoren in den argumentativen Texten entsprechen bisherigen Befunden. So stellte beispielsweise auch Feilke (2021) bei seiner Analyse von Schülertexten der 5. Jahrgangsstufe des FD-Lex-Korpus (2018) fest, dass *weil* der mit Abstand häufigste Kausalkonnektor ist. Dies zeigt sich textsortenübergreifend auch in den von Langlotz (2014) ausgewerteten Argumentationen und Erzählungen (hier dicht gefolgt von *denn,* was Domenech, 2019 auch in argumentativen Texten beobachtet). In dem Korpus von Langlotz (2014) zeigt sich außerdem die auch hier vorgefundene Dominanz von *aber* als bereits in dieser Altersstufe prototypisch genutzter adversativer Konnektor, der im weiteren Entwicklungsverlauf als „Schaltstelle im Erwerb" (Rezat, 2011, S. 59) hin zu konzessiven Strukturen fungieren kann.

Auch die Ergebnisse zu den Schulformunterschieden sind überwiegend erwartungskonform und bestätigen bisherige Befunde: Sowohl bei der absoluten Anzahl als auch bei der Breite der verwendeten Konnektoren weisen gymnasiale Texte höhere Werte auf. Bei Relativierung der Konnektoren-Anzahl an der Textlänge zeigt sich allerdings, dass diese wohl ‚hauptverantwortlich' für den Unterschied zwischen den Schulformen ist: So belegen unsere Auswertungen sogar eine tendenziell höhere Dichte von Konnektoren an Hauptschulen. Dies entspricht dem Befund von Feilke (2021), der bei der an der Textlänge relativierte Anzahl von Konnektoren in argumentativen Texten keine schulformspezifischen Unterschiede findet. Die vergleichbare Dichte von argumentativen Konnektoren in gymnasialen Texten lässt sich zum einen vor dem Hintergrund von Befunden aus der Schreibentwicklungsforschung erklären, wonach die Explikation von Bedeutungszusammenhängen mit zunehmender Kompetenz abnimmt (z. B. Bachmann, 2002; Crossley, 2020; Feilke, 2001). Zum anderen mag dies auch darauf zurückzuführen sein, dass die gymnasialen Schreiber:innen ihre Äußerungen stärker elaborieren.

Die korrelativen Analysen zu den text-strukturellen Fragestellungen geben Einblick in die schriftsprachliche Umsetzung von Argumentationen. So geht die Nutzung verschiedener Argumentationsstrategien vor allem mit einer höheren Anzahl und größeren Breite, aber auch mit einer etwas höheren Dichte von Konnektoren einher. Auf Basis der Korrelationen ergibt sich der Eindruck konvergenter Profile des argumentativen Schreibens: Wer viele Wörter bzw. einen langen Text schreibt, nutzt auch numerisch viele und variationsreiche Konnektoren und setzt unterschiedliche Strategien argumentativer Vertextung ein. Befunde dieser Art konnte Domenech (2019) für ein anderes Teilkorpus dieser Stichprobe bereits unter Berücksichtigung weiterer Aspekte argumentativen Schreibens feststellen, sie liegen aber auch für andere Textsorten vor (z. B. Schmidlin, 1999).

Entsprechend unserer Annahmen erweisen sich die Korrelationen zwischen der Nutzung der konditionalen Konnektoren und der Vertextungsstrategie des Abwägens als signifikant. Mit Blick auf andere Systematisierungen argumentativer Konnektoren, die die hier erfassten konditionalen Ausdrücke nicht im Bereich des Abwägens sondern des Begründens verorten (z. B. Feilke, 2021), wären diese Zusammenhänge zukünftig noch weiter zu erforschen.

Auch der postulierte Zusammenhang zwischen den adversativ-konzessiven Konnektoren und dem Einbezug von Gegenargumenten wird durch unsere Analysen empirisch bestätigt. Offenbar werden Gegenargumente häufig unter Einbezug adversativer und konzessiver Konnektoren eingeleitet und entkräftet, was auch durch andere Analysen argumentativer Texte mehrfach belegt ist (z. B. Petersen, 2014; Rezat, 2011).

Interessant ist, dass die Gruppe adversativ-konzessiver Konnektoren auch zur Strategie des Abwägens eine Verbindung aufweist, wiewohl diese deutlich schwächer ausgeprägt ist. Dies ist möglicherweise auf einen tendenziell ‚inflationären' Einsatz von *aber* zurückzuführen. In diese Richtung weisen stichprobenartige Beobachtungen in unserem Korpus, in denen *aber* in Kombination mit anderen Konnektoren (z. B. *aber wenn*) genutzt wird.

Entgegen unseren Annahmen lässt sich nur eine schwache Verbindung zwischen dem Einsatz kausaler Konnektoren und der untersuchten Form Toulmin'scher Stützung finden. Dazu lassen sich verschiedene Mutmaßungen anstellen: Zum einen ist es keineswegs so, dass die hier erfassten generischen Aussagen immer explizit kausal eingebunden werden. So finden sich auch viele Schülertexte, in denen allgemeingültige Normen wie „Man darf nicht schummeln!" recht unverbunden postuliert werden. Zum anderen ist diese Form der Stützung auch nur eine von sehr vielen Möglichkeiten, unter Anführung von Gründen für etwas zu argumentieren. Kausale Konnektoren werden also wahrscheinlich in erster Linie für das Begründen als „Kernjob" (Heller, 2012) des Argumentierens genutzt. Diese These wird auch durch den schwachen Zusammenhang der kausalen Konnektoren zum Einbezug und der Entkräftung von Gegenargumenten gestützt.

Schließlich weist die Gruppe der finalen Konnektoren – erwartungskonform – keine Zusammenhänge zu einer der drei Argumentationsstrategien auf. Ähnlich wie bei den kausalen Konnektoren werden diese wahrscheinlich vor allem für das Begründen eingesetzt (siehe auch die entsprechende Zuordnung bei Feilke, 2021), um Vorzüge oder Nachteile bestimmter Handlungsweisen überzeugend darzustellen.

6   Rückblick und Ausblick

Im Rahmen dieser Studie wurden 1455 persuasive Briefe, die von Schüler:innen der 5. Jahrgangsstufe geschrieben wurden, im Hinblick auf den Gebrauch von argumentativen Konnektoren analysiert. Zunächst wurde untersucht, welche Konnektoren wie häufig eingesetzt werden, wie viele und wie viele verschiedene argumentative Konnektoren durchschnittlich in einem Schülertext vorkommen und ob dabei Unterschiede zwischen Texten von Hauptschulen und Gymnasien bestehen. In einem weiteren Schritt wurden text-strukturelle Zusammenhänge analysiert. Dabei wurde geprüft, ob Anzahl, Dichte und Breite der Konnektoren mit der kommunikativen Vielfalt der Argumentation einhergehen und ob sich Bezüge zwischen der Verwendung von Konnektoren einzelner semantischer Gruppen und der Nutzung spezifischer Argumentationsstrategien zeigen lassen.

Zur besseren Einordnung unserer Befunde und der sich daraus ergebenden Hinweise für zukünftige Forschungsarbeiten möchten wir an dieser Stelle noch auf einige Schwächen unserer Untersuchung verweisen. Zunächst ist zu betonen, dass nur eine begrenzte Auswahl von Konnektoren in den Schülertexten erfasst wurde. Inkrementive, disjunktive, substitutive oder komparative Konnektoren, die beispielsweise von Feilke (2021) berücksichtigt werden, wurden hier nicht zur Gruppe der argumentativen Konnektoren gezählt. Diese Tatsache gilt es insb. bei der Beurteilung der deskriptiven Angaben zum Konnektorengebrauch zu berücksichtigen. Auch der pragmatisch variantenreiche Einsatz kausaler Konnektoren (siehe z. B. Duden-Grammatik, 2009, Abschn. 2.3.4) wurde hier nur in Ansätzen untersucht.

Weiter ist darauf hinzuweisen, dass die Erfassung der Argumentationsstrategien keinesfalls vollständig ist. Ganz im Gegenteil: Einerseits handelt es sich bei den hier erhobenen Vertextungsstrategien um hoch spezifische, zum Teil besonders anspruchsvolle Verfahren, wie bspw. den Einbezug und die Entkräftung von Gegenargumenten. Andererseits wurden grundlegende Aspekte des Begründens nicht erfasst wie die Anzahl und Art gültiger Argumente (siehe jedoch Domenech, 2019 für ergänzende Analysen eines anderen Teilkorpus dieser Stichprobe). Damit fehlt nicht nur ein wichtiger Aspekt zur Erfassung der allgemeinen argumentativen Qualität der Texte, sondern insb. auch ein wahrscheinlicher Bezugspunkt für die kausalen Konnektoren. In zukünftigen Forschungsarbeiten wäre eine umfassendere Erhebung der kommunikativen Umsetzung von Argumentationen und ggf. die Überprüfung von Bezügen zu anderweitigen Qualitätsmaßen wünschenswert.

Ein weiterer Aspekt, der aus unserer Sicht in kommenden Untersuchungen zur Verwendung von Konnektoren berücksichtigt werden sollte, ist die semantische Korrektheit. Dass ein Konnektor genutzt wird, heißt schließlich nicht, dass er auch angemessen verwendet wird und die ihm zugedachte Bedeutung transportiert (siehe bspw. Petersen, 2014). Analysen zur Verwendungshäufigkeit geben nur unsichere Auskunft darüber, ob die semantischen Konzepte korrekt vorliegen. Daher könnte es aufschlussreich sein, in tiefergehenden Analysen zu überprüfen, welche Rolle der Korrektheit bei der Konnektorennutzung zukommt.

Ungeachtet dieser Einschränkungen erweitert unsere Studie die Befundlage zum produktiven Konnektorengebrauch als Teil bildungssprachlicher Fähigkeiten zu Beginn der Sekundarstufe 1. Die berichteten Ergebnisse können u. a. als Grundlage für die Konzeption gezielter Förderangebote zum Ausbau bildungs- und fachsprachlicher Kompetenzen herangezogen werden – sei es für den hier fokussierten Konnektorengebrauch oder auch mit Blick auf die Einübung von Argumentationsstrategien.

Literatur

Anskeit, N. (2018). *Schreibarrangements in der Primarstufe: Eine empirische Untersuchung zum Einfluss der Schreibaufgabe und des Schreibmediums auf argumentative und deskriptive Texte und Schreibprozesse in der 4. Klasse.* Waxmann.

Bachmann, T. (2002). *Kohäsion und Kohärenz: Indikatoren für Schreibentwicklung.* Studien-Verlag.

Breindl, E., Volodina, A., & Waßner, U. (2015). *Handbuch der deutschen Konnektoren 2: Semantik der deutschen Satzverknüpfer.* de Gruyter.

Cain, K., & Nash, H. M. (2011). The influence of connectives on young readers' processing and comprehension of text. *Journal of Educational Psychology, 103*(2), 429–441.

Cain, K., Patson, N., & Andrews, L. (2005). Age- and ability-related differences in young readers' use of conjunctions. *Journal of Child Language, 32*, 877–892.

Crossley, S. A. (2020). Linguistic features in writing quality and development: An overview. *Journal of Writing Research, 11*(3), 415–443.

Domenech, M. (2019). *Schriftsprachliche Profile von Fünftklässlern: Argumentative Briefe im Zusammenspiel unterschiedlicher textueller, familiärer und individueller Ressourcen, Germanistische Linguistik.* de Gruyter.

Domenech, M., Krah, A., & Hollman, J. (2017). Entwicklung und Förderung argumentativer Fähigkeiten in der Sekundarstufe I: Die Relevanz familiärer Ressourcen. *Bildung und Erziehung, 70*(1), 91–107.

Domenech, M., & Quasthoff, U. (in Vorb.). *Längsschnittliche Analysen der Entwicklung schriftlicher Argumentationskompetenz in der Sekundarstufe I und ihrer sozialen Bedingtheit.*

Dragon, N., Berendes, K., Weinert, S., Heppt, B., & Stanat, P. (2015). Ignorieren Grundschulkinder Konnektoren? – Untersuchung einer bildungssprachlichen Komponente. *Zeitschrift für Erziehungswissenschaft, 18,* 803–825.

Dudenredaktion. (Hrsg.). (2009). *Duden – Die Grammatik: Unentbehrlich für richtiges Deutsch* (8. überarb. Aufl.). Dudenverlag.

FD-LEX. (2018). *Forschungsdatenbank Lernertexte* (M. Becker-Mrotzek & J. Grabowski (Hrsg.)). Mercator-Institut für Sprachförderung und Deutsch als Zweitsprache. http://www.fd-lex.de

Feilke, H. (2001). Grammatikalisierung und Textualisierung – „Konjunktionen" im Schriftspracherwerb. In H. Feilke, K.-P. Kappest, & C. Knobloch (Hrsg.), *Grammatikalisierung, Spracherwerb und Schriftlichkeit* (S. 107–127). Niemeyer.

Feilke, H. (2008). Schriftlich argumentieren – Kompetenzen und Entwicklungsbedingungen. In E. Burwitz-Melzer, W. Hallet, M. Legutke, F.-J. Meißner, & J. Mukherjee (Hrsg.), *Sprachen lernen – Menschen bilden: Dokumentation zum 22. Kongress für Fremdsprachendidaktik der Deutschen Gesellschaft für Fremdsprachenforschung (DGFF) Gießen, 3. - 6. Oktober 2007* (S. 153–164). Schneider-Verlag Hohengehren.

Feilke, H. (2010). „Aller guten Dinge sind Drei!": Überlegungen zu Textroutinen & literalen Prozeduren. In I. Bons, T. Gloning, & D. Kaltwasser (Hrsg.), *Fest-Platte für Gerd Fritz.* Gießen. http://www.festschrift-gerd-fritz.de/.

Feilke, H. (2013). Bildungssprache und Schulsprache am Beispiel literal-argumentativer Kompetenzen. In M. Becker-Mrotzek, K. Schramm, E. Thürmann, & H. J. Vollmer (Hrsg.), *Sprache im Fach: Sprachlichkeit und fachliches Lernen* (S. 113–130). Waxmann.

Feilke, H. (2021). Vom Satz zum Text – der schriftliche Ausdruck im Werden. In Deutsche Akademie für Sprache und Dichtung & Union der deutschen Akademien der Wissenschaften (Hrsg.), *Die Sprache in den Schulen – eine Sprache im Werden. Dritter Bericht zur Lage der deutschen Sprache* (S. 91–122). Erich Schmidt.

Feilke, H., & Bachmann, T. (Hrsg.). (2014). *Werkzeuge des Schreibens: Beiträge zu einer Didaktik der Textprozeduren.* Fillibach bei Klett.

Gogolin, I. & Duarte, J. (2016). 23. Bildungssprache. In J. Kilian, B. Brouër, & D. Lüttenberg (Hrsg.), *Handbuch Sprache in der Bildung* (S. 478–499). de Gruyter.

Gogolin, I. & Lange, I. (2011). Bildungssprache und durchgängige Sprachbildung. In S. Fürstenau & M. Gomolla (Hrsg.), *Migration und schulischer Wandel: Mehrsprachigkeit* (S. 107–127). VS Verlag.

Gwet, K. L. (2014). *Handbook of inter-rater reliability. The definite guide to measuring the extent of agreement among raters* (4. Aufl.). Advanced Analytics LLC.

Heller, V. (2012). *Kommunikative Erfahrungen von Kindern in Familie und Unterricht: Passungen und Divergenzen*. Stauffenburg.

Heppt, B., Dragon, N., Berendes, K., Stanat, P., & Weinert, S. (2012). Beherrschung von Bildungssprache bei Kindern im Grundschulalter. *Diskurs Kindheits- und Jugendforschung, 7*(3), 349–356.

Heppt, B., Köhne-Fuetterer, J., Eglinsky, J., Volodina, A., Stanat, P., & Weinert, S. (2020). *BiSpra 2–4. Test zur Erfassung bildungssprachlicher Kompetenzen bei Grundschulkindern der Jahrgangsstufen 2 bis 4*. Waxmann.

Kohnen, N. & Retelsdorf, J. (2019). The role of knowledge of connectives in comprehension of a German narrative text. *Journal of Research in Reading, 42*(2), 371–388.

Langlotz, M. (2014). *Junktion und Schreibentwicklung: Eine empirische Untersuchung narrativer und argumentativer Schülertexte*. de Gruyter.

Langlotz, M. (2021). Nicht nur Nomen – Schulischer Grammatikerwerb am Beispiel der Nominalgruppe. In Deutsche Akademie für Sprache und Dichtung & Union der deutschen Akademien der Wissenschaften (Hrsg.), *Die Sprache in den Schulen – eine Sprache im Werden. Dritter Bericht zur Lage der deutschen Sprache* (S. 147–175). Erich Schmidt.

Morek, M. & Heller, V. (2012). Bildungssprache: Kommunikative, epistemische, soziale und interaktive Aspekte ihres Gebrauchs. *Zeitschrift für angewandte Linguistik, 57*(1), 67–101.

Pasch, R., Brauße, U., Breindl, E., & Waßner, U. (2003). *Handbuch der deutschen Konnektoren 1: Linguistische Grundlagen der Beschreibung und syntaktische Merkmale der deutschen Satzverknüpfer (Konjunktionen, Satzadverbien und Partikeln)*. de Gruyter.

Petersen, I. (2014). *Schreibfähigkeit und Mehrsprachigkeit*. de Gruyter.

Phillips Galloway, E. & Uccelli, P. (2019). Beyond reading comprehension: Exploring the additional contribution of Core Academic Language Skills to early adolescents' written summaries. *Reading and Writing, 32*(3), 729–759.

Pohl, T. (2014). Schriftliches Argumentieren. In H. Feilke & T. Pohl (Hrsg.), *Schriftlicher Sprachgebrauch: Texte verfassen* (S. 287–315). Schneider Verlag Hohengehren.

Quasthoff, U. (2009). Entwicklung der mündlichen Kommunikationskompetenz. In M. Becker-Mrotzek (Hrsg.), *Unterrichtskommunikation und Gesprächsdidaktik* (S. 84–100). Schneider Verlag.

Quasthoff, U. (2011). Diskurs- und Textfähigkeiten: Kulturelle Ressourcen ihres Erwerbs. In L. Hoffmann, K. Leimbrink, & U. Quasthoff (Hrsg.), *Die Matrix der menschlichen Entwicklung* (S. 210–251). de Gruyter.

Quasthoff, U., & Domenech, M. (2016). Theoriegeleitete Entwicklung und Überprüfung eines Verfahrens zur Erfassung von Textqualität (TexQu) am Beispiel argumentativer Briefe in der Sekundarstufe 1. *Didaktik Deutsch, 41*, 21–43.

Rezat, S. (2011). Schriftliches Argumentieren. *Didaktik Deutsch, 31*, 50–67.

Schicker, S., & Schmölzer-Eibinger, S. (Hrsg.). (2021). *ar|gu|men|tie|ren: Eine zentrale Sprachhandlung im Fach- und Sprachunterricht*. Beltz.

Schmidlin, R. (1999). *Wie deutschschweizer Kinder schreiben und erzählen lernen: Textstruktur und Lexik von Kindertexten aus der Deutschschweiz und aus Deutschland*. Francke.

Steinhoff, T. (2019). Konzeptualisierung bildungssprachlicher Kompetenzen: Anregungen aus der pragmatischen und funktionalen Linguistik und Sprachdidaktik. *Zeitschrift für Angewandte Linguistik, 71*, 327–352.

Taylor, K., Lawrence, J., Connor, C., & Snow, C. (2019). Cognitive and linguistic features of adolescent argumentative writing: Do connectives signal more complex reasoning? *Reading and Writing, 32*(4), 983–1007.

Toulmin, S. (1996). *Der Gebrauch von Argumenten* (2. Aufl.). Beltz.

Uccelli, P., Barr, C. D., Dobbs, C. L., Galloway, E. P., Meneses, A., & Sanchez, E. (2015). Core academic language skills (CALS): An expanded operational construct and a novel instrument to chart school-relevant language proficiency in pre-adolescent and adolescent learners. *Applied Psycholinguistics, 36*(5), 1–33.

Vollmer, H. J. (2011). *Schulsprachliche Kompetenzen: Zentrale Diskursfunktionen.* Universität Osnarbrück. http://www.home.uni-osnabrueck.de/hvollmer/VollmerDF-Kurzdefiniti onen.pdf.

Volodina, A., Heppt, B., & Weinert, S. (2021). Relations between the comprehension of connectives and school performance in primary school. *Learning and Instruction, 74:101430.*

Volodina, A., & Weinert, S. (2020). Comprehension of connectives: Development across primary school age and influencing factors. *Frontiers in Psychology, 11:814.*

Volodina, A., Weinert, S., & Mursin, K. (2020). Development of academic vocabulary across primary school age: Differential growth and influential factors for German monolinguals and language minority learners. *Developmental Psychology, 56*(5), 922–936.

Wild, E., Quasthoff, U., Hollmann, J., Krah, A., Otterpohl, N., Kluger, C., Domenech, M., & Heller, V. (2018). *Die Rolle familialer Unterstützung beim Erwerb von Diskurs- und Schreibfähigkeiten in der Sekundarstufe I (FUnDuS).* Institut zur Qualitätsentwicklung im Bildungswesen. https://doi.org/10.5159/IQB_FUnDuS_v1.

Wirtz, M., & Caspar, F. (2002). *Beurteilerübereinstimmung und Beurteilerreliabilität.* Hogrefe.

Zufferey, S. & Gygax, P. (2020). Do teenagers know how to use connectives from the written mode? *Lingua, 234.*

Syntaktische Komplexität im Unterrichtsdiskurs: Nominalphrasen im Jahrgangsstufenvergleich

Juliana Goschler und Katrin Kleinschmidt-Schinke

1   Einleitung

Die Forschung zu sprachlichen Anforderungen des Fachunterrichts geht einheitlich davon aus, dass die linguistischen Eigenheiten des bildungssprachlich geprägten Unterrichtsdiskurses – also sowohl der gesprochenen Sprache wie z. B. im Lehrendenvortrag und Unterrichtsgespräch als auch der geschriebenen Sprache wie unter anderem in Lehrtexten – eine potenzielle Schwierigkeit für Schüler/-innen darstellen können. Vielfach werden bestimmte grammatische Strukturen genannt, die möglicherweise zur Schwierigkeit des Unterrichtsdiskurses beitragen könnten (z. B. das Passiv (Bryant et al., 2017, S. 292–293; Olthoff, 2021) und andere unpersönliche Formulierungen, hypotaktische Satzstrukturen (insbesondere Relativsätze) (Bryant et al., 2017, S. 291–292), Nominalisierungen (Bryant et al., 2017, S. 290–291), Komposita (Fuhrhop & Olthoff, 2019) und andere, für einen Überblick siehe z. B. Heppt, 2016, S. 33–35). Häufig bleibt jedoch unklar, welche Strukturen tatsächlich schwierig sind und ob diese Schwierigkeit durch das Auftreten dieser einzelnen Strukturen entsteht oder ob eher die Häufung

J. Goschler
Institut für Germanistik, Deutsch als Fremdsprache/Deutsch als Zweitsprache, Carl von Ossietzky Universität Oldenburg, Oldenburg, Deutschland
E-Mail: juliana.goschler@uni-oldenburg.de

K. Kleinschmidt-Schinke (✉)
Institut für Germanistik, Didaktik der deutschen Sprache, Carl von Ossietzky Universität Oldenburg, Oldenburg, Deutschland
E-Mail: katrin.kleinschmidt-schinke@uni-oldenburg.de

J. Goschler et al. (Hrsg.), *Empirische Zugänge zu Bildungssprache und bildungssprachlichen Kompetenzen,* Sprachsensibilität in Bildungsprozessen, https://doi.org/10.1007/978-3-658-43737-4_4

solcher Strukturen Texte, Vorträge und Gesprächsbeiträge für Lernende schwie-rig macht. Grundsätzlich wird zumindest davon ausgegangen, dass allgemein die syntaktische Komplexität im Unterrichtsdiskurs höher ist als im Alltagsdiskurs und dies besonders herausfordernd für Schüler/-innen sein kann. Empirisch nicht abschließend geklärt ist auch, wie und ob sich die Schwierigkeit des Unterrichts-diskurses über die Jahrgangsstufen hinweg unterscheidet und verändert. Dieser Frage widmet sich unser Aufsatz im Kontext des Biologieunterrichts: Wir unter-suchen anhand eines selbst erstellten Korpus von Unterrichtsvideographien und Lehrbuchtexten, wie sich die Sprache der Lehrenden und der Lehrtexte – also der sprachliche Input, mit dem Schüler/-innen im Unterricht konfrontiert werden – über die Jahrgangsstufen hinweg verändert. Dabei fokussieren wir auf einen Aspekt *syntaktischer Komplexität,* indem wir die auftretenden Nominalphrasen extrahieren und auf ihre interne Struktur hin analysieren. Eine Nominalphrase besteht minimal aus einem Nomen oder Pronomen, kann aber durch Attribute – z. B. Adjektivattribute, Partizipialattribute, Genitivattribute, Präpositionalattribute und Satzattribute – sehr stark erweitert werden. Nominalphrasen können dadurch sowohl sehr lang als auch sehr komplex (z. B. durch mehrfache syntaktische Einbettungen) werden. Dass dies für das Parsen und Verstehen eine Schwierig-keit darstellen kann, scheint unstrittig. Einerseits beansprucht eine längere und komplexere Struktur ohnehin größere kognitive Kapazitäten, andererseits kann z. B. eine sehr lange Nominalphrase in Subjektposition vor dem Verb dazu füh-ren, dass das finite Verb erst relativ spät im Hauptsatz auftritt, was ebenfalls eine stärkere Beanspruchung des Kurzzeitgedächtnisses bedeutet und z. B. in geschrie-benen Texten für die erfolgreiche Verarbeitung eine gewisse Lesegeschwindigkeit erfordert.

Natürlich sind die in Texten und in der an die Schüler/-innen gerichteten Spra-che von Lehrpersonen vorkommenden Nominalphrasen nur ein Indikator unter mehreren für syntaktische Komplexität und damit einhergehend möglicherweise auch für die Verarbeitungsschwierigkeit. Uns scheint aber das sprachkritisch oft als „Nominalstil" (vgl. z. B. Hennig, 2020) bezeichnete Phänomen und damit im Zusammenhang stehend komplexe Attribution als besonders interessant für das allgemeinere Forschungsinteresse. Denn der in der deutschen Sprache als langfris-tige Entwicklungstendenz zu beobachtende Nominalstil (Eroms, 2016, S. 21–22) ist besonders typisch für bildungssprachliche Kontexte, da er eine starke inhalt-liche Verdichtung ermöglicht. Dabei scheint das Deutsche diesen „Nominalstil" mit komplexen Attributionen besonders stark ausgebaut zu haben, was dazu führt, dass in Übersetzungen aus dem Deutschen diese Strukturen oftmals durch andere, bedeutungsgleiche Konstruktionen ersetzt werden oder ersetzt werden müssen, was durchaus mit einer „Vereinfachung" einhergehen kann (Fabricius-Hansen, 2010, S. 89; Hennig, 2016, S. 8). Mathilde Hennig argumentiert deshalb:

„Wenn bei der Übertragung in andere Sprachen eine Vereinfachung notwendig ist, dann lässt sich daraus auch ableiten, dass das Erlernen deutscher Attribut- konstruktionen eine Herausforderung für den Bereich Deutsch als Fremdsprache bildet. [...] Dabei kann komplexe Attribution sicherlich nicht nur eine Hürde für den DaF-Bereich sein. Auch Muttersprachler bauen den Bereich komplexer Nominalgruppen sicherlich erst beim Erwerb einschlägiger Schreibkompetenzen aus" (Hennig, 2016, S. 8).[1]

Die Häufung langer und komplexer Nominalphrasen erhöht also die Schwie- rigkeit der Verarbeitung (vgl. auch Ender & Kaiser, 2020, S. 121 u. 123) und deshalb ist es wichtig, dies für den Unterrichtsdiskurs genauer zu unter- suchen: Womit sind Schüler/-innen im Unterrichtsdiskurs konfrontiert? Steigt die Komplexität und steigen damit die Anforderungen über die Jahrgangsstufen hinweg an? Werden die Schüler/-innen so Schritt für Schritt zu höherer Komple- xität der Nominalphrasen hingeführt? Unterscheiden sich dabei gesprochene und geschriebene Sprache? Welche Strukturen sind besonders für den Anstieg verant- wortlich – tauchen beispielsweise bestimmte Attributtypen nur unter bestimmten Umständen häufig auf, und wenn ja, welche sind das?

Die anhand unseres Korpus gewonnenen Antworten auf diese Fragen wer- den wir in Hinblick auf ihre Bedeutsamkeit für eine angemessene Gestaltung des Unterrichtsdiskurses diskutieren bzw. die Frage stellen, welche metasprachli- chen Betrachtungen oder konkreten sprachförderlichen Maßnahmen nötig wären, um Schülerinnen und Schüler auf diese Eigenschaften der Unterrichtssprache vorzubereiten und sie zu befähigen, diese einfacher zu verstehen.

---

[1] Ender und Kaiser (2020, S. 135) zeigen in ihrer Leseverstehensstudie mit ein- und mehr- sprachigen Schüler/-innen der Sekundarstufe I beispielsweise, dass „[b]ei den komple- xen Attributen [...] besonders Linksattribute, aber auch Relativsätze problematisch [sind], bei denen zwei belebten Referenten über morphosyntaktische Informationen die richtigen semantischen Rollen zugewiesen werden müssen".

2   Forschungsstand

2.1   Sprachliche Adaptivität im Unterrichtsdiskurs

Wir bewegen uns mit unserer Untersuchung im Forschungskontext der sprachlichen Adaptivität im Unterrichtsdiskurs (vgl. Kleinschmidt & Pohl, 2017). Unser Unterrichtsdiskurs-Begriff basiert auf dem von Pohl (2016, S. 58), der ein „Vier-Felder-Schema des Unterrichtsdiskurses" entwirft, in dem sowohl die Medialität der Unterrichtsbeiträge (medial mündlich oder medial schriftlich) als auch ihre Modalität (Rezeption – Inputseite, Produktion – Outcomeseite) kreuzklassifiziert werden (vgl. Abb. 1).

Als medial mündlichen Input führt Pohl die „von Lehrenden in der Unterrichtssituation an die Lernenden gerichtete Sprache" an, als medial schriftlichen Input die „Sprache in Lehrwerken und Unterrichtsmaterialien". Auf medial mündlicher Outcome-Seite, also bei den lerner/-innenseitigen mündlichen Produktionen im Unterrichtsdiskurs, lokalisiert er die „mündlichen Unterrichtsbeiträge der Lernenden", auf medial schriftlicher Outcome-Seite die „von Lernenden mit Bezug auf den Unterricht verfasste[n] Texte" (Pohl, 2016, S. 58). Das Verdienst des Modells ist, dass in ihm alle wichtigen sprachlichen (Einfluss-)Größen des Unterrichts gesamthaft dargestellt sind und spracherwerbsbezogene Wechselwirkungen zwischen den verschiedenen Feldern untersucht werden können. So lassen sich in darauf bezogenen Studien verschiedene Schwerpunkte setzen: Wir fokussieren zunächst die Input-Seite des Unterrichtsdiskurses und betrachten den medial mündlichen und medial schriftlichen Input über verschiedene Jahrgangsstufen hinweg.

Die Analyse dieses Inputs im Unterrichtsdiskurs ist u. a. im Kontext input- und interaktionsfokussierter Spracherwerbstheorien zu lokalisieren, in denen Input als

	Input Lerner*innenseitig rezeptiv	**Outcome** Lerner*innenseitig produktiv
medial-mündlich	von Lehrenden in der Unterrichtssituation an die Lernenden gerichtete Sprache	mündliche Unterrichtsbeiträge der Lernenden
medial-schriftlich	Sprache in Lehrwerken und Unterrichtsmaterialien	von Lernenden mit Bezug auf den Unterricht verfasste Texte

Abb. 1   „Vier-Felder-Schema des Unterrichtsdiskurses" nach Pohl (2016, S. 58)

exogener Einflussfaktor des Spracherwerbs angesehen wird. Ausgangspunkt stellten in der Erstspracherwerbsforschung Studien zum „motherese" (z. B. Snow, 1972) bzw. zur „child directed speech" (Pine, 1994) sowie zum „[f]ine-tuning" (vgl. u. a. Snow et al., 1987) in der „Zone der nächsten Entwicklung" nach Vygotskij (2002 [1934], S. 326; vgl. auch Murray et al., 1990, S. 522) dar. In ihnen wurde gefragt, inwiefern sich erstens die an das Kind gerichtete Sprache (Szagun, 2011, S. 172) von der Sprache von Erwachsenen untereinander unterscheidet, und zweitens, inwiefern die Komplexität des elterlichen Inputs bei fortschreitendem Spracherwerb des Kindes steigt. Mit Blick auf unterrichtliche Erwerbsprozesse wurden solche Inputadaptionsprozesse v. a. im Zweit- und Fremdsprachenunterricht untersucht (vgl. schon früh Gaies, 1977; Håkansson, 1986 oder Lynch, 1986). Kleinschmidt-Schinke (2018) hat Inputadaptionsprozesse im Deutsch- und Biologieunterricht in medialer Mündlichkeit mit dem Fokus auf die Veränderung des Grads konzeptioneller Schriftlichkeit untersucht.

Unsere Studie, in der Inputadaption in medialer Schriftlichkeit und medialer Mündlichkeit im Unterrichtsdiskurs betrachtet wird, ist im Spannungsfeld von Schulbuchforschung einerseits und dem Konzept der „adaptive[n] Lehrkompetenz" nach Beck et al. (2008, S. 38) andererseits zu verorten, welcher diese als „die Fähigkeit einer Lehrperson" fasst, „ihren Unterricht so auf die individuellen Voraussetzungen der Lernenden anzupassen, dass möglichst günstige Bedingungen für individuell verstehendes Lernen entstehen und beim Lernen aufrecht erhalten bleiben" (Beck et al., 2008, S. 47).

Diese Definition der adaptiven Lehrkompetenz ist allerdings nicht speziell auf sprachliche Aspekte bezogen. Galguera (2011, S. 86) arbeitet demgegenüber mit dem Konstrukt des „Pedagogical Language Knowledge", worunter auch die Fähigkeit zu verstehen ist, „language progressions" (Smetana et al., 2020, S. 152), also Spracherwerbsprozesse, zu unterstützen. Hierunter möchten wir auch die Fähigkeit des adaptiven Sprachhandelns (Kleinschmidt & Pohl, 2017) subsumieren, das sich auf die Anpassung des sprachlichen Inputs (und auch sprachlich-interaktionaler Stützmechanismen, die wir in diesem Aufsatz nicht betrachten) an den sprachlichen Entwicklungsstand der Schüler/-innen (in ihrer Zone der nächsten Entwicklung) bezieht. Dass dieses Konzept auf den medial mündlichen Input anwendbar ist, ist unmittelbar einsichtig. Es ist u. E. aber auch auf den medial schriftlichen Input (z. B. Schulbuchtexte) anwendbar, auch wenn die möglichen jahrgangsstufenbezogenen Adaptionsprozesse hier in einer „zerdehnte[n] Sprechsituation" (Ehlich, 2007 [1984], S. 542) und ohne Kenntnis der konkreten Adressat/-innen der Texte sowie durch ein Kollektiv verschiedener Autor/-innen, Bearbeiter/-innen und Herausgeber/-innen geschehen. Gleichwohl

ist zu vermuten, dass diese selbstverständlich auch die verschiedenen Jahrgangsstufen, an die die Schulbuchtexte adressiert sind, im Blick haben – dies auch auf
sprachlicher Ebene.

2.2 Studien zu Nominalphrasen im Unterrichtsdiskurs (medial mündlich und medial schriftlich)

Komplexe Nominalphrasen werden als wichtiges Merkmal der Bildungssprache
der Schule angesehen (vgl. Morek & Heller, 2012, S. 71). Sie gelten als in besonderem Maße konzeptionell schriftlich, weil sie eine hohe Informationsdichte (vgl.
Koch & Oesterreicher, 1986, S. 23) aufweisen und erfüllen damit die von Feilke
(2012, S. 8) erläuterte bildungssprachliche Funktion des Verdichtens.

Studien zu komplexen Nominalphrasen im Input im Jahrgangsstufenvergleich
sind zumeist auf eine Medialität fokussiert. Die meisten Studien liegen zur
medialen Schriftlichkeit vor.

Pohl (2017) analysiert ein Schulbuchkorpus aus den Fächern *Biologie,
Geschichte* und *Physik*. Dabei fokussiert er Sachunterrichtslehrwerke der Grundschule sowie gymnasiale Lehrwerke der entsprechenden Fächer in den Jahrgangsstufen 7–10 und den Jahrgangsstufen 11–12/13 (Pohl, 2017, S. 273). Pro Fach
und Jahrgangsstufe wertet er minimal 1000 und maximal 1449 Wörter aus. In
seinen Analysen untersucht er ein besonderes Maß der Komplexität von Substantivgruppen, die sogenannte lexikalische Dichte (LD) der Substantivgruppen, die
er erstmals 2007 in einem Korpus von studentischen Hausarbeiten analysiert hat
(Pohl, 2007, S. 405 f.). Diese nutzt er als Komplexitätsmaß (Pohl, 2017, S. 273).
Dabei wird die Anzahl der lexikalischen Elemente (Nomen, Vollverben, Adjektive
und Adverbien) pro Substantivgruppe berechnet (vgl. Pohl, 2007, 402, 405 f.). In
seinen deskriptiven Analysen kann er zeigen, dass die LD der Substantivgruppen
in den Grundschullehrwerken jeweils am niedrigsten ist und zur Mittelstufe und
Oberstufe in allen Fächern jeweils ansteigt (Pohl, 2007, S. 274). Dabei stellt er
den Anstieg der lexikalischen Dichte in Zusammenhang mit ihrer epistemischen
Funktionalität (Pohl, 2007, S. 274–276).

Kleinschmidt-Schinke (2018) untersucht die lexikalische Dichte der Substantivgruppen in der an die Schüler/-innen gerichteten Sprache im Jahrgangsstufenvergleich im Deutsch- und Biologieunterricht (4 Lehrpersonen der Grundschule
und jeweils 4 Lehrpersonen, die in ihrem gymnasialen Unterricht in der Unterstufe, Mittelstufe und Oberstufe videographisch begleitet werden). Sie zeigt
zunächst eine geringe Spannweite der lexikalischen Dichte in medial mündlicher
Lehrer/-innensprache von R = 0,37 auf (Kleinschmidt-Schinke, 2018, S. 350).

Zudem betrachtet sie die prozentualen Steigerungen dieser lexikalischen Dichte: In drei von vier Fällen liegen die Werte in der Unterstufe höher als in der Grundschule. In ebenfalls drei von vier Fällen liegen die Werte in der Mittelstufe höher als in der Unterstufe. Zur Oberstufe ist dann nur noch in einem Fall eine Steigerung erkennbar (Kleinschmidt-Schinke, 2018, S. 351).

Gätje und Langlotz (2020) untersuchen in ihrer lehrwerksbezogenen Studie die Fragestellung, „ob und ggf. in welcher Hinsicht die in ihrer Komplexität quasi unbegrenzt ausbaubare, im Satz beliebig verschiebbare und für die Realisierung unterschiedlicher syntaktischer Funktionen geeignete Nominalgruppe in Lehrwerken in Abhängigkeit von Jahrgangsstufen und Unterrichtsfächern variiert" (Gätje & Langlotz, 2020, S. 279). Sie nehmen dabei die Unterrichtsfächer *Deutsch* und *Physik* in den Blick und berücksichtigen unterschiedliche Schulbuchverlage. In ihren Analysen fokussieren sie a) Lehrwerke vom Beginn der Sek. I (Jahrgänge 5, 6, 7) sowie b) Lehrwerke vom Ende der Sek. I (Jahrgänge 9, 10). Ergänzend beziehen sie jeweils ein Lehrwerk der Sekundarstufe II pro Fach in ihre Analysen mit ein (Gätje & Langlotz, 2020, S. 280). Eine Angabe der Wortanzahl des Korpus erfolgt nicht. Sie berechnen zum einen die „attributive Dichte" (Gätje & Langlotz, 2020, S. 281) pro Nominalgruppe. Bei diesem Maß werden alle Attribute ersten Grades, die also direkt den nominalen Kern der Nominalgruppe attribuieren, ins Verhältnis zur Gesamtzahl der Nominalgruppen gesetzt. Sie zeigen, dass zu den höheren Jahrgangsstufen der Anteil der Nominalgruppen ohne Attribute in beiden Fächern abnimmt (Gätje & Langlotz, 2020, S. 292). Sie berechnen ferner die attributive Dichte der attributiv verwendeten Wortgruppen, also „die Anzahl der Attribute zum nominalen Kern einer attributiv verwendeten Wortgruppe (Attribute zweiten, dritten, ... Grades)" (Gätje & Langlotz, 2020, S. 282). Dabei zeigt sich in beiden Fächern, dass in den höheren Jahrgangsstufen diese Form der attributiven Dichte (allerdings nicht signifikant) höhere Werte annimmt (Gätje & Langlotz, 2020, S. 293). Bei Betrachtung einzelner Attributtypen ist zudem insbesondere bei den Partizipialattributen eine Erhöhung mit den Jahrgangsstufen deskriptiv erkennbar, aber nicht signifikant (Gätje & Langlotz, 2020, S. 293).

Berendes et al. (2018) analysieren mit computerlinguistischen Methoden neben mehreren weiteren Komplexitätsmaßen die „average number of complex nominals per clause" (Berendes et al., 2018, S. 523). Unter die „complex nominals" fallen für die Autor/-innen diverse Strukturen: a) Nomen mit Adjektiven, Possessivpronomen, Präpositionalphrasen, Relativsätzen, Partizipien oder Appositionen, b) „nominal clauses" (Subjekt- und Objektsätze) und c) „gerunds and infinitives in the subject position" (Berendes et al., 2018, S. 523). Ihr Korpus umfasst 35 Geographie-Lehrwerke, die in Baden-Württemberg zugelassen sind.

Dabei vergleichen sie in ihren Analysen Lehrwerke der Klassen 5 und 6, 7 und 8 sowie 9 und 10. Im Jahrgangsstufenvergleich werden nur die Unterschiede zwischen den niedrigsten Jahrgangsstufen 5 und 6 und den höchsten Jahrgangsstufen 9 und 10 signifikant: Die Anzahl der „complex nominals" nimmt bis zu den Klassen 9 und 10 zu. Zudem liegen signifikante Unterschiede in diesem Merkmal zwischen den einbezogenen gymnasialen und nicht-gymnasialen Lehrwerken vor (vgl. Berendes et al., 2018, S. 531).

Bryant et al. (2017) arbeiten vermutlich mit demselben Korpus wie Berendes et al. (2018), untersuchen allerdings in dieser Analyse keine Nominalgruppen, sondern vier andere bildungssprachliche Merkmale (*ung*-Nominalisierung, Relativsätze, Passiv sowie adversative und konzessive Konnektoren, Bryant et al., 2017, S. 290–294). Als Zusammenfassung ihrer Analysen kommen sie zu dem Schluss: „[N]ur teilweise entspricht der Merkmalsverlauf mit fortschreitender Klassenstufe der erwarteten Progression sprachlicher Komplexität bei gleichzeitigem Unterschied im Komplexitätsanspruch zwischen Gymnasial- und Hauptschultexten" (Bryant et al., 2017, S. 301).

Studien, die die Komplexität der Nominalphrasen im Unterrichtsdiskurs in medialer Mündlichkeit und Schriftlichkeit, also in beiden Inputfeldern, im Jahrgangsstufenvergleich untersuchen, liegen bisher unseres Wissens noch nicht vor.

3 Nominalphrasen im Unterrichtsdiskurs: Empirische Ergebnisse

3.1 Fragestellung/Zielsetzung der Untersuchung

Unsere Untersuchung setzt sich zum Ziel, einen Aspekt der Komplexität der im Unterrichtsdiskurs verwendeten Sprache genauer zu fokussieren. Dabei widmen wir uns hier nur der Inputseite des Unterrichtsdiskurses und damit implizit möglichen Schwierigkeiten beim Verstehen von Lehrendenvortrag und Lehrtexten. Die Produktionsseite – also welche sprachlichen Strukturen Schüler/ -innen selbst benutzen – bleibt an dieser Stelle zunächst unberücksichtigt. Um uns den formalen Eigenheiten des Unterrichtsdiskurses zu nähern, wenden wir uns hier den Nominalphrasen zu. Wir fragen sowohl nach der Frequenz von Nominalphrasen innerhalb des Unterrichtsdiskurses als auch nach deren Länge und interner Struktur. Wir nehmen an, dass die attributive Dichte ansteigt, also mit höherer Jahrgangsstufe durchschnittlich mehr und komplexere Attribute pro Nominalphrase auftreten. Dies werden wir an einem Korpus von

Biologie-Schulbuchtexten und Lehrer/-innensprache im Biologieunterricht über-prüfen. Schließlich werden wir anhand dieser Daten auch die Frage beantworten, ob bestimmte Arten von Attributen besonders typisch in Texten bzw. Lehrenden-vorträgen für bestimmte Jahrgangsstufen sind bzw. wie sich diese von der Unter- zur Oberstufe in ihrer Häufigkeit entwickeln.

3.2   Datengrundlage und Kodierschema

Grundlage unserer Untersuchung bildet ein selbst erstelltes Korpus geschriebener und gesprochener Sprache des Biologieunterrichts (vgl. Tab. 1). Der geschrie-bene Teil des Korpus besteht aus sechs Lehrtexten, die aus für Niedersachsen für den gymnasialen Biologieunterricht zugelassenen Lehrwerken entnommen wurden, nämlich solchen der Bioskop- und Natura-Reihe. Dabei wurden jeweils zwei Texte aus Lehrwerken der Unterstufe, zwei der Mittel- und zwei der Ober-stufe transkribiert (Bioskop 5/6: Hausfeld & Schulenberg, 2020a, 7/8, Hausfeld & Schulenberg, 2020b, Qualifikationsphase: Peters, 2020; Natura 5/6: Baack et al., 2020, 7/8: Baack & Steinert, 2017, Qualifikationsphase: Baack et al., 2019). Der gesprochene Teil besteht aus den mündlichen Äußerungen zweier Lehrkräfte, wobei von jeder der beiden Lehrkräfte jeweils drei Doppel-Unterrichtsstunden aufgezeichnet wurden, wovon 30 min mit HIAT (nach Ehlich & Rehbein, 1976) transkribiert wurden.[2] Pro Lehrperson wurde eine Stunde in der Unter-, eine in der Mittel- und eine in der Oberstufe abgehalten.[3] Alle medial mündlichen und alle medial schriftlichen Texte des Korpus enthalten jeweils 1500 Wörter, damit besteht das Gesamtkorpus aus 18.000 Wörtern.

Das in den Unterrichtsstunden und Lehrbuchtexten behandelte Thema sollte über die Jahrgangsstufen möglichst konstant gehalten werden: Im Fokus stehen größtenteils Nahrungsbeziehungen, was aufgrund der spiralcurricularen Anlage der Curricula möglich ist (in niedrigeren Jahrgangsstufen als Nahrungsketten und später als Nahrungsnetze, in höheren Jahrgangsstufen als Trophiestufen). Wo diese Konstanthaltung nicht im engeren Sinn möglich war, wurden Themen aus

---

[2] Dabei wurde allein Plenumsunterricht untersucht. Ferner sollten nur Unterrichtsausschnitte transkribiert werden, in denen eine „[s]achinhaltliche" bzw. „[s]achlogische Bedeutung[..]" (Bellack et al., 1974, 33–35) im Vordergrund stand und keine unterrichtsorganisatorische Bedeutung. Die Interaktionssequenzen, die transkribiert wurden, sollten zudem möglichst zusammenhängend sein (wurden aber z. T. durch Phasen von Einzel- oder Gruppenarbeit unterbrochen).

[3] Die Weiterarbeit am und die Erweiterung des medial mündlichen Korpusteils wird geför-dert von der Deutschen Forschungsgemeinschaft, DFG – Projektnummer: 426182600.

Tab. 1 Korpus der Untersuchung

Jahrgangsstufe	mediale Mündlichkeit		mediale Schriftlichkeit	
Unterstufe (Kl. 5–6)	LP1 (5. Klasse)	LP2 (5. Klasse)	Bioskop (Jg. 5/6)	Natura (Jg. 5/6)
Mittelstufe (Kl. 8–10)	LP1 (8. Klasse)	LP2 (8. Klasse)	Bioskop (Jg. 7/8)	Natura (Jg. 7/8)
Oberstufe (Kl. 11–13)	LP1 (12. Klasse)	LP2 (11. Klasse)	Bioskop (Oberstufe)	Natura (Oberstufe)

derselben Teildisziplin der Biologie (hier: Ökologie) oder solche, die ebenfalls regelkreisartige Strukturen beschreiben, herangezogen.

Zunächst wurden alle Nominalphrasen im Korpus manuell identifiziert und extrahiert. Unterschieden wurde dabei zwischen selbstständigen Nominalphrasen und Nominalphrasen als Teil von selbstständigen Präpositionalphrasen (PP) sowie selbstständigen Konjunktionalphrasen (KP).[4] In der Folge wurden folgende weitere Eigenschaften der Phrasen ebenfalls manuell kodiert:

- Länge (Anzahl der Wörter pro Nominalphrase)
- Attribute (alle in der Nominalphrase auftretenden Attribute); diese wurden weiterhin nach Position (dem Nomen voran- oder nachgestellt) und ihrem grammatischen Typ (Adjektivattribut, Partizipialattribut, Adverbattribut, Genitivattribut, Präpositionalattribut, Nebensatzattribut und Appositionen) sowie hinsichtlich der Ebene der Attribution (Attribute ersten Grades als „Attribute zum nominalen Kern einer Wortgruppe", Gätje & Langlotz, 2020, S. 282, im Gegensatz zu in ein Attribut eingebettete Attribute) kategorisiert.

In einigen Fällen war es notwendig, innerhalb von Attributen, z. B. in Relativsätzen, weitere auftretende Attribute zu kodieren. Diese wurden entsprechend als eingebettete Attribute kodiert.[5]

---

[4] Im Folgenden meinen wir mit „Nominalphrasen" alle Nominalphrasen, sowohl selbstständige als auch solche, die Teil einer PP oder KP sind.

[5] Wir danken Kamila Bonk und Alina Dohnke für die Unterstützung bei der Durchführung der Analysen.

3.3   Ergebnisse

Veränderung der Komplexität der Nominalphrasen über die Jahrgangsstufen
Die *Anzahl der Nominalphrasen* (vgl. Abb. 2) zeigt einen Unterschied zwischen mündlichem und schriftlichem Unterrichtsdiskurs – erwartungsgemäß ist die Anzahl der Nominalphrasen in den Lehrbuchtexten höher als in der Sprache der Lehrpersonen, d. h. der „Nominalstil" ist in der geschriebenen Sprache stärker ausgeprägt.

Während die absolute Anzahl der Nominalphrasen über die Jahrgangsstufen hinweg nicht kontinuierlich ansteigt, ist jedoch ein Anstieg der Komplexität der Nominalphrasen zu beobachten. Dies zeigt sich zunächst in der *Länge der Nominalphrasen* (vgl. Abb. 3) – wobei hier Mittelwerte über alle Typen von Nominalphrasen hinweg wenig aussagekräftig sind. Wir unterscheiden deshalb zwischen Pronomen, Nominalphrasen ohne Nebensatzattribute und Nominalphrasen mit Nebensatzattributen. Die Nominalphrasen, die aus Pronomen bestehen, werden außer Acht gelassen, da sie im Prinzip nicht attributiv erweitert werden

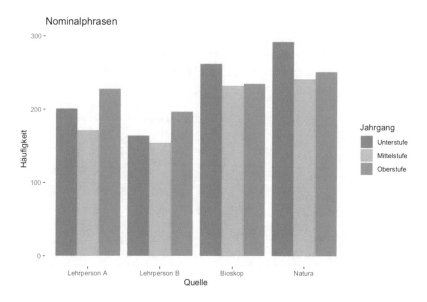

Abb. 2   Anzahl der Nominalphrasen (jeweils auf 1500 Wörter)

können und deshalb immer nur aus einem Wort bestehen. Bei den Nominalphrasen ohne Nebensatzattribute ist aus den Mittelwerten wenig abzuleiten, andere Maße der zentralen Tendenz zeigen aber etwas genauer, was sich über die Jahrgangsstufen hinweg verändert (vgl. Abb. 3 und Abb. 4): Betrachtet man die Minimal- und Maximalwerte sowie den Median, zeigen sich die entscheidenden Unterschiede vor allem bei den Maxima. Die Länge der längsten auftretenden Phrasen wird über die Jahrgangsstufen hinweg größer (wobei das nur einige wenige Datenpunkte betrifft und sich deshalb nur wenig in den Mittelwerten niederschlägt). Betrachtet man so nur die Maximalwerte, besteht bei der Lehrperson A die längste Phrase in der Unterstufe aus acht Wörtern, in der Mittelstufe äußert sie/er dagegen eine Phrase mit 14 Wörtern und in der Oberstufe eine mit 13 Wörtern. Lehrperson B produziert in Unter- und Mittelstufe keine Phrase, die länger als 9 Wörter ist, in der Oberstufe aber eine mit 13 Wörtern (vgl. Abb. 3).

In den Lehrbuchtexten (vgl. Abb. 4) ist eine etwas deutlichere Steigerungstendenz über die Jahrgangsstufen hinweg erkennbar, allerdings ebenfalls mit sehr großer Streuung der Daten und hoher Standardabweichung. Wir betrachten deshalb auch hier nur die Maximalwerte genauer: Die längsten Phrasen kommen in den höheren Jahrgangsstufen vor (die längsten Phrasen in der Bioskop-Lehrbuchreihe umfassen 14 Wörter in der Unterstufe, 15 in der Mittelstufe und 18 Wörter in der Oberstufe; in der Natura-Reihe sind es 9 Wörter in der Unterstufe, 16 in der Mittelstufe und 21 in der Oberstufe). Damit treten zumindest in der Bioskop-Reihe vereinzelt schon in den Texten für die Unterstufe sehr lange

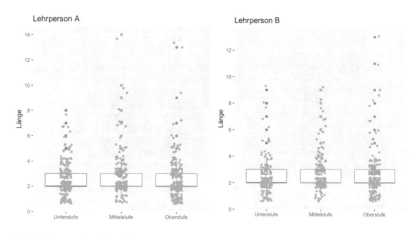

Abb. 3 Länge der Nominalphrasen bei den Lehrpersonen (ohne Nebensatzattribute)

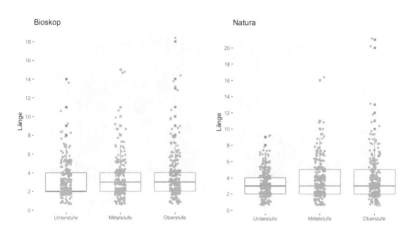

Abb. 4 Länge der Nominalphrasen in den Lehrwerken (ohne Nebensatzattribute)

und damit komplexe Phrasen auf, die man im mündlichen Unterrichtsdiskurs tendenziell eher erst in der Mittel- und Oberstufe findet.

Das Auftreten sehr langer und damit komplexer Nominalphrasen – ein vielfach als typisch „bildungssprachlich" bezeichnetes Phänomen – ist also auch in unseren Daten zu beobachten, und tendenziell treten sehr lange Phrasen eher in den höheren Jahrgangsstufen als in den niedrigeren auf, wobei auch dort komplexe Nominalphrasen zu finden sind. Grund für die zunehmende Länge und Komplexität ist vor allem die (komplexe) Attribution. Dies zeigt sich zunächst in der absoluten *Anzahl der Attribute* (vgl. Abb. 5). Dabei sehen wir in den geschriebenen Texten einen kontinuierlichen Anstieg über die Jahrgangsstufen hinweg, ebenso bei einer der beiden Lehrpersonen. Bei Lehrperson A hingegen bleibt die Anzahl der verwendeten Attribute über die Jahrgangsstufen hinweg relativ gleich.

Die oben gezeigten Tendenzen spiegeln sich auch in der *attributiven Dichte*[6] – der durchschnittlichen Anzahl der Attribute pro Nominalphrase – wider (vgl. Abb. 6). Bei den Lehrpersonen ist diese Entwicklung nicht so klar zu sehen – bei Lehrperson A gar nicht, bei Lehrperson B ist die Tendenz zur Steigerung nur zwischen Unter- und Mittelstufe zu beobachten. Grundsätzlich sehen wir auch hier, dass die attributive Dichte in den geschriebenen Texten durchgängig höher ist als im mündlichen Unterrichtsdiskurs.

Zur genaueren Einschätzung dessen, was den Anstieg – zumindest in den Lehrwerken – verursacht, können verschiedene Maße genauer betrachtet werden.

---

[6] Wir berechnen die attributive Dichte etwas anders als Gätje und Langlotz (2020, S. 281).

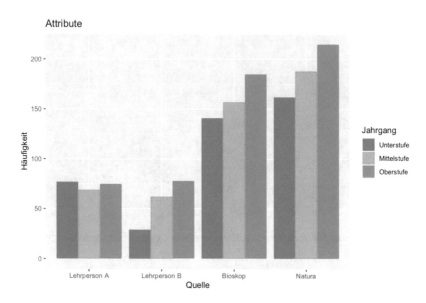

Abb. 5 Absolute Anzahl der verwendeten Attribute (jeweils auf 1500 Wörter)

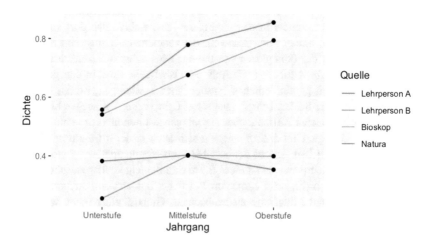

Abb. 6 Attributive Dichte

Vergleicht man die Anzahl der Nominalphrasen, die entweder keine, ein, zwei oder mehr als zwei Attribute ersten Grades enthalten, über die verschiedenen Jahrgangsstufen hinweg, ist in den Lehrwerken die Tendenz zu beobachten, dass die Zahl der Nominalphrasen ohne Attribut über die Jahrgangsstufen hinweg sinkt und die derer mit Attributen steigt. Bei den Lehrpersonen ist diese Entwicklung weniger deutlich zu sehen; bei Lehrperson B ist eine Steigerung der Anzahl der Attribute ersten Grades über die Jahrgangsstufen sichtbar. Bei beiden Lehrpersonen ist aber auch die Anzahl der Nominalphrasen ohne Attribut in der Oberstufe am höchsten (vgl. Abb. 7).

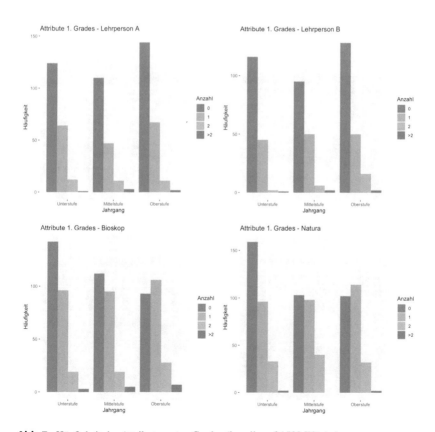

Abb. 7 Häufigkeit der Attribute ersten Grades (jeweils auf 1500 Wörter)

Schließlich betrachten wir die Anzahl der Einbettungen, also in ein Attribut eingebettete Attribute pro Nominalphrase (vgl. Abb. 8). Diese kommen bei den Lehrpersonen kaum vor, aber auch hier sehen wir bei Lehrperson B eine leichte Steigerung von der Unter- über die Mittel- bis zur Oberstufe (wobei die insgesamt niedrigen Zahlen nur eine Tendenz ahnen lassen). In den Lehrtexten sind auch eingebettete Attribute deutlich häufiger als in der gesprochenen Sprache der Lehrpersonen – und zwar auch wiederum mit steigender Jahrgangsstufe häufiger. Eine Zusatzanalyse ergab, dass die allermeisten der eingebetteten Attribute (258 von 274, also 94,2 %) Attribute zweiten Grades sind, also ein Attribut eines Attributs ersten Grades. Attribute dritten Grades sind selten – sie kommen in unseren Daten nur 16 Mal vor, und zwar ausschließlich in den Lehrtexten für die Mittel- bzw. Oberstufe.

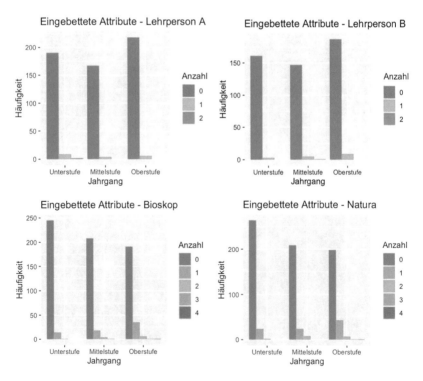

Abb. 8 Häufigkeit der Nominalphrase ohne eingebettetes Attribut (Anzahl = 0) sowie mit eingebetteten Attributen (Anzahl = 1–4) (auf jeweils 1500 Wörter)

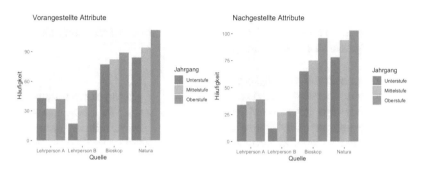

Abb. 9 Häufigkeit der vorangestellten (links) und nachgestellten Attribute (rechts) (auf jeweils 1500 Wörter)

Attributarten

Schließlich stellt sich die Frage, welche Arten von Attributen besonders häufig verwendet werden bzw. welche von ihnen besonders stark für den Anstieg der Komplexität verantwortlich sind.

Die Anzahl der vorangestellten Attribute (Adjektiv-, Adverb- und Partizipialattribute, vgl. Abb. 9) steigt sowohl bei Lehrperson B als auch in den Lehrwerken über die Jahrgangsstufen hinweg an. Nur bei Lehrperson A kann auch in dieser Kategorie keine Steigerung erkannt werden.

Wieder ist sehr deutlich, dass die Zahl der vorangestellten Attribute in den schriftlichen Texten durchgängig höher ist als in der Sprache der Lehrenden. Besonders auffällig ist, dass erweiterte Partizipialattribute in der gesprochenen Sprache, bis auf zwei Einzelfälle, überhaupt nicht vorkommen. In den Lehrwerken werden sie dagegen bereits auch in den Texten für die Unterstufe verwendet, mit einer steigenden Tendenz über die Jahrgangsstufen hinweg. Gerade Partizipialattribute lassen sich durch sehr komplexe Einbettungen erweitern und führen zum Teil zu sehr langen Nominalphrasen. Für die nachgestellten Attribute – Genitivattribute, Präpositionalattribute, Appositionen und satzwertige Attribute – lässt sich für den Anstieg über die Jahrgangsstufen Ähnliches wie für die vorangestellten Attribute konstatieren (vgl. Abb. 9). Auch hier zeigen Lehrperson B sowie die beiden Lehrwerkreihen einen deutlich erkennbaren Anstieg über die Jahrgangsstufen hinweg. Bei Lehrperson A ist die Steigerung minimal. Auch nachgestellte Attribute sind in der geschriebenen Sprache generell häufiger als in der an die Schüler/-innen gerichtete Sprache der Lehrpersonen; und während ein großer Teil der nachgestellten Attribute in der gesprochenen Sprache Appositionen sind, dominieren in den Lehrtexten Genitiv- und Präpositionalattribute sowie Nebensatzattribute, vor allem Relativsätze.

Phrasen mit hohem Einbettungsgrad
Insbesondere erweiterte Partizipialattribute sowie alle nachgestellten Attribute, d. h. Genitiv- und Präpositionalattribute, Appositionen sowie satzwertige Attribute bieten syntaktisch die Option zur Einbettung weiterer Attribute. Davon wird besonders in den geschriebenen Texten Gebrauch gemacht. Das führt an einigen Stellen zu Nominalphrasen mit Einbettungen verschiedenen Grades – was sicher eine Herausforderung bei der korrekten Dekodierung darstellt. Folgende Beispiele finden sich in den Lehrwerken für die Oberstufe (OS):

(1) organische Stoffe, die in den meisten Ökosystemen von den Produzenten aus anorganischen Stoffen erzeugt werden (Bioskop, OS)
(2) die gesamte pro Zeit und Fläche durch Fotosynthese produzierte organische Substanz in Gramm Trockengewicht pro Quadratmeter und Jahr (Bioskop, OS)
(3) Energiewandler […], die beim Abbau von Biomasse bei der Zellatmung einen Teil der chemischen Energie in Wärme umwandeln (Bioskop, OS)
(4) von Singvögeln, Fischen und anderen Konsumenten bis in das Gewebe der Tiere der höchsten Trophiestufe, wie z. B. beim Adler (Natura, OS)

Teilweise entstehen dadurch ambige Strukturen, etwa durch eine Aneinanderreihung von Genitiv- oder Präpositionalattributen, bei denen nicht mehr eindeutig ist, auf welches vorangegangene Element sich diese beziehen (wie z. B. in Beispiel 1, wo in den Relativsatz, der selbst ein Attribut ist, mehrere Präpositionalattribute eingebettet sind). Solche komplexen Attributionen können sicher oft durch semantische Plausibilitätserwartungen korrekt interpretiert werden. Das ist aber nur dann möglich, wenn die Lesenden bereits Wissen über die dargestellten Zusammenhänge mitbringen, was aber im Lehrkontext nicht immer vorausgesetzt werden kann.

4   Diskussion

Unsere Ergebnisse zeigen grundsätzlich, dass Schüler/-innen im Laufe ihrer Schullaufbahn im Biologieunterricht mit immer komplexeren Nominalphrasen konfrontiert werden.[7] Dies bestätigt die bisherigen Forschungsergebnisse, die das für geschriebene Sprache bereits z. T. gezeigt haben (Berendes et al., 2018; Gätje & Langlotz, 2020; Pohl, 2017). Während auch in unserer Studie eine Adaption der Sprache in Lehrbuchtexten nachgewiesen werden konnte, zeigen sich im Bereich der an die Schüler/-innen gerichteten Sprache der Lehrpersonen jedoch weniger eindeutige Ergebnisse. Eine der von uns untersuchten Lehrpersonen handelt deutlich „adaptiver" als die andere, indem sie/er die Nominalphrasen in der an die Schüler/-innen gerichteten Sprache je nach Jahrgangsstufe unterschiedlich komplex gestaltet, bei der anderen Lehrperson ist dies jedoch kaum der Fall. Die Lehrbuchtexte sind in Hinblick auf die darin auftretenden Nominalphrasen grundsätzlich komplexer, und es lässt sich anhand verschiedener Maße zeigen, dass eine Steigerung der Komplexität über die Jahrgangsstufen erfolgt – zum Teil jedoch bei bereits recht hoher Ausgangskomplexität schon in der Unterstufe, wie es auch Bryant et al. (2017) schon für das Fach *Geografie* konstatieren.

Die Tendenz über die Jahrgangsstufen steigender Komplexität ist aus sprachdidaktischer Sicht positiv zu bewerten: Da die Komplexität (und damit höchstwahrscheinlich die Schwierigkeit) der Nominalphrasen und somit der Texte ansteigt, heißt es, dass Lehrbuchautor/-innen adaptiv handeln, sich also zumindest in dieser Hinsicht auf das Alter und den Sprachstand ihrer Zielgruppe einstellen. Für den Input, den die Schüler/-innen bekommen, heißt das, dass dieser zunächst weniger komplex ist und dann komplexer wird – eine wichtige Voraussetzung für implizites Sprachenlernen. Für Lehrpersonen kann konstatiert werden, dass in dieser Hinsicht adaptives Sprachhandeln beobachtet werden kann, aber nicht muss. Die Unterschiede zwischen den von uns untersuchten Lehrpersonen zeigen, dass persönlicher Stil hier eine große Rolle spielen kann: Nicht alle Lehrkräfte

---

[7] Unsere Daten können für diese quantitativen Werte nur Tendenzen zeigen, sie eignen sich zum Teil nicht oder nur sehr bedingt für die üblichen inferenzstatistischen Verfahren, was unter anderem durch die geringe Anzahl an untersuchten Lehrpersonen und Lehrwerken begründet ist. Dies könnte in zukünftigen Arbeiten sicher noch verbessert werden, allerdings stellt sowohl die Konstruktion eines geeigneteren Korpus als auch die manuelle Annotation einen erheblichen Zeit- und Arbeitsaufwand dar, der nur in größeren und länger angelegten Projekten zu bewältigen wäre. Unsere quantitativen Ergebnisse sollten deshalb eher als Ausgangspunkt für weitere Untersuchungen betrachtet werden.

handeln sprachlich gleichermaßen adaptiv. Dies ist insofern wenig verwunderlich, als adaptives Sprachhandeln bei Lehrkräften bisher vermutlich weitgehend intuitiv geschieht.

Bei den Lehrtexten ist kein so deutlicher Unterschied zwischen den Lehrbuchreihen erkennbar, aber ebenfalls eine Tendenz dahingehend, dass die Texte der Natura-Reihe z. T. eine klarere Progression bei der Steigerung der Komplexität der Nominalphrasen zeigen (vgl. z. B. Abb. 4 zur Länge der Nominalphrasen). Die Tatsache, dass die in unserem Korpus enthaltenen Texte innerhalb der einzelnen Lehrbuchreihen aber von verschiedenen Autor/-innen stammen können und dass außerdem davon auszugehen ist, dass im Zuge redaktioneller Prozesse auch mehrfach Formulierungen von verschiedenen Beteiligten geändert werden können, ist ein möglicher Grund dafür, warum hier keine klaren Unterschiede der Adaptivität zwischen den Reihen sichtbar werden. Das könnte bei einem direkten Vergleich von einzelnen Autor/-innen durchaus anders sein. Dies ist aber insofern weniger wichtig, da Schüler/-innen im Unterricht nicht durchgängig mit Texten der immergleichen Autor/-innen konfrontiert werden. Ihr Input ist also im schriftlichen Bereich wahrscheinlich ausgeglichener, was die Häufung, Länge und Komplexität der Nominalphrasen angeht. Es ist davon auszugehen, dass im geschriebenen Input die Komplexität tatsächlich über die Jahrgangsstufen hinweg anwächst.

Außerdem ist in allen Jahrgangsstufen ein klarer Unterschied zwischen geschriebener und gesprochener Sprache vorhanden. Die Schüler/-innen müssen in den Lehrbuchtexten mehr und komplexere Nominalphrasen verarbeiten, insbesondere weil die Attribute mit dem Potenzial für komplexe weitere attributive Einbettungen typischer für die geschriebene Sprache sind und weil dort auch deutlich stärker Gebrauch von den Möglichkeiten der weiteren Einbettung gemacht wird. Dies führt zu hoher syntaktischer Komplexität und inhaltlicher Verdichtung – und zwar auch schon in den geschriebenen Texten für die Unterstufe. Dort liegt die Anzahl der Attribute bereits deutlich über der der gesprochenen Sprache in der Oberstufe. Dies ist aufgrund der bekannten Unterschiede zwischen (medialer und konzeptioneller) Mündlichkeit und Schriftlichkeit wenig überraschend, bestätigt aber nochmals eindringlich, dass konzeptionelle und mediale Schriftlichkeit Herausforderungen für Schüler/-innen birgt, an die der Unterricht sie heranführen muss. Das heißt auch, dass mündlicher Input allein nicht auf die Herausforderungen des schriftlichen Unterrichtsdiskurses vorbereitet, selbst wenn die Lehrpersonen ihren gesprochenen Input optimal adaptieren würden und so eine klare Progression über die Jahrgangsstufen hinweg erfolgen würde – was, wie unsere Daten vermuten lassen – nicht immer der Fall ist.

An dieser Stelle lassen sich erste didaktische Überlegungen anschließen. Eine Möglichkeit des Umgangs mit der gefundenen Komplexität der Nominalphrasen in medialer Mündlichkeit und Schriftlichkeit ist es, diese Komplexität mit den Schüler/-innen gemeinsam bewusst zu entdecken und zu reflektieren. Hee und Kleinschmidt (2017) arbeiten hierfür beispielsweise mit dem Feldermodell für Nominalphrasen nach Granzow-Emden (2014, S. 201–226), das die Schüler/-innen zur Analyse von Nominalphrasen in Fachtexten nutzen können (die auch um Nominalphrasen aus gesprochener Unterrichtssprache ergänzt werden können). Dabei reflektieren die Schüler/-innen auch die (epistemische) Funktion komplexer Nominalphrasen in Fachtexten.

Zudem müsste in der Lehrer/-innenbildung, von der ersten bis zur dritten Phase, eine besondere Aufmerksamkeit der Bewusstmachung und Erhöhung des „Pedagogical Language Knowledge" (Galguera, 2011, S. 86) der Lehrpersonen gewidmet werden, insbesondere im Bereich des adaptiven Sprachhandelns. So wäre es z. B. denkbar, dass noch intensiver Möglichkeiten der videobasierten Reflexion eigenen Unterrichts genutzt würden, um eigene Adaptivitätsmechanismen in unterschiedlichen Jahrgangsstufen zu reflektieren. Brouwer und Robijns (2013, S. 315) schlagen hierfür die Arbeit mit „stark strukturierte[n] Beobachtungshilfe[n] mit vielen Beobachtungspunkten vor", die in diesem Fall auch auf die Struktur und Funktion der verwendeten Nominalgruppen in der Schüler/-innen- und Lehrer/-innensprache der jeweiligen Jahrgangsstufen bezogen sein könnten, auch im interaktionalen, reformulierenden Bezug der Lehrpersonenäußerungen auf Schüler/-innenäußerungen (vgl. Kleinschmidt-Schinke, 2018, S. 486–526). Zudem kann der reflektierende Blick auch geweitet werden auf Interaktionen zwischen unterschiedlichen Feldern des Unterrichtsdiskurses (Pohl, 2016, S. 58): Es kann so auch reflektiert werden, welche Funktion der medial mündliche Input (also die an die Schüler/-innen gerichtete Sprache) mit Bezug auf den medial schriftlichen Input (Lehrbuchtexte usw.) erfüllt (vgl. auch Maak, 2017).

5   Fazit und Ausblick

Unsere bisherigen Analysen basieren auf einem Vergleich des Sprachhandelns von zwei Lehrpersonen in ihrem Biologieunterricht in drei Jahrgangsstufen des Gymnasiums und von Auszügen aus zwei gymnasialen Biologielehrwerkreihen in ebenfalls drei Jahrgangsstufen. In einem nächsten Schritt ist es erforderlich, eine breitere Datenbasis zu generieren, also weitere Lehrwerksreihen und Lehrpersonen in die Untersuchung einzubeziehen. Zudem ist eine

Ausweitung auf andere Schulformen als das Gymnasium wünschenswert, um auch für das Fach *Biologie* mögliche schulformenbezogene Unterschiede, wie sie Berendes et al. (2018, 531) für das Unterrichtsfach *Geographie* beschreiben konnten, zu untersuchen. Auch der medial mündliche und schriftliche Unterrichtsdiskurs an Grundschulen müsste miteinbezogen werden, um auch Übergangsphänomene fassen zu können. Zuletzt wäre es hilfreich, Fächer aus allen Aufgabenfeldern („sprachlich-literarisch-künstlerisch[es]", „gesellschaftswissenschaftlich[es]" sowie „mathematisch-naturwissenschaftlich-technisches", Nds. Kultusministerium, 2021, S. 7) zu berücksichtigen, wie es Pohl (2017) in seiner Lehrwerksuntersuchung realisiert. Forschungsorganisatorisch ist sowohl die Generierung von größeren Lehrwerks-Korpora schwierig (insbesondere durch Beschränkungen durch die Schulbuchverlage) als auch die Gewinnung von Lehrpersonen, die ihr Fach in drei gymnasialen Jahrgangsstufen der Unter-, Mittel- und Oberstufe unterrichten. Besonders zielführend wäre es, könnte ein Korpus gewonnen werden, in dem die analysierten Lehrwerktexte auch in den betreffenden Unterrichtsinteraktionen genutzt würden (wie in der Analyse der Enkodierung von Bewegung in einer 8. Klasse im Biologieunterricht durch Maak, 2017).

Zudem müssen die Analysen ausgeweitet werden. Bisher messen wir die Komplexität von Nominalphrasen auf Wortebene. Möglich wäre außerdem, ihre Komplexität auch auf Morphemebene zu betrachten, indem die Anzahl aller Stamm-, Derivations- und Flexionsmorpheme innerhalb einer Nominalphrase erfasst wird. Wir nehmen an, dass in diesem Maß eine noch deutlichere Steigerung der Komplexität der Nominalgruppen sichtbar wird als in der Länge der Nominalphrasen gemessen in Wörtern.

Ferner sollten die Grundtypen komplexer Attribution nach Schmidt (1993, S. 80 f.; vgl. auch Hennig, 2020, S. 163) jahrgangsstufenvergleichend in den Blick genommen werden. So kann unterschieden werden, inwiefern „Koordination", „Gleichordnung" oder „Unterordnung" von Attributen vorliegt und ob die Komplexitätserhöhung somit eher durch Addition oder Integration erfolgt (vgl. Hennig, 2020, S. 153–163; Pohl, 2017, S. 253). Denn möglicherweise ist eine Koordination oder Gleichordnung von Attributen als weniger rezeptiv anspruchsvoll als eine Unterordnung von Attributen einzuschätzen.

In Folgeuntersuchungen kann auf dieser Grundlage fokussiert werden, inwiefern die festgestellte Komplexität der Nominalphrasen in den unterschiedlichen Jahrgangsstufen tatsächlich eine rezeptive Schwierigkeit/Hürde für die Schüler/ -innen darstellt und ob eventuell für bestimmte Gruppen (z. B. Schüler/-innen mit diagnostiziertem Förderbedarf, Schüler/-innen mit Deutsch als Zweitsprache) die Rezeption bestimmter Typen komplexer Nominalphrasen/eines bestimmten Komplexitätsgrads besonders anforderungsreich ist.

Literatur

Beck, E., Baer, M., Guldimann, T., Bischoff, S., Brühwiler, C., Müller, P., Niedermann, R., Rogalla, M., & Voigt, F. (2008). *Adaptive Lehrkompetenz: Analyse und Struktur, Veränderbarkeit und Wirkung handlungssteuernden Lehrerwissens.* Waxmann.

Bellack, A. A., Kliebard, H. M., Hyman, R. T., & Smith, F. L. (1974). *Die Sprache im Klassenzimmer.* Schwann.

Berendes, K., Vajjala, S., Meurers, D., Bryant, D., Wagner, W., Chinkina, M., & Trautwein, U. (2018). Reading demands in secondary school: Does the linguistic complexity of textbooks increase With grade level and the academic orientation of the school track? *Journal of Educational Psychology, 110*(4), 518–543.

Brouwer, N. & Robijns, F. (2013). Fokussierte Auswertung von Videoaufzeichnungen als Methode in der Lehrerausbildung. In U. Riegel & K. Macha (Hrsg.), *Videobasierte Kompetenzforschung in den Fachdidaktiken* (S. 303–317). Waxmann.

Bryant, D., Berendes, K., Meurers, D., & Weiß, Z. (2017). Schulbuchtexte der Sekundarstufe auf dem linguistischen Prüfstand. Analyse der bildungssprachlichen Komplexität in Abhängigkeit von Schultyp und Jahrgangsstufe. In M. Hennig (Hrsg.), *Linguistische Komplexität – ein Phantom?* (S. 281–309). Stauffenburg.

Ehlich, K. (2007) [1984]. Zum Textbegriff. In K. Ehlich (Hrsg.), *Sprache und sprachliches Handeln, 3: Diskurs – Narration – Text – Schrift* (S. 531–550). de Gruyter.

Ehlich, K., & Rehbein, J. (1976). Halbinterpretative Arbeitstranskription (HIAT). *Linguistische Berichte, 45,* 21–41.

Ender, A., & Kaiser, I. (2020). Fressen oder gefressen werden? Rezeptive bildungssprachliche Kompetenzen bei ein- und mehrsprachigen Jugendlichen der Sekundarstufe I. In M. Langlotz (Hrsg.), *Grammatikdidaktik: Theoretische und empirische Zugänge zu sprachlicher Heterogenität* (S. 117–143). Schneider.

Eroms, H.-W. (2016). Zur Geschichte und Typologie komplexer Nominalphrasen im Deutschen. In M. Hennig (Hrsg.), *Komplexe Attribution: Ein Nominalstilphänomen aus sprachhistorischer, grammatischer, typologischer und funktionalstilistischer Perspektive* (S. 21–55). de Gruyter.

Fabricius-Hansen, C. (2010). Adjektiv-/Partizipialattribute im diskursbezogenen Kontrast (Deutsch-Englisch/Norwegisch). *Deutsche Sprache, 38,* 175–192.

Feilke, H. (2012). Bildungssprachliche Kompetenzen – fördern und entwickeln. *Praxis Deutsch, 233,* 4–13.

Fuhrhop, N., & Olthoff, S. (2019). Komposita als Herausforderung in Schulbuchtexten? In M. Butler & J. Goschler (Hrsg.), *Sprachsensibler Fachunterricht: Chancen und Herausforderungen aus interdisziplinärer Perspektive* (S. 33–66). Springer.

Gaies, S. (1977). The nature of linguistic input in formal second language learning: Linguistic and communicative strategies in ESL teachers´ classroom language. In H. D. Brown, C. A. Yorio, & R. H. Crymes (Hrsg.), *On TESOL ´77: Selected Papers from the Eleventh Annual Convention of Teachers of English to Speakers of Other Languages, Miami, Florida, April 26 – May 1, 1977* (S. 204–212). Teachers of English to Speakers of Other Languages.

Galguera, T. (2011). Participant structures as professional learning tasks and the development of pedagogical language knowledge among preservice teachers. *Teacher Education Quarterly, 38*(1), 85–106.

Gätje, O. & Langlotz, M. (2020). Der Ausbau literater Strukturen in Schulbüchern und grammatische Kompetenz – Eine Untersuchung von Nominalphrasen in Schulbüchern der Fächer Deutsch und Physik im Vergleich. In M. Langlotz (Hrsg.), *Grammatikdidaktik: Theoretische und empirische Zugänge zu sprachlicher Heterogenität* (S. 273–308). Schneider.

Granzow-Emden, M. (2014). *Deutsche Grammatik verstehen und unterrichten.* Narr Francke Attempto.

Håkansson, G. (1986). Quantitative Aspects of Teacher Talk. In G. Kasper (Hrsg.), *Learning, Teaching and Communication in the Foreign Language Classroom* (S. 83–98). Aarhus University Press.

Hee, K., & Kleinschmidt-Schinke, K. (2017). Bildungssprache mikroskopisch. Verdichtete Nominalgruppen entdecken. *Deutsch, 5–10*(53), 24–28.

Hennig, M. (2016). Einleitung. In M. Hennig (Hrsg.), *Komplexe Attribution: Ein Nominalstilphänomen aus sprachhistorischer, grammatischer, typologischer und funktionalstilistischer Perspektive* (S. 1–19). de Gruyter.

Hennig, M. (2020). *Nominalstil: Möglichkeiten, Grenzen, Perspektiven.* Narr Francke Attempto Verlag.

Heppt, B. (2016). *Verständnis von Bildungssprache bei Kindern mit deutscher und nichtdeutscher Familiensprache.* Dissertation, Humboldt-Universität zu Berlin.

Kleinschmidt-Schinke, K. (2018). *Die an die Schüler/-innen gerichtete Sprache (SgS): Studien zur Veränderung der Lehrer/-innensprache von der Grundschule bis zur Oberstufe.* De Gruyter.

Kleinschmidt-Schinke, K., & Pohl, T. (2017). Leichte Sprache vs. adaptives Sprachhandeln. In B. M. Bock, U. Fix, & D. Lange (Hrsg.), *„Leichte Sprache" im Spiegel theoretischer und angewandter Forschung* (S. 87–110). Frank & Timme.

Koch, P., & Oesterreicher, W. (1986). Sprache der Nähe – Sprache der Distanz. Mündlichkeit und Schriftlichkeit im Spannungsfeld von Sprachtheorie und Sprachgeschichte. *Romanistisches Jahrbuch 1985, 36,* 15–43.

Lynch, T. (1986). *Modifications to Foreign Listeners: The Storys Teachers Tell.* ERIC Document ED 274 225. Center for Applied Linguistics.

Maak, D. (2017). *Sprachliche Merkmale des fachlichen Inputs im Fachunterricht Biologie: Eine konzeptorientierte Analyse der Enkodierung von Bewegung.* De Gruyter.

Morek, M., & Heller, V. (2012). Bildungssprache – Kommunikative, epistemische, soziale und interaktive Aspekte ihres Gebrauchs. *Zeitschrift für Angewandte Linguistik, 57,* 67–101.

Murray, A., Johnson, J., & Peters, J. (1990). Fine-Tuning of Utterance Length to Preverbal Infants: Effects on Later Language Development. *Journal of Child Language, 17,* 511–525.

Niedersächsisches Kultusministerium. (2021). *Die gymnasiale Oberstufe und die Abiturprüfung. Informationen für Eltern sowie für Schülerinnen und Schüler.* Hannover.

Olthoff, S. (2021). *Herausforderung Passiv? Das werden-Passiv in Texten für Schülerinnen und Schüler.* Frank und Timme.

Pine, J. M. (1994). The Language of Primary Caregivers. In C. Gallaway & B. J. Richards (Hrsg.), *Input and Interaction in Language Acquisition* (S. 15–37). Cambridge University Press.

Pohl, T. (2007). *Studien zur Ontogenese wissenschaftlichen Schreibens.* Niemeyer.

Pohl, T. (2016). Die Epistemisierung des Unterrichtsdiskurses – ein Forschungsrahmen. In E. Tschirner, O. Bärenfänger, & J. Möhring (Hrsg.), *Deutsch als fremde Bildungssprache: Das Spannungsfeld von Fachwissen, sprachlicher Kompetenz, Diagnostik und Didaktik* (S. 55–79). Stauffenburg Verlag.

Pohl, T. (2017). Komplexität als Operationalisierungsdimension konzeptioneller Schriftlichkeit in Untersuchungen zum Unterrichtsdiskurs. In M. Hennig (Hrsg.), *Linguistische Komplexität – ein Phantom?* (S. 253–280). Stauffenburg Verlag.

Schmidt, J. E. (1993). *Die deutsche Substantivgruppe und die Attribuierungskomplikation.* Niemeyer.

Smetana, L. K., Carlson Sanei, J., & Heineke, A. J. (2020). Pedagogical language knowledge: An investigation of a science teacher candidate's student teaching strengths and struggles. *Action in Teacher Education, 42*(2), 149–166.

Snow, C. E. (1972). Mothers´ speech to children learning language. *Child Development, 43*(4), 549–565.

Snow, C. E., Perlmann, R., & Nathan, D. (1987). Why routines are different: Toward a multiple-factors model of the relation between input and language acquisition. In K. A. Nelson & A. van Kleeck (Hrsg.), *Children´s Language* (S. 65–97). Erlbaum.

Szagun, G. (2011). *Sprachentwicklung beim Kind: Ein Lehrbuch.* Beltz.

Vygotskij, L. S. (2002) [1934]. *Denken und Sprechen: Psychologische Untersuchungen. Herausgegeben und aus dem Russischen übersetzt von Joachim Lompscher und Georg Rückriem. Mit einem Nachwort von Alexandre Métraux.* Beltz.

Analysierte Schulbücher

Baack, K., Eckebrecht, D., Sack, G., & Steinert, C. (2020). *Natura 5/6. Biologie für Gymnasien. Niedersachsen.* Druck 4. Klett.

Baack, K., Remé, R., Sack, G., & Steinert, C. (2019). *Natura Qualifikationsphase. Biologie für Gymnasien.* Druck 1. Klett.

Baack, K. & Steinert, C. (2017). *Natura 7/8. Biologie für Gymnasien.* Niedersachsen. Druck 3. Klett.

Hausfeld, R., & Schulenberg, W. (Hrsg.). (2020a). *Bioskop 5/6. Gymnasium Niedersachsen.* Druck A^8. Bildungshaus Schulbuchverlage.

Hausfeld, R., & Schulenberg, W. (Hrsg.). (2020b). *Bioskop 7/8. Gymnasium Niedersachsen.* Druck A^7. Bildungshaus Schulbuchverlage.

Peters, J. (Hrsg.). (2020). *Bioskop SII. Qualifikationsphase Niedersachsen.* Druck A^3. Bildungshaus Schulbuchverlage.

Die Entwicklung grundlegender bildungssprachlicher Strukturen bei SeiteneinsteigerInnen der Sekundarstufe I am Beispiel der Syntax

Andrea Drynda

1 Einleitung

Der gesteuerte Erwerb komplexer syntaktischer Strukturen in Verstehens- und auch Produktionsprozessen ist für alle SchülerInnen eine zentrale Voraussetzung für eine erfolgreiche Schullaufbahn. Bereits mit Eintritt in die Grundschule werden an sie hohe Anforderungen gestellt, die im schulischen Verlauf weiter steigen. Eine besondere Herausforderung kann dies für späte bzw. jugendliche *SeiteneinsteigerInnen*[1] darstellen, da sie weniger Zeit für den Erwerb und den Ausbau zur Verfügung haben und zunächst die einfachen, grundlegenden Strukturen erwerben müssen. Als geeignetes Modell zur Unterscheidung und Untersuchung schriftsprachlicher Strukturen eignet sich die Registertheorie von Utz Maas (2008, 2010, 2015) sowie sein Konzept des Sprachausbaus. Dabei stellen die oraten Strukturen die Grundlage für den Ausbau zu literaten, also komplexen, Strukturen dar, wie sie von allen SchülerInnen in Bildungsinstitutionen gefordert werden.

Der Schriftgebrauch im informellen Register, dem orate Strukturen inhärent sind, stellt zumeist keine Schwierigkeiten dar. Diese ergeben sich erst durch die Erweiterung zu komplexen – literaten – Strukturen. So kann in

---

[1] Damit werden *SeiteneinsteigerInnen* bezeichnet, die erst spät in das Bildungssystem einsteigen und vornehmlich der Sekundarstufe I oder höher zuzuordnen sind.

A. Drynda (✉)
Universität Osnabrück, Institut für Germanistik, Osnabrück, Deutschland
E-Mail: andrynda@uos.de

© Der/die Autor(en), exklusiv lizenziert an Springer Fachmedien Wiesbaden
GmbH, ein Teil von Springer Nature 2024
J. Goschler et al. (Hrsg.), *Empirische Zugänge zu Bildungssprache und
bildungssprachlichen Kompetenzen,* Sprachsensibilität in Bildungsprozessen,
https://doi.org/10.1007/978-3-658-43737-4_5

97

Anlehnung an Siekmeyer (vgl. 2013: 38) die Vermutung formuliert werden: Wer über Schreib*fähigkeiten* verfügt, muss nicht unbedingt über ausgebaute Schreib*fertigkeiten* verfügen. Allerdings kann das Aufweisen literater Strukturen durchaus als eine Folge der „Weiterentwicklung der sprachlichen Praxis" (ebd.) aufgefasst werden, die ihren Ursprung in der Schreibfähigkeit hat.

In der vorliegenden Pilotstudie wird der Syntaxausbau zweier Seiteneinsteigerinnen mit je einem Text zu zwei Messzeitpunkten innerhalb eines Schuljahres gemessen. Anhand der Pilotstudie sollen zwei Aspekte in den Blick genommen werden:

1. Welche syntaktischen Strukturen entwickeln jugendliche SeiteneinsteigerInnen innerhalb eines Schuljahres, die grundlegend für den Erwerb der Bildungssprache sind? und 2. Inwiefern eignet sich dazu ein Analyseraster, das ausschließlich die syntaktischen Ausbauformen in den Blick nimmt?

Die Relevanz einer solchen Studie zeigt sich in der dadurch aufgedeckten Darstellung der bereits erworbenen syntaktischen Kompetenzen, die im weiteren (schulischen) Verlauf noch weiter ausgebaut werden müssen.

2   Bildungssprachliche Anforderungen an SeiteneinsteigerInnen

Durch weiterführende Auswertungen und Untersuchungen der verschiedenen Schulleistungsstudien, wie beispielsweise PISA, konnte belegt werden, dass Bildungssprache für den Schulerfolg relevant ist, aber für viele SchülerInnen eine *fremde* Sprache darstellt (vgl. Haberzettl, 2015: 62). Bisher wird in der Forschung kontrovers darüber diskutiert, inwiefern die Bildungssprache für SchülerInnen mit Deutsch als Zweitsprache als Schwierigkeit zu bewerten ist (vgl. ebd. 63). Eine besondere Gruppe der ZweitsprachlernerInnen stellen sogenannte *SeiteneinsteigerrInnen* dar. Der Begriff *SeiteneinsteigerIn* erweist sich insbesondere im Kontext von Bildung als geeignet, da die schulischen Erfahrungen in diesem Begriff impliziert sind (vgl. Ahrenholz et al., 2017: 246). Fuchs et al., (2017: 259) bezeichnen *SeiteneinsteigerInnen* als diejenigen SchülerInnen, die ihre Schulbildung nicht konstant in einem Bildungssystem durchlaufen haben und über erste oder weiterführende schulische und fachliche Kenntnisse verfügen. Dabei wird insbesondere betont, dass diese Erfahrungen in einem sehr abweichenden Schulsystem erworben wurden (vgl. ebd.: 259) und somit möglicherweise Konsequenzen für die weitere fachliche Ausbildung sowie für die Gewöhnung an die divergente Art der Beschulung in Deutschland und den einzelnen Bundesländern haben. Bei geflüchteten *SeiteneinsteigerInnen* sollte überdies berücksichtigt werden, dass sie ihre Bildungslaufbahn aufgrund der vorherrschenden Situation und der Flucht aus ihrem Heimatland unterbrechen mussten oder unter Umständen noch über keine Schulbiographie verfügen (vgl. ebd.: 260). Ein wesentliches Merkmal, welches die Gruppe der *SeiteneinsteigerInnen* kennzeichnet, ist ihre ausgeprägte Heterogenität, aus der sich essentielle Konsequenzen für ihre Beschulung in Deutschland ergeben. Diese Unterschiede resultieren aus den differierenden Lernerfahrungen und -gewohnheiten (vgl. Hövelbrinks, 2017: 191), ihren Erstsprachen, ihren Sprachbiographien, die auch weitere Fremdsprachenkenntnisse umfassen, ihren Altersstufen als einem wesentlichen Faktor sowie den psychosozialen Voraussetzungen, die insbesondere von den Lehrkräften berücksichtigt werden sollten (vgl. Ahrenholz et al., 2017: 246). Die angestrebten Sprachförderziele der *SeiteneinsteigerInnen* erweisen sich als sehr weit aufgestellt, da sie neben den sprachlichen Kompetenzen für die Alltagskommunikation zudem noch bildungssprachliche Strukturen sowie fachsprachliche Begriffe erlernen müssen (vgl. Fuchs 2017: 248), die sie zur Teilhabe an der Gesellschaft und somit innerhalb und außerhalb der Bildungsinstitutionen befähigen. Um eine Anschlussfähigkeit an den Regelunterricht zu ermöglichen, werden sie in sogenannten Sprachlern-, Förder- oder Vorbereitungsklassen[2] unterrichtet. Für den Erwerb der Bildungssprache, der relevant für eine erfolgreiche Bildungsbiographie ist, steht ihnen innerhalb der Vorbereitungsklasse nur eine begrenzte Zeit zur Verfügung. Das stellt insbesondere jugendliche *SeiteneinsteigerInnen,* die in eine weiterführende Schule integriert werden, vor die große Aufgabe, die sprachlich erforderlichen Kompetenzen in einem kurzen zeitlichen Rahmen zu entwickeln und ihre fachlichen Kenntnisse auszubauen.

Zusammenfassend resultiert daraus, dass *SeiteneinsteigerInnen* die bildungssprachlichen Strukturen, die für eine erfolgreiche Schulbildung erforderlich sind, zunächst innerhalb eines begrenzten Zeitrahmens in einer Vorbereitungsklasse zumindest in einem gewissen Maße erwerben müssen. Insbesondere der Übergang in die höheren Jahrgangsstufen stellt besondere Anforderungen an sie, da sprachlich geforderte Formen und Strukturen immer komplexer werden. Forschungsergebnisse, die sich explizit mit dieser Problematik auseinandersetzen, liegen zu diesem Zeitpunkt noch nicht vor beziehungsweise befinden sich in Vorbereitung.

Aufgrund ihrer vorhandenen Erstsprachkenntnisse sowie bereits vorhandener fachlicher Kompetenzen wird *SeiteneinsteigerInnen* ein besonderes Potenzial zugeschrieben. Dabei können ihre erstsprachlichen Kompetenzen als wichtiges

---

[2] Je nach Bundesland kann die Bezeichnung der Klassen abweichen. Eine Übersicht dazu bieten u. a. Massumi et al., 2015.

Fundament für den Erwerb einer weiteren Sprache betrachtet werden (vgl. Michalak et al., 2015: 36). Da davon auszugehen ist, dass sie bereits über erste
bildungssprachliche Strukturen in ihrer Erstsprache verfügen, wird insbesondere
jugendlichen *SeiteneinsteigerInnen* zugeschrieben, auf ihre bereits erworbenen
Strukturen zurückgreifen zu können (vgl. ebd.). Des Weiteren sollte nicht außer
acht gelassen werden, dass für den Erwerb sowohl interne als auch externe Faktoren zu berücksichtigen sind, die den Spracherwerb begünstigen oder hemmen
können (vgl. Klein[3] 1992: 45 ff.).

3   Sprachausbau nach Maas: orate und literate Strukturen

Um den Ausbau einer Sprache betrachten zu können, ist es von Vorteil, eine Differenzierung zwischen geschriebener und gesprochener Sprache vorzunehmen,
wobei die medialen wie strukturellen Seiten der Sprachpraxis in den Vordergrund einer Untersuchung rücken sollten. Maas (2008; 2010; 2015) unterscheidet
dabei zwischen geschriebener/skribaler und gesprochener/oraler Sprache auf der
medialen Seite und entsprechend auf der strukturellen Seite zwischen *literat*
und *orat*. Dabei markiert die literate Form die maximale Nutzung der sprachlichen Strukturpotenziale und stellt eine maximale Nutzung des zur Verfügung
stehenden sprachlichen Inventars dar, die zu einem späteren Zeitpunkt des Sprachausbaus erworben werden (vgl. ebd. 2008: 330 f.). Literate Strukturen zeichnen
sich u. a. durch den Ausbau komplexer Formen durch Attribute oder durch
die Verdichtung propositionaler Inhalte durch partizipiale Konstruktionen sowie
hypotaktischen Satzkonstruktionen aus (vgl. Siekmyer: 2013:, 42). Ausgerichtet
sind literate Strukturen dabei auf einen generalisierten Anderen und ermöglichen eine Informationsverdichtung. (Als Beispiel: *„Den heißen Tee, den sie sich
gekauft hat, muss sie vorsichtig trinken".*) Orate Strukturen hingegen zeichnen
sich u. a. durch reihende Strukturen aus, die sich inhaltlich aufeinander beziehen, jedoch keine Verknüpfung aufweisen. Ausgerichtet sind diese Strukturen
auf den „Wir-Horizont" (vgl. ebd. 41 f.). Laut Boneß (2012) zeichnen sich orate
Strukturen durch Äußerungen aus, die im Gegensatz zu literaten Strukturen keine

Tab. 1 Proposition: semantisch vs. syntaktisch (entsprechend Maas, 2010: 82)

	Semantisch	Syntaktisch
PRÄDIKAT	Deskriptiver Inhalt eines Lexems	Kopf eines Nexusverbands (einer **Proposition**)
PROPOSITION	Sachverhalt	**Nexusfeld** eines Prädikats

satzähnlichen Strukturen besitzen. (Als Beispiel: „ *Vorsicht. Ist heiß.* "). Die literaten Strukturen werden von den weniger komplexen oraten Strukturen ‚gebootet'[3] (vgl. Maas, 2008: 330 f.).

Die Grundlage für die Analyse literater und oraten Strukturen ergibt sich aus der Formseite, wobei satzförmige Strukturen den Kern darstellen (vgl. ebd. 2010: 78), und entspricht den Normen der Grammatik einer Sprache, also der Syntax (vgl. Siekmeyer, 2013: 40). Die Syntax liefert dabei die Vorgaben für eine Konstruktion von Sätzen, die für die Artikulation von ‚Propositionen als Repräsentation eines Sachverhalts' (Maas 2016: 33) im formellen Register erforderlich sind. Dabei unterscheidet Maas eine Proposition aus semantischer, also bedeutungtragender Funktion, von ihrer syntaktischen Struktur (vgl. Tab. 1).

Die Basis einer literaten Struktur bildet ein Satz, der aus einem Prädikat[4] und obligatorischen Elementen besteht, die vom Prädikat gefordert werden. Diese Einheit wird von Maas als Nexusfeld bezeichnet und bildet die syntaktische Struktur einer Proposition. Das Prädikat stellt dabei den Kopf des Nexusverbands, also der Proposition dar, von dem alle anderen Elemente direkt oder indirekt abhängig sind.

Diese obligatorischen Elemente werden als Satelliten bezeichnet. Der Nexus[5] stellt demnach ein „Feld der Abhängigkeiten" (ebd. 2010: 82) des jeweiligen Prädikates dar, das unabhängig von der der Wortart realisiert wird.

Beispiel: *[[Wenn es* **regnet**]Prop, *[***fährt** *Paul mit dem Bus zur Arbeit.]*Prop*]*Satz.
Die Relationen innerhalb des Nexusfeldes werden durch die Valenz des Verbes bestimmt (vgl. ebd.: 83). Sind alle obligatorischen Elemente eines Prädikates enthalten, kann von einer Basisstruktur eines Nexusfeldes gesprochen werden, die von Maas auch als nackter Satz (ebd.) bezeichnet wird: „ *Paul fährt mit dem Fahrrad.* ". Werden weitere Elemente fakultativ hinzugefügt, die demnach nicht

---

[3] Maas bezieht sich dabei auf die aus der Computerlinguistik stammende Metapher des Booten und grenzt sich explizit von der universalgrammatischen Verwendung ab (vgl. 2010: 37).

[4] Im Sinne der Prädikatenlogik.

[5] Von Otto Jespersen (1924, 1937) eingeführte Kategorie.

gefordert werden, handelt es sich um Erweiterungen des Nexusfeldes, der dann
als bekleideter Satz (vgl. ebd.) bezeichnet wird: *„Paul fährt* **jeden Tag** *mit dem
Fahrrad* **zur Arbeit.***“*.

Demnach kann festgehalten werden, dass ein Nexusfeld eine Menge von syn-
taktischen Elementen integriert, wobei jedes Element in Bezug auf das andere
Element innerhalb des Nexusfeldes eine spezifische Funktion einnimmt. Jedes
Element, mit Ausnahme des Prädikates als Kopf, ist dabei abhängig von einem
anderen Element. In einem transitiven Verhältnis ist jedes Element daher von dem
Kopf abhängig (vgl. ebd.: 83 f.). Die Propositionen können durch verschiedene
Ausbauformen erweitert und somit zu komplexeren syntaktischen Strukturen aus-
gebaut werden. Im bildlichen Sinne wird dabei der Satz immer weiter ‚bekleidet‘.
Die Basisstruktur eines Nexusfeldes lässt sich durch *Adjunktionen* erweitern, wie
beispielsweise durch Adverbiale.

Entsprechend dem Stellungsfeldermodell werden diese syntaktischen Erweiterungen am Satzrand realisiert, wobei i. d. R. bekannte Informationen am
linken Rand, dem Vorfeld, und unbekannte Informationen am rechten Rand,
dem Nachfeld, realisiert werden (vgl. Musan ^{3}2013: 11). Die durch Adjunktion
erweiterten Propositionen können bereits als Übergang von einfachen Propositionen zu komplexen Propositionen verstanden werden. Nackte Sätze sind
demnach vollständige, aber einfache Sätze, die durch Erweiterungen an Komplexität zunehmen. So zeichnet sich eine komplexe Proposition beispielsweise
durch ein Satzgefüge aus. Dabei werden die Elemente innerhalb eines Nexusfeldes selbst propositional ausgebaut. Die übergeordnete Proposition bildet dann die
Matrix der abhängigen Proposition (vgl. Maas, 2010: 84).

Eine weitere Ausbaustufe bilden *Junktionen*[6], die koordinierend oder attributiv realisiert werden können. Maas hebt an dieser Stelle hervor, dass Junktionen
keine Abhängigkeit von dem Kopf aufzeigen und demnach keine der Propositio-
nen als Matrix der anderen zu verstehen ist (vgl. ebd.: 86). Eine Ausbauform der
Junktion erfolgt durch Attribution. Maas spricht hierbei von einer „sekundären
Prädikation" (ebd.), bei der es sich syntaktisch gesehen um einen Ausbau handelt, dieser aber nicht sehr komplex erscheint. Die Attribute können in Form eines
Relativsatzes propositional ausgebaut werden. Der Satz *„Ich rufe meine kranke
Schwester an"* kann demnach folgendermaßen als Relativsatz ausgebaut werden:
„Ich rufe meine Schwester, die krank ist, an". Auch komplexe Prädikate werden
als Ausbauform klassifiziert, wobei jedoch zu beachten ist, dass diese nur eine

---

[6] Auch hier orientiert sich Maas an Jesperson (1924, 1937) und verwendet *Junktion* konträr
zu *Nexus* (Maas, 2010: 82).

Ausbauform darstellen, wenn es sich um eine stilistische Option handelt. Grammatikalisch vorgegebene Konstruktionen stellen demnach keine Optionen dar und sind struktural vorgegeben. Zu den komplexen Prädikaten zählt Maas Funktionsverbgefüge (vgl. ebd.: 90), bei denen es sich um einen Ausdruck handelt, die aus einem bedeutungsarmen Verb und einer Nominal- oder Präpositionalphrase bestehen und erst als Gesamtausdruck eine Bedeutung tragen (vgl. Musan [3]2013: 43). Eine syntaktische Schwierigkeit bei der Realisierung komplexer Prädikate sieht Maas in dem Bereich der Kohäsion, die mit den Wortstellungsregeln des Deutschen zusammenhängt (vgl. Maas, 2010: 90). Die Komplexität entsteht bei Verben mit trennbarer Vorsilbe durch das Aufbrechen ihrer Struktur durch weitere Elemente innerhalb der Proposition. Die Struktur des Partikelverbes „anrufen", das aus dem Wortstamm „rufen" und des Partikelverbs „an" besteht, wird im Gebrauch des Präsens sowie des Präteritums aufgebrochen. Da dies allerdings grammatikalisch vorgegeben ist, kann hier in Anlehnung an Maas' Theorie noch nicht von einer komplexen Struktur gesprochen werden. Diese entsteht beispielsweise erst, wenn ein fakultatives Element, wie eine weitere Proposition in Form eines Nebensatzes, eingefügt wird: *„Ich rufe später, wenn ich zu Hause bin, meine kranke Schwester an."*.

Eine Betrachtung von Propositionen aus syntaktischer Perspektive macht deutlich, an welchen Stellen Strukturen als einfach oder komplex betrachtet werden können. Durch eine semantische Analyse wäre dies nicht deutlich geworden, da eine Proposition in diesem Zusammenhang entsprechend ihrer Funktion primär auf den Sachverhalt ausgerichtet ist und das Prädikat den deskriptiven Inhalt eines Lexems darstellt. Durch die syntaktische Analyse der Propositionen lassen sich klar die Strukturen und Zugehörigkeiten explizieren. Des Weiteren können dadurch die Ausbaustufen und die damit verbundene steigende Komplexität von Sätzen aufgezeigt werden, die, wie bereits erwähnt, als Schwelle für die Schreibfertigkeiten benannt wurde.

Es lässt sich festhalten, dass literate Strukturen, wie sie im Schriftsprachgebrauch Verwendung finden, komplexe Strukturen sind, die ausgebaut werden können. Die literaten Strukturen sind dabei zunächst durch den Satz als Basisstruktur gekennzeichnet, die durch die Erweiterungen der Propositionen zu komplexeren syntaktischen Strukturen erweitert werden.

Dieses formelle Register besitzt besonderes Gewicht im Bildungskontext und wird sowohl für die Vermittlung fachlicher Inhalte als auch für die Darstellung des erworbenen Wissens von den SchülerInnen gefordert.

4   Empirischer Teil

4.1   Daten

Für die Analyse schriftlicher Textproduktionen[7] im Rahmen einer Pilotstudie wurden insgesamt vier Texte von zwei Schülerinnen einer Gesamtschule in NRW untersucht. Als Auswahlkriterien der Probandinnen waren neben dem Alter auch der sprachliche Hintergrund sowie die Verweildauer[8] in der Vorbereitungsklasse relevant. Beide Probandinnen sprechen als Erstsprache Arabisch und waren bei Eintritt in die Vorbereitungsklasse 15 Jahre alt (Alter: M = 15;10 Jahre, SD = 0). Zum letzten Messzeitpunkt am Ende des Schuljahres verfügten beide Probandinnen über 12 Monate Kontaktdauer zum Deutschen und waren 16 Jahre alt (Alter = 16;10 Jahre; SD = 0). Die Verweildauer in der Vorbereitungsklasse bis zum letzten Messzeitpunkt betrug 10,3 Monate. Beide waren bereits durch Englischunterricht in ihren Heimatländern im lateinischen Schriftsprachsystem literalisiert. Zur zusätzlichen Förderung ihrer sprachlichen Kompetenzen besuchten sie Nachhilfeschulen, die mit der Gesamtschule in Kontakt standen. Beide Probandinnen gaben zudem an, auch außerschulischen Kontakt zum Deutschen – durch MitschülerInnen und Verwandte – zu haben. Inwiefern und in welchem Umfang dies zutrifft, konnte nicht untersucht werden. Eine Teilintegration der Probandinnen in den Regelunterricht erfolgte bereits zu Beginn ihres Eintritts in die Gesamtschule. Der zunächst auf einen geringen Stundenumfang begrenzte Zugang zum Regelunterricht wurde nach einem Schuljahr weiter erhöht. Für die Erhebung der Daten der vorliegenden Studie wurde der Schwerpunkt insbesondere auf freie Textproduktionen gelegt. Anhand von zwei Texten zu unterschiedlichen Messzeitpunkten (MZP) soll die Entwicklung der syntaktischen Strukturen aufgezeigt werden. Die Dauer zwischen den beiden MZP beträgt 10,3 Monate. Die Verweildauer beider Probandinnen in der Vorbereitungsklasse betrug bei MZP 1 zwei Wochen, bei MZP 2 42 Wochen. Bei der Erhebung der Textproduktionen wurde bewusst darauf geachtet, dass die Probandinnen ein Schuljahr in einer Vorbereitungsklasse unterrichtet worden sind, um so die Entwicklung syntaktischer Strukturen aufzeigen zu können, bevor sie vollständig in den Regelunterricht wechseln.

---

[7] Bei den Schreibproben der SchülerInnen handelt es sich um zwei unterschiedliche Textsorten, die unterschiedliche Textstruktur- und Textverknüpfungsspezifika aufweisen. Im Rahmen dieser Pilotstudie und der vorliegenden Analyse sind diese Unterschiede zunächst irrelevant.

[8] Dauer der Teilnahme am Unterricht in der Vorbereitungsklasse.

Messzeitpunkt 1: Steckbrief Die erste Textproduktion der Probandinnen wurde zu Beginn des Schuljahres verfasst. Dabei handelt es sich um eine *einfache* Schreibaufgabe, die sich auf bereits bekannte Strukturen eines Textes bezieht (vgl. Becker-Mrotzek/Böttcher 2006: 60) und die anhand von Beispielsätzen und Lückentexten im Unterricht kennengelernt wurden. Darüber hinaus wurde auch der erforderliche Wortschatz vermittelt und in weiteren Unterrichtsaufgaben angewendet.

Messzeitpunkt 2: Bildergeschichte Zum zweiten MZP verfassten die Probandinnen eine schriftliche Bildergeschichte auf Grundlage einer Vater und Sohn Bildergeschichte von E.O. Plauen. Dieser Aufgabentyp war bereits bekannt und anhand anderer Bildergeschichten durchgeführt worden. Ziel der Aufgabe war es, die einzelnen Bilder als eigenständige Einheiten zu beschreiben und in einem nächsten Schritt eine Kohärenz des gesamten Textes herzustellen. Die Probandinnen sollten dabei berücksichtigen, dass der Text so verständlich formuliert sein sollte, dass ein Leser ohne die vorliegenden Bilder die Geschichte nachvollziehen kann. Die Textsorte war den Probandinnen bereits bekannt und als Aufgabenformat vertraut. Die Besprechung der einzelnen Bilder sowie die Beantwortung etwaiger Wortfragen erfolgten vor dem Schreibauftrag. Die Schreibaufgabe selbst wurde in Einzelarbeit gelöst. Sie erhielten am Ende die Möglichkeit der selbstständigen Korrektur ihrer Textproduktionen.

4.2　Durchführung

Um die syntaktischen Strukturen der Texte zu ermitteln, wird mithilfe von Maas' Modell eine Analyse der literaten Strukturen durchgeführt. Dabei erfolgt eine Bestimmung der einzelnen Nexusfelder und der darin enthaltenen Konstituenten, die, ausgehend von der Valenz des Prädikats, entweder als obligatorisch oder fakultativ zugeordnet werden. Darüber hinaus ist es erforderlich, die einzelnen Satzgliedfunktionen der Elemente zu bestimmen, um sie als fakultative oder obligatorische Elemente klassifizieren zu können.

Entsprechend der Ausbaustufen nach Maas (2010: 83 ff.) werden bei der Analyse der Texte folgende Ausbauformen berücksichtigt:

1. *Propositionale Ausbauformen in Form von Adjunktionen*
2. *Komplexe Propositionen in Form von Satzgefügen*
3. *Junktionen: Koordination sowie Attribution*
4. *Komplexe Prädikate*

Bestimmung des Kopfes Als erster Schritt der Analyse der Nexusfelder wird das Prädikat bestimmt, das den Kopf darstellt und von dem alle anderen Elemente abhängig sind (Tab. 2).

Bei der Tempuskonstruktion des Perfekts, das sich aus einer Präsensform von haben oder sein und einem Partizip II zusammensetzt, bilden beide Verbformen aufgrund ihrer Zusammengehörigkeit den Kopf des Nexusfelds. Da das Hilfsverb lediglich zum Ausdruck der Zeitform genutzt wird, wird das Vollverb zum entscheidenden Bestandteil, von dem alle weiteren Elemente abhängen. Daher wird das Partizip II als erster Teil des Prädikats (VERB$_{T1}$) bezeichnet, das Hilfsverb als zweiter (VERB$_{T2}$) (Tab. 3).

Eine entsprechende Einteilung wird auch bei Partikelverben vorgenommen, dessen von seinem Wortstamm getrennter Bestandteil als zweiter Teil des finiten Verbs bestimmt wird. Aufgrund der Zusammengehörigkeit wird das Partikelverb als zweiter Bestandteil des finiten Verbs (VERB$_{T2}$) bezeichnet.

Nach der Bestimmung der Prädikate der einzelnen Nexusfelder und einer entsprechenden Identifizierung der Köpfe erfolgt in einem nächsten Schritt die Valenzbestimmung der Prädikate nach Helbig/Schenkel. Die Prädikate können entsprechend ihrer Anzahl an Ergänzungen als ein- oder mehrwertige Verben bestimmt werden. Darüber hinaus wird bei der Analyse auch die morphosyntaktische Valenz berücksichtigt, bei der das Verb für jedes einzelne Element die Realisierungsform festlegt (vgl. Berman/Pittner 2004: 51).

Bestimmung der Elemente

Bei der Bestimmung der einzelnen Elemente werden zunächst die Konstituenten des Satzes dargelegt und entsprechend ihrer syntaktischen Funktion innerhalb des Satzes bestimmt. Bei Objekten ist es zudem notwendig zu klassifizieren, ob es

Tab. 2 Beispielsatz für die Prädikatsbestimmung des Nexusfelds bei der Tempuskonstruktion des Präsens

Sara	**trinkt**	*einen Kaffee*
SUBJ	VERB	OBJ
	KOPF$_{NF}$	

Tab. 3 Beispielsatz für die Prädikatsbestimmung des Nexusfelds bei der Tempuskonstruktion des Perfekts

Sara	**hat**	*einen Kaffee*	**getrunken**
SUBJ	VERB$_{T2}$	OBJ	VERB$_{T1}$
	KOPF$_{NF}$		**KOPF**$_{NF}$

sich um fakultative oder obligatorische Elemente handelt. Zudem wird zwischen Genitiv-, Dativ-, Akkusativ- und Präpositionalobjekt unterschieden (vgl. Musan [3]2013: 3). Auch Adverbiale, die nicht durch die Valenz eines Verbs bestimmt werden, werden in der Analyse berücksichtigt.

Erstellung des Nexusfeldes
Bei der Erstellung der Nexusfelder werden die einzelnen Elemente eines Satzes bestimmt und entsprechend ihrer Satzgliedfunktion in Einheiten eingeteilt. Alle zugehörigen Elemente, wie beispielsweise Präpositionen, Pronomen oder Artikel, werden als eine Einheit zusammengefasst. Die obligatorischen Elemente werden als Satelliten (SAT) angegeben. In Abgrenzung dazu werden fakultative Elemente als Adjunktionen (ADJ) bezeichnet. Ferner werden Interpunktionen (INP) berücksichtigt. Liegt eine übergeordnete Proposition vor, wird dies als Matrix des entsprechenden Nexusfeldes bewertet (Tab. 4, 5, 6 und 7).

Tab. 4 Nexusfeld 8 der Bildergeschichte von PBK

er	*hat*	*den Sohn*	*in sein Zimmer*	*gefunden*
SUBJ	VERB$_{T2}$	OBJ	OBJ	VERB$_{T1}$
SAT	KOPF$_{NF8}$	SAT	ADJ	KOPF$_{NF8}$
PAR.JUNK$_{T2}$				
NEXUSFELD$_8$				

Tab. 5 Parataktische Junktion 5

und
KOO.KON
PAR.JUNK$_5$

Tab. 6 Nexusfeld 9 der Bildergeschichte von PBK

Ø	*liest*	*ein Buch*
ELLIPSE	VERB	OBJ
	KOPF$_{NF9}$	ADJ
PAR.JUNK$_{T3}$		
NEXUSFELD$_9$		

Tab. 7 Interpunktion

Tab. 8 Quantitative Analyse der Textproduktionen

	PB	Sätze	Wörter	NF	Kopf	SAT	ADJ	Par.Junk	Matrix
MZP 1	PB1	13	59	13	13	29	1	0	0
	PB2	13	60	13	13	29	0	0	0
MZP 2	PB1	6	138	19	19	32	15	7	0
	PB2	7	127	25	25	30	15	8	6

Bestimmung von Inkorrektheiten
Als Inkorrekt werden solche Nexusfelder bewertet, die bspw. fehlerhafte Satelliten, einen fehlenden Kopf oder nicht eindeutig zuweisbare Elemente aufweisen. Orthographische Fehler werden ebenso wenig berücksichtigt wie grammatische (inkorrekte Kongruenz).

4.3   Ergebnisse

4.3.1   Quantitative Analyse der Textproduktionen
Bei der quantitativen Analyse werden neben Satz- und Wortanzahl auch die spezifischen Elemente der Nexusfeldbestimmung berücksichtigt und in Verbindung zu dem entsprechenden MZP und der jeweiligen Probandin (PB) gesetzt (s. Tab. 8). Beide Probandinnen weisen zu MZP 1 vergleichbare Ergebnisse in Bezug auf Satz- und Wortlänge sowie auch bei der Verwendung der Elemente innerhalb der Nexusfelder auf. Lediglich PB1 verwendete eine Adjunktion. Signifikante Unterschiede lassen sich hingegen zu MZP 2 feststellen, insbesondere bei der Anzahl der Nexusfelder und der Verwendung von übergeordneten Propositionen (Matrix). Die Analyse zeigt zudem auf, dass die Anzahl der Sätze sich reduziert hat, die Textlänge (Anzahl der Wörter) jedoch deutlich gestiegen ist. Insbesondere PB2 weist zudem einen signifikanten Zuwachs an Nexusfeldern auf. Insgesamt verwenden beide Probandinnen zum MZP2 mehr Satelliten und Adjunktionen und strukturieren ihre Texte durch koordinierende Konjunktionen (Par.Junk).

4.3.2   Qualitative Analyse der Textproduktionen

PB1: Steckbrief 1
Die Nexusfelder des Steckbriefes 1 enthalten die obligatorischen Elemente eines Prädikates und können daher als einfache Sätze bewertet werden. Dies bedeutet, dass die Textproduktion zum ersten MZP einfache syntaktische Strukturen aufweist, die allerdings noch nicht als literat bezeichnet werden können. Darüber hinaus kann festgestellt werden, dass annähernd die Hälfte der insgesamt

13 Nexusfelder des Steckbriefes als inkorrekt zu bewerten ist. Die korrekten Nexusfelder enthalten keine Adjunktionen oder Satzgefüge im Sinne untergeordneter Propositionen. Allerdings wurden bereits einfache Passivkonstruktionen, Prädikative, Partikelverben sowie eine analytische Tempusbildung verwendet. Die Satzenden wurden lediglich in zwei Nexusfeldern durch Interpunktionen markiert. Eine Textkohärenz durch Junktionen wird nicht realisiert.

PB2: Steckbrief 2

Im zweiten Steckbrief werden entsprechend des Analyseergebnisses zunächst einfache Sätze realisiert, die ausschließlich die obligatorischen Elemente enthalten und sich aus insgesamt 13 Nexusfeldern zusammensetzen. Die Textproduktion umfasst demnach einfache Satzstrukturen, die noch nicht als literat bezeichnet werden können. Die Nexusfelder beinhalten neben Prädikativen bereits eine Inversion sowie eine einfache Passivkonstruktion. Darüber hinaus wurden Auxiliare für eine analytische Tempusbildung verwendet. Zwei Satzenden wurden durch Interpunktionen explizit markiert. Eine Textkohärenz ist aufgrund fehlender Junktionen nicht gegeben. Alle Nexusfelder werden als korrekt bewertet.

PB2: Bildergeschichte 2

Die Textproduktion des zweiten Messzeitpunktes, die sich insgesamt aus 25 Nexusfeldern zusammensetzt, weist einen Ausbau der Basisstruktur der Nexusfelder auf. Lediglich ein Nexusfeld wird als inkorrekt bewertet. Neben den obligatorischen sind fakultative Elemente vorzufinden, die unter anderem als adverbiale Objekte zu klassifizieren sind. Darüber hinaus können elliptische Tilgungen sowie zahlreiche parataktische Junktionen bestimmt werden, durch die eine Beziehung der Sätze zueinander hergestellt wird. Diese parataktischen Junktionen bilden syndetische Verbindungen der einzelnen Nexusfelder. Darüber hinaus weist der Text Partikelverben sowie Modalverben auf, die bereits als komplexe Prädikate klassifiziert werden können. Neben Objektsätzen werden auch Begleitsätze der indirekten Rede gebildet. Die Strukturen können insgesamt als syntaktisch ausgebaute Einheit bewertet werden, die einen vollständigen Satz bilden, aber noch nicht als vollständig ausgebaute literate Strukturen zu bewerten sind.

4.3.3   Vergleich der Probandinnen

Beide Probandinnen weisen sowohl bei der Produktion des Steckbriefes als auch der Bildbeschreibung vergleichbare syntaktische Strukturen auf.

Bei der Realisierung des Steckbriefes lassen sich bei beiden Probandinnen primär einfache Satzstrukturen finden, die aus obligatorischen Elementen bestehen.

Tab. 9 Nexusfeld 1 des Steckbriefes von PB1

Mein Name	ist	Bahar*[9]
SUBJ	VERB$_{T1}$	PRÄDIKATIV$_{T2}$
SAT	KOPF$_{NF1}$	SAT
NEXUSFELD$_1$		

Tab. 10 Nexusfeld 1 des Steckbriefes von PB2

Mein Name	ist	Bahar Hadid*
SUBJ	VERB$_{T1}$	PRÄDIKATIV$_{T2}$
SAT	KOPF$_{NF1}$	OBJ
NEXUSFELD$_1$		

Die von PB1 verwendete Adjunktion in Nexusfeld 10 (s. Tab. 15) ist als inkorrekt zu bewerten. Die Steckbriefe verfügen zudem über eine identische Anzahl an Nexusfeldern (n = 13).

Beispielsweise verwenden beide Probandinnen bereits zu Beginn eine einfache syntaktische Struktur, die sich aus einem Kopf sowie zwei Satelliten zusammensetzt, wie den nachfolgenden Tab. (9 und 10) zu entnehmen ist.

Des Weiteren finden sich in beiden Texten Auxiliare, die für die Bildung eines syndetischen Tempus eingesetzt werden. Diese sind nach Maas (vgl. 2010: 90) zunächst als komplexe Prädikate zu bewerten, die formal betrachtet einen syntaktischen Ausbau darstellen. Da es sich allerdings um eine grammatisch vorgegebene Struktur handelt, liegt kein syntaktischer Ausbau vor (vgl. ebd.).

Darüber hinaus enthalten beide Steckbriefe erst einzelne Interpunktionen für die Markierung von syntaktischen Einheiten (s. Tab. 15 und 16).

Differenzen zeigen sich im Bereich der inkorrekten Nexusfelder. Während die Strukturen des Textes von PB2 als vollständig korrekt bewertet werden, weisen die Nexusfelder von PB1 insgesamt fünf inkorrekte Strukturen auf. Diese wurden aufgrund falscher Satelliten (s. Tab. 15) beziehungsweise eines fehlenden Kopfes als inkorrekt bewertet.

Beide Texte werden ohne Junktionen verfasst, sodass die einzelnen Nexusfelder in einer losen Verbindung zueinanderstehen. Satzgefüge, die eine komplexe Proposition darstellen, fehlen.

---

[9] Die in den Arbeiten vorkommenden Namen und Städte wurden aufgrund des Datenschutzes geändert.

Tab. 11 Nexusfeld 14 der Bildergeschichte von PB1

in den Bild 5	die Mutter	sagt	zur ihre sohn
OBJ[10]	SUBJ	VERB	OBJ
ADJ	SAT	KOPF$_{NF14}$	SAT
MATRIX$_{NF15}$			
NEXUSFELD$_{14}$			

Tab. 12 Nexusfeld 21 der Bildergeschichte von PB2

auf dem sechste Bild	das Kind	geht	zu dein Zimme
ADV.OBJ	SUBJ	VERB	LOK.ADV
ADJ	SAT	KOPF$_{NF21}$	ADJ
PAR.JUNK$_{T1}$			
NEXUSFELD$_{21}$			

Die Textproduktionen zum zweiten MZP weisen ebenfalls eine hohe Anzahl von übereinstimmenden Strukturen auf. Neben der bereits im Steckbrief verwendeten Struktur, die sich aus einem Kopf sowie zwei obligatorischen Elementen zusammensetzt, werden darüber hinaus erste Ausbaustufen realisiert. Dazu werden die Nexusfelder beispielsweise durch Adjunktionen in Form von Lokaladverbialen erweitert, wie den Tab. 11 und 12 zu entnehmen ist:

Darüber hinaus werden in beiden Texten die einzelnen Nexusfelder durch Konjunktionen koordinierend miteinander verbunden, die als parataktische Junktion (PAR.JUNK) bezeichnet werden. Ein weiterer Ausbau liegt bei PB2 in Form von Satzgefügen vor. Dabei bildet der Kopf eines Nexusfeldes die Matrix für das nachfolgende Nexusfeld, wie in nachfolgendem Beispiel dargestellt (Tab. 13 und 14):

Beide Probandinnen verwenden elliptische Tilgungen, wie in dem oben genannten Beispiel ersichtlich ist, sowie syndetische Tempusmarkierungen. Für die Markierung von syntaktischen Einheiten werden Interpunktionen eingefügt. Insgesamt setzt sich der Text von PB1 aus 19 Nexusfeldern zusammen und enthält eine inkorrekte Struktur. PB2 realisierte 25 Nexusfelder, wovon ebenfalls ein Nexusfeld als inkorrekt bewertet wird.

Die Nexusfelder beider Probandinnen setzen sich aus vollständigen syntaktischen Strukturen zusammen, die bereits erste Ausbaustufen enthalten. Es handelt

---

[10] Adverbiales Objekt.

Tab. 13 Nexusfeld 22 der Bildergeschichte von PB2

Ø	seht
Ellipse	VERB
	KOPF$_{NF22}$

| MATRIX$_{NF23}$ |
| PAR.JUNK$_{T2}$ |
| NEXUSFELD$_{22}$ |

Tab. 14 Nexusfeld 23 der Bildergeschichte von PB2

der Vater	liegt	auf dem Boden
SUBJ	VERB	LOK.ADV
SAT	KOPF$_{NF23}$	ADJ

| PAR.JUNK$_{T1}$ |
| NEXUSFELD$_{23}$ |

sich demnach um bekleidete Sätze, die bereits als literat, aber noch nicht maximal ausgebaut zu bewerten sind.

5   Diskussion und Ausblick

Im Rahmen der Pilotstudie wurde untersucht, welche syntaktischen Strukturen jugendliche SeiteneinsteigerInnen innerhalb eines Schuljahres entwickeln. Durch die Untersuchung konnte in Erfahrung gebracht werden, dass sie in der Lage sind, Basisstrukturen zu verwenden und auch erste Ansätze von komplexen, aber noch nicht maximal ausgebauten syntaktischen Strukturen zu bilden. Dabei handelt es sich um einfache syntaktische Strukturen, die zunächst die obligatorischen Elemente beinhalten und in Ansätzen bereits bekleidet sind. Allerdings stellen diese noch keine vollständig literaten und dementsprechend bildungssprachlichen Strukturen dar, wie sie vom Register der Bildungssprache gefordert werden.

Zusammenfassend kann eine Entwicklung dahingehend beobachtet werden, dass die Basisstrukturen durch fakultative Elemente in ersten Ansätzen erweitert werden. Zunächst werden beim Verfassen der Steckbriefe Basisstrukturen realisiert, die von PB1 fehlerhaft umgesetzt werden. 5 der 13 Nexusfelder werden als inkorrekt bewertet. Der Umfang dieser Textproduktion ist sehr gering und die einzelnen Nexusfelder werden ohne Zusammenhänge und ohne Verbindung erstellt und weisen keine fakultativen Elemente auf. PB2 weist in ihren 13 Nexus-feldern keine fehlerhaften Strukturen auf, allerdings bestehen auch diese aus rein obligatorischen Elementen und weisen keine Zusammenhänge oder Verbindungen auf. Die ersten Textproduktionen beider Probandinnen setzen sich aus aneinan-dergereihten einfachen syntaktischen Einheiten zusammen. Sicherlich lässt sich an dieser Stelle darüber diskutieren, inwiefern die Textsorte Steckbrief komplexe Satzstrukturen und eine Informationsverdichtung zulassen. Wichtig ist an die-ser Stelle allerdings deutlich zu machen, dass die Schülerinnen zu MZP 1 über wenige Kenntnisse der deutschen Sprache (sowohl im Bereich des Wortschatzes als auch der komplexen syntaktischen Strukturen) verfügten und sie – wie auch von Maas gefordert – zunächst einfache Strukturen erwerben müssen, um diese weiter auszubauen. Aufgrund der Analyse kann festgehalten werden, dass die eigenständige Produktion von Texten und die Realisierung syntaktischer Struktu-ren als gute Basis für den Ausbau der bildungssprachlichen Strukturen gewertet werden kann.

Durch die zum zweiten MZP verfassten Textproduktionen in Form einer schriftlichen Bildergeschichte wird im Vergleich deutlich, dass diese Basisstruk-turen weiterhin als Grundlage verwendet werden und durch fakultative Elemente in ersten Ansätzen ausgebaut werden. Dabei ist besonders auffällig, dass beide Probandinnen die einzelnen Nexusfelder durch koordinierende Konjunktionen parataktisch miteinander in Verbindung setzen. Darüber hinaus werden bereits adverbiale Konnektoren eingesetzt, die eine Verbindung einzelner Nexusfelder herstellen. Durch elliptische Tilgungen wird zudem ein Zusammenhang der Nexusfelder deutlich. Es finden sich in ersten Ansätzen schon einzelne Satzge-füge. Dabei bildet der Kopf eines Nexusfeldes die Matrix für die nachfolgenden Nexusfelder. Beide Textproduktionen nehmen an Umfang zu und setzen sich aus 25 beziehungsweise 19 Nexusfeldern zusammen. Auffällig ist bei beiden Textpro-duktionen, dass es sich nach wie vor um Basisstrukturen handelt und diese durch einzelne Adjunktionen erweitert werden. Die syntaktische Einheit ist vollständig und grenzt sich daher von oraten Strukturen ab. Der Aufbau erfolgt dabei bekann-ten Stellungsmustern. Allerdings können die syntaktischen Strukturen noch nicht als maximal ausgebaute literate Strukturen klassifiziert werden. Sicherlich kann auch hier danach gefragt werden, inwiefern die Textsorte einen Einfluss auf die Textproduktion und zusammenfassend auch auf die Vergleichbarkeit der beiden Analysen und Auswertungen hat. Im Zentrum der Schreibproben stehen aller-dings nicht die Textsorten selbst, sondern die Schreibanlässe sowie die in der Schule bereits erworbenen Kenntnisse (Syntaktische Strukturen und Wortschatz), die in der Bearbeitung einer Aufgabe während des Unterrichts eigenständig aufgezeigt wurden.

Aufgrund der vorliegenden Ergebnisse kann bestätigt werden, dass die Seiteneinsteigerinnen während der Verweildauer in der Vorbereitungsklasse zunächst die grundlegenden syntaktischen Strukturen erwerben.

Das Analyseraster von Maas erweist sich als geeignet, um syntaktische Strukturen offen zu legen, allerdings kann in der hier präsentierten Studie damit keine Aussage über die Klassifizierung der Komplexitätsstufen getroffen werden. Dennoch wird deutlich, dass insbesondere ‚einfache' syntaktische Strukturen durch Strukturzuweisungen (Nexusfeld, Proposition) aufgezeigt und in Bezug zueinander gesetzt werden können, deren Sicht womöglich durch andere Verfahren versperrt gewesen wäre.[11] Eine weitere kritische Überlegung betrifft die nicht berücksichtigte Unterschiedlichkeit der Probandinnen sowie deren Anzahl, die der qualitativen Methode zuzuschreiben ist. Inwieweit die Qualität des Unterrichtes oder die Verweildauer oder beide als Erwerbsfaktoren zusammengefasst zu bewerten sind, kann weder be- noch widerlegt werden.

Durch die Pilotstudie kann zunächst aufgezeigt werden, dass jugendliche SeiteneinsteigerInnen innerhalb eines Schuljahres grundlegende syntaktische Strukturen erwerben können, die im weiteren Verlauf weiter ausgebaut werden müssen und die für eine erfolgreiche Partizipation am Regelunterricht elementar sind. Dabei sollte besonders darauf geachtet werden, dass der zeitliche Rahmen, in dem sie die weiteren syntaktischen Strukturen erlernen können, aufgrund der hohen Jahrgangsstufe in der sie sich befinden, nur kurz ist. So verweilen beispielsweise die beiden Probandinnen nach ihrer vollständigen Integration in den Regelunterricht nur noch ein weiteres Schuljahr in der Sekundarstufe I, bevor sich ihr weiterer Bildungsweg entscheidet.

Abschließend lässt sich aufgrund der genannten kritischen Anmerkungen zusammenfassen, das weitere empirische Untersuchungen notwendig sind, welche die Heterogenität, den Einfluss der Erstsprache und des alterstypischen Erwerbsantriebes sowie die Komplexitätsstufen der syntaktischen Strukturen erfasst und darstellt.

Anhang

Siehe Tab. 15, 16, 17 und 18

---

[11] Beispielsweise durch die Ausgrenzung der semantischen Zuordnungen und klaren Zuordnungen zu Propositionen auf syntaktischer Ebene.

Tab. 15 Übersicht der syntaktischen Strukturen des Steckbriefs 1 (PB1)

NF	Elemente					
1		SAT	KOPF	SAT		
2		SAT	KOPF	SAT		
3		SAT	KOPFT1	SAT	KOPFT2	INP1
5		SAT	KOPF	SAT		
5		SAT	KOPF	SAT	SAT	
*6	*SAT	*SAT	KOPF	SAT		
7		SAT	KOPF	SAT		INP2
8		SAT	KOPFT1	SAT	KOPFT2	
*9		SAT	KOPF	SAT	*SAT	
*10		SAT	*Ø	*SAT	*ADJ	
11		SAT	KOPF	SAT	SAT	
*12		SAT	KOPF	*SAT		
*13		SAT	KOPF	SAT	*SAT	

Tab. 16 Übersicht der syntaktischen Strukturen des Steckbriefs 2 (PB2)

NF	Elemente				
1	SAT	**KOPF**	SAT		
2	SAT	**KOPF**	SAT		
3	SAT	**KOPF**$_{T1}$	SAT	**KOPF**$_{T2}$	INP
4	SAT	**KOPF**	SAT		
5	SAT	**KOPF**	SAT	SAT	
6	SAT	**KOPF**	SAT		
7	SAT	**KOPF**	SAT		
8	SAT	**KOPF**$_{T1}$	SAT	**KOPF**$_{T2}$	
9	SAT	**KOPF**	SAT		
10	SAT	**KOPF**	SAT		
11	SAT	**KOPF**	SAT	SAT	
12	SAT	**KOPF**	SAT		
13	SAT	**KOPF**	SAT	SAT	

Tab. 17 Übersicht der syntaktischen Strukturen Bildergeschichte 1 (PB1)

NF	Elemente							
1		*SAT	**KOPF**	ADJ	SAT	SAT		PAR.JUNK$_{T1}$
*2		SAT	**KOPF**	*SAT	*SAT	*SAT	*SAT	PAR.JUNK$_{T2}$
3		SAT	**KOPF**	SAT				PAR.JUNK$_{T3}$
4			**KOPF**					PAR.JUNK$_{T1}$
5			**KOPF**	SAT	SAT			PAR.JUNK$_{T2}$
								INP$_1$
6		ADJ	**KOPF**	SAT				
7		SAT	**KOPF**	SAT				PAR.JUNK$_{T1}$
8		SAT	**KOPF$_{T2}$**	SAT	ADJ	**KOPF$_{T1}$**		PAR.JUNK$_{T2}$
9		Ø	**KOPF**	ADJ				PAR.JUNK$_{T3}$
								INP$_2$
10	ADJ	SAT	**KOPF$_{T2}$**	SAT	ADJ	**KOPF$_{T1}$**		PAR.JUNK$_{T1}$
11		SAT	**KOPF$_{T2}$**	SAT	ADJ	**KOPF$_{T1}$**		PAR.JUNK$_{T2}$
								INP
12		SAT	**KOPF**	ADJ	SAT	&SAT	ADJ	PAR.JUNK$_{T1}$
13		SAT	**KOPF**	SAT				PAR.JUNK$_{T2}$
								INP$_3$
14	ADJ	SAT	**KOPF**	SAT				
15			**KOPF**					PAR.JUNK$_{T1}$
16			**KOPF$_{T1}$**	SAT	ADJ	**KOPF$_{T2}$**		PAR.JUNK$_{T2}$
17	ADJ	SAT	**KOPF**	ADJ				PAR.JUNK$_{T1}$
18		Ø	**KOPF**	SAT	ADJ			PAR.JUNK$_{T2}$
19		SAT	**KOPF**	ADJ	**KOPF**	ADJ		PAR.JUNK$_{T2}$

Tab. 18 Übersicht der syntaktischen Strukturen der Bildergeschichte 2 (PB2)

NF	Elemente							
1		SAT	**KOPF$_M$**					
2	SAT	&SAT	**KOPF**	ADJ				PAR.JUNK$_{T1}$
3		SAT	**KOPF**	SAT				PAR.JUNK$_{T2}$
4		SAT	**KOPF**					PAR.JUNK$_{T3}$
5		SAT	**KOPF$_M$**	SAT				PAR.JUNK$_{T4}$
6			**KOPF**					PAR.JUNK$_{T1}$
7			**KOPF**	SAT				PAR.JUNK$_{T2}$
								INP$_1$
8	ADJ	SAT	**KOPF**	ADJ				PAR.JUNK$_{T1}$
9		Ø	**KOPF$_M$**					PAR.JUNK$_{T2}$
10		SAT	**KOPF**	ADJ				INP$_2$
11		SAT	**KOPF$_M$**	SAT				
12			**KOPF**	ADJ				
*13		SAT	**KOPF**	SAT	*SAT			
14		ADJ	**KOPF**	SAT				PAR.JUNK$_{T1}$
15		SAT	**KOPF$_{T1}$**	ADJ	SAT	ADJ	**KOPF$_{T2}$**	PAR.JUNK$_{T2}$
								INP$_3$
16		ADJ	**KOPF**	SAT	ADJ			PAR.JUNK$_{T1}$
17		SAT	**KOPF**	SAT				PAR.JUNK$_{T2}$
18	ADJ	SAT	**KOPF$_M$**	SAT				
19			**KOPF**					PAR.JUNK$_{T1}$
20			**KOPF**	SAT				PAR.JUNK$_{T2}$
21	ADJ	SAT	**KOPF**	ADJ				PAR.JUNK$_{T1}$
22		Ø	**KOPF$_M$**					PAR.JUNK$_{T2}$
23		SAT	**KOPF**	ADJ				PAR.JUNK$_{T1}$
24			**KOPF**	SAT	ADJ			PAR.JUNK$_{T2}$
								INP$_4$
25	Ø	SAT	**KOPF**	SAT				INP$_5$

Literatur

Ahrenholz, B. (2017). Sprache in Wissensvermittlung und Wissensaneignung im schulischen Fachunterricht. In B. Lütke, I. Petersen, & T. Tajmel (Hrsg.), *Fachintegrierte Sprachbildung: Forschung, Theoriebildung und Konzepte für die Unterrichtspraxis, DaZ-Forschung: Deutsch als Zweitsprache, Mehrsprachigkeit und Migration, 8* (S. 1–30). De Gruyter.

Becker-Mrotzek, M., & Böttcher, I. (2015). *Schreibkompetenz entwickeln und beurteilen.* Cornelsen.

Boneß, A. (2012). *Orate and literate structures in spoken and written language: A comparison of monolingual and bilingual pupils* (Dissertation), Universität Osnabrück.

Fuchs, I., Birnbaum, T., & Ahrenholz, B. (2017). Zur Beschulung von SeiteneinsteigerInnen. Strukturelle Lösungen in der Praxis. In I. Fuchs, S. Jeuk, & W. Knapp (Hrsg.), *Mehrsprachigkeit: Spracherwerb, Unterrichtsprozesse, Seiteneinstieg.* Beiträge aus dem 11. Workshop „Kinder und Jugendliche mit Migrationshintergrund", 2015 (S. 259– 280). Fillibach bei Klett.

Haberzettl, S. (2015). Schreibkompetenz bei Kindern mit DaZ und DaM. In H. Klages & G. Pagonis (Hrsg.), *Linguistisch fundierte Sprachförderung und Sprachdidaktik. Grundlagen, Konzepte, Desiderate* (S. 47–69). De Gruyter.

Helbig, G., & Schenkel, W. (1991). *Wörterbuch zur Valenz und Distribution deutscher Verben.* De Gruyter.

Hövelbrinks, B. (2017). Fachbezogenes Lernen in einer Vorbereitungsklasse für neu zugewanderte Schülerinnen und Schüler. Eine videographische Fallanalyse mit besonderem Blick auf Binnendifferenzierung. In I. Fuchs, S. Jeuk, & W. Knapp (Hrsg.), *Mehrsprachigkeit: Spracherwerb, Unterrichtsprozesse, Seiteneinstieg.* Beiträge aus dem 11. Workshop „Kinder und Jugendliche mit Migrationshintergrund", 2015 (S. 191- 214). Fillibach bei Klett.

Jespersen, O. (1924). *The philosophy of grammar.* Allen & Unwin.

Jespersen, O. (1937). *Analytic syntax* (S. 1969). Holt, Rinehart & Winston (Repr.1969)

Jeuk, S. (^{3}2015). *Deutsch als Zweitsprache in der Schule. Grundlagen – Diagnose – Förderung.* Kohlhammer.

Klein, W. (^{3}1992). *Zweitspracherwerb. Eine Einführung*, Athenäums Linguistik. Frankfurt a. M.: Hain.

Maas, U. (2015a). Sprachausbau in der Zweitsprache. In K.-M. Köpcke & A. Ziegler (Hrsg.), *Deutsche Grammatik im Kontakt* (S. 1–23). de Gruyter.

Maas, U. (2015b). Was wird bei der Modellierung mit Nähe und Distanz sichtbar und was wird von ihr verstellt? In H. Feilke & M. Hennig (Hrsg.), *Zur Karriere von Nähe und Distanz* (S. 89–112). De Gruyter.

Maas, U. (Hrsg.) (2010). *Orat und Literat.* Grazer Linguistische Studien 73.

Maas, U. (2008). *Sprache und Sprachen in der Migrationsgesellschaft, IMIS-Schriften 15.* Göttingen: V&R unipress GmbH.

Massumi, M.(2015). *Neu zugewanderte Kinder und Jugendliche im deutschen Schulsystem.* Köln: Mercator- Institut für Sprachförderung und Deutsch als Zweitsprache, Zentrum für Lehrerbildung, Arbeitsbereich Interkulturelle Bildungsforschung an der Universität Köln.

Michalak, M., Lemke, V., & Goeke, M. (Hrsg.) (2015). *Sprache im Fachunterricht. Eine Einführung in Deutsch als Zweitsprache und sprachbewussten Unterricht*. Narr.

Musan, R. ([3]2013). *Satzgliedsanalyse*. Universitätsverlag Winter.

Pittner, K., & Berman, J. (2004). *Deutsche Syntax. Ein Arbeitsbuch*. Gunter Narr Verlag.

Siekmeyer, A. (2013). *Sprachlicher Ausbau in gesprochenen und geschriebenen Texten. Zum Gebrauch komplexer Nominalphrasen als Merkmale literater Strukturen bei Jugendlichen mit Deutsch als Erst- und Zweitsprache in verschiedenen Schulformen* (Dissertation). Universität des Saarlandes.

Passiv im Schulalter: Irritationen, Inkonsistenzen und Implikationen

Doreen Bryant und Benjamin Siegmund

1 Einleitung

Wenn es darum geht, Bildungssprache und bildungssprachliche Kompetenzen theoretisch zu beschreiben oder empirisch zu erfassen, spielen Indikatoren-Kataloge oft eine wichtige Rolle. Eine Konstruktion, die hierbei immer wieder auftaucht, ist das Passiv (vgl. z. B. Morek & Heller, 2012: 73, Obermayer, 2013: 115). Ricart Brede (2020) vergleicht Merkmalslisten zur Sprache im Fachunterricht und stellt fest, dass das Passiv zu den wenigen Sprachmitteln zählt, die in allen verglichenen Listen vorkommen (ebd.: 20 f.). Im wissenschaftlichen Diskurs scheint man also einhellig der Meinung zu sein, dass das Passiv in der Bildungssprache häufiger vorkommt als in der Alltagssprache. Die Vermutung liegt daher nahe, dass das Passiv auch seinen Anteil an den sprachlichen Herausforderungen hat, mit denen viele Lernende in der Schule und darüber hinaus zu kämpfen haben. Und tatsächlich zeigt Feilke (2012) am Beispiel einer Mathe-Aufgabe und dem Lösungsversuch einer Siebtklässlerin, dass das Passiv in seiner generischen Funktion für Schüler:innen eine Hürde beim Entschlüsseln einer Textaufgabe sein

Die Originalversion des Kapitels wurde revidiert. Ein Erratum ist verfügbar unter https://doi.org/10.1007/978-3-658-43737-4_13

D. Bryant (✉)
Universität Tübingen, Deutsches Seminar, Tübingen, Deutschland
E-Mail: doreen.bryant@uni-tuebingen.de

B. Siegmund
PH Freiburg, Institut für deutsche Sprache und Literatur, Freiburg, Deutschland
E-Mail: benjamin.siegmund@ph-freiburg.de

kann (Feilke, 2012: 7). Irritierenderweise finden sich jedoch unter Wissenschaftler:innen, die sich mit Sprachbildung in allen Fächern auseinandersetzen, auch gegenteilige Auffassungen. So geht Ahrenholz (2017) davon aus, dass „bei den Schülerinnen und Schülern der Sekundarstufe […] eher nicht mit Schwierigkeiten zu rechnen [ist], *werden*-Passive als solche zu verstehen und zu bilden", sofern diese nicht erst seit kurzem Deutsch erwerben (ebd.: 21). Obwohl das Passiv im Diskurs über Bildungssprache omnipräsent ist, herrscht Uneinigkeit darüber, ob oder inwiefern es überhaupt schwierig ist.

Für Irritation sorgen darüber hinaus aber auch Beschreibungen von Form und Funktion des Passivs: Einerseits wird in Texten über Bildungs-, Wissenschafts- und Fachsprache hervorgehoben, dass das Passiv der Deagentivierung dient, bei der bewusst eine täterabgewandte Perspektive eingenommen wird (vgl. z. B. Czicza & Hennig, 2011: 50), andererseits findet sich in Grammatiken und Schulbüchern oft sehr prominent der Hinweis auf die Möglichkeit, das Agens mithilfe einer *von*-Phrase auch in Passivsätzen zu ergänzen (s. Kap. 2). Selbst sprachwissenschaftliche Studien sprechen von *short passives* (ohne Agens-Realisation) und *full passives* (mit Agens-Realisation), als wären Passivkonstruktionen, zu deren Funktion es gehört, das Agens auszublenden oder wenigstens zu dezentrieren, erst vollständig, wenn das Agens ergänzt wurde (vgl. z. B. Dittmar et al., 2014; Armon-Lotem et al., 2016). Mit Blick auf die Förderung bildungssprachlicher Kompetenzen stellt sich deshalb die Frage, wie Form und Funktion des Passivs in der Schule – und hier speziell im Deutschunterricht – behandelt werden (könnten).

Bevor in Kap. 3 die schulischen Erwartungen rund um das Passiv im Deutsch- und Geographieunterricht beleuchtet werden und in Kap. 4 der Erwerb dieser Konstruktion in den Blick genommen wird, setzt sich Kap. 2 sprachwissenschaftlich mit dieser bildungssprachlichen Konstruktion auseinander. Dabei soll das *werden*-Passiv nicht nur aus einer strukturellen, sondern insbesondere aus einer funktionalen Perspektive mit dem Aktiv kontrastiert werden.

2 Zum Verhältnis von Aktiv und Passiv

Aktiv und Passiv sind Subkategorien der grammatischen Kategorie Genus Verbi. Im Vergleich zum Aktiv wird das Passiv relativ selten verwendet.[1] Jeder Sachverhalt, der im Passiv ausgedrückt werden kann, lässt sich auch im Aktiv darstellen.

---

[1] Für eine ungefähre Vorstellung des Verhältnisses: Brinker (1971) ermittelt in seinem 15.000 Sätze umfassenden, unterschiedliche Textsorten beinhaltenden Korpus einen nur 7 %igen Anteil von Passiven an den Finita. In fachwissenschaftlichen Aufsätzen liegt der Anteil an

Abb. 1 Bildung des *werden*-Passivs, Beispiel 1 (mit belebtem Objekt)

Die Umkehrung gilt jedoch nicht (IDS Grammis[2]). Das Aktiv wird als Normal-
form des Verbs angesehen (als unmarkiert) und das Passiv als markierte Struktur.
Das Vorgangspassiv, auf das wir uns in diesem Beitrag beschränken, wird gebildet
mit dem Hilfsverb *werden* und dem Partizip II. Bei der kontrastierenden Betrachtung von Aktiv und Passiv geht man für gewöhnlich von transitiven Verben aus
(siehe die Beispiele in den Abb. 1 und 2). Transitive Verben regieren ein Akkusativobjekt und dieses erscheint im Passiv als Subjekt. Während das Aktiv-Objekt
(Patiens) zum Passiv-Subjekt avanciert, wird das Aktiv-Subjekt (Agens) im syntaktischen Status degradiert zu einer fakultativen adverbialen Ergänzung. Durch
eine Präpositionalphrase mit *von* oder *durch* kann das Agens auch im Passiv
Erwähnung finden. So von dieser Möglichkeit Gebrauch gemacht wird, kodieren Aktivsatz und Passivsatz „dieselben semantischen Rollen, aber […] über
unterschiedliche syntaktische Funktionen" (Eisenberg, 2013: 119).

Wie in Abb. 1 und in Abb. 2 illustriert, kann das gleiche außersprachliche
Ereignis sowohl im Aktiv als auch im Passiv versprachlicht werden. Das lässt
das Nebeneinander von Aktiv und Passiv auf den ersten Blick als redundant
erscheinen. Aber natürlich gibt es Gründe, die eine Koexistenz von Aktiv und
Passiv legitimieren (IDS Grammis[3]). Genus Verbi ist eine Verbkategorie, die uns
erlaubt ein außersprachliches Ereignis sprachlich unterschiedlich zu perspekti-
vieren (s. Abb. 3a und 3b). Mithilfe des Scheinwerfer-Modells (u. a. Langacker

Passiven jedoch deutlich höher, wobei die gefundenen Vorkommen auch hier stark variieren –
von 18,7 % bei Kresta (1995: 192) und 24,7 % bei Hutz (1997: 215) bis hin zu 35 % (Köhler
1981: 246) (s. Ahrenholz & Maak, 2012: 143). Ahrenholz und Maak (2012: 144) finden in
den Fließtexten zweier Biologie-Lehrbücher der Klassen 7/8 einen *werden*-Passivanteil von
ca. 11 %.

[2] https://grammis.ids-mannheim.de/systematische-grammatik/1195 [Abruf: 22.10.2022].

[3] https://grammis.ids-mannheim.de/systematische-grammatik/1199 [Abruf 22.10.22].

Aktiv

Die Lehrerin erhitzt das Gemisch.
Subjekt   Akkusativobjekt
Agens   Patiens

Passiv

Das Gemisch wird (von der Lehrerin) erhitzt.
Subjekt   adverbiale Ergänzung
Patiens   Agens

Abb. 2 Bildung des *werden*-Passivs, Beispiel 2 (mit unbelebtem Objekt)

2004) lässt sich die Rolle des Agens gut visualisieren: Im Aktiv ist das Agens als Träger der Handlung ganz zentral und daher im Spot, im Passiv hingegen ist der Handlungsträger unwichtig, der Lichtkegel ist daher vom Agens abgewandt.[4]

Nach Ágel (1996) ist „Aktiv […] das Verbalgenus für die Handlungsperspektive, Passiv das Verbalgenus für die Geschehensperspektive." (ebd. 78) Das wichtigste Merkmal des Passivs sei nicht etwa wie (auch im Rahmen der schulischen Passivvermittlung, s. Abschn. 3.2) häufig postuliert, die „Zuwendung zum Patiensobjekt", sondern „die Abwendung vom Agenssubjekt" – die **„Agens-Dezentrierung"** (ebd. 79). „Die Herauskatapultierung des Agenssubjekts aus der Subjekt-Prädikat-Struktur ist notwendig, um die Handlungsperspektive aufzuheben und die Geschehensperspektive zu realisieren." (ebd. 79). Vereinfacht ausgedrückt: ohne Handlungsträger (ohne Agens) keine Handlung. Da die Passivbildung nicht (wie oft behauptet) transitiven Verben vorbehalten ist, kann eine Patiens-Zentrierung bzw. die Zuwendung zum Patiensobjekt nicht das konstituierende Merkmal für die Passivbildung sein (ebd. 79–80). Auch Verben, die im Aktiv kein Akkusativobjekt regieren, aber ein agentivisches Subjekt aufweisen[5], sind passivfähig, vgl. (2.1).[6]

---

[4] Wir verwenden das Scheinwerfer-Modell beim Passiv NICHT (wie andere Autoren, z. B. Suñer Muñoz 2013), um das Patiens zu beleuchten, sondern ausschließlich um die Abwendung vom Agens zu visualisieren. In unserem metaphorischen Modell steht das agensabgewandte Geschehen im Passiv-Spot. Eine alternative Darstellung (siehe Abb. 3b), die die Unmarkiertheit des Aktivs und die Markiertheit des Passivs besser visualisiert, kontrastiert (in Anlehnung an Ágel 1996) die Handlungsperspektive des Aktivs und die Geschehensperspektive des Passivs.

[5] Als typische Merkmale für Agentivität gelten: Verursachung, Volitionalität, Wahrnehmung, Empfindungsvermögen (u. a. Dowty 1991).

[6] Einige der intransitiven Verben (z. B. *feiern*) können auch transitiv gebraucht werden:

Abb. 3a Perspektivierungsunterschiede von Aktiv (agenszugewandt) und Passiv (agensabgewandt)

(2.1) Die ganze Nacht wurde getanzt /gefeiert /gelacht /diskutiert /gestritten / ….

Wenn das Verb im Aktiv kein Akkusativobjekt regiert, dann weist der entsprechende Passivsatz kein Subjekt auf, vgl. (2.1). Man spricht dann auch von subjektlosem oder auch unpersönlichem Passiv – andernfalls (wie in Abb. 1 und 2) von subjekthaltigem oder auch persönlichem Passiv (Duden, 2022: 376).

Die Primärfunktion des Passivs, „die Perspektivierung des außersprachlichen Sachverhalts als Geschehen", wird durch die „Agens-Dezentrierung" erfüllt, die sich insbesondere im Weglassen des Agens äußert (Ágel 1996: 79). Passivsätze kommen mehrheitlich (zu ca. 90 %) ohne Nennung des Agens vor (Duden, 2022: 378). Eine differenzierte Frequenzanalyse zum Gebrauch des Passivs liefert Vogel

---

Anonymous ist wieder da. Das Hacker-Kollektiv wird von vielen Menschen weltweit gefeiert. https://www.radioeins.de [Hörbeleg 24.10.2022].

In Kanada wird das Fest am zweiten Montag im Oktober gefeiert. https://de.wikipedia. org/wiki/Thanksgiving [Abruf 24.10.2022].

Abb. 3b Perspektivierungsunterschiede von Aktiv (Handlungsperspektive) und Passiv (Geschehensperspektive)

(2003). Sie untersucht ein Chat-Korpus, d. h. Äußerungen konzeptioneller Mündlichkeit, und vergleicht ihre Ergebnisse (u. a.) mit denen von Brinker (1971), dessen Analysen auf einem Korpus konzeptionell schriftlicher Sprache basieren. Während bei Brinker der Anteil der Passive an den Finita 7 % ausmacht, liegt er im Chat-Korpus erwartungsgemäß deutlich darunter, und zwar bei 2 % (Vogel, 2003: 143). In Tab. 1 ist dargestellt, wie oft in beiden Korpora das Agens genannt bzw. nicht genannt wird, jeweils getrennt nach persönlichem (subjekthaltigem) und unpersönlichem (subjektlosem) *werden*-Passiv. Unabhängig vom konzeptionellen Sprachgebrauch wird das Agens beim persönlichen *werden*-Passiv häufiger verwendet (14 % und 16 %) als beim unpersönlichen *werden*-Passiv (2 % und 4 %). Der Verzicht auf das Agens bleibt aber dennoch bei beiden *werden*-Passiv-Typen der Normalfall, was vor dem Hintergrund der Hauptfunktion des Passivs auch nicht anders zu erwarten ist.[7]

---

[7] Dass bei der Passivbildung der Verzicht auf die Agensnennung den Normalfall darstellt, sollte so auch bei der Passivvermittlung Berücksichtigung finden. In Abschn. 3.2 ist dargestellt, wie Deutschlehrbücher den Gegenstand aufbereiten.

Tab. 1 Agens(nicht)nennung beim werden-Passiv im Korpusvergleich. (Nach Vogel, 2003: 147–148)

		Brinker (1971) konzeptionell schriftliche Sprache	Vogel (2003) konzeptionell mündliche Sprache
Persönliches *werden*-Passiv	Ohne Agens	86 %	84 %
	Mit Agens	14 %	16 %
Unpersönliches *werden*-Passiv	Ohne Agens	98 %	96 %
	Mit Agens	2 %	4 %

Obgleich die Nennung des Agens die Ausnahme darstellt und man sich daher (auch aus didaktischer Sicht) besonders für die Gründe interessieren sollte, wann eine Agensnennung als funktional oder stilistisch angemessen angesehen wird, findet man in der Literatur vor allem Gründe, das Agens *nicht* zu benennen – also Gründe für den Normalfall. Der Verzicht der Agensangabe wird im Duden (2022: 378) mit den folgenden Gründen motiviert:

- Die Identität des Aktivsubjekts geht hinreichend deutlich aus dem weiteren Zusammenhang hervor.
- Der Satz ist allgemein zu verstehen, entsprechend einem Aktivsatz mit dem Pronomen *man* als Subjekt.
- Dem Sprecher ist die Identität des Aktivsubjekts unbekannt oder unwichtig, oder er will sie nicht verraten […].

Warum fügt man aber das Agens (wenn auch nur sehr selten) hinzu, nachdem man es doch durch die Wahl des markierten Genus Verbi Passiv aus der Subjektposition verbannt hat? Steht die Hinzufügung des Agens nicht im Widerspruch zur vorgenommenen Argumentreduktion? Die Nennung des Agens, zudem in einer Präpositionalphrase ungewöhnlich und strukturell aufwendig verpackt (im syntaktischen Status heruntergestuft), muss doch in dieser Konstruktion ganz besonders auffallen, mit der Konsequenz, dass das Agens kommunikativ als besonders bedeutsam wahrgenommen wird (Helbig & Buscha, 2001: 146). Zudem erweist „[d]ie Hervorhebung durch den Satzakzent […] es als die wichtigste Information des Satzes, also als Kern des «Rhemas» […] (vgl. Eroms, 1986: 73–80)"

(Duden-Grammatik 2016: 1134).[8] Beispiele hierfür sind in (2.2), (2.3) und (2.4) zu sehen.

(2.2) Häufig beginnt der Weg in die Zwangsarbeit mit einem Verrat. Viele Menschen werden wie Wang **von Bekannten und Freunden** in die Falle gelockt.

(DER SPIEGEL Nr. 42/2022: 91)

(2.3) Von insgesamt 40 DAX-Konzernen werden künftig 2 ausschließlich **von Frauen** geleitet. [...] Bislang war der Pharma- & Technologiekonzern Merck mit Belen Garijo an der Spitze das einzige Unternehmen im Dax, das allein **von einer Frau** geleitet wird.

https://www.gleichstellungsbeauftragte-rlp.de/2022/06/29/ [Abruf: 22.10.2022]

(2.4) Jetzt werden die Seilenden verknotet und das verknotete Ende des Seils wird **von einem Zuschauer** festgehalten.

(Auszug aus einem Zaubertrick, Cornelsen Deutschbuch 7, 2017: 226).

Durch die markierte Konstruktion wird in (2.2) besonders hervorgehoben, dass es *Bekannte und Freunde* sind, von denen der Verrat ausgeht, in (2.3), dass es *Frauen* (und nicht wie gewohnt Männer) sind, die die Unternehmen leiten und in (2.4), dass ein *Zuschauer* dem Zauberer bei der Ausführung des Zaubertricks zur Hand gehen muss. In keinem der Fälle handelt es sich um eine beiläufige Hintergrundinformation. Nur allzu oft liest man jedoch in Gegenüberstellungen von Aktiv und Passiv über die Kodierung der Agensrolle, „[d]ie Kodierung […] als Subjekt mach[e] sie wichtig, die Nennung in der von-Phrase [sei hingegen] ‚beiläufig'" (Eisenberg, 2013: 127). Für unser Verständnis eines adäquaten Gebrauchs des Passivs (und einer daraus abzuleitenden Didaktik) kommt erschwerend hinzu, dass Grammatiken es in der Regel bei der Darstellung der Umformung (wie in Abb. 1 und 2) belassen und damit in gewisser Weise den Eindruck frei wählbarer Alternativen erwecken, also einer Austauschbarkeit zwischen den drei Strukturen: Aktiv mit Agenssubjekt, Passiv ohne Agensnennung und Passiv mit Agensnennung, vgl. (2.5).

(2.5) a. Die Lehrerin erhitzt das Gemisch.

b. Das Gemisch wird erhitzt.

---

[8] Zugrundeliegend ist die Thema-Rhema-Struktur. Der bekannte Satzteil wird als Thema bezeichnet, der Rest als Rhema. „Das Rhema enthält die neue Information über das Thema, das, was über das Thema ausgesagt werden soll (traditionell ‚Satzaussage')" (Eisenberg 2013: 128).

c. Das Gemisch wird von der Lehrerin erhitzt.

Die Lesenden mögen einmal selbst entscheiden, ob die drei Strukturen gleichermaßen geeignet sind, in der im folgenden Text gelassenen Lücke eingesetzt zu werden.[9]

(2.6) Im letzten Drittel der Stunde geht es wieder experimentell zu. Die Lehrerin gibt die Chemikalien in ein Reagenzglas und bittet die Schüler:innen um absolute Ruhe. Gebannt schauen nun alle nach vorn. [....] Zu beobachten ist ein fluoreszierendes Farbspiel. Die Schüler:innen applaudieren begeistert.

In einer informellen Befragung von 23 Erwachsenen, die die drei Sätze von (2.5) im Kontext von (2.6) nach ihrer Angemessenheit ranken und durch Vergabe einer Schulnote beurteilen sollten, ergab sich in über 90%iger Übereinstimmung im Ranking die in (2.5) dargestellte Abfolge. Während (a) mehrheitlich die Note 1 erhielt und (b) die Note 2, wurde (c) mit der Note 4 und schlechter bewertet. Während das Passiv *ohne* Agensnennung als gute Alternative zum Aktiv angesehen wurde, empfand man das Passiv *mit* Agensnennung im vorgegebenen Kontext als unangemessen. Wie an der Benotungsdifferenz zu erkennen, ist die Struktur (c) weder für (a) noch für (b) eine Austauschoption. Der Satz in (b) wird aber im angebotenen Text als gute Alternative zu (a) angesehen. Warum?

Die Gestalt eines Satzes hängt immer auch davon ab, wie er im Textzusammenhang eingebettet ist. Durch die Wahl bestimmter Mittel (z. B. Intonation, Wortstellung, Anaphern) entsteht eine spezifische Informationsstruktur (Musan, 2010). „Mit der Informationsstruktur lässt sich der Textfluss im Sinne seiner inhaltlichen und stilistischen Entfaltung verfolgen. Und es lässt sich zeigen, welche satzgrammatischen Mittel verwendet werden, damit ein Text inhaltlich und formal kohärent wird" (Eisenberg, 2013: 127). Eine wichtige stilistische Funktion des *werden*-Passivs besteht darin, „die lineare Abfolge zu ändern, so dass ein thematischer Ausdruck aus der Akkusativobjektposition in die Subjektposition am Satzanfang rückt. Damit ist der thematische Anschluss durch die Nähe zum vorausgehenden Ausdruck besser nachzuvollziehen" (Hoffmann, 2013: 289).

Die hohe Akzeptanz und gute Bewertung von (2.5 b) lässt sich informationsstrukturell begründen: Eine im vorhergehenden Satz in der Akkusativobjektposition befindliche Entität *(die Chemikalien)*, erscheint für einen optimierten thematischen Anschluss bei erneuter Erwähnung in der Subjektposition (2.7).

---

[9] Bitte lesen Sie den Text hierbei immer wieder von Anfang an.

In Vermeidung von Rekurrenz (der wörtlichen Wiederholung eines Ausdrucks) wurde mit *(das Gemisch)* ein substituierender Ausdruck gewählt (2.8).

(2.7) ... Die Lehrerin gibt [die Chemikalien]$_1$ in ein Reagenzglas und bittet die Schüler:innen um absolute Ruhe. Gebannt schauen nun alle nach vorn. [Die Chemikalien]$_1$ werden erhitzt. ...

(2.8) ... Die Lehrerin gibt [die Chemikalien]$_1$ in ein Reagenzglas und bittet die Schüler:innen um absolute Ruhe. Gebannt schauen nun alle nach vorn. [Das Gemisch]$_1$ wird erhitzt. ...

Auch die Nicht-Akzeptanz bzw. die schlechte Bewertung von (2.5 c) lässt sich informationsstrukturell begründen: Die Lehrerin ist im Text längst eingeführt, sie gehört also zum Bekannten, zum Vorerwähnten – im Rahmen der Thema-Rhema-Struktur zum Thema. Daher liegt hier ein stilistischer Fauxpas vor, denn wenn eine Passivkonstruktion eine Agens-Phrase enthält, „so ist diese in der Regel rhematisiert. Entweder sie ist selbst das Rhema oder sie bildet das Rhema gemeinsam mit dem Verb" (Eisenberg, 2013: 128). Anhand eines weiteren Beispiels (in Anlehnung an ebd. 127–128) sei durch die Gegenüberstellung dreier sich in semantischer Hinsicht gleichender Strukturen abschließend noch einmal die adäquate Verwendung eines Passivsatzes mit Agensnennung illustriert. Der zweite Satz in (2.9) entspricht nicht der Thema-Rhema-Struktur. Die Satzfolge wirkt inkohärent. Die bekannte Information (das Thema) sollte am Anfang des Satzes stehen. Die Topikalisierung des Akkusativobjekts (2.10) wäre die eine stilistische Option; die Passivierung mit dem Akkusativobjekt in der Subjektposition Passiv ohne Agensnennung und Passiv Agens (2.11) wäre die andere Option.

(2.9) Der Präsident schlägt den Kanzler vor. Das Parlament wählt den Kanzler.

(2.10) Der Präsident schlägt den Kanzler vor. Den Kanzler wählt das Parlament.

(2.11) Der Präsident schlägt den Kanzler vor. Der Kanzler wird vom Parlament gewählt.

Abschließend sei noch einmal herausgestellt, dass das Passiv gegenüber dem Aktiv die seltener vorkommende und die markierte Struktur ist. Dementsprechend sollten in der Didaktik die besonderen Funktionen und Verwendungskontexte, die den Passivgebrauch legitimieren, transparent dargestellt werden. Neben der Agens-Dezentrierung, durch die das Passiv sich einreiht in die typischen Deagentivierungsmuster der Bildungs- und Fachsprache, gehört auch die textlinguistische Funktion dazu, durch Passivierung eine die Thema-Rhema-Struktur berücksichtigende kohärente Textstruktur zu erzeugen. Da das Agens beim Passiv (der

Hauptfunktion entsprechend) in der Regel *nicht* genannt wird, sollten im Rahmen der Didaktisierung weniger die Gründe einer *Nicht*-Agensnennung im Fokus stehen als vielmehr die Kontexte, die eine Agensnennung rechtfertigen. Entgegen weitläufiger Meinung erfolgt die Nennung des Agens mittels *von*-Phrase nicht etwa als beiläufige Hintergrundinformation, sondern rhematisiert als neue Information bzw. als besonders hervorzuhebende Information.

Nach diesen theoretischen Reflexionen beleuchtet das nun folgende Kap. 3 den Umgang mit dem Lehr- und Lerngegenstand Passiv und wird dabei im Rahmen einer Lehrwerkanalyse (Kap. 3.2) auch auf die Didaktisierung eingehen. Doch zuvor soll in Kap. 3.1 zunächst der Frage nachgegangen werden, für welche Jahrgangsstufen in den einzelnen Bundesländern die Beschäftigung mit dem Passiv vorgesehen ist.

3 Schulische Erwartungen

3.1 Passiv in den Bildungsplänen für das Fach Deutsch

Obwohl der Auf- und Ausbau bildungssprachlicher Fähigkeiten fachübergreifend in der Verantwortung aller Lehrkräfte liegt (u. a. Gogolin & Lange, 2011), kommt dem Unterrichtsfach Deutsch, das die deutsche Sprache in ihren verschiedenen Gebrauchskontexten und ihrem dabei zum Einsatz kommenden Formenbestand in den Mittelpunkt der Betrachtung stellt, eine besondere Rolle zu. Der Deutschunterricht bietet in der Auseinandersetzung mit ganz unterschiedlichen Textsorten (neben literarischen Texten verschiedener Gattungen auch mit Sachtexten und Gebrauchstexten) vielfältige Möglichkeiten bildungssprachliche Konstruktionen in Form und Funktion erfahrbar zu machen und über funktional angemessene Ausdrucksalternativen zu reflektieren.

Für die bewusste Auseinandersetzung mit der Sprache und dem Sprachgebrauch ist in den Bildungsplänen für das Fach Deutsch neben den Kompetenzbereichen *Sprechen und Zuhören, Lesen, Schreiben, Digitale Medien nutzen* sogar ein eigener Kompetenzbereich *Sprache und Sprachgebrauch untersuchen* vorgesehen. Auf genau diesen Bereich konzentriert sich unsere Lehrplansichtung. Der Frage nachgehend, ab welcher Jahrgangsstufe das Passiv (Genus Verbi) zum Vermittlungsgegenstand wird, haben wir die Lehrpläne für die Grundschule und die Sekundarstufe I (Klassen 5–10) aller Bundesländer durchgesehen. In Tab. 2 ist für jedes Bundesland dargestellt, ab wann das Passiv in den Fokus der Sprachbetrachtung rücken soll.[10] Dort, wo die Lehrpläne nicht für einzelne Jahrgangsstufen sondern für Jahrgangsgruppen Gültigkeit haben, sind entsprechend mehrere Kästchen untereinander grau markiert (Gymnasium = hellgrau, andere Schulformen = dunkelgrau). Die Bildungspläne für die Grundschule sehen bundesweit keine Untersuchung oder Reflexion des Passivs vor. Außerdem fällt auf, dass die Bundesländer unterschiedliche Jahrgangsstufen als angemessen für die Passivbehandlung erachten. Gerade einmal die Hälfte der Bundesländer traut den Schüler:innen auf der Orientierungsstufe (5/6) zu, sich mit dem Passiv zu befassen. Die andere Hälfte der Bundesländer wartet mit der Passivvermittlung bis Klassenstufe 7 bzw. 8. In drei Bundesländern (Baden-Württemberg, Hamburg, Saarland) wird an nicht-gymnasialen Schulformen später mit dem Passiv begonnen – in Hamburg sogar erst in Klassenstufe 9.

Die Bundesländer unterscheiden sich nicht nur hinsichtlich des Vermittlungseinstiegs sondern auch in den Kompetenzbeschreibungen. In den meisten Curricula sind die Vorgaben sehr kurz gehalten, um mit (3.1) nur ein Beispiel hierfür zu geben:

(3.1) Die Schülerinnen und Schüler erkennen Aktiv- und Passivkonstruktionen in ihren Funktionen.
(Bildungsplan Deutsch Stadtteilschule Hamburg (2011: S. 44); Bildungsplan Deutsch Gymnasium Hamburg (2011: S. 28)

Im Kontrast dazu versucht der Lehrplan von Rheinland-Pfalz (RP) die Komplexität des Lehr- und Lerngegenstandes aufzubrechen und in einer Progression abzubilden (s. Tab. 3).[11]

Eine so differenzierte Darstellung im Lehrplan hilft natürlich den Lehrkräften (wie auch den Lehrbuchautor:innen) den Gegenstand didaktisch aufzubereiten. Kritisch anzumerken ist jedoch die ausschließlich formbezogene Annäherung an das Passiv auf dem mittleren Kompetenzniveau der Orientierungsstufe (5/6) und auf dem grundlegenden Niveau der Klassen 7/8.

---

[10] Das Bundesland Hessen ist nicht in der Tab. aufgeführt, da die hessischen Curricula für das Fach Deutsch keine Angaben zum Vermittlungsgegenstand Passiv (Genus Verbi) enthalten. In Bremen wird zwischen Gymnasium und Oberschule unterschieden. Im Bildungsplan für die Oberschule findet sich ebenfalls keine Angabe zum Passiv.

[11] Rheinland-Pfalz differenziert im Lehrplan Deutsch für die Sekundarstufe I (2021) zum einen nach Jahrgangsstufengruppen (5/6, 7/8, 9/10) und zum anderen nach drei Kompetenzniveaustufen: grundlegendes Kompetenzniveau (= Mindestanforderungen), mittleres und erhöhtes Kompetenzniveau. Die Kompetenzniveaustufen sollen als Grundlage für einen differenzierten und individualisierten Unterricht dienen (ebd.: 23–24).

Tab. 2 Früheste jahrgangsstufenbezogene Verortung von Passiv in Kompetenzbeschreibungen der Deutschlehrpläne – für die Sekundarstufe I getrennt nach Gymnasium (hellgrau) und anderen Schulformen (dunkelgrau)

Klassenstufe	Baden-Württemberg	Bayern	Berlin-Brandenburg	Bremen	Hamburg	Mecklenburg-Vorpommern	Niedersachsen	Nordrhein-Westfalen	Rheinland-Pfalz	Saarland	Sachsen	Sachsen-Anhalt	Schleswig-Holstein	Thüringen
1-4														
5											▓	░		
6	▓	▓	░								░	▓	▓	
7	░		▓			▓					░		░	▓
8	▓				░									
9					▓									
10														

Auch in Baden-Württemberg wird in den Bildungsplänen nach drei Niveaustufen[12] unterschieden und auch hier soll, wie in Tab. 4 zu sehen, die Annäherung an das Passiv allein über die Form erfolgen. Erst auf dem mittleren Niveau der Klassenstufen 7/8/9 ist laut Bildungsplan die Funktion von Passiv in den Blick zu nehmen. Die Passivkonstruktion ohne Funktion zu vermitteln und den funktionalen Gebrauch curricular derart weit in die Sekundarstufe zu schieben, ist höchst irritierend, erwartet man doch in den naturwissenschaftlichen Fächern längst die entsprechenden Kompetenzen (z. B. bei den Textsorten Vorgangsbeschreibung und Protokoll[13]).

Zu dem vom Ministerium für Kultus, Jugend und Sport Baden-Württemberg herausgegebenen Bildungsplan Deutsch (2016)[14] hat das baden-württembergische Landesinstitut für Schulentwicklung ein Beispielcurriculum für das Fach Deutsch

---

[12] Grundlegendes Niveau (G), Mittleres Niveau (M) und Erweitertes Niveau (E). Das Niveau G gilt für die Werkrealschule und die Hauptschule, in der Realschule kann das Niveau G oder M erreicht werden, in der Gemeinschaftsschule G, M oder E. Am Gymnasium wird das Niveau E erwartet.

[13] So heißt es z. B. im Bildungsplan BNT für die Sekundarstufe Baden-Württemberg als Ziel für die Orientierungsstufe: „Die Schülerinnen und Schüler können Experimente planen und durchführen, Messwerte erfassen und Ergebnisse protokollieren sowie beschreiben, wie man dabei vorgeht" (vgl. http://www.bildungsplaene-bw.de/,Lde/LS/BP2016BW/ALLG/SEK1/ BNT/IK/5–6/02 [Abruf: 31.10.2022]).

[14] https://www.bildungsplaene-bw.de/site/bildungsplan/get/documents/lsbw/export-pdf/ depot-pdf/ALLG/BP2016BW_ALLG_SEK1_D.pdf [Abruf: 01.11.2022].

Tab. 3 Anforderungen für Genus Verbi nach Jahrgangsstufen und Kompetenzniveaus im Lehrplan Deutsch für die Sekundarstufe I von Rheinland-Pfalz (2021: 64, 108, 155–156)[15]

	grundlegendes Niveau	mittleres Niveau	erhöhtes Niveau
5/6		bilden Verbformen im Aktiv und Passiv	nutzen Aktiv und Passiv gemäß ihrer Aussageabsicht beim eigenen Sprachgebrauch
7/8	bilden Verbformen im Aktiv und Passiv	beschreiben und nutzen die Formen auch in ihrer Funktion (z. B. Darstellung von Vorgängen) und gemäß ihrer Aussageabsicht beim eigenen Sprachgebrauch	unterscheiden auch Zustands- und Vorgangspassiv
9/10	bilden Verbformen im Aktiv und Passiv und beschreiben sie in ihrer Funktion (z. B. Darstellung von Vorgängen)	beschreiben diese Formen auch gemäß ihrer Aussageabsicht beim eigenen Sprachgebrauch	bilden die Passivformen (Vorgangs-/ Zustandspassiv) und reflektieren deren kontextabhängige Wirkung

(2016)[16] erstellt, das „exemplarisch [zeigt], wie der Bildungsplan in Jahresplanungen umgesetzt werden kann" (ebd.: II). Zu erwarten wäre also, dass den konkreten Umsetzungsvorschlägen des Beispielcurriculums die gleichen Kompetenzbeschreibungen wie sie im Bildungsplan definiert sind, zugrunde liegen. In Bezug auf die Vorgaben zur Vermittlung von Passiv ist dies jedoch nicht der Fall, wie ein Vergleich der Kompetenzanforderungen für die Orientierungsstufe (5/ 6) im Bildungsplan (Tab. 4) und im Beispielcurriculum (Tab. 5) erkennen lässt. Die in Tab. 5 aufgeführten Anforderungen sind (als integrierte Grammatik) im Kompetenzbereich *Sach- und Gebrauchstexte lesen und verstehen* verortet.

Obgleich die Kompetenzanforderungen des Beispielcurriculums irritierender Weise nicht mit denen des Bildungsplans übereinstimmen, sind die Abweichungen dennoch als positiv zu bewerten. Eine erste Verbesserung betrifft die Vorverlegung des Lerngegenstandes für Schüler:innen nicht-gymnasialer Schulformen. Im Bildungsplan (Tab. 4) ist der Passiv-Kompetenzerwerb in den

---

[15] https://lehrplaene.bildung-rp.de [Abruf: 31.10.2022].

[16] https://www.schule-bw.de/service-und-tools/bildungsplaene/allgemein-bildende-schulen/ bildungsplan-2016/beispielcurricula/sekundarstufe1/BP2016BW_ALLG_SEK1_D_BC_5-6_BSP_1.pdf [Abruf: 01.11.2022].

Tab. 4 Anforderungen für Genus Verbi nach Jahrgangsstufen und Kompetenzniveaus im **Bildungsplan** Deutsch für die Sekundarstufe I von **Baden-Württemberg** (2016: 33, 58)

	grundlegendes Niveau (Niveau G)	mittleres Niveau (Niveau M)	erweitertes Niveau (Niveau E)
5/6			Aktiv und Passiv erkennen, unterscheiden, bilden und syntaktisch beschreiben
7/8/9	Aktiv und Passiv erkennen, bilden und verwenden	Aktiv und Passiv erkennen, in ihrer Funktion (z. B. für die Darstellung von Vorgängen) beschreiben, bilden und verwenden	Aktiv und Passiv (auch Zustands- und Vorgangspassiv) unterscheiden, bilden und syntaktisch beschreiben; Aktiv und Passiv in ihrer Aussagefunktion beschreiben

Tab. 5 Anforderungen für Passiv nach Kompetenzniveaus im **Beispielcurriculum** (Klassen 5/6) zum Bildungsplan Deutsch für die Sekundarstufe I von **Baden-Württemberg** (2016: 73–74)

	grundlegendes Niveau (Niveau G)	mittleres Niveau (Niveau M)	erweitertes Niveau (Niveau E)
5/6	Passivformen erkennen, intuitive Verwendung in Beschreibungen, Funktion im Kontext erfassen	Passivformen erkennen, grundlegende Morphologie (werden/ sein + Partizip Perfekt) beschreiben, intuitive Verwendung in Beschreibungen, Funktion im Kontext erfassen	Funktion der Form (täterabgewandte Perspektive) in sinnvollem Kontext, Morphologie des Passivs, Anwendung des Passivs in verschiedenen Schreibübungen; dabei nicht nur „Übersetzungsübungen", sondern funktionale Anwendung; auch alternative Formulierungen (z. B. man-Formen, lassen, bekommen), […]

Klassenstufen 5/6 (= Orientierungsstufe) der Niveaustufe E vorbehalten und auf den anderen beiden Niveaus (nicht-gymnasialer Schulformen) erst in den Klassenstufen 7/8/9 vorgesehen. Zwar wird auf den Niveaustufen G und M eine

„testierbare Kompetenz" erst in Klasse 9 verlangt, empfohlen wird im Beispiel-curriculum aber dennoch, mit einer Anbahnung bereits in der Orientierungsstufe zu beginnen (ebd.: 73).

Des Weiteren wird im Beispielcurriculum von Anfang an und auf jedem Niveau immer auch die Funktion des Passivs berücksichtigt.[17] Zudem nimmt das baden-württembergische Beispielcurriculum nicht nur Form und Funktion des Passivs in den Blick sondern auch alternative Formulierungen zum Passiv. Damit wird der Aufbau und die Strukturierung des bildungssprachlichen Reper-toires im funktionalen Bereich der Deagentivierunsgmittel unterstützt. Insgesamt betrachtet, können die Kompetenzanforderungen des baden-württembergischen Beispielcurriculums im bundesweiten Vergleich als beste Vorlage für den Lehrge-genstand Passiv angesehen werden. Ob und wie diese Kompetenzanforderungen in Lehrbüchern umgesetzt werden, soll im nun folgenden Kap. 3.2 untersucht werden.

3.2   Passiv in Deutschlehrbüchern

Nachdem in Abschn. 3.1 die Bildungspläne aller Bundesländer danach befragt wurden, **wann** das Passiv im Deutschunterricht behandelt wird und welche Kom-petenzanforderungen gestellt werden, konzentrieren wir uns für die Beantwortung der Frage, **wie** das Passiv vermittelt wird, auf nur ein Bundesland, und zwar Baden-Württemberg (BW) und die dort verwendeten Deutschlehrbücher.

Unsere Lehrwerkanalyse basiert auf insgesamt 21 in Baden-Württemberg (BW) zugelassenen Deutschlehrbüchern, die alle nach Inkrafttreten des aktuel-len Bildungsplans (2016) erschienen sind. Untersucht wurden sieben, jeweils drei Klassenstufen (5, 6 und 7) umfassende Reihen von vier Verlagen (Cornelsen: *Deutschbuch; Deutschzeit,* Klett: *Deutsch kompetent,* Schöningh-Westermann: *P.A.U.L.D,* Westermann: *Klartext).* Die Darstellung der Ergebnisse erfolgt anony-misiert: Jedem der insgesamt fünf Lehrwerkstitel (*Deutschbuch, Deutschzeit, Deutsch kompetent, P.A.U.L.D, Klartext*) wird (ohne Bezugnahme auf die alpha-betische Reihenfolge) einer der fünf Buchstaben A, B, C, D oder E zugewiesen. Von drei Titeln (A, B, E) liegen differenzierende Auflagen vor, die für sich bean-spruchen, allen drei Niveaustufen gerecht zu werden, weshalb sie insbesondere an Werkrealschulen, Realschulen und Gemeinschaftsschulen zum Einsatz kommen.

---

[17] Unklar ist allerdings, warum die „täterabgewandte Perspektive" nicht bereits auf dem grundlegenden Niveau als zentrale Passivfunktion herausgestellt wird. (Zum Versäumnis didaktischer Möglichkeiten siehe auch das folgende Kap. 3.2.)

Da verlagsübergreifend in keinem der sieben Lehrbücher für Klasse 5 das Passiv thematisiert wird, verbleiben von den insgesamt 21 Lehrbüchern nur 14 für die weitere Betrachtung. In den differenzierenden Auflagen der Titel B und E ist das Passiv auch in Klasse 6 noch kein Thema. Daher finden sich in Tab. 6 und 7 in den Zeilen der Lehrbücher B_6_diff und E_6_diff keine Eintragungen.

Im Rahmen dieses Beitrages kann nur eine kleine Auswahl der im Rahmen der Lehrwerkanalyse gestellten Fragen Beantwortung finden:

Mithilfe von welchen Textsorten wird das Passiv eingeführt?
Als besonders geeignet erscheinen Textsorten, in denen die/der Handelnde (das Agens) nicht von Bedeutung ist. Hierzu gehören beispielsweise Bedienungsanleitungen, Versuchsbeschreibungen, aber auch Sachtexte, die verschiedene Deagentivierungsmittel (u. a. Passiv) nutzen, um dem Objektivitätsgebot wissenschaftlicher Sprache (u. a. Czicza & Hennig, 2011) zu entsprechen. Im fortschreitenden Unterrichtsverlauf können dann durchaus auch literarische Texte hinzugezogen werden, um informationsstrukturelle und stilistische Aspekte des Passivgebrauchs zu thematisieren. Wie in Tab. 6 zu sehen, sind die meisten an das Passiv heranführenden Textsorten gut gewählt. Auffallend ist, dass bei den differenzierenden Ausgaben eine geringere Vielfalt angemessener Textsorten angeboten wird und im Lehrbuch A_6_diff mit dem Unfallbericht sogar eine eher unpassende Textsorte, denn schließlich interessiert bei einem Unfall durchaus, wer ihn verursacht hat.

Die leistungsschwächeren Schüler:innen, die mit den differenzierenden Ausgaben beschult werden, sind somit im Nachteil, wenn es darum geht, typische Gebrauchskontexte für die Passivkonstruktion kennenzulernen.

Welche Funktion wird dem Passiv (in Abgrenzung zum Aktiv) zugeschrieben?
Während dem Aktiv die Handlungsperspektive (mit dem zu nennenden Handlungsträger) zukommt, ist das Passiv das Genus Verbi für die Geschehensperspektive – einhergehend mit der Abwendung vom Handlungsträger (= Agens-Dezentrierung) (siehe Kap. 2).

Tab. 6 listet auf, mit welchen Funktionen Aktiv und Passiv in den Lehrbüchern präsentiert werden. Zum einen fällt auf, dass kein einziges Lehrbuch die Abwendung vom Agens als Funktion des Passivs erwähnt. Zum anderen wird von fünf Lehrwerken (B_7, C_6, C_7, D_7, E_7_diff) die Passiv-Funktion darin gesehen, das Patiens herauszustellen / zu betonen. Intransitive Passivstrukturen lassen sich nach dieser Auffassung nicht motivieren (siehe auch Kap. 2).

Tab. 6 Passivvermittlung in Lehrbüchern – Textsorten und Funktion

Lehrbuch	Textsorte	Funktion / Perspektivierung	
		Aktiv	Passiv
A_6	Erklärung, Anleitung, Gebrauchsanweisung	Der Handlungsträger wird betont	Der Vorgang wird betont
A_7	Anleitung	Der Handlungsträger wird betont	Der Vorgang wird betont
A_6_diff	Unfallbericht	Im Aktivsatz erfährt man, wer etwas tut	Im Passivsatz steht der Vorgang im Vordergrund
A_7_diff	Vorgangsbeschreibung	Der Blick wird auf die handelnde Person gerichtet	Der Blick wird auf den Vorgang gerichtet
B_6	Versuchsbeschreibung, Anleitung	Der Handelnde steht im Mittelpunkt	Der Vorgang oder das Geschehen steht im Mittelpunkt
B_7	keine Texte, nur Sätze (Umformungsübungen)	Sicht des Täters	Sicht des Betroffenen
B_6_diff	–	–	–
B_7_diff	Versuchsbeschreibung, Anleitung	Der Handelnde steht im Mittelpunkt	Der Vorgang oder das Geschehen steht im Mittelpunkt
C_6	Ereignisbericht, Anleitung, Sachtexte	Der Handelnde steht im Vordergrund	Derjenige, mit dem etwas geschieht, steht im Vordergrund
C_7	literarische Texte	Der Handelnde steht im Vordergrund	Derjenige, mit dem etwas geschieht, steht im Vordergrund
D_6	Spielbeschreibung, Anleitung	Die Betonung liegt auf der/dem Handelnden	Der Vorgang wird betont
D_7	Sachtexte	Die Betonung liegt auf der/dem Handelnden	Betont wird das Objekt, mit dem etwas geschieht oder getan wird
E_6_diff	–	–	–
E_7_diff	keine Texte, nur Sätze zu Vorgängen	Der „Täter" wird betont	Im Mittelpunkt steht die Person oder Sache, mit der etwas geschieht

Wie wird das Agens im Kontext der Passivvermittlung behandelt?

Im Rahmen der Passivkonstruktion besteht grundsätzlich die Möglichkeit, das Agens-Subjekt des Aktivsatzes mit einer Präpositionalphrase zu versprachlichen. Dies wird auch in allen Lehrwerken bei der Passivbildung anhand transitiver Verben anschaulich vermittelt.

Wie statistisch belegt werden kann, wird diese Option jedoch kaum von den Sprachbenutzer:innen beansprucht. In der Regel wird auf die Nennung des Agens verzichtet (siehe Kap. 2). Es gibt nur ein einziges Lehrwerk (D_6), das dies auch so klar (und als Orientierung dienend) zum Ausdruck bringt (s. Tab. 7). Da auf das Agens in der Regel verzichtet wird, wäre es für die Schüler:innen hilfreich zu erfahren, unter welchen Umständen, in welchen Kontexten, die Nennung des Agens angemessen wäre. In keinem der Lehrbücher finden sich Gründe für eine Agensnennung. Die Hälfte der Lehrbücher gibt dafür aber Gründe für den Agensverzicht an: Der Handlungsträger könne weggelassen werden, weil er unwichtig, unbekannt oder selbstverständlich ist oder weil er bewusst verschwiegen werden soll.

Wird im Kontext der Passivvermittlung auch auf alternative Deagentivierungsmittel eingegangen?

Von den 12 Lehrbüchern, die Passiv behandeln, nutzen nur vier (A7, C7, D6, D7) die Möglichkeit, auf alternative Deagentivierungsformen einzugehen, wie zum Beispiel: *man*-Form, *sich lassen* + Infinitiv, Verbform von *sein* + Infinitiv mit *zu*, Verbform von *sein* + Adjektiv mit den Endungen *-bar*, *-lich*, *-fähig*. Allerdings wird in keinem der genannten Lehrbücher die Funktion dieser sprachlichen Mittel hinreichend reflektiert; es geht in den Übungen primär um ein abwechslungsreiches Schreiben.[18]

Die präsentierten Ergebnisse der Lehrwerkanalyse lassen erkennen, wie unterschiedlich das Passiv behandelt wird. Obgleich sich in einigen Lehrwerken bereits gute Ansätze finden (insbesondere mit Blick auf die gewählten Textsorten und z. T. bereitgestellten Vergleichstexten mit und ohne Passiv zur Bewusstmachung der durch die Wahl von Aktiv und Passiv erzielten Effekte) fehlt es bislang an einer

---

[18] Immerhin geht es in den genannten vier Lehrbüchern bei der Aufforderung, abwechslungsreich zu schreiben, um die Wahl sprachlicher Mittel aus einer funktionalen Domäne. Es ist also sinnvoll, den Schüler:innen entsprechende Ausdrucksalternativen aufzuzeigen. Im Kontrast dazu fordern drei andere Lehrbücher (A_6, A_7_diff, B_7_diff) die Schüler:innen auf, beim Verfassen ihrer Übungstexte Aktiv und Passiv abwechslungsreich zu gebrauchen. So heißt es beispielsweise in einem der Lehrbücher: „Achtet darauf, zwischen Aktiv- und Passivsätzen abzuwechseln, dann wird eure Beschreibung nicht eintönig". Eventuell zuvor angestoßene Erkenntnisprozesse (z. B. durch eine gute Textauswahl), laufen Gefahr mit der suggerierten Austauschbarkeit von Aktiv und Passiv konterkariert zu werden.

Tab. 7 Passivvermittlung in Lehrbüchern – Behandlung des Agens

Lehrbuch	Hinweis zum Agens (Normalfall: Agensverzicht)	Gründe für Agensverzicht	Gründe für Agensnennung
A_6	Der Handelnde kann im Passiv ergänzt werden	NEIN	NEIN
A_7	Der Handlungsträger kann ergänzt werden, aber auch weggelassen werden	JA	NEIN
A_6_diff	Die handelnde Person kann unerwähnt bleiben	NEIN	NEIN
A_7_diff	Die handelnde Person kann unerwähnt bleiben	NEIN	NEIN
B_6	Der Verursacher kann genannt werden, er kann aber auch verschwiegen werden	JA	NEIN
B_7	Bei der Passivform kann die Information über den Handelnden eingespart werden	NEIN	NEIN
B_6_diff	–	–	–
B_7_diff	Man kann den Handelnden angeben oder verschweigen	NEIN	NEIN
C_6	Der Handelnde kann genannt werden	JA	NEIN
C_7	–	NEIN	NEIN
D_6	**In der Regel wird der Handelnde ganz weggelassen**	JA	NEIN
D_7	Oft wird die/der Handelnde ganz weggelassen	JA	NEIN
E_6_diff	–	–	–
E_7_diff	Im Passiv wird der „Täter" durch *von* oder *durch* angekündigt […] Häufig fehlt die Angabe des „Täters"	JA	NEIN

konsistenten, widerspruchslosen Behandlung des Gegenstandes. Dies liegt unter anderem daran, dass die für das Passiv typische Agens-Dezentrierung nicht (deutlich genug) herausgestellt wird. Vermutlich ist es für die meisten Schüler:innen leichter, eine Vorstellung vom „Wesen" des Passivs zu gewinnen, wenn man dies nicht (allein) über abstrakte Begriffe wie Vorgang oder Geschehen zu vermitteln versucht, sondern über die Abwendung vom Handlungsträger. Damit ließe sich das Passiv auch auf natürliche und funktional motivierte Weise ins Repertoire der für die Bildungs- und Fachsprache benötigten Deagentivierungsmittel integrieren.

3.3   Passiv in Lehrbuchtexten für das Fach Geographie

Während in den beiden vorherigen Abschn. 3.1 und 3.2 die *expliziten* Erwartungen an die Passivkompetenzen der Schüler:innen im Fach Deutsch im Fokus der Betrachtungen standen, geht es im Folgenden um die *impliziten* Erwartungen an das Passivverstehen in Lehrbuchtexten des Faches Geographie – ein Fach an der Schnittstelle von Gesellschafts- und Naturwissenschaften.

Im Rahmen eines interdisziplinären Forschungsprojekts (Berendes et al., 2013a) wurden insgesamt 35 für allgemeinbildende Gymnasien und Werkrealschulen/Hauptschulen für das Fach Geographie zugelassene Schulbücher von vier verschiedenen (für die Analyse anonymisierten) Verlagen (Klett, Westermann, Schroedel und Cornelsen) untersucht, und zwar daraufhin, ob sich über die Klassenstufen hinweg ein Anstieg in der sprachlichen Komplexität feststellen lässt und ob sich die Texte der Schulformen hinsichtlich ihres Komplexitätsanspruchs unterscheiden. Das Korpus umfasst insgesamt 2928 Sachtexte (s. Tab. 8).

Bryant et al. (2017) untersuchten das Korpus u. a. hinsichtlich der Vorkommen von bildungssprachlichen Merkmalen – darunter auch Passivkonstruktionen sowie *ung*-Nominalisierungen und legten dabei folgende entwicklungslogisch motivierten Hypothesen zugrunde (ebd. 296).

Tab. 8 Das Korpus des Projektes „Reading Demands in Secondary School"

Verlag	Anzahl der Texte pro Schulklasse und Schulform						Total pro Verlag
	5/6		7/8		9/10		
	Gym	HS	Gym	HS	Gym	HS	
A	245	156	146	223	119	155	1044
B	116	127	147	70	108	59	627
C	202	136	150	58	234	140	920
D	0	115	0	164	0	58	337
Total pro Schulklasse	563	534	443	515	461	412	2928

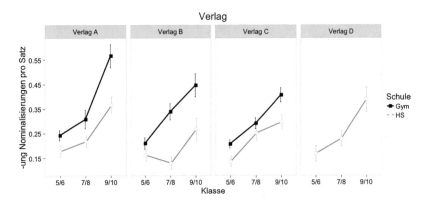

Abb. 4 Durchschnittliche Anzahl an *ung*-Nominalisierungen pro Satz (Bryant et al., 2017: 297)

1. Die Schulbücher beider Schultypen (Hauptschule und Gymnasium) weisen in Bezug auf die betrachteten Merkmale über die Jahrgangsstufen (5/6, 7/8, 9/ 10) hinweg einen quantitativen Anstieg auf.
2. Die Schulbücher der Hauptschule weisen in Bezug auf die betrachteten Merkmale einen jeweils geringeren Anteil als die gymnasialen Schulbücher auf.

Zur Überprüfung der Hypothesen wurden die Schulbuchtexte computerlinguistisch analysiert.[19] Im Folgenden sollen die Ergebnisse für das Passiv kontrastiert werden mit den Ergebnissen für das bildungssprachliche Merkmal der *ung*-Nominalisierung.[20] In den Abb. 4 und 5 ist die Auswertung für die beiden Merkmale graphisch visualisiert. Jede Abbildung beinhaltet dabei vier Diagramme, in denen die Durchschnittswerte des betrachteten Merkmals verlagsweise für die beiden Schulformen Gymnasium und Hauptschule über die verschiedenen Klassenstufen hinweg dargestellt sind.

---

[19] Hierfür wurde jede Texteinheit einer von sechs verschiedenen Textkategorien mit je spezifischen Unterkategorien zugeordnet: Text (Sachtext, Instruktion, Zusammenfassung, Interview), Quelle (Originalquelle, abgeänderte Quelle, Interview), Definition (Definition in einem Bild, Definition allgemein), Bildüberschrift (Bildüberschrift, Bilderklärung), Aufgabe und Sonstige. Die vorliegenden Analysen beziehen sich lediglich auf die Sachtexte. Diese Textsorte stellt in den untersuchten Büchern mit 49 % die größte Kategorie dar (ebd.: 295).

[20] Die deverbale *-ung* Nominalisierung zählt wie auch das Passiv zu den Deagentivierungsmustern (u. a. Hennig & Niemann, 2013).

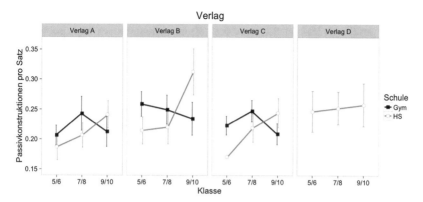

Abb. 5 Durchschnittliche Anzahl an Passivkonstruktionen pro Satz (Bryant et al., 2017: 298)

Abb. 4 zeigt die Werte für das Merkmal „durchschnittliche Anzahl an *ung*-Nominalisierungen pro Satz". Ein Durchschnittswert von annähernd 0,25 *ung*-Nominalisierungen pro Satz, wie bei Verlag A für Gymnasialtexte der Klasse 5/6 zu sehen, lässt sich so interpretieren, dass in fast jedem vierten Satz eine *ung*-Nominalisierung vorkommt. Für die Klassenstufe 7/8 steigt dieser Wert auf fast jeden dritten Satz und in Klasse 9/10 treten *ung*-Nominalisierungen in Gymnasialtexten des Verlages A durchschnittlich in mehr als jedem zweiten Satz auf. Dieser Verlauf entspricht der zu erwartenden Zunahme bildungssprachlicher Merkmale mit fortschreitender Klassenstufe. Ein ähnliches Bild ergibt sich für Hauptschultexte des Verlages, wobei diese im Vergleich zu den Gymnasialtexten deutlich niedrigere Werte aufweisen. Auch das ist konsistent mit den Erwartungen: Hauptschultexte sollten sprachlich leichter verständlich gestaltet sein als Gymnasialtexte (ebd.: 297).[21]

Während für das Merkmal „durchschnittliche Anzahl an *ung*-Nominalisierungen pro Satz" die oben formulierten Hypothesen weitgehend

---

[21] Die statistische Auswertung zeigt für das Merkmal *ung*-Nominalisierungen eine signifikante Zunahme der Werte mit fortschreitender Klassenstufe für die Gymnasialtexte aller Verlage. Dies gilt bis auf eine Ausnahme auch für die Hauptschultexte. Für Verlag B fällt allerdings ein den Erwartungen entgegenlaufender Einbruch der Werte von Klasse 5/6 zu Klasse 7/8 auf. Dieser ist jedoch nicht signifikant. Im schulweisen Vergleich liegt für alle Verlage der Durchschnittswert der *ung*-Nominalisierungen für die Hauptschule signifikant unter dem für das Gymnasium (ebd.: 298).

zutreffen, ist dies für das Merkmal „durchschnittliche Anzahl an Passivkonstruktionen pro Satz" nicht der Fall (s. Abb. 5). Zum einen nimmt der Merkmalsverlauf der Gymnasialtexte bei keinem der Verlage über die Klassenstufen hinweg zu. Zum anderen zeigen Gymnasialtexte eines Verlages im Vergleich zu dessen Hauptschultexten nicht durchgängig höhere Werte (ebd. 298). D. h. die Schwierigkeit, die Verfasser:innen von Deutschlehrplänen in der Passivkonstruktion sehen, wird von den Autor:innen der Geographie-Lehrbücher offenbar nicht wahrgenommen bzw. nicht berücksichtigt. Dass die Lehrbuchautor:innen jedoch nicht unüberlegt mit Sprache umgehen, zeigen die Komplexitätsprogression und die schulformberücksichtigenden Unterschiede bei der *ung*-Nominalisierung, aber auch bei den untersuchten Oberflächenmerkmalen Satzlänge und Wortlänge (Berendes et al., 2018, Bryant et al., 2017).

3.4   Schulische Erwartungen: Kurzes Fazit

Wie die Bildungspläne für das Fach Deutsch in den Bundesländern erkennen lassen, wird das Passiv als verhältnismäßig schwierig eingestuft. So erwartet keines der Bundesländer in der Grundschule eine Beschäftigung mit diesem Gegenstand. Und in der Sekundarstufe wird das Passiv nur von der Hälfte der Bundesländer in der Orientierungsstufe (5/6) behandelt (s. Abschn. 3.1). Aber selbst dann, wenn im Lehrplan der Passiv-Einstieg für die Orientierungsstufe vorgesehen ist, wird nicht bereits in Klasse 5 mit dem Lerngegenstand begonnen, sondern erst in Klasse 6, wie die exemplarische Lehrwerkanalyse für Baden-Württemberg aufzeigen konnte (Abschn. 3.2). Drei der Bundesländer nehmen sogar eine Differenzierung nach Schulform vor und schieben bei den nicht-gymnasialen Schulformen die Passiv-Behandlung noch um ein bis zwei weitere Schuljahre hinaus (Abschn. 3.1). Während das Fach Deutsch mit der Passivvermittlung lange wartet, haben die Anforderungen des naturwissenschaftlichen Fachunterrichts an das deagentivierende Schreiben die Schüler:innen längst eingeholt (s. FN: 14). Auch in den Lehrbüchern für das Fach Geographie spiegelt sich der Respekt vor der Schwierigkeit der sprachlichen Konstruktion, wie sie die Deutschlehrpläne suggerieren, nicht wider. Weder enthalten die Lehrbücher tieferer Klassenstufen weniger Passivsätze als Lehrbücher höherer Klassenstufen, noch weisen nicht-gymnasiale Lehrbücher weniger Passivsätze auf als gymnasiale Lehrbücher (s. Abschn. 3.3).

Der schulische Umgang mit dem Passiv ist demnach höchst widersprüchlich: Einerseits hilft man den Schüler:innen nicht oder erst sehr spät, sich bewusst mit

Form und Funktion von Passiv auseinanderzusetzen, andererseits enthalten Fachlehrbuchtexte der Sekundarstufe unabhängig von Klassenstufe und Schulform eine Fülle von Passivkonstruktionen. Die bildungs- und fachsprachlichen Erwartungen liegen also oberhalb dessen, was man den Schüler:innen (mit Blick auf die zeitliche Verortung von Passiv in den Curricula der Bundesländer) sprachlich zutraut.

Ist die Passivkonstruktion aber überhaupt so schwierig, wie es die Bildungspläne für das Fach Deutsch suggerieren? Oder liegt aus der Spracherwerbsperspektive betrachtet hier eine (folgenschwere) Fehleinschätzung vor? Das nun folgende Kap. 4 soll diesbezüglich Klarheit schaffen.

4   Passiverwerb und Passivgebrauch

4.1   Passiverwerb im Vorschulalter[22]

Armon-Lotem et al. (2016) untersuchen, ob fünfjährige Kinder mit elf verschiedenen Erstsprachen Passivsätze in ihrer jeweiligen Erstsprache verstehen (im Deutschen: das *werden*-Passiv). Für acht dieser Erstsprachen vergleichen sie zudem Unterschiede im Verstehen von Passiv-Sätzen ohne bzw. mit Agens-Realisierung. Dabei stellen sie u. a. für das Deutsche fest, dass die fünfjährigen Kinder das *werden*-Passiv ohne Agens-Realisation sehr gut verstehen (über 95 % korrekte Antworten, vgl. ebd.: 37), schwerer tun sie sich dagegen mit solchen Passiv-Sätzen, in denen das Agens mit einer von-Phrase realisiert wurde[23] (ca. 80 % korrekte Antworten, vgl. ebd.). Siegmüller et al. (2011) zeigen, dass Drei- und Vierjährige noch Schwierigkeiten damit haben, *werden*-Passivsätze korrekt zu interpretieren (vgl. ebd.: 28). Im Alter von fünf Jahren scheinen viele Kinder wichtige Schritte in Richtung Passiv-Verständnis zu machen und mit sechs Jahren interpretiert bereits eine Mehrheit der Kinder 90 % der Passivsätze korrekt. Spätestens im Alter von 8 Jahren scheinen demnach alle Kinder das Passiv zu verstehen (vgl. ebd.).

---

[22] Zum Erwerb des Passivs im Alter bis 5 Jahre vgl. z. B. Dittmar et al., 2014, Abbot-Smith & Behrens 2006, Schaner-Wolles 1986 und Grimm et al. 1975.

[23] Auch andere Studien zeigen, dass um ein Agens erweiterte Passivsätze (mit von-Phrase) besonders herausfordernd sind, insb. wenn beide Mitspieler:innen inhaltlich als Handelnde oder Betroffene einer Handlung infrage kommen, z. B.: *Lili wird von Kim geküsst* (vgl. z. B. Grimm et al. 1975).

4.2   Passiverwerb im Schulalter

4.2.1   Rezeption

Kinder mit Deutsch als Erstsprache verstehen das *werden*-Passiv also bereits
in den ersten Schuljahren. Auch Cristante und Schimke (2020) zeigen in einer
Eye-tracking-Studie zum Verständnis von Passiv, dass Kinder (L1 Deutsch) spätestens ab 7 Jahren die linguistischen und kognitiven Voraussetzungen haben, um
das *werden*-Passiv zu verstehen bzw. um anfängliche Fehlinterpretationen (z. B.
aufgrund der Agent-first-Strategie[24]) rasch zu revidieren. Cristante (2016) vergleicht darüber hinaus systematisch das Verständnis und die Verarbeitung von
Passivsätzen im Deutschen durch Erwachsene mit Deutsch als Erstsprache sowie
durch Erstklässler:innen und durch Viertklässler:innen jeweils mit Deutsch als
Erst- oder als Zweitsprache (L1 Türkisch). Ein Offline-Test zum Passivverständnis ergibt keine Unterschiede: Alle Gruppen interpretieren Passivsätze korrekt,
auch jene Kinder, die erst seit dem Kindergarten Deutsch erwerben. Im Eye-
tracking-Test zeigt sich jedoch ein Unterschied zwischen den Erwachsenen und
den Erstklässler:innen: Die Agent-first-Strategie ist „bei Kindern stärker ausgeprägt als bei Erwachsenen und bei L2-Kindern stärker als bei L1-Kindern"
(Cristante & Schimke, 2018: 179). Alle Getesteten revidieren diese Strategie sehr
rasch, die Erwachsenen jedoch früher als die L1-Kinder und die wiederum früher
als die L2-Kinder. Schon bei den Viertklässler:innen findet Cristante (2016) diesen Unterschied zwischen Kindern mit Deutsch als Erst- und Zweitsprache nicht
mehr; beide Gruppen verstehen und verarbeiten das Passiv gleich gut und schnell.
Kinder, die erst im Schulalter beginnen, Deutsch zu erwerben, erwerben natürlich
auch das Passiv erst in dieser Zeit, sodass hier eher Verstehens-Schwierigkeiten
zu erwarten sind. Wegener (1998) zeigt jedoch in einer Fallstudie mit sechs
Grundschulkindern, die Deutsch als Zweitsprache erwerben, dass diese das *werden*-Passiv schon nach ein bis zwei Jahren Deutschkontakt problemlos verstehen.
Ergebnisse aus einer Studie von Siegmund (2022) in vierten Klassen bestätigen, dass es Kindern am Ende der Grundschulzeit keine Schwierigkeiten mehr
bereitet, Passivsätze zu verstehen. Er erhebt das Passivverständnis von Viertkläss-
ler:innen[25], darunter sowohl Kinder mit Deutsch als Erst- als auch mit Deutsch als
Zweitsprache, mit einem rezeptiven Passivtest (nach TROG-D, vgl. Fox-Boyer,
2016) und erhält über 90 % korrekte Antworten (vgl. Siegmund, 2022: 188).
In Einzelfallanalysen wird dabei deutlich, dass auch zwei elfjährige Kinder, die

---

[24] Agent-first-Strategie: Die erste Nominalphrase im Satz wird als Agens (bzw. Subjekt)
interpretiert.

[25] Daten aus dem Prätest einer Interventionsstudie (vgl. Siegmund 2022).

zum Zeitpunkt der Erhebung erst seit ca. einem Jahr Deutsch als Zweitsprache erwerben, das *werden*-Passiv bereits verstehen (ebd.: 244; 250).

4.2.2 Elizitierte Produktion

Mit dem Grammatiktest ESGRAF 4–8 für 4- bis 8-jährige Kinder überprüfen Motsch und Rietz (2019), ob Kinder in der Lage sind, korrekte Sätze mit dem *werden*-Passiv zu produzieren. Im Passiv-Subtest formuliert der:die Testleiter:in zunächst selbst ein Beispiel-Item im Passiv, bevor er:sie das Kind in fünf passiventlockenden Items dazu auffordert, eine Frage wie „*Jetzt schau hier, was wird hier mit dem* **Elefanten** *gemacht?*" zu beantworten (ebd.: 30). Motsch und Rietz (2019) berichten, dass es in ihren Untersuchungen „[i]n der Altersgruppe der 7;0–8;5-jährigen Schüler […] nur 6 % [gelang], nach einem Beispielsatz ohne Hilfestellung fünf Passivsätze zu bilden; in der Gruppe der 8;6–8;11-Jährigen waren es dann 16 %." (ebd.: 21). Siegmund (2022) fordert über 100 Viertklässler:innen in einem Paper–Pencil-Test im Klassenverband dazu auf, nach einer gemeinsamen Übung Passivsätze schriftlich zu produzieren. Schreibanlass sind kleine Bilder (vier Items: s. Abb. 6), und Aktivsätze, die die Schüler:innen umformen sollen (sechs Items: s. Abb. 7). Pro Item sind zwei Punkte erreichbar: Einer für einen erkennbaren Versuch, ein *werden*-Passiv zu bilden und ein weiterer für die korrekte Bildung von Auxiliar und Partizip inkl. korrekter Abtrennung der Verbpartikel (z. B. Item *anzünden, anlassen*, vgl. ebd.: 142 f.). Im Durchschnitt erreichen die Schüler:innen dabei 82 % der möglichen Punktzahl (vgl. ebd.: 189). Während die jüngeren Schüler:innen bei Motsch und Rietz (2019) hier noch größere Schwierigkeiten hatten, sind die zehnjährigen Kinder bei Siegmund (2022) in der Lage, das *werden*-Passiv nach einem Beispiel-Item bzw. einer gemeinsamen Übung weitestgehend korrekt zu produzieren; dabei spielt das jeweilige Medium (mündliche vs. schriftliche Produktion) möglicherweise auch eine Rolle (Abb. 6 und Abb. 7).

Ein etwas freieres Verfahren der mündlichen Elizitation des *werden*-Passivs ohne Beispiel-Item verwendet Schneitz (2015) in einer Stichprobe von 22 Grundschüler:innen (6;8–9;8 Jahre), die Deutsch seit der KiTa als Zweitsprache erwerben. Ihre Proband:innen nahmen sowohl zum Zeitpunkt der Testung als auch bereits seit dem KiTa-Alter an einer Sprachfördermaßnahme teil. In der Testung zeigt Schneitz den Kindern in insgesamt sechs Items Fotos einer Stoffkatze und fordert sie mit der Frage *Was passiert hier mit Mimi?* auf, über die Bilder zu sprechen. Nur drei von 22 Kindern verwenden daraufhin in keinem Item einen Passivsatz; zehn Kinder antworten sogar in fünf von sechs Items mit einem Passivsatz (vgl. ebd.: 230). Zu einem anderen Ergebnis kommt Haberzettl (1998), die versucht, 15 Erstklässler:innen mit Deutsch als Erstsprache in halbstündigen

Abb. 6 Beispiel-Item im Passiv-Test in Siegmund (2022). (Bild: Derya Dinçer)

Was passiert mit dem Apfel? (waschen)

Roberts Nachmittag

Was passiert mit den Dingen? Kannst du das sagen, ohne Robert zu erwähnen?
Schreibe eine kurze Antwort unter jede Frage.

<u>Robert soll in deiner Antwort nicht vorkommen!</u>

Roberts Nachmittag	
Robert kommt aus der Schule nach Hause. Er wirft seinen Rucksack in die Ecke.	Was passiert mit dem Rucksack? (werfen)

Abb. 7 Beispiel-Item aus dem Passiv-Test in Siegmund (2022).(Bild: gustavorezende)

Einzel-Interviews mithilfe von Bilder-Szenen aus W. Buschs *Max und Moritz* und passiv-elizitierenden Fragen wie *Was geschieht mit dem Schneider/mit den Hühnern?* Sätze mit *werden*-Passiv zu entlocken (wiederum ohne Beispiel-Item). Je nach Kontext antwortet nur ein Fünftel bis ein Drittel der Kinder mit einem Passivsatz (vgl. ebd.: 136 f.), die Erstklässler:innen scheinen andere Konstruktionen zu bevorzugen.

4.2.3   Freie und durch Aufgaben gelenkte Produktion

Die Vorliebe jüngerer Kinder, „Sachverhalte gleichsam um einen agentischen Dreh- und Angelpunkt zu konzeptualisieren" (ebd.: 132) und deshalb das Passiv eher zu vermeiden, wird in Haberzettls Untersuchung insb. an den Kinderäußerungen zu Beginn des Interviews deutlich. Hier sprechen die Kinder zunächst frei über die gezeigten Bilder (ohne Passiv-elizitierende Fragen der Interviewerin). Hier verwenden je nach Szene nur ein bis max. zwei von 15 Kindern spontan ein Passiv, um die abgebildeten Vorgänge zu beschreiben (vgl. ebd.: 132 f.). Eine solche ‚Unterrepräsentation' des Passivs gegenüber dem Aktiv stellt auch Rickheit (1975) fest. In seiner Untersuchung „Zur Entwicklung der Syntax im Grundschulalter" findet Rickheit (1975) in 2400 relativ freien mündlichen Redetexten von sechs- bis zehnjährigen Kindern auf allen untersuchten Altersstufen weniger als 1 % Passivsätze (*werden-* und *sein*-Passiv, vgl. ebd.: 136 ff.). Dabei verwenden die Kinder das Passiv in erzählenden Textsorten (Lustige Geschichte, Tiergeschichte und Erlebniserzählung) noch deutlich seltener (zwischen 0.47 % und 0.53 %) als in den beiden Textsorten Beschreibung (0.90 %) und Unfallbericht (0.97 %). In den Beschreibungen dominiert dabei das *sein*-Passiv: Hier nutzen manche Kinder das Zustandspassiv, um die äußere Beschaffenheit von Handpuppen zu beschreiben. Im Unfallbericht kommt dagegen eher das *werden*-Passiv vor, insb. bei der Beschreibung des Unfallgeschehens und seiner Folgen (ebd.: 141).

Nicht nur beim (mündlichen) Erzählen, Beschreiben und Berichten unter kontrollierten Bedingungen wie bei Rickheit (1975), sondern auch in der Unterrichtskommunikation scheinen Grundschüler:innen das Passiv eher zu vermeiden: Hövelbrinks (2014) untersucht anhand von Unterrichtsvideos von jeweils drei Unterrichtsstunden des naturwissenschaftlichen Sachunterrichts in zwei Klassen an zwei verschiedenen Schulen, wie häufig Erstklässler:innen verschiedene bildungssprachliche Mittel verwenden. Das *werden*-Passiv gebrauchen die Schüler:innen in Hövelbrinks' Studie sehr selten: In 5082 Äußerungen von Schüler:innen kommt es insgesamt nur sechs Mal vor, davon fünf Mal in jener Klasse, in der 74 % der Schüler:innen Deutsch als Erstsprache sprachen und nur ein einziges Mal in der Klasse, in der alle Kinder Deutsch als Zweitsprache sprachen. Auch Wegener (1998) findet in einem mündlichen Korpus aus über 65 h Sprache von sechs Grundschulkindern, die Deutsch als Zweitsprache erwerben, und die das Passiv alle nach ein bis zwei Jahren Deutschkontakt verstehen (s. o.) nur 32 spontan geäußerte *werden*-Passivsätze (ebd.: 149).

Häufiger scheinen Grundschüler:innen das Passiv dagegen in geschriebenen Texten zu verwenden. Das legt zumindest unsere Auswertung des von Augst et al. (2007) veröffentlichten Korpus' nahe (s. Tab. 9 und 10). Für dieses Korpus schrieben 39 Grundschüler:innen (alle L1 Deutsch, vgl. Augst et al., 2007: 38) zu drei Messzeitpunkten (in Klasse 2, 3 und 4) jeweils fünf Texte unterschiedlicher Genres (erzählend, berichtend, instruierend, beschreibend, argumentativ). Keine der fünf Schreibaufgaben enthält ein *werden*-Passiv (vgl. Augst et al., 2007). Insgesamt besteht das Korpus aus 585 Texten; pro Klassenstufe liegen 195 Texte vor und jeder Textsorte sind 117 Texte zuzurechnen. Damit erlaubt das Korpus eine systematische Analyse der spontanen Verwendung des *werden*-Passivs durch Grundschüler:innen, die Deutsch als Erstsprache sprechen, und lässt sogar Schlüsse auf die Entwicklung des Passivgebrauchs im Verlauf der Grundschulzeit zu. Bereits beim ersten Messzeitpunkt in der zweiten Klasse verwendet die Mehrheit der Kinder mindestens in einem der fünf Texte ein *werden*-Passiv und nur zwei Schüler:innen verwenden zu keinem Zeitpunkt ein Passiv (s. Tab. 9). Der Anteil der Texte, in denen mindestens ein *werden*-Passiv vorkommt, nimmt dabei im Lauf der Zeit stetig zu (s. Tab. 10): Während das Passiv in Klasse 2 nur in etwas mehr als einem Achtel der Texte vorkommt, enthält in Klasse 4 fast ein Viertel aller Texte mindestens ein Passiv (s. Tab. 10). Relativ häufig kommt das Passiv dabei in den argumentativen und den instruierenden Texten vor. Seltener verwenden es die Schüler:innen in den berichtenden und erzählenden und äußerst selten (und nur in der 2. Klasse) in den beschreibenden Texten.

Dass Grundschüler:innen das Passiv beim Schreiben durchaus verwenden, beobachtet auch Fornol (2020). Sie untersucht anhand von 474 Texten von insgesamt 236 Kindern aus 18 Klassen zu 20 verschiedenen Sachunterrichtsthemen, wie häufig Grundschüler:innen verschiedene bildungssprachliche Mittel verwenden. Dabei vergleicht sie zwei Altersgruppen (die jüngere ist beim ersten Messzeitpunkt im Durchschnitt 8;7 Jahre alt, die ältere 9;6). Die überwiegende Mehrheit der Kinder beider Gruppen wächst einsprachig mit der Erstsprache Deutsch auf (81 % bzw. 78,9 %, vgl. ebd.: 201). In den Texten beider Gruppen

Tab. 9 Zahl der Kinder, die das *werden*-Passiv im Korpus von Augst et al. (2007) mindestens einmal verwenden

Zahl der Kinder, die Passiv verwenden		prozentualer Anteil
erstmals 2. Klasse	23	59 %
erstmals 3. Klasse	8	21 %
erstmals 4. Klasse	6	15 %
Σ	37	95 %
kein Passiv	2	5 %
Gesamtzahl der Kinder	39	100 %

Tab. 10 Anzahl der Texte im Korpus von Augst et al. (2007), die mind. 1 *werden*-Passiv enthalten, angegeben sind absolute (abs.) und relative (rel.) Häufigkeiten (H.) jeweils für die fünf Genres und die drei Messzeitpunkte (2./3./4. Klasse) sowie gesamt

	erzählend (E)	berichtend (BR)	instruierend (I)	beschreibend (BS)	argumentativ (A)	Abs. H	Rel. H
2. Klasse	0	1	7	2	16	26	13 %
3. Klasse	5	5	13	0	16	39	20 %
4. Klasse	3	11	19	0	14	47	24 %
Abs. H	8	17	39	2	46	112	19 %
Rel. H	7 %	15 %	33 %	2 %	39 %		

findet Fornol (2020) grundsätzlich alle gesuchten bildungssprachlichen Sprachstrukturen, so auch Passiv-Konstruktionen (vgl. ebd.: 248; 245). Sie unterscheidet dabei in ihrer Frequenzanalyse nicht zwischen *werden-* und *sein*-Passiv, die sie gleichermaßen zählt (vgl. ebd.: 212). Durchschnittlich kommen in den Texten der jüngeren Teilstichprobe 0,83 Passiv-Konstruktionen pro Text vor (ebd.: 228). Die Kinder der älteren Teilstichprobe verwenden dagegen im Mittel sogar 1,34 Passiv-Konstruktionen pro Text (ebd.: 237). Die Verwendung des Passivs durch die Schüler:innen weist dabei eine relativ hohe Varianz auf (vgl. ebd.: 232, 240). Vermutlich beeinflussen neben dem Alter noch weitere Variablen den Gebrauch des Passivs, u. a. könnte auch das jeweilige Thema hier eine Rolle spielen (vgl. dazu auch Fornol, 2020: 257; s. u.).

Möglicherweise haben auch die bildungssprachlichen, konzeptionell schriftsprachlichen Kompetenzen der Kinder im Deutschen einen Einfluss darauf, ob sie das Passiv verwenden oder nicht.[26] Hinweise darauf findet Fornol (2020) in einer genaueren, qualitativen Analyse einer Teilstichprobe von 28 Texten von Drittklässler:innen zum Thema Verdauung (ebd.: 262 ff.). In 25 der 28 Texte kommt mindestens einmal ein Passiv vor. Die Texte der drei Kinder, die hier kein Passiv verwenden, enthalten auch insgesamt eher wenige andere bildungssprachliche Mittel (vgl. ebd.: 290). Vielleicht sind so auch die Ergebnisse einer kleinen Studie von Dollnick (2000, im Folgenden nach Eckhardt, 2008: 88) zu erklären. Sie untersucht, wie häufig Sechstklässler:innen in einem Abschlusstest zu einer Unterrichtseinheit (UE) im Fach Biologie über das Thema *Verdauung* das *werden*-Passiv verwenden. Insgesamt untersucht sie Texte von 15 Schüler:innen, davon

---

[26] Vgl. hierzu z. B. die Studien von Berendes et al, (2013a,), Heppt und Stanat (2020), Volodina et al. (2020), die bildungssprachliche Kompetenzen von Kindern in Abhängigkeit von soziodemographischen Merkmalen und/oder Sprachkompetenzen im Deutschen untersuchen, allerdings nicht (gesondert) das Passiv im Blick haben.

zwölf mit Deutsch als Zweit- und drei mit Deutsch als Erstsprache. Obwohl in der UE vierzehn schriftliche Passivkonstruktionen vorkommen, bilden nur vier von 15 Schüler:innen eine korrekte Passivkonstruktion, zwei davon mit Deutsch als L1. Die anderen vermeiden das Passiv entweder ganz oder machen Fehler bei seiner Bildung. Ähnliches beobachtet Haberzettl (2009). Sie untersucht 70 Texte von Schüler:innen zwischen 12 und 18 Jahren, die Deutsch als Zweitsprache erwerben und an einem Förderprogramm teilnehmen. In argumentativen Texten positionieren sich die Schüler:innen für oder gegen ein Handy-Verbot an ihrer Schule (Textsorte: lineare Erörterung), wobei in der Schreibaufgabe ein Passivsatz vorkommt (*In deiner Schule sollen Handys in Zukunft verboten werden*). In den Texten sei das Passiv jedoch „kaum belegt" und werde „auch nicht immer beherrscht" (Haberzettl, 2009: 90), genauere Zahlen nennt die Autorin leider nicht. Auffällig ist dieser Befund allemal – besonders im Vergleich mit unseren Analysen des Korpus' von Augst et al. (2007), in dem das *werden*-Passiv bereits ab der zweiten Klasse in 39 % der argumentierenden Texte vorkommt (s. Tab. 10).

Sowohl Dollnick (2000) als auch Haberzettl (2009) untersuchen Schreibprodukte von älteren Schüler:innen als Fornol (2020) und Augst et al. (2007). Das höhere Alter ist aber sehr wahrscheinlich nicht der Grund für den geringen Passivgebrauch, denn ältere Schüler:innen verwenden durchaus das *werden*-Passiv in geschriebener Sprache, wie Ricart Brede (2020) bei der Analyse von 332 Versuchsprotokollen von Achtklässler:innen aus dem Biologieunterricht feststellt: „Das Passivvorkommen liegt in den Protokollen zu beiden Versuchen durchschnittlich bei 15 %" (ebd.: 185) aller Verbalphrasen. In differenziellen Analysen findet die Autorin dabei grundsätzlich keinen Unterschied im Gebrauch von Passivkonstruktionen zwischen Schüler:innen mit Deutsch als Erst- oder als Zweitsprache (ebd.: 190)[27].

---

[27] Eine genauere Untersuchung der Gruppe jener Schüler:innen, die Deutsch als Zweitsprache erwerben, lässt Ricart Brede (2020) jedoch vermuten, dass Schüler:innen, „die aus ihrer L1 lediglich ein synthetisches Passiv kennen" (ebd.: 191) und kein analytisches (z. B.: L1 Türkisch), beim Passiverwerb vor einer zusätzlichen Herausforderung stehen und deshalb möglicherweise seltener das Passiv verwenden. Dagegen sprechen jedoch die Ergebnisse von Bayram et al. (2019), die den Passivgebrauch von Jugendlichen untersuchen, die Deutsch als Erst- und Türkisch als Zweitsprache sprechen. Die Passiv-Elizitation erfolgt hier mit Bild-Sequenzen und Fragen (*Was passiert mit …*). Im Vergleich mit einer Kontrollgruppe von Kindern/Jugendlichen mit L1 Deutsch stellen sie keine Unterschiede in der Verwendungshäufigkeit des Passivs fest, wenngleich die Varianz größer ist (ebd.: 929). Deutlich häufiger als die ein- und mehrsprachigen deutschsprachigen Kinder/Jugendlichen verwenden dagegen eine weitere Kontrollgruppe aus einsprachig türkischsprachigen Kindern/Jugendlichen Passivkonstruktionen in derselben Aufgabe (vgl. ebd.). Die Ergebnisse von Eye-Tracking-Studien zum Passivverständnis im Deutschen von Grundschulkindern (Vergleich zwischen

Interessant sind vor diesem Hintergrund die Ergebnisse von Siegmund (2022). Er führt Viertklässler:innen im Prätest einer Interventionsstudie (s. u.) einen Versuch zur Volumenminderung beim Mischen von Erbsen und Zucker vor und fordert sie danach auf, kleine Versuchsbeschreibungen zu verfassen. Obwohl die Schreibaufgabe ein *werden*-Passiv enthält und die Schüler:innen einen Wortspeicher (u. a. mit Verben) sowie farbige Bilder von dem vorgeführten Versuch als Hilfestellung erhalten, verwenden nur zehn von n = 100 Kindern das *werden*-Passiv in ihrer Versuchsbeschreibung; insgesamt stehen in allen Versuchsbeschreibungen nur 0,99 % der verwendeten finiten Verben im Passiv. Dabei sind die Kinder der Stichprobe durchaus in der Lage das Passiv zu verstehen und zu produzieren, wie die oben berichteten Testergebnisse zeigen (s. o.). Den seltenen Passiv-Äußerungen (s. 4.1) stehen deutlich häufigere Aktivkonstruktionen gegenüber, auf 23 % der finiten Verben entfällt die Verwendung von *du*, *ich*, *wir*, oder selten *ihr* als Subjekt (s. 4.2, 4.3), auch das häufig als Passiversatzkonstruktion bezeichnete *man* als Subjekt nutzen die Kinder bei 24 % der finiten Verben (s. 4.4). Der für die Beschreibung von Versuchen charakteristische ,unpersönliche Blick' (vgl. Ricart Brede, 2020: 184) scheint bei manchen Kindern so noch nicht ausgebildet zu sein. Andere beschreiben und erklären durchaus unpersönlich, nutzen dafür aber deutlich häufiger aktive *man*-Sätze (s. 4.4) als das *werden*-Passiv.

(4.1) In 3 Messgefäße werden 200 ml Erbsen geschüttet. (Ci54)[28]

(4.2) Dann schüttest du 200 ml Erbsen in den anderen Behälter mit 200 ml Erbsen. (Ao28)

(4.3) Als wir dann damit fertig waren, leerten wir die 200 ml Zucker und die 200 ml Erbsen, die noch übrig waren, zusammen. (Ao26)

(4.4) Man muss jetzt ein bisschen klopfen. (Bi29)

4.3 Möglichkeiten und Grenzen einer Intervention zum Passivgebrauch

In der vierten Klasse beherrschen Kinder mit Deutsch als Erst- und Zweitsprache das Passiv bereits rezeptiv und produktiv (vgl. z. B. Cristante, 2016;

---

1. und 4. Klasse und zwischen L1 Deutsch sowie L1 Türkisch) zeigen darüber hinaus, dass anfängliche Unterschiede in der Verarbeitung des Passivs zwischen Kindern mit Deutsch als Erstsprache und Kindern mit Deutsch als Zweitsprache bei Erstklässler:innen schon in der vierten Klasse nicht mehr vorhanden sind (vgl. Cristante 2016; Cristante & Schimke 2018).

[28] Die Beispiele stammen aus dem Prätest der Interventionsstudie von Siegmund (2022) und wurden orthographisch und z. T. grammatisch normalisiert (vgl. ebd.: 145 ff.).

Schneitz, 2015; Siegmund, 2022) und verwenden es auch abhängig von Genre und Thema (s. Tab. 10; vgl. Fornol, 2020). Gerade in Versuchsbeschreibungen, einem Vorläufer-Genre des Versuchsprotokolls, für das Deagentivierung charakteristisch ist (vgl. Ricart Brede, 2020: 26 ff.), nutzen sie es jedoch nur sehr selten (vgl. Siegmund, 2022). Aus einer integrierten fachlich-sprachlichen didaktischen Perspektive stellt sich die Frage, ob und wie man Schüler:innen im Fachunterricht zeigen kann, *dass* es in naturwissenschaftlichen Versuchsbeschreibungen angemessen ist, sprachlich zu deagentivieren und zu generalisieren und ihnen auch zu zeigen, *wie* man das macht. Das untersucht Siegmund (2022) in einer quasi-experimentellen Interventionsstudie mit Prätest-Posttest-Design und randomisierter Zuweisung auf Klassenebene in Interventions-/ Kontrollbedingung in insgesamt 6 Grundschulklassen an 3 Grundschulen mit mehr als 100 Schüler:innen[29]. Aus sprachlicher Sicht stehen in der eigens entwickelten, sprachbildenden Unterrichtseinheit zum Lösen von Stoffen in Wasser die sprachliche Deagentivierung mittels *werden*-Passiv und *man* sowie die generalisierende Versprachlichung von Wenn-Dann-Beziehungen mithilfe von *wenn*- und Verb-erst-Konditionalsätzen im Fokus, wobei in der Intervention sowohl Strategien der impliziten als auch der stärker expliziten Formfokussierung eingesetzt werden (vgl. Siegmund, 2022: 69 ff.). Unter anderem untersuchen und vergleichen Schüler:innen in dieser Unterrichtseinheit Schreibprodukte einer fiktiven Grundschülerin und eines fiktiven Chemie-Professors unter sprachlichen Gesichtspunkten und denken gemeinsam darüber nach, weshalb der Professor so unpersönlich schreibt (s. 4.5, 4.6)[30].

(4.5) „Er erklärt nur, was passiert im Experiment, weil eigentlich ist ja nicht so wichtig, wie man des macht oder ja genau, wer des macht und so. Eigentlich muss man nur wissen, was in dem Experiment passiert und nicht (…) da muss man eigentlich nicht wissen, wer das war" (S. 119).

(4.6) „Er benutzt Wörter wie *man*, *wird* oder *werden*" (S. 141).

Die Schüler:innen werden in der Intervention dabei nicht explizit zur Nutzung des *werden*-Passivs aufgefordert, das Passiv kommt aber im Input der Unterrichtseinheit stark angereichert vor: Im mündlichen Input verwendet es die Lehrkraft in der

---

[29] Im Durchschnitt waren die Kinder der Interventionsgruppe 10;3 und die Kinder der Kontrollgruppe 10;1 Jahre alt. 50 % der Schüler:innen in der Interventionsgruppe und 38 % der Kinder in der Kontrollgruppe wuchsen mehrsprachig auf (genauer, vgl. Siegmund 2022: 181 ff.).

[30] Diese Schüler:innen-Äußerungen stammen aus einer videographierten Pilotstudie, in der die Unterrichtseinheit entwickelt und optimiert wurde.

Intervention mindestens 31-mal (in 10 Unterrichtsstunden) und im schriftlichen Input begegnet es den Kindern mindestens 74-mal und je nach Differenzierungsangebot sogar bis zu 140-mal (vgl. Siegmund, 2022: 213 ff.). Im Posttest der Intervention schreiben die Kinder dann erneut eine Versuchsbeschreibung für Prof. Oktopus (s. o.), dieses Mal über einen Vorführ-Versuch zur Oberflächenspannung. Das gesamte Korpus aus Prä- und Posttest besteht aus 199 Versuchsbeschreibungen von 107 Schüler:innen. Um einschätzen zu können, ob die Schüler:innen nach der Intervention in ihren Versuchsbeschreibungen verstärkt deagentivieren, wurde für jeden Text ein Deagentivierungsindex berechnet, indem die Summe der Vorkommen von *werden*-Passiv und *man* durch die Anzahl der finiten Verben geteilt wurde[31].

Abb. 8 zeigt den durchschnittlichen Deagentivierungsindex beider Gruppen jeweils im Prä- und Posttest. Die Berechnung von *t*-Tests für unabhängige Stichproben in Prä- und Posttest ergaben für den Prätest keinen signifikanten Unterschied zwischen den Gruppen ($t = $ -1,28, $p = 0.,0$, *Cohen's d* $= $ -0.,6). Im Posttest ist der mittlere Deagentivierungsindex in der Interventionsgruppe dagegen signifikant größer als in der Kontrollgruppe ($t = $ -5.,6, $p < 0,001$, *Cohen's d* $= 1,12$). Wahrscheinlich kann dieser Unterschied im Posttest auf die Intervention zurückgeführt werden, d. h. die Kinder haben in der Unterrichtseinheit gelernt, in ihren Versuchsbeschreibungen (vermehrt) mittels *man* und *werden*-Passiv zu deagentivieren (vgl. Siegmund, 2022: 195 f.).

Ein genauerer Blick auf die Frequenzen von *man* und *werden*-Passiv in den Texten zeigt, dass sich nach der Intervention der Anteil der Kinder, die das *werden*-Passiv in ihren Versuchsbeschreibungen mindestens einmal verwenden, von einem Zehntel auf ein Fünftel deutlich erhöht (s. Tab. 11). Aus Abb. 9 wird jedoch ersichtlich, dass auch nach der Intervention nur sehr wenige Kinder, das Passiv in ihren Texten auch mehrfach verwenden. Der signifikante Unterschied im Deagentivierungsindex zwischen beiden Gruppen im Posttest kommt vielmehr vor allem dadurch zustande, dass hier fast alle Kinder aus der Interventionsgruppe das Indefinitpronomen *man* verwenden, die meisten sogar mehrfach.

Die Intervention war aus sprachbildender Sicht also durchaus erfolgreich. Das verdeutlicht u. a. der hohe Anteil an Deagentivierungsmitteln (*man/werden*-Passiv) im Posttest. Eine Einzelfallanalyse ergibt außerdem, dass die Intervention wahrscheinlich einzelne Kinder auch beim Erwerb des Passivs unterstützen kann (vgl. Siegmund, 2022: 243 ff.): Ein Schüler mit Erstsprache Kurdisch, der seit ca.

---

[31] Zwar wurden so zahlreiche sprachliche Mittel der Deagentivierung nicht beachtet (wie Infinitivkonstruktionen, Partizipialattribute, *ung*-Nominalisierungen, Halbmodalverben oder Konstruktionen von *sich lassen* mit Infinitiv), diese kommen jedoch im gesamten Korpus auch nur sehr selten vor (vgl. Siegmund 2022: 161).

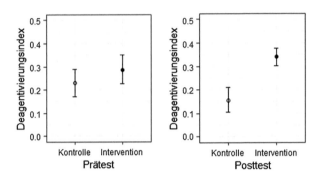

Abb. 8 Durchschnittlicher Deagentivierungsindex in den Versuchsbeschreibungen der beiden Gruppen in Prä- und Posttest: Anzahl von *man* und *werden*-Passiv pro finite Verben, Fehlerbalken: 95 %-Konfidenzintervall (Siegmund, 2022: 195)

Tab. 11 Anteil der Texte im Prof.-Oktopus-Korpus (Versuchsbeschreibungen) in Siegmund (2022), in denen mindestens ein *werden*-Passiv vorkommt

	Interventionsgruppe	Kontrollgruppe	Gesamtgruppe
Prätest	11 %	9 %	10 %
Posttest	21 %	6 %	13 %

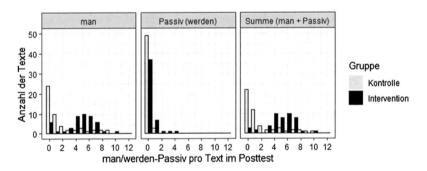

Abb. 9 Vorkommen von *man* und *werden*-Passiv in den Versuchsbeschreibungen beider Gruppen im Posttest: Absolute Häufigkeit der Texte, die eine bestimmte Anzahl (0–12) an sprachlichen Mitteln zur Deagentivierung enthalten (Siegmund, 2022: 194)

einem Jahr Deutsch lernt, erreicht im produktiven Passivtest (s. o.) vor der Intervention nur 10 von 20 Punkten. Er bildet hier zwar bereits erkennbare Passivsätze, tut sich jedoch noch schwer mit der korrekten Bildung der Partizipien (s. 4.7) und verwendet z. T. mehrere Auxiliare (s. 4.8). Nach der mit Passivsätzen angereicherten Unterrichtseinheit erreicht dieser Schüler in der Testwiederholung dann 19 von 20 Punkten. In seinen Versuchsbeschreibungen verwendet er das Passiv jedoch nicht (dafür aber *man* viermal sowohl vor als auch nach der Intervention).

(4.7) Der Apfel wurde gewacht. (Ai15 im Prätest, Siegmund, 2022: 244)

(4.8) Das Buch wurde gelesen sein. (Ai15 im Prätest, Siegmund, 2022: 244)

Darüber hinaus zeigt sich der Erfolg der Intervention in der sehr häufigen Verwendung von Konditionalsätzen durch die Kinder der Interventionsgruppe – sogar den besonders anspruchsvollen, konzeptionell schriftlichen Verb-erst-Konditionalsatz verwenden nach der Intervention 53 % der Kinder, während diese Konstruktion nur in 9 % der Texte aus der Kontrollgruppe vorkommt (vgl. Siegmund, 2022: 198 ff.). Die andere konzeptionell schriftliche Struktur, das *werden*-Passiv, nutzen die meisten Kinder jedoch auch nach der Intervention und dem darin erhaltenen Input nicht. Vielmehr greifen sie in ihren Versuchsbeschreibungen lieber auf die vertrauten *man*-Sätze zurück – obwohl sie das Passiv verstehen und bilden können (s. o., vgl. Siegmund, 2022). Woran könnte es liegen, dass die Mehrheit der Viertklässler:innen das *werden*-Passiv trotz der Intervention in ihren Versuchsbeschreibungen nicht verwendet, während 25 von 28 Drittklässler:innen in kleinen Texten über die Verdauung spontan Passivsätze produzieren (vgl. Fornol 2020: 264)? Hinweise liefert ein Vergleich von Beispielsätzen aus den beiden Korpora:

(4.9) Im Magen wird die Nahrung mit Magensaft vermischt und weiter zerkleinert. (Schüler:innen-Beispiel aus Fornol, 2020: 263, Hervorhebungen entfernt)

(4.10) Legt man aber eine Büroklammer aufs Wasser, schwimmt sie auf dem Wasser. (Bi37 im Posttest, vgl. Siegmund, 2022)

In beiden Fällen nutzen die Schüler:innen Deagentivierungsmittel, um eine Handlung auf verallgemeinernde Art und Weise zu beschreiben. In beiden Fällen gibt es ein typisches Patiens (Nahrung / Büroklammer), das jeweils eine Zustandsänderung erfährt. Weniger Klarheit besteht jedoch in Bezug auf den Verursacher (das Agens): In (4.10) ist das Agens der auf verallgemeinernde, deagentivierende Weise beschriebenen Handlung den Schüler:innen bekannt, denn sie haben eben noch beobachtet, wie der Versuchsleiter vor ihren Augen diese Handlung ausgeführt hat und sie können in dem Kontext auf einen allgemeingültigen Handlungsträger *(man)* abstrahieren. In (4.9) liegt der Fall dagegen etwas anders: Hier ist das Agens (u. a. Muskeln und Drüsen, die vom enterischen Nervensystem unter Einfluss von Parasympathikus und Sympathikus gesteuert werden) weniger prototypisch und den Schüler:innen auch nicht bekannt. Den Verursacher der Handlung mithilfe des Passivs auszublenden, stellt hier auch eine Form der Komplexitätsreduktion dar. Es ist davon auszugehen, dass die Drittklässler:innen auch in der vorangegangenen Unterrichtseinheit zum Thema Verdauung ähnliche komplexitätsreduzierende Passiv-Sätze gehört und gelesen haben und ihnen bei der Beschreibung des Vorgangs in Sätzen wie in (4.9) kognitiv-konzeptuell gar kein Agens zur Verfügung steht. Ähnliches beobachtet Maak (2017) in der Unterrichtskommunikation im Biologieunterricht in der Sekundarstufe zum Thema Blutkreislauf: „Das Passiv ermöglicht also unter Beibehaltung der fachlichen Korrektheit eine Fokussierung auf andere inhaltliche Aspekte als den Verursacher und dient hier der Reduzierung sprachlicher und inhaltlicher Komplexität" (ebd.: 105). Während *man* in der Versuchsbeschreibung ein funktional völlig angemessenes Mittel zur sprachlichen Deagentivierung darstellt (s. 4.10), das hier austauschbar mit dem Passiv verwendet werden kann (s. 4.11), steht *man* in (4.9) nicht als Alternativ-Konstruktion zur Verfügung (s. 4.12). Das Indefinitpronomen *man* verweist auf eine Person bzw. auf eine Personengruppe. Verursacher der Handlung bzw. des Vorgangs in (4.9) bzw. (4.12) ist aber keine Person, sondern ein komplexes Zusammenspiel von Organen und biochemischen Prozessen.

(4.11)   Wird eine Büroklammer aufs Wasser gelegt, schwimmt sie auf dem Wasser.

(4.12)   ?Im Magen vermischt man die Nahrung mit Magensaft und zerkleinert sie weiter.

Offensichtlich verwenden Grundschüler:innen *man* eher dann, wenn sie die Verursachung der Handlung konzeptuell einer Person zuschreiben können. Das Passiv nutzen sie dagegen bereitwillig, wenn ihnen das Agens einer Handlung konzeptuell nicht zur Verfügung steht bzw. wenn das Agens weniger prototypisch ist. Möglicherweise nehmen solche Kontexte sogar eine Steigbügelfunktion auf dem Weg zum routinierten Passivgebrauch ein. Das verdeutlicht, dass Passiv- und Aktivsatz funktional nicht einfach austauschbar sind (s. Kap. 2), und dass auch die sog. Passiversatzformen (hier: *man*) eine eigenständige Berechtigung haben. Das alltagssprachliche *man* erlaubt es den Kindern, nach der Intervention bildungssprachliche Versuchsbeschreibungen zu verfassen.

4.4 Passiverwerb und Passivgebrauch: Kurzes Fazit

Der Erwerb des Passivs ist beim Schuleintritt in der Regel noch nicht abgeschlossen, die meisten Kinder verstehen jedoch das Passiv bereits in der ersten Klasse. Etwas größere Schwierigkeiten haben sie dabei mit solchen Passivsätzen, in denen ein Agens realisiert ist – angesichts der Tatsache, dass diese Form auch von Sprecher:innen insgesamt deutlich seltener genutzt wird, ist das aber nicht weiter überraschend. Im Verlauf der Grundschulzeit werden Schüler:innen zunehmend sicherer im Umgang mit dem Passiv, viele beginnen, es auch selbst zu verwenden. Zu beobachten sind dabei jedoch Unterschiede zwischen Textsorten und Genres, was auf ein sich herausbildendes Genre- oder Registerwissen schließen lässt – in manchen passivtypischen Kontexten (z. B. Versuchsbeschreibung) verwenden Grundschüler:innen anders als Achtklässler:innen jedoch noch kaum das Passiv. Widersprüchliche Befunde legen außerdem nahe, dass nicht alle Schüler:innen im Umgang mit dem Passiv vertraut sind. Allgemeine (bildungs-)sprachliche Kompetenzen oder soziodemographische Variablen könnten einen Einfluss darauf haben, dass manche Schüler:innen noch in der Sekundarstufe das Passiv kaum verwenden oder bei seiner Bildung Fehler machen. Hier ist die Schule (und insbesondere auch der Deutschunterricht) in der Verantwortung, hinreichende sprachdidaktische Angebote zu unterbreiten, um allen Schüler:innen einen routinierten Umgang mit dem Passiv zu ermöglichen.

5 Implikationen für die Schule

Vor dem Hintergrund der in Kap. 4 dargestellten Erwerbserkenntnisse ist zu empfehlen, den Passiv-Erwerb bereits ab dem Grundschulalter gezielt zu unterstützen. Geeignet scheinen hierfür sinnvoll ineinandergreifende Strategien impliziter und expliziter Formfokussierung (vgl. Madlener-Charpentier & Behrens, 2022), also z. B. einerseits eine absichtliche und funktional angemessene Input-Anreicherung (z. B. in Schulbuchtexten) und andererseits auch Phasen der Reflexion über Form und Funktion des Passivs. Letztere könnten z. B. am Übergang von der Grund- in die Sekundarstufe angesiedelt sein (Kl. 4/5), wenn alle Schüler:innen Passivsätze nicht nur verstehen, sondern auch bilden können. Inhaltlich würden sich dafür z. B. die Textsorte Versuchsbeschreibung als Vorläufer des anzubahnenden Versuchsprotokolls, aber auch Sachtexte z. B. zum Themenkomplex Nahrung (Sachunterricht/Biologie) anbieten. Ältere Schüler:innen (Kl. 7/8) könnten dann (z. B. am Thema Blutkreislauf) die spannende Entdeckung machen, dass das Passiv dabei helfen kann, Komplexität zu reduzieren, weil es erlaubt, nur den jeweiligen Prozess in den Blick zu nehmen, ohne zugleich den Urheber oder die Ursache mitdenken zu müssen.

Dieser skizzierte Vorschlag entspricht jedoch keinesfalls den aktuellen Vorgaben und Vorschlägen, die die Bildungspläne und Schulbücher dem Deutschunterricht machen (s. Kap. 3). Die Bildungspläne müssten bzgl. des Passivs im Kompetenzbereich *Sprache und Sprachgebrauch untersuchen* deutlich differenzierter gestaltet werden, sowohl in Bezug auf die Komplexität des Passivs und seiner Verwendung als auch in Bezug auf verschiedene Niveaustufen und ein sinnvolles Spiralcurriculum. Dabei sollte der Deutschunterricht den Schulterschluss mit dem Fachunterricht suchen, denn auch wenn Sprachbildung die Aufgabe aller Fächer ist, so kommt dem Deutschunterricht und den Deutschlehrkräften hier doch eine besondere Rolle zu: Der Deutschunterricht sollte das sprachbildende Fundament legen, auf dem der Fachunterricht aufbauen kann oder er sollte zumindest die Sprachbildung im Fachunterricht unterstützend flankieren. Das bedeutet, dass der Deutschunterricht den Ausbau von Sprachgefühl und Sprachwissen dann stützen sollte, wenn spezifische Sprachkompetenzen im Fachunterricht benötigt werden. Das Passiv in Klasse 8 zu thematisieren, kommt hier deutlich zu spät (s. Abschn. 3.3 und 4.2) – das Fach Deutsch hinkt damit den sprachlichen Bedarfen der Schüler:innen hinterher und kann somit nicht rechtzeitig zur Sprachbildung beitragen. Vielmehr müsste das Passiv im Deutschunterricht schon deutlich früher fokussiert werden (ab Klasse 3/4). Mit Blick auf die linguistischen Grundlagen (s. Kap. 2) sollte das Passiv dabei von Anfang an in seiner typischen Funktion erlebt werden, beim Schreiben bzw. Sprechen eine täterabgewandte (agens-dezentrierte) Perspektive einzunehmen. Als Normalfall sollten Passiv-Konstruktionen untersucht werden, die das Agens ausblenden. Um die Agens-Phrase erweiterte Passivsätze, die wie in Kap. 2 ausgeführt, eher den Sonderfall darstellen, müssen eigens motiviert werden. Auch sog. Passiversatzformen (z. B. *man*) sollten von Beginn an berücksichtigt und dann auch in ihrer Funktion mit dem Passiv verglichen werden.

Darüber hinaus sollte dann auch in Schulbüchern für den Deutschunterricht tatsächlich umgesetzt werden, was die Bildungspläne vorsehen. Die Untersuchung der täterabgewandten Perspektive sollte es nicht nur in den Bildungsplan, sondern auch in alle zugelassenen Schulbücher schaffen (s. Abschn. 3.2 und 3.3). Hierbei könnte eventuell auch die Scheinwerfer-Metapher (s. Abb. 3a und 3b) Anwendung finden, um durch die Perspektiven-Visualisierung zu einem tieferen Verständnis der Arbeitsteilung der beiden verbalen Genera zu gelangen, wobei insbesondere die Funktion des Passivs, des markierten Genus Verbi, herauszustellen ist.

Literatur

Sekundärliteratur

Abbot-Smith, K. & Behrens, H. (2006). How known constructions influence the acquisition of other constructions: The German passive and future constructions. *Cognitive Science, 30(VI)*. https://doi.org/10.1207/s15516709cog0000_61.

Ágel, V. (1996). Was gibt's neues übers Passiv? Funktion, Typen, Bildung. *Deutschunterricht für Ungarn, 11/II*, 76–87.

Ahrenholz, B. (2017). Sprache in der Wissensvermittlung und Wissensaneignung im schulischen Fachunterricht. Empirische Einblicke. In B. Lütke, I. Petersen, & T. Tajmel (Hrsg.), *Fachintegrierte Sprachbildung: Forschung, Theoriebildung und Konzepte für die Unterrichtspraxis* (S. 1–32). De Gruyter De Gruyter Mouton. https://doi.org/10.1515/978311 0404166-001

Ahrenholz, B. & Maak, D. (2012). Sprachliche Anforderungen im Fachunterricht. Eine Skizze mit Beispielanalysen zum Passivgebrauch in Biologie. In H. Roll & A. Schilling (Hrsg.), *Mehrsprachiges Handeln im Fokus von Linguistik und Didaktik* (S.135–152). Universitätsverlag Rhein-Ruhr.

Armon-Lotem, S. et al. (2016). A large-scale cross-linguistic investigation of the acquisition of passive. *Language Acquisition, 23(I)*, 27–56. https://doi.org/10.1080/10489223.2015. 1047095.

Augst, G., Disselhoff, K., Henrich, A., Pohl, T., & Völzing, P.-L. (2007). *Text—Sorten—Kompetenz. Eine echte Longitudinalstudie zur Entwicklung der Textkompetenz im Grundschulalter*. Lang. https://www.uni-koeln.de/phil-fak/deutsch/pohl/tsk/default.htm.

Bayram, F. et al. (2019). Differences in Use without Deficiencies in Competence: Passives in the Turkish and German of Turkish Heritage Speakers in Germany. *International Journal of Bilingual Education and Bilingualism, 22* (8), 919–939. https://doi.org/10.1080/136 70050.2017.1324403.

Berendes, K., Dragon, N., Weinert, S., Heppt, B., & Stanat, P. (2013a). Hürde Bildungssprache? Eine Annäherung an das Konzept „Bildungssprache" unter Einbezug aktueller empirischer Forschungsergebnisse. In A. Redder & S. Weinert (Hrsg.), *Sprachförderung und Sprachdiagnostik: Interdisziplinäre Perspektiven*. Waxmann.

Berendes, K., Vajjala, S., Meurers, D., Bryant, & D. (2013b). *Reading demands in secondary school: A comparison of the linguistic complexity of schoolbook texts (Unveröffentlicher Projektantrag)*. LEAD Graduate School: Eberhard Karls Universität Tübingen.

Berendes, K., et al. (2018). Reading Demands in Secondary School: Does the Linguistic Complexity of Textbooks Increase with Grade Level and the Academic Orientation of the School Track? *Journal of Educational Psychology, 110*(4), 518–543.

Brinker, K. (1971). *Das Passiv im heutigen Deutsch. Form und Funktion*, 2. Hueber/ Düsseldorf: Pädagog. Verlag Schwann.

Bryant, D., Berendes, K., Meurers, D., & Weiß, Z. (2017). Schulbuchtexte der Sekundarstufe auf dem linguistischen Prüfstand. Analyse der bildungs- und fachsprachlichen Komplexität in Abhängigkeit von Schultyp und Jahrgangsstufe. In M. Hennig (Hrsg.), *Linguistische Komplexität—Ein Phantom?* (1. Aufl.) (S. 281–309). Stauffenburg Verlag.

Cristante, V. (2016). *The Processing of Non-Canonical Sentences in Children with German as a First or Second Language and German Adults. Evidence from an Eye-Tracking Study* (Dissertation). WWU Münster.

Cristante, V. & Schimke, S. (2018). Die Verarbeitung von Passivsätzen und OVS-Sätzen im kindlichen L2-Erwerb. In S. Schimke & H. Hopp (Hrsg.), *Sprachverarbeitung im Zweitspracherwerb*. De Gruyter Mouton. https://www.degruyter.com/document/doi/10.1515/9783110456356/html.

Cristante, V. & Schimke, S. (2020). The processing of passive sentences in German: Evidence from an eye-tracking study with seven- and ten-year-olds and adults. *Language, Interaction and Acquisition, 11 (II)*, 163–195. https://doi.org/10.1075/lia.19013.cri.

Czicza, D. & Hennig, M. (2011). Zur Pragmatik und Grammatik der Wissenschaftskommunikation: Ein Modellierungsvorschlag. *Fachsprache, 33 (I)*.

Dittmar, M., Abbot-Smith, K., Lieven, E., & Tomasello, M. (2014). Familiar Verbs Are Not Always Easier Than Novel Verbs: How German Pre-School Children Comprehend Active and Passive Sentences. *Cognitive Science, 38(I)*. https://doi.org/10.1111/cogs.12066.

Dollnick, M. (2000). Fachsprache und Schule. *Grundschule konkret (hrsg. vom Berliner Institut für Lehrerfort- und -weiterbildung und Schulentwicklung), 16*, 36–41.

Dowty, (1991). Thematic proto-roles and argument selection. *Language, 67*, 547–619.

Duden. (2022). *Die Grammatik. Struktur und Verwendung der deutschen Sprache. Satz—Wortgruppe—Wort* (10. Aufl.). Bibliographisches Institut GmbH.

Dudenredaktion. (2016). *Die Grammatik: Unentbehrlich für richtiges Deutsch* (9. Aufl.). Bibliographisches Institut GmbH.

Eckhardt, A. G. (2008). *Sprache als Barriere für den schulischen Erfolg: Potentielle Schwierigkeiten beim Erwerb schulbezogener Sprache für Kinder mit Migrationshintergrund* (1. Aufl.). Waxmann.

Eisenberg, P. (2013). *Der Satz. Grundriss der deutschen Grammatik, 2* (4. Aufl.). J.B. Metzler.

Eroms, H.-W. (1986). *Funktionale Satzperspektive*. Niemeyer.

Feilke, H. (2012). Bildungssprachliche Kompetenzen—Fördern und entwickeln. *Praxis Deutsch, 233*, 4–13.

Fornol, S. L. (2020). *Bildungssprachliche Mittel. Eine Analyse von Schülertexten aus dem Sachunterricht der Primarstufe* (1. Aufl.). Verlag Julius Klinkhardt. Verfügbar unter https://doi.org/10.25656/01:18413

Fox-Boyer, A. (2016). *TROG-D – Test zur Überprüfung des Grammatikverständnisses* (7. Aufl.). Schulz-Kirchner Verlag.

Grimm, H., Schöler, H., Wintermantel, M., & Grimm, H. (1975). *Zur Entwicklung sprachlicher Strukturformen bei Kindern: Empirische Untersuchungen zum Erwerb und zur Erfassung sprachlicher Wahrnehmungs- und Produktionsstrategien bei Drei- bis Achtjährigen*. Beltz.

Gogolin, I., & Lange, I. (2011). Bildungssprache und Durchgängige Sprachbildung. In S. Fürstenau & M. Gomolla (Hrsg.), *Migration und schulischer Wandel: Mehrsprachigkeit* (S. 107–127). VS Verlag für Sozialwissenschaften / Springer Fachmedien.

gustavorezende. (o. J.). *Kinder. (Schulkind/Robert)*. Abgerufen von https://pixabay.com/de/vectors/kinder-zeichnung-m%C3%A4dchen-junge-4267849/ [8.8.2022]

Haberzettl, S. (1998). FHG in der Lernersprache, oder: Gibt es ein diskursfunktionales Strukturierungsprinzip im kindlichen L2-Syntaxerwerb? In H. Wegener (Hrsg.), *Eine zweite Sprache lernen. Empirische Untersuchungen zum Zweitspracherwerb* (S. 117–142). Narr.

Haberzettl, S. (2009). Förderziel: Komplexe Grammatik. *Zeitschrift für Literaturwissenschaft und Linguistik, 39*(153), 80–95.

Helbig, G. & Buscha, J. (2001). *Deutsche Grammatik: Ein Handbuch für den Ausländerunterricht* (1. Dr.). Langenscheidt.

Hennig, M., & Niemann, R. (2013). Unpersönliches Schreiben in der Wissenschaft: Eine Bestandsaufnahme. *Informationen Deutsch als Fremdsprache, 40*(4), 439–455.

Heppt, B. & Stanat, P. (2020). Development of academic language comprehension of German monolinguals and dual language learners. *Contemporary Educational Psychology, 62*. https://doi.org/10.1016/j.cedpsych.2020.101868

Hoffmann, L. (2013). *Deutsche Grammatik. Grundlagen für Lehrerausbildung, Schule, Deutsch als Zweitsprache und Deutsch als Fremdsprache*. Erich Schmidt Verlag.

Hövelbrinks, B. (2014). *Bildungssprachliche Kompetenz von einsprachig und mehrsprachig aufwachsenden Kindern. Eine vergleichende Studie in naturwissenschaftlicher Lernumgebung des ersten Schuljahres*. Beltz Juventa.

Hutz, M. (1997). *Kontrastive Fachtextlinguistik für den fachbezogenen Fremdsprachenunterricht: Fachzeitschriftenartikel der Psychologie im interlingualen Vergleich*. Wissenschaftlicher Verlag Trier.

Köhler, C. (1981). Zum Gebrauch von Modalverben und Passivgefügen in der deutschen Fachsprache der Technik. In W. von Hahn (Hrsg.), *Fachsprachen* (S. 239–261). Wissenschaftliche Buchgesellschaft.

Kresta, R. (1995). *Realisierungsformen der Interpersonalität in vier linguistischen Fachtextsorten des Englischen und des Deutschen*. Lang.

Langacker, R. W. (2004). Grammar as image: The case of voice. In B. Lewandowska-Tomaszczyk & A. Kwiatkowska (Hrsg.), *Imagery in Language: Festschrift in Honour of Professor Ronald W. Langacker* (S. 63–114). Lang.

Leibniz-Institut für Deutsche Sprache. (o. J.). *Semantische Aspekte der Aktiv-Passiv-Opposition*. „Systematische Grammatik". Grammatisches Informationssystem grammis. https://doi.org/10.14618/grammatiksystem.

Maak, D. (2017). „Wo kommt das blut HER"? Sprachliche Beschaffenheit des fachlichen Inputs im Fach Biologie. In B. Ahrenholz, B. Hövelbrinks, & C. Schmellentin (Hrsg.), *Fachunterricht und Sprache in schulischen Lehr-/Lernprozessen* (S. 93–114). Narr Francke Attempto.

Madlener-Charpentier, K. & Behrens, H. (2022). Konstruktion(en) erst- und zweitsprachlichen Wissens: Lernprozesse und Steuerungsoptionen aus gebrauchsbasierter Perspektive. In K. Madlener-Charpentier & G. Pagonis (Hrsg.), *Aufmerksamkeitslenkung und Bewusstmachung in der Sprachvermittlung. Kognitive und didaktische Perspektiven aus Deutsch als Erst-, Zweit- und Fremdsprache* (S. 33–66). Narr Francke Attempto.

Morek, M. & Heller, V. (2012). Bildungssprache – Kommunikative, epistemische, soziale und interaktive Aspekte ihres Gebrauchs. *Zeitschrift für angewandte Linguistik, 57(1)*, 67–101. https://doi.org/10.1515/zfal-2012-0011.

Motsch, H.-J., & Rietz, C. (2019). *ESGRAF 4–8: Grammatiktest für 4- bis 8-jährige Kinder – Manual (2* (aktual). Ernst Reinhardt Verlag.

Musan, R. (2010). *Informationsstruktur*. Universitätsverlag Winter.

Obermayer, A. (2013). *Bildungssprache im grafisch designten Schulbuch: Eine Analyse von Schulbüchern des Heimat- und Sachunterrichts*. Klinkhardt.

Ricart Brede, J. (2020). *Lernersprachliche Texte im Biologieunterricht. Eine Analyse von Versuchsprotokollen von Schülerinnen und Schülern mit Deutsch als Erst- und Zweitsprache.* De Gruyter Mouton. https://doi.org/10.1515/9783110687002.

Rickheit, G. (1975). *Zur Entwicklung der Syntax im Grundschulalter.* Schwann.

Schaner-Wolles, C., Binder, H., & Tamchina, D. (1986). Frühes Leid mit der Leideform: Zum Passiverwerb im Deutschen. *Wiener Linguistische Gazette, 37,* 1–38.

Schneitz, S. (2015). Passiv im kindlichen Zweitspracherwerb—Diagnostik und Förderimplikationen. In H. Klages & G. Pagonis (Hrsg.), *Linguistisch fundierte Sprachförderung und Sprachdidaktik. Grundlagen, Konzepte, Desiderate* (S. 215–236). De Gruyter.

Siegmüller, J., Kauschke, C., van Minnen, S., & Bittner, D. (2011). *Test zum Satzverstehen von Kindern. Eine profilorientierte Diagnostik der Syntax* (1. Aufl.). Elsevier, Urban & Fischer.

Siegmund, B. (2022). *Sprachbildung im naturwissenschaftlichen Sachunterricht. Eine Interventionsstudie zur Wirksamkeit fachintegrierter Sprachbildung nach dem Scaffolding-Ansatz und mit Focus-on-Form-Strategien.* Sprachlich-Literarisches Lernen und Deutschdidaktik.https://doi.org/10.46586/SLLD.253.

Suñer Muñoz, F. (2013). Bildhaftigkeit und Metaphorisierung in der Grammatikvermittlung am Beispiel der Passivkonstruktion. *Zeitschrift für Interkulturellen Fremdsprachenunterricht, 18*(1), 4–20.

Vogel, P. M. (2003). Passiv in deutschsprachigen Chats. Eine Korpusanalyse. *Linguistik online, 15(III),* 141–160. https://doi.org/10.13092/lo.15.819.

Volodina, A., Weinert, S., & Mursin, K. (2020). Development of academic vocabulary across primary school age: Differential growth and influential factors for German monolinguals and language minority learners. *Developmental Psychology, 56 (V).* https://doi.org/10.1037/dev0000910.

Wegener, H. (1998). Das Passiv im DaZ-Erwerb von Grundschulkindern. In H. Wegener (Hrsg.), *Eine zweite Sprache lernen. Empirische Untersuchungen zum Zweitspracherwerb* (S. 143–172). Narr.

Primärliteratur

Bildungspläne

Siehe die von der KMK zur Verfügung gestellte Übersicht über die Bildungspläne / Lehrpläne der Länder: https://www.kmk.org/dokumentation.statistik/rechtsvorschriften.lehrplaene/uebersicht.lehrplaene.html (Stand 01. März 2022)

Schulbücher

Bäuerle, S. et al. (2016) (Hrsg.). *Klartext 5. Sprach-Lesebuch Deutsch.* Differenzierende Ausgabe für Baden-Württemberg. Westermann.

Bäuerle, S. et al. (2016) (Hrsg.). *Klartext 6. Sprach-Lesebuch Deutsch.* Differenzierende Ausgabe für Baden-Württemberg. Westermann.

Bäuerle, S. et al. (2016) (Hrsg.). *Klartext 7. Sprach-Lesebuch Deutsch*. Differenzierende Ausgabe für Baden-Württemberg. Westermann.

Becker-Binder, C. & Fogt, D. (2016) (Hrsg.). *Deutschbuch. Sprach- und Lesebuch*. Differenzierende Ausgabe Baden-Württemberg – Bildungsplan 2016. Band 1: 5. Schuljahr. Berlin: Cornelsen.

Becker-Binder, C. & Fogt, D. (2016) (Hrsg.). *Deutschbuch. Sprach- und Lesebuch*. Differenzierende Ausgabe Baden-Württemberg – Bildungsplan 2016. Band 2: 6. Schuljahr. Cornelsen.

Becker-Binder, C. & Fogt, D. (2017) (Hrsg.). *Deutschbuch. Sprach- und Lesebuch*. Differenzierende Ausgabe Baden-Württemberg – Bildungsplan 2016. Band 3: 7. Schuljahr. Cornelsen.

Diekhans, J. & Fuchs, M. (2016) (Hrsg.). *P.A.U.L. D 5*. Ausgabe Baden-Württemberg. Schöningh.

Diekhans, J. & Fuchs, M. (2016) (Hrsg.). *P.A.U.L. D 6*. Ausgabe Baden-Württemberg. Schöningh.

Diekhans, J. & Fuchs, M. (2020) (Hrsg.). *P.A.U.L. D 7*. Ausgabe Baden-Württemberg. Schöningh.

Fandel, A. & Oppenländer, U. (2015) (Hrsg.). *Deutschzeit. Band 1: 5. Schuljahr*. Cornelsen.

Fandel, A. & Oppenländer, U. (2016) (Hrsg.). *Deutschzeit. Band 2: 6. Schuljahr*. Cornelsen.

Fandel, A. & Oppenländer, U. (2017) (Hrsg.). *Deutschzeit. Band 3: 7. Schuljahr*. Cornelsen.

Mutter, C. & Schurf, B. (2016) (Hrsg.). *Deutschbuch Gymnasium*. Baden-Württemberg – Bildungsplan 2016. Band 1: 5. Schuljahr. Cornelsen.

Mutter, C. & Schurf, B. (2016) (Hrsg.). *Deutschbuch Gymnasium*. Baden-Württemberg – Bildungsplan 2016. Band 2: 6. Schuljahr. Cornelsen.

Mutter, C. & Wagener, A. (2017) (Hrsg.): *Deutschbuch Gymnasium*. Baden-Württemberg – Bildungsplan 2016. Band 3: 7. Schuljahr. Cornelsen.

Radke, F. (2016) (Hrsg.). *P.A.U.L. D 5*. Differenzierende Ausgabe für alle Bundesländer außer Bayern und Baden-Württemberg. Westermann.

Radke, F. (2016) (Hrsg.). *P.A.U.L. D 6*. Differenzierende Ausgabe für alle Bundesländer außer Bayern und Baden-Württemberg. Westermann.

Radke, F. (2017) (Hrsg.). *P.A.U.L. D 7*. Differenzierende Ausgabe für alle Bundesländer außer Bayern und Baden-Württemberg. Westermann.

Schmitt-Kaufhold, A. (Hrsg.). (2015). *Deutsch.kompetent 5. Ausgabe Baden-Württemberg ab 2016*. Klett.

Schmitt-Kaufhold, A. (Hrsg.). (2016). *Deutsch.kompetent 6. Ausgabe Baden-Württemberg ab 2016*. Klett.

Schmitt-Kaufhold, A. (Hrsg.). (2017). *Deutsch.kompetent 7. Ausgabe Baden-Württemberg ab 2016*. Klett.

Worterwerb im Kontext fachlichen Lernens – Eine fast mapping-Studie zum Worterwerb beim Lesen von Sachtexten

Anja Müller, Katharina Weider und Valentina Cristante

1 Einleitung

Für einen erfolgreichen Bildungsweg sind gute bildungssprachliche Kompetenzen unabdingbar. Zu Recht wird seit vielen Jahren kritisiert, dass diese im Rahmen des Schulunterrichts meist vorausgesetzt und nicht explizit als Unterrichtsziel benannt werden (u. a. Busse, 2019; Brandt & Gogolin, 2016; Schmölzer-Eibinger et al., 2013; Tajmel und Hägi-Maed, 2017). Ein umfassender Wortschatz gilt als Bestandteil bildungssprachlicher Kompetenzen und es ist unbestritten, dass Wortschatzkompetenz für das sprachliche und fachliche Lernen eine zentrale Rolle spielt (siehe die Beiträge in Pohl & Ulrich, 2011, v. a. Kilian, 2011a, 2011b, 2011c, a, b, c). Ein quantitativ sowie qualitativ hinreichender Wortschatz scheint auch für ein differenziertes Leseverständnis und somit für das Erschließen von unbekannten Sachverhalten essentiell (Ulrich, 2011). Beim Lesen von Sachtexten stoßen Lernende häufig auf ihnen unbekannte Wörter, deren Bedeutung sie sich meist selbstständig erschließen müssen. Der Beitrag beschäftigt sich daher mit

A. Müller (✉)
Johannes Gutenberg-Universität Mainz, Deutsches Institut, Mainz, Deutschland
E-Mail: anjamueller@uni-mainz.de

K. Weider
Internatschule Schloss Hansenberg, Geisenheim, Deutschland
E-Mail: k.weider@hansenberg.de

V. Cristante
Universität Koblenz, Institut für Grundschulpädagogik, Koblenz, Deutschland
E-Mail: cristante@uni-koblenz.de

J. Goschler et al. (Hrsg.), *Empirische Zugänge zu Bildungssprache und bildungssprachlichen Kompetenzen,* Sprachsensibilität in Bildungsprozessen,
https://doi.org/10.1007/978-3-658-43737-4_7

dem Thema des Wortlernens im Kontext des Lesens von Sachtexten. Im Mittelpunkt stehen dabei die Fragen, ob unterschiedliche Formate der Textaufbereitung einen Einfluss auf den Erwerb neuer Wörter haben und welche Art der Textaufbereitung den Erwerb neuer Wörter am besten unterstützt. Zur Beantwortung der Fragen wurde ein fast mapping-Experiment durchgeführt, in dem die Einführung von neuen Fachbegriffen im Vergleich zum Originaltext durch Hervorhebung und durch zusätzliche Erläuterungen variiert wurde.

Der Beitrag ist wie folgt strukturiert: Kap. 2 führt in den Bereich des Wortschatzerwerbs ein und zeigt auf, welche Anforderungen an Lernende mit Blick auf die selbstständige Erschließung unbekannter Wörter gestellt werden. Im folgenden Kap. 3 werden diese Anforderungen für die Wortschatzarbeit im Unterricht reflektiert. Der Fokus liegt hierbei auf dem Einsatz von Sachtexten im Unterricht und der Frage, inwieweit beim Lesen von Sachtexten ein „beiläufiges" Wortlernen stattfindet. In Kap. 4 wird die durchgeführte fast mapping-Studie und deren Ergebnisse vorgestellt. Der Beitrag schließt mit einer Diskussion der Daten und der Formulierung didaktischer Implikationen für die Wortschatzarbeit im Unterricht (Kap. 5).

2 Wortschatzerwerb: Mentales Lexikon und fast mapping

Unter *Wortschatz* wird im Allgemeinen die Menge der Wörter verstanden, über die eine Person rezeptiv und produktiv verfügt. Mit jedem Wort ist eine Vielzahl verschiedener Informationen verbunden, die erworben werden müssen. All diese Informationen sind im sogenannten *mentalen Lexikon* gespeichert und organisiert. Das mentale Lexikon wird als jener Teil des Langzeitgedächtnisses verstanden, in dem „unser Wortwissen in hochorganisierter Weise gespeichert ist" (Dannenbauer, 1997, S. 4). Dass es effizient strukturiert sein muss, lässt sich zum einen aus der immensen Kapazität desselben und zum anderen aus der schnellen Zugriffsgeschwindigkeit in der Sprachverarbeitung schließen (Aitchinson, 1997; Papafragou, Trueswell und Gleitmann, 2022). Die zentralen Elemente des mentalen Lexikons stellen sogenannte *lexikalische Einheiten* dar. Der Begriff lexikalische Einheit integriert die Annahmen von verschiedenen Lexikonmodellen, nach denen nicht nur Wörter oder Lexeme, sondern auch Affixe und Flexive als Einheiten im mentalen Lexikon gespeichert sind (Rothweiler und Meibauer, 1999). Mit jeder lexikalischen Einheit müssen eine Reihe von linguistischen Informationen, wie z. B. phonetisch-phonologische Informationen, aufgenommen werden, die zur Rezeption und Produktion eines Wortes benötigt werden (Luger, 2006; Rothweiler und Meibauer, 1999; Rothweiler & Kauschke, 2007).

Die Struktur und die Organisation des mentalen Lexikons sind durch zahlreiche Verknüpfungen sowohl auf Inhalts- als auch auf Formebene zwischen den Lexikoneinheiten charakterisiert. Aufgrund der vielfältigen Vernetzungen entsteht ein komplexes Netzwerk aus miteinander verbundenen und interagierenden Einträgen (u. a. Aitchinson, 1997; Dittmann, 2002; Neveling, 2004; Papafragou et al., 2022). Für die schnelle Zugriffsgeschwindigkeit im Sprachgebrauch ist eine derartige Organisation des mentalen Lexikons notwendig. Es gilt: „Je reichhaltiger das Wissen über ein Wort bzw. je vielfältiger seine Integration in Netzwerke ist, desto leichter kann es aktiviert werden" (Dannenbauer, 1997, S. 6).[1]

Vor dem Hintergrund der bisher dargelegten Aspekte zum mentalen Lexikon wird deutlich, dass der Erwerb eines neuen Wortes eine komplexe Aufgabe darstellt, die durch zwei Phasen charakterisiert ist: Zunächst wird eine erste, noch unvollständige Repräsentation eines Wortes angelegt, die dann in einer länger andauernden Phase nach und nach ausdifferenziert wird (u. a. Rothweiler, 1999). Voraussetzung für die Aufnahme eines neuen Wortes in das mentale Lexikon ist das Identifizieren von Referent und Bedeutung und das Isolieren einer möglichen Wortform. „Diese beiden Prozesse laufen in einem dritten Prozeß zusammen, in dem Referenz und Bedeutung auf die Form abgebildet werden" (Rothweiler, 1999, S. 253). Dieser Prozess wird zurückgehend auf Carey (1978) als *fast mapping* bezeichnet: Zunächst werden markante Merkmale der Wortform übernommen und mit einer ersten Hypothese über die Bedeutung des Wortes verbunden. Dass Kinder über fast mapping-Fähigkeiten verfügen und ein neues Wort nach ein oder zweimaligem Hören in das mentale Lexikon übernehmen können, wurde bereits in frühen Studien der Spracherwerbsforschung gezeigt (u. a. Carey & Bartlett, 1978; Heibeck & Markman, 1987; Rice & Woodsmall, 1988). Die erste Repräsentation eines Wortes ist jedoch nur unzureichend ausdifferenziert und reicht in der Regel noch nicht zur Produktion, aber zum Wiedererkennen des Wortes aus. Damit das Wort aktiv gebraucht werden kann, bedarf es weitere „Begegnungen", d. h. das Kind muss das Wort in seinem Input mehrmals hören, um die Repräsentation des Wortes im mentalen Lexikon Schritt für Schritt auszudifferenzieren. Je mehr Wörter in das mentale Lexikon aufgenommen werden, desto strukturierter wird dieses. In diesem Zuge „werden Lexikoneinträge verändert und erweitert und Beziehungen zwischen Wörtern hergestellt, umgebaut und gefestigt" (Rothweiler, 2001, S. 43).

---

[1] Der Prozess des lexikalischen Zugriffs wird in psycholinguistischen Modellen auf unterschiedliche Weise erklärt. Eine Einführung und einen Überblick gibt Harden (2014).

3   Wortschatzerweiterung durch Lesen?

Wortschatzarbeit ist fester Bestandteil eines jeden Fachunterrichts und ist als Aufgabe in den Bildungsstandards verankert (KMK 2022a, S. 7; 2022b, S. 10). Angesichts der Erkenntnisse zum Aufbau des mentalen Lexikons und zum Worterwerb (siehe Kap. 2) darf Wortschatzarbeit im Unterricht nicht rein quantitativ im Sinne einer reinen *Wortschatzerweiterung* gedacht werden (Kilian, 2019). Vielmehr gilt es, Wortschatz auch in qualitativer Hinsicht zu fördern, d. h. es muss eine *Wortschatzvertiefung* vorgenommen werden (Kilian, 2011c). Wortschatzarbeit sollte jedoch noch einen weiteren Aspekt berücksichtigten. So soll sie Schüler:innen auch Strategien zur selbstständigen Entschlüsselung unbekannter Wörter auf Satz- und Textebene vermitteln (Brandt & Gogolin, 2016). Mittlerweile gibt es eine Reihe von verschiedenen Ansätzen, die Lehrkräfte bei der Gestaltung expliziter Wortschatzarbeit unterstützen (u. a. Brandt & Gogolin, 2016; Leisen, 2013; Nodari und Steinmann, 2008). Zentrales Element ist hierbei die eigenständige Bedeutungsaushandlung eines neuen Wortes seitens der Lernenden. Hierbei werden Strategien zur selbstständigen Erschließung der Wortbedeutung benannt, wie z. B. die Sensibilisierung für Merkmale der Wortform und die Fokussierung auf Wortbestandteile.

Im Kontext des fachlichen Lernens findet die Einführung neuer Fachbegriffe jedoch nicht immer bewusst statt. Es ist davon auszugehen, dass sich Schüler:innen bis auf wenige hundert Wörter, die explizit im Unterricht vermittelt werden, den Großteil unbekannter Wörter beiläufig mithilfe des Kontextes sowie ihres Welt- und Sprachwissens erschließen müssen (Apeltauer, 2008; Schleppegrell, 2004). Insbesondere vor dem Hintergrund einer sprachlich heterogenen Schülerschaft ist keineswegs vorauszusetzen, dass das eigenständige Erschließen unbekannter Wörter stets gelingt. Apeltauer (2008) nimmt an, dass bereits 3–5 % unverstandener Wörter beim Lesen eines Schulbuchtextes ausreichen, um das Textverstehen zu erschweren oder gar zu blockieren. Zum Repertoire einer jeden Lehrkraft sowie eines jeden Lehrbuchs gehört es daher, den Lernenden als Lesestrategie an die Hand gegeben, wichtige Wörter oder Schlüsselwörter im Text zu markieren (Leisen, 2012). Allerdings stellt sich die Frage, wie Lernende Schlüsselbegriffe des Textes erkennen sollen, wenn sie den Text nicht oder nur unvollständig verstehen.

Stehen Schüler:innen beim Lesen von Sachtexten vor der Aufgabe, sich Fachbegriffe selbstständig erschließen zu müssen, so sind die gestellten Anforderungen enorm: Sie müssen semantische, phonologische, morphologische, syntaktische und graphematische Informationen über das unbekannte Wort erkennen und aufnehmen. Erschwerend wirkt sich hierbei zum einen aus, dass die Fachbegriffe oft in ungewohnten grammatikalischen Konstruktionen und komplexen Satzgefügen eingebettet sind. Zum anderen handelt es sich bei ihnen zumeist um morphologisch komplexe, abstrakte Ausdrücke, die keinen direkt wahrnehmbaren außersprachlichen Referenten in der Erwerbssituation aufweisen (Kauschke et al., 2012; Michalak, Lemke & Goeke, 2015).

Es muss daher angenommen werden, dass die „beiläufige" Wortschatzerweiterung und Wortschatzvertiefung beim Lesen von Texten individuell sehr unterschiedlich verlaufen und nicht immer erfolgreich sind. Die Studien von Nagy et al. (1985) und Nagy et al. (1987) bestätigen diese Vermutung. Nagy et al. (1985) untersuchten, inwiefern Schüler:innen beim Lesen von Texten die Bedeutung unbekannter Wörter lernen. An der Studie nahmen 57 Schüler:innen der achten Klasse teil. Die Schüler:innen wurden gebeten, entweder einen Sachtext oder einen narrativen Text mit je einem Umfang von etwa 1000 Wörtern zu lesen. Die Texte enthielten jeweils 15 für die Schüler:innen als unbekannt eingestufte Zielwörter, die verschiedenen Wortarten angehörten. Um zu überprüfen, ob die Schüler:innen nach dem Lesen der Texte die Bedeutungsebene der Zielwörter erfasst haben, folgte nach dem Lesen des Textes ein Interview sowie ein Multiple-Choice-Test. Die Ergebnisse der Studie bestätigen zwar die Vermutung, dass Wörter beim Lesen inzidentell gelernt werden, doch erfassten die Schüler:innen durchschnittlich nur 15 % der Zielitems korrekt. Zwischen der Einführung der Wörter mittels eines narrativen Textes oder mittels eines Sachtextes konnten keine signifikanten Unterschiede festgestellt werden. Die geringe Zuwachsrate verweist nach Nagy et al. (1985) darauf, dass der Umfang und die Qualität an Informationen, die die Texte über die unbekannten Wörter zur Verfügung stellen, nicht immer zur Erschließung der Wortbedeutung ausreichen. Zudem vermuten sie, dass die Hauptaufmerksamkeit beim Lesen auf dem Textverständnis und weniger auf dem Erwerb unbekannter Wörter liegt. In einer Folgestudie untersuchten Nagy et al. (1987) zum einen, ob die Wortbedeutung, die die Schüler:innen beim Lesen erwerben, für einen längeren Zeitraum im mentalen Lexikon gespeichert wird und zum anderen, welchen Einfluss Wort- und Texteigenschaften auf das inzidentelle Lernen haben. An der Studie nahmen insgesamt 352 Schüler:innen der dritten, fünften und siebten Klasse teil. Die Versuchsanordnung entsprach größtenteils jener der Vorgängerstudie, wobei erst sechs Tage nach der Inputphase ein Multiple-Choice-Test durchgeführt wurde. Die Ergebnisse zeigen, dass die Schüler:innen lediglich 5 % der Wörter nach sechs Tagen wiedererkannten. Faktoren wie Abstraktheit, Wortart, morphologische Transparenz und Länge des Wortes schienen hierbei einen besonderen Einfluss auf den fast mapping-Prozess zu haben. Hieraus schlussfolgern Nagy et al. (1987), dass für eben jene Wörter zusätzliche Erklärungen im Unterricht notwendig sind, um die Schüler:innen darin zu unterstützen, die Bedeutung derselben zu erfassen.

Vor dem Hintergrund dieser Ergebnisse stellt sich die Frage, ob und wie Schüler:innen beim Lesen von Sachtexten mit Blick auf das eigenständige Erschließen unbekannter Wörter unterstützt werden können. Ein Blick in die Schulbücher zeigt, dass hier bereits mit verschiedenen Formaten der Textaufbereitung gearbeitet wird. Mit Blick auf die typographische Gestaltung von Schulbüchern fällt auf, dass häufig Überschriften, zum Teil auch relevante Begriffe oder neu zu lernende Wörter mittels Fettdrucks hervorgehoben werden (bspw. Seydlitz Geographie 1 (Westermann) und Natura 1 (Klett)). Zum Teil finden sich in Schulbüchern aber auch zusätzliche Erläuterungen wichtiger Begriffe (bspw. Wege-Werte-Wirklichkeiten 5/6 (Oldenburg)). Es wäre vorstellbar, dass eine visuelle Hervorhebung der Fachbegriffe innerhalb der Sachtexte die Bedeutsamkeit derselben markiert sowie die Aufmerksamkeit der Schüler:innen im Text gezielt steuern soll. Eine visuell vom Text klar abgegrenzte Erläuterung von wichtigen Begriffen könnte die Hypothesenbildung zur Wortbedeutung explizit stützen. Diese Annahme wird von Ergebnissen der fast mapping-Studien von Karas (2016) und Dickisons (1984) untermauert. In beiden Studien zeigte sich ein Einfluss der direkten Benennung eines unbekannten Referenten im Vergleich zur Präsentation des Zielwortes im Rahmen einer Kurzgeschichte. Ob und inwiefern die Hervorhebung und die explizite Erläuterung von fachlich relevanten Begriffen einen Einfluss auf die selbstständige Erschließung neuer Wörter seitens der Lernenden hat, wurde bislang noch nicht untersucht. Ziel der folgenden Studie ist daher, den Einfluss von verschiedenen Einführungskontexten auf die fast mapping-Leistungen von Schüler:innen der Sekundarstufe I für neue Fachbegriffe zu untersuchen. Drei Einführungskontexte stehen dabei im Zentrum der Studie: 1) Sachtext im Original, 2) Sachtext mit visueller Hervorhebung, 3) Sachtext mit Infobox. Ein weiteres Ziel der Untersuchung ist es, anhand der Ergebnisse Implikationen für die Darbietung von unbekannten bzw. wichtigen Fachbegriffen in Sachtexten zu geben und somit zu einer effizienteren Wortschatzarbeit im Unterricht beizutragen.

4   Eigene Untersuchung

4.1   Fragestellung

Folgende Frage steht im Mittelpunkt der Studie:

F: Zeigen sich Unterschiede in den fast mapping-Leistungen für die Zielbegriffe im Vergleich der drei Kontextbedingungen 1) Sachtext im Original, 2) Sachtext mit Hervorhebung und 3) Sachtext mit Infobox?

Es wird erwartet, dass die Proband:innen in den Bedingungen (2) und (3) in beiden Modalitäten der Itemabfrage (Produktion und Wiedererkennen) und zu beiden Testzeitpunkten bessere fast mapping-Leistungen zeigen als in Bedingung (1). Aus den Schlussfolgerungen Nagys, Hermans und Andersons (1985) ist zu entnehmen, dass ein Zusammenhang zwischen dem Aufmerksamkeitsfokus der Lernenden beim Lesen und dem Erwerb unbekannter Wörter bestehen könnte. Vorstellbar wäre daher, dass die typographische Hervorhebung mittels Fettdrucks die fast mapping-Leistungen für neue Fachbegriffe unterstützt. Die Studien von Karas (2016) und Dickinsons (1984) lassen vermuten, dass das Herstellen einer expliziten Relation zwischen Wortform und Konzept die fast mapping-Leistungen begünstigen könnte. Daher wäre vorstellbar, dass eine zusätzliche, explizite Erläuterung der Fachbegriffe in Form einer Infobox unterhalb des Sachtextes die Anlage eines neuen lexikalischen Eintrags unterstützt.

4.2   Stichprobe

An der Untersuchung nahmen insgesamt 48 Schüler:innen (darunter 40 Mädchen) im Alter zwischen 13 und 15 Jahren teil (Altersdurchschnitt = 13,6 Jahre) teil. Zum Erhebungszeitpunkt besuchten die Schüler:innen die 8. bzw. 9. Klasse einer Gesamtschule.

4.3   Material, Methode und Durchführung

Als Testmaterial dienten drei Sachtexte (siehe Anhang) und neun darin enthaltene Fachbegriffe aus dem Schulfach Politische Bildung. Die Lehrkräfte der Schüler:innen gaben an, dass die Sachtexte und Begriffe im bisherigen Unterricht noch nicht gelesen bzw. eingeführt wurden. Daher kann angenommen werden, dass die Begriffe für die Schüler:innen eine weitgehend neue Erwerbsaufgabe

Tab. 1 Übersicht über die Verteilung der neu eingeführten Fachbegriffe in den drei Sachtexten

Sachtext 1 (Frequenz) „Wie mächtig ist der Bundeskanzler?"	Sachtext 2 (Frequenz) „Keine Angst vor der Globalisierung?"	Sachtext 3 (Frequenz) „Die Aufgabe der Parteien"
Legitimation (1) Richtlinienkompetenz (2) Misstrauensvotum (3)	Nullsummenspiel (1) Strukturwandel (2) Globalisierung (5)	Opposition (1) Demokratie (2) Willensbildung (3)

darstellten. Die Begriffe wurden drei Sachtexten des Politikschulbuchs „Politik & Co. – Sozialkunde für das Gymnasium" für die Jahrgangsstufe 8/9 (Riedel, 2006, 2016) entnommen. Für die Testung wurden die Sachtexte in ihrer Originalversion verwendet, um sich der Einführung der neuen Begriffe als einer natürlichen Erwerbssituation in einem schulischen, gesteuerten Kontext anzunähern (vgl. Nagy et al., 1987). Dies bedeutet, dass weder die Struktur der Texte noch die Stellung und die Inputfrequenz der Fachbegriffe innerhalb der Texte verändert wurde. Die Sachtexte sind in ihrer Länge vergleichbar (Sachtext 1 : 287 Wörter; LIX^2 = 56, Sachtext 2: 280 Wörter; LIX = 42, Sachtext 3: 264 Wörter; LIX = 59). Jeder Sachtext enthielt drei der unbekannten Fachbegriffe mit den folgenden Frequenzen (s. Tab. 1):

Alle Fachbegriffe sind abstrakte Nomina und morphologisch komplex. Die Begriffe *Richtlinienkompetenz, Misstrauensvotum, Nullsummenspiel, Strukturwandel* und *Willensbildung* sind Komposita, während *Legitimation, Opposition, Globalisierung* der Wortbildungsart Derivation angehören. Sechs Nomina weisen ein feminines Genus auf, zwei Nomina ein neutrales Genus und ein Nomen ein maskulines Genus. Die Wortlänge der Fachbegriffe, gemessen an der Silbenzahl, variiert um zwei Silben. So sind von den neun Nomina fünf viersilbig, drei fünfsilbig und eins sechssilbig. Die Fachbegriffe in den Sachtexten wurden von einem definiten Artikel begleitet, mit Ausnahme der zwei Items *Legitimation* und *Strukturwandel*.

Die Originalversionen der Sachtexte wurden für das Ziel der Studie in zwei weiteren Versionen modifiziert. Somit ergaben sich drei Testbedingungen.

---

^{2} LIX = Lesbarkeitsindex.

Kontextbedingung 1 – Sachtext im Original: Der Sachtext wurde im Original aus dem Schulbuch übernommen. Die Zielitems waren weder visuell hervorgehoben, noch gab es gezielte Erläuterungen der im Text verwendeten Fachbegriffe.

Kontextbedingung 2 – Sachtext mit Hervorhebung: Die Bedingung beinhaltete die visuelle Hervorhebung der Fachbegriffe mittels eines Fettdrucks. Wenn der Fachbegriff innerhalb des Textes mehrmals erschien, wurde einzig die erstmalige Nennung fett markiert.

Kontextbedingung 3 – Sachtext mit Infobox: In dieser Bedingung wurden die Fachbegriffe in einer separaten Infobox, die sich unterhalb der Sachtexte befand und rot umrandet war, erläutert. Die im Sachtext enthaltenen Fachbegriffe waren nicht visuell hervorgehoben, noch wurde auf die Infobox gesondert verwiesen. Die Erklärungstexte für die Wörter *Misstrauensvotum, Globalisierung, Strukturwandel, Opposition* und *Demokratie* stammten aus dem Glossar des Politikschulbuches. Da für die Begriffe *Legitimation, Nullsummenspiel, Willensbildung* und *Richtlinienkompetenz* kein Eintrag in dem Glossar vorhanden war, wurden die Erläuterungen aus dem Online-Politiklexikon der Bundeszentrale für politische Bildung sowie dem Politik-Lexikon von Holtmann (2014) übernommen.

Die Messung des Wortlernens erfolgte anhand eines papierbasierten Fragebogens. Dieser umfasste einen Test zur Wiedererkennung und zur Produktion der Fachbegriffe. Um die Testung in einen schulnahen und lebensweltbezogenen Kontext einzubetten, enthielt der Fragebogen folgenden Einleitungstext:

„Paul interessiert sich seit der „Fridays For Future" Bewegung immer mehr für politische Themen. Er kann politische Vorgänge zwar sehr gut erklären, doch fallen ihm häufig nicht die fachlich passenden Begriffe zu ihnen ein. Hilf ihm, diese zu finden!"

Für das Wiedererkennen der Fachbegriffe wurde ein Multiple-Choice-Format gewählt. Da die abstrakten Fachbegriffe nicht visuell dargestellt werden konnten, wurde für jeden Fachbegriff ein Erklärungstext formuliert. Hierfür wurden die Erläuterungen aus den Infoboxen so umformuliert, dass der jeweilige Fachbegriff innerhalb der eigenen Erläuterung nicht erwähnt wurde. Die Erklärungstexte erschienen in Sprechblasen, die von der Figur Paul gesprochen wurden (s. Abb. 1).

Unterhalb jeder Erläuterung befand sich die Frage: „Welches Wort sucht Paul?" sowie die dazugehörige Aufforderung, das gesuchte Wort anzukreuzen. Zu

1. Der Bundestag, die Bundesregierung und das Bundesverfassungsgericht sind dazu berechtigt, die Staatsgewalt auszuüben, weil sie direkt oder indirekt vom Volk gewählt sind. Sie handeln deshalb „im Namen des Volkes".

Welches Wort sucht Paul? Kreuze an!

a) Legitimation

b) Erlaubnis

c) Legislation

d) Ich weiß es nicht.

Abb. 1 Beispielitem des Wiederkennungstests

jedem Erklärungstext gehörten vier Antwortmöglichkeiten: das Zielitem (Legitimation) sowie zwei Ablenker, ein semantisch verwandtes Wort (Erlaubnis), ein orthographisch ähnliches Wort (Legislation) mit einer ähnlichen Graphemfolge und der Option „Ich weiß es nicht". Um zu vermeiden, dass sich anhand des Genus der Ablenkeritems das Zielitem erschlossen werden kann, wurden die Nomina ohne den genusanzeigenden Artikel als Antwortmöglichkeit aufgeführt. Zudem wurde die Position (a, b, c, d) des Zielitems sowie der Ablenker zwischen den Aufgaben variiert. Die als Ablenker verwendeten Abstrakta kamen in den Sachtexten nicht vor.

Zur Gewinnung der Produktionsdaten wurde eine Elizitierungsaufgabe eingesetzt. Den Proband:innen wurde ein Erklärungstext präsentiert, gefolgt von der Elizitierungsfrage: „Welches Wort sucht Paul?" Die Aufgabe der Proband:innen bestand darin, den zu der dargebotenen Erklärung zugehörigen Fachbegriff schriftlich mit seinem definierten Artikel zu benennen (s. Abb. 2).

5. Der Bundestag, die Bundesregierung und das Bundesverfassungsgericht sind dazu berechtigt, die Staatsgewalt auszuüben, weil sie direkt oder indirekt vom Volk gewählt sind. Sie handeln deshalb „im Namen des Volkes".

Welches Wort sucht Paul? Schreibe das Wort mit seinem bestimmten Artikel auf!

Abb. 2 Beispielitem des Produktionstests

Tab. 2 Testvarianten

Variante 1		Variante 2		Variante 3	
Sachtext	Bedingung	Sachtext	Bedingung	Sachtext	Bedingung
1	Original	3	Hervorhebung	2	Infobox
2	Hervorhebung	1	Infobox	3	Original
3	Infobox	2	Original	1	Hervorhebung

Tab. 3 endgültiges Testdesign

Probandengruppe						
	A	B	C	D	E	F
	Variante 1		**Variante 2**		**Variante 3**	
Wiedererkennen	Items 1	Items 2	Items 1	Items 2	Items 1	Items 2
Produktion	Items 2	Items 1	Items 2	Items 1	Items 2	Items 1

Damit alle Proband:innen in jeder Kontextbedingung getestet werden konnten, wurden drei unterschiedliche Testvarianten erstellt (s. Tab. 2).

Um sicherzustellen, dass jeder Fachbegriff sowohl in der Wiedererkennung als auch in der Produktion überprüft wurde, wurden zwei Varianten des Fragebogens erstellt. Hierfür wurden die Zielitems in zwei Gruppen geteilt (1 und 2). Gruppe 1 umfasste die Fachbegriffe: *Legitimation, Strukturwandel, Willensbildung, Null-summenspiel, Richtlinienkompetenz,* Gruppe 2 *Opposition, Misstrauensvotum, Globalisierung* und *Demokratie.* Unter Einbezug der drei Testvarianten (s. Tab. 2) ergab sich das abschließende Testdesign (s. Tab. 3).

Als Folge der Ausbalancierung zwischen Itemgruppen und Testvarianten ergaben sich sechs Testvarianten (A bis F). Jeweils zwei Probandengruppen wurde eine Testvariante präsentiert. Die beiden Gruppen unterschieden sich dann jeweils durch die Reihenfolge der Tests zur Wiedererkennung und zur Produktion. Entsprechend wurden zwei Fragebogenversionen verwendet. Zudem wurden die Items gemischt präsentiert, d. h. auf ein Item aus Sachtext 1 folgte ein Item aus Sachtext 2 und schließlich ein Item aus Sachtext 3.

Die Datenerhebung erfolgte zu zwei Testzeitpunkten (TZP 1, TZP 2) und wurde nach Absprache mit der Klassenleitung von einer Autorin des Beitrags durchgeführt. Während TZP 1 die eigentliche fast mapping-Leistung überprüfte, zielte TZP 2 auf die Überprüfung der dauerhaften Speicherung der über den fast mapping-Prozess aufgenommenen Informationen ab.

Zu TZP 1 teilte die Testleitung den Schüler:innen mit, dass sie im Folgenden drei Sachtexte zu einem neuen Unterrichtsthema zu lesen bekämen und dass
dann im Stundenverlauf Fragen zu den Texten bearbeitet werden würden. In der
Bedingung *Sachtext mit Infobox* wurde nicht explizit daraufhin gewiesen, dass
die Infoboxen ebenfalls zu lesen sind. Nach dem Lesen der Texte führte die Test-
leitung mit den Schüler:innen noch ein fünfminütiges Gespräch zum weiteren
Unterrichtsverlauf. Dann sammelte sie die Sachtexte wieder ein und teilte dem
Testdesign entsprechend die Fragebögen aus. Eine Woche später fand die zweite
Datenerhebung statt. Die Fachbegriffe wurden bis dahin im Rahmen des Unter-
richts von der Lehrkraft nicht wiederholt bzw. waren im Rahmen von anderen
Unterrichtsmaterialien den Schüler:innen nicht zugängig. Zum TZP 2 füllten die
Schüler:innen den Fragebogen erneut aus, ohne die Sachtexte ein weiteres Mal
zu lesen. Die Daten wurden anonym erhoben. Die Schüler:innen erstellten einen
Code nach den Vorgaben der Testleitung, der auf dem Fragebogen vermerkt und
beim zweiten Testzeitpunkt wiederverwendet wurde. Die Datenerhebung dauerte
zu TZP 1 zwischen zehn und 15 min, zu TZP 2 ca. zehn Minuten. Alle Schü-
ler:innen waren aufgeschlossen und zeigten sich gegenüber der Thematik sehr
interessiert.

4.4   Kodierung und statistische Analyse

Für den Test zur Wiedererkennung wurde als korrekte Antwort die Auswahl des
korrekten Zielitems aus den vier Antwortoptionen gewertet. Für den Produktionstest wurden nur vollständig korrekte Verschriftlichungen der Zielitems als richtige
Antwort gewertet. Obwohl die Schüler:innen angewiesen wurden, die Nomina
mit den dazugehörenden Artikeln zu verschriftlichen, wurden diese häufig weggelassen, sodass für die Analyse beschlossen wurde, die Nennung der Artikel
auszuschließen.

Die Daten wurden mit Mixed Models unter Verwendung der Software R (R
development Core Team, 2012) und den R-Paketen lme4 (Bates et al., 2015)
und languageR (Baayen, 2008) analysiert. Durchgeführt wurde eine logistische
Regressionsanalyse mit der Funktion glmer und Binomialfamilie. Die binomiale
abhängige Variable war die korrekte oder inkorrekte Antwort der Proband:innen.
Das Modell enthielt den Faktor *Modalität* (Wiedererkennen und Produktion),
Kontexbedingung (Sachtext im Original, Sachtext mit Hervorhebung und Sachtext mit Infobox), *Testzeitpunkt* (TZP 1 und TZP 2) sowie *Teilnehmer:innen* und
Items als Zufallsfaktor (Barr et al., 2013; Jaeger, 2008). Miteinander verglichen
wurden alle drei Kontextbedingungen.

Da das Modell mit den drei Faktoren sowohl in Interaktion als auch als Haupteffekte nicht konvergierte, wurde der Faktor *Modalität* aus der Analyse ausgeschlossen und die Modelle separat für den Wiedererkennungs- sowie Produktionstest berechnet (Formula: Antwort ~ Testzeitpunkt * Kontextbedingung + (1|Teilnehmer:innen) + (1|Items), data = rawdata, family = "binomial").

Eine Analyse der fehlerhaften Antworten wurde nicht weiterverfolgt. Die im Rahmen der Multiple-Choice-Aufgabe präsentierten Antwortoptionen erfüllten eine reine Ablenkungsfunktion und sollten zur Minimierung der Ratewahrscheinlichkeit beitragen. Für die elizitierten Antworten des Produktionstests war ebenfalls keine Fehlerkategorisierung vorgesehen.

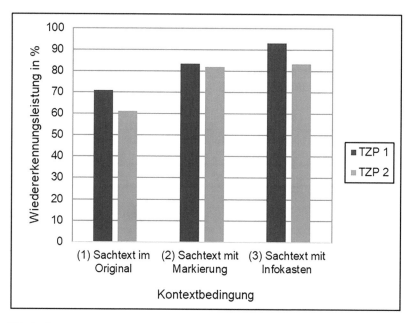

Abb. 3 Korrekte Antworten in der Modalität Wiedererkennen für die drei Kontextbedingungen zu den beiden Testzeitpunkten

4.5   Ergebnisse

Den Abb. 3 und 4 ist zu entnehmen, dass, deskriptiv betrachtet, in beiden Modalitäten zu TZP 1 mehr Fachbegriffe wiedererkannt bzw. produziert wurden als zu TZP 2. Eine Gegenüberstellung der Modalitäten lässt erkennen, dass die Leistungen im Wiedererkennen in jeder Kontextbedingung und zu beiden Testzeitpunkten über den Leistungen der Produktion liegen. Eine detaillierte Aufstellung der Ergebnisse für jeden Fachbegriff kann dem Anhang entnommen werden. Ein Blick in die jeweilige Modalität lässt bereits Unterschiede zwischen den Kontextbedingungen vermuten.

Um die Frage nach dem Einfluss der Kontextbedingung und des Testzeitpunkts zu beantworten, wurde separat für die Leistungen im Wiedererkennen und der Produktion eine logistische Regressionsanalyse gerechnet. Tab. 4 und 5 zeigen die Ergebnisse der statistischen Analyse.

Die inferenzielle Statistik der Leistungen im Wiedererkennen (Tab. 4) zeigt, dass die Zielbegriffe in der Bedingung (3) *Sachtext mit Infobox* signifikant besser wiedererkannt wurden als in Bedingung (1) *Sachtext im Original.* Anders als

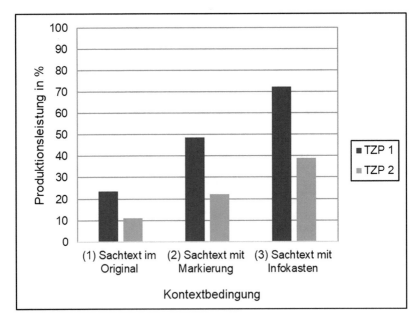

Abb. 4 Korrekte Antworten in der Modalität Produktion für die drei Kontextbedingungen zu beiden Testzeitpunkten

Tab. 4 Inferenzielle Statistik der Antworten für die Modalität Wiederkennen (Kontextbedingung 1 = Sachtext im Original, Kontextbedingung 2 = Sachtext mit Hervorhebung; Kontextbedingung 3 = Sachtext mit Infobox)

	Estimate	SE	z	p
TZP	-0.5827	0.2857	-2.039	0.041427 *
Kontextbedingung 1-2	-0.8474	0.4513	-1.878	0.060405
Kontextbedingung 1-3	19.352	0.5690	3.401	0.000671 ***
Kontextbedingung 2-3	10.878	0.5928	1.835	0.066500 .
TZP * Kontextbedingung 1-2	-0.4287	0.6194	-0.692	0.488906
TZP * Kontextbedingung 1-3	-0.5509	0.7086	-0.778	0.436862
TZP * Kontextbedingung 2-3	-0.9798	0.7572	-1.294	0.195700

Signifikanzniveau: $p < 0.05$

Tab. 5 Inferenzielle Statistik der Antworten für die Modalität Produktion (Kontextbedingung 1 = Sachtext im Original, Kontextbedingung 2 = Sachtext mit Hervorhebung; Kontextbedingung 3 = Sachtext mit Infobox)

	Estimate	SE	z	p
TZP	-183.881	0.31621	-5.815	6.06e-09 ***
Kontextbedingung 1-2	-190.979	0.49071	-3.892	9.95e-05 ***
Kontextbedingung 1-3	341.811	0.55227	6.189	6.05e-10 ***
Kontextbedingung 2-3	150.842	0.46285	3.259	0.001120 **
TZP * Kontextbedingung 1-2	0.50689	0.73622	0.689	0.491000
TZP * Kontextbedingung 1-3	-0.91587	0.73875	-1.240	0.215000
TZP * Kontextbedingung 2-3	-0.40907	0.65142	-0.628	0.530030

Signifikanzniveau: $p < 0.05$

erwartet, führt Bedingung (2) *Sachtext mit Hervorhebung* nicht zu einer besseren Leistung im Vergleich zu Bedingung (1). Auch der Vergleich der zwei Kontextbedingungen war nicht signifikant (p = 0,0665). Der Faktor TZP ist als Haupteffekt signifikant, d. h. alle Fachbegriffe wurden unabhängig der Kontextbedingung zu TZP 1 signifikant häufiger korrekt wiedererkannt als zu TZP 2.

Die statistische Analyse der Leistungen in der Produktion (Tab. 5) zeigt, dass sowohl in Bedingung (2) *Sachtext mit Hervorhebung* als auch in Bedingung (3) *Sachtext mit Infobox* die Zielbegriffe zu beiden Testzeitpunkten signifikant besser produziert werden konnten als in Bedingung (1) *Sachtext im Original*. Ein

Vergleich der Bedingungen (2) und (3) zeigt, dass die Präsentation der Zielbegriffe in Bedingung (3) zu signifikant besseren Produktionsleistungen führte als
in Bedingung (2). Der Faktor Testzeitpunkt ist als Haupteffekt signifikant, d. h.
die Produktion der Fachbegriffe ist zu TZP 1 signifikant besser als zu TZP 2,
unabhängig von der Kontextbedingung.

5   Diskussion und Fazit

Im Mittelpunkt der vorliegenden Untersuchung stand die Frage, ob sich Unterschiede beim Wortlernen nach der Einführung neuer Fachbegriffe in Abhängigkeit
verschiedener Kontextbedingungen zeigen. An der Untersuchung nahmen 48 Pro-
band:innen teil, denen in der Wortlernphase insgesamt neun Fachbegriffe im
Rahmen von drei Sachtexten dargeboten wurden. Um den Einfluss des Ein-
führungskontextes überprüfen zu können, wurden drei unterschiedliche Kontexte
konstruiert: 1) *Sachtext im Original*, 2) *Sachtext mit Hervorhebung* und 3) *Sachtext
mit Infobox*. Im Anschluss an die Inputphase wurde ein Wiedererkennungs- und
Produktionstest zu zwei verschiedenen Testzeitpunkten durchgeführt. Aus den
Ergebnissen lassen sich zwei wesentliche Erkenntnisse ableiten: Ein Vergleich
der Leistungen in den Modalitäten Wiedererkennen und Produktion zeigt deutliche Unterschiede auf. Obwohl das statistische Modell mit allen Faktoren aufgrund
der fehlenden Konvergenz das nicht überprüfen konnte, sind die Proband:innen
zu beiden Testzeitpunkten deskriptiv eindeutig besser im Wiedererkennen der
Fachbegriffe als in der Produktion. Während im Durchschnitt zu TZP 1 und 2
82,4 % bzw. 75,5 % der Zielwörter korrekt wiedererkannt wurden, wurden im
Vergleich dazu lediglich 48,2 % bzw. 24,1 % Wörter korrekt produziert. Zweitens zeigen die Ergebnisse, dass der Einführungskontext einen Einfluss auf die
fast mapping-Leistungen für neue Wörter hat. So waren die Proband:innen in
der Bedingung (3) *Sachtext mit Infobox* in beiden Modalitäten und zu beiden
Messzeitpunkten signifikant besser als in den Einführungskontexten (1) und (2).
In der Modalität Produktion zeigte sich zudem, dass die Proband:innen von der
visuellen Hervorhebung der Fachbegriffe profitierten, d. h. es zeigten sich signifikant bessere Leistungen in der Bedingung (2) als in Bedingung (1). In der
Modalität Wiedererkennen zeigte sich dieser Unterschied hingegen nicht. Drittens
zeigen die Ergebnisse, dass die Wiedererkennungs- und Produktionsleistungen der
Proband:innen zu TZP 2 im Vergleich zu TZP 1 niedriger sind.

   Das Ergebnis der unterschiedlichen Leistungen für die Modalitäten Wiedererkennen und Produktion bestätigen die Befunde bisheriger Studien zum fast
mapping (vgl. u a Carey & Bartlett, 1978; Dollaghan, 1985; Heibeck & Markman,

1987). Die erste, rudimentäre Repräsentation eines Wortes im mentalen Lexikon ermöglicht in der Regel die Wiedererkennung des Wortes, aber nicht per se den produktiven Gebrauch des Wortes. Für Rothweiler (1999) ist zur Erklärung dafür eine Unterscheidung zwischen einer quantitativen und qualitativen fast mapping-Leistung denkbar. Während sich auf der quantitativen Ebene bereits oberflächliche Abbildungsprozesse in guten Verständnisleistungen niederschlagen, müssen auf der qualitativen Ebene im fast mapping-Prozess ausreichend lexikalische Informationen zu einem Item aufgenommen werden, um dieses für eine Produktion verfügbar zu machen. Auch der Rückgang der Wiedererkennungs- und Produktionsleistungen zwischen TZP 1 und TZP 2 überrascht nicht und geht einher mit bisherigen fast mapping-Studien (vgl. u. a. Rothweiler, 1999). Der Rückgang der Leistungen zeigt, dass die erste rudimentäre Repräsentation im mentalen Lexikon verblasst, wenn keine weiteren Konfrontationen mit dem Wort in sprachlichen Kontexten erfolgen. Ähnliche Ergebnisse berichteten auch Nagy et al. (1987).

Die durchschnittlich höchsten Wiedererkennungs- und Produktionsleistungen erzielten die Proband:innen unter der Kontextbedingung *Sachtext mit Infobox*. Die explizite, vom Text abgehobene Vorgabe der Wortbedeutung stellt somit im Vergleich der Einführungskontexte den effektivsten Kontext dar. Die Schüler:innen profitierten demnach von der Bereitstellung einer zusätzlichen Erläuterung der Fachbegriffe, so wie es Angy, Anderson und Herman (1987) vermuteten. Dies geht einher mit den Beobachtungen von Karas (2016) und Dickinsons (1984) und stützt die Annahme. Auch hier wurden Vorteile für fast mapping-Leistungen im Rahmen einer expliziten Benennung gefunden. Im Gegensatz zu den anderen beiden Einführungskontexten stand in der Bedingung *Sachtext mit Infobox* den Proband:innen eine zusätzliche sprachliche Inputquelle zur Verfügung. So wurde der Begriff ein weiteres Mal präsentiert und durch die vorgegebene Begriffserläuterung der Hypothesenraum über die Wortbedeutung explizit eingeschränkt. Somit standen die Proband:innen nicht vor der Aufgabe, sich die Bedeutung des Zielwortes anhand der Informationen des Sachtextes selbstständig erschließen zu müssen.

Ein Vergleich der Bedingungen *Sachtext mit Hervorhebung* und *Sachtext im Original* zeigte, dass die Hervorhebung von Begriffen nur im Rahmen der Produktionsaufgabe zu besseren Leistungen führte. Für das Wiedererkennen der Fachbegriffe ergab sich hingegen kein Unterschied. Das Hervorheben von Begriffen ist eine einfache Markierung innerhalb eines Textes. Mit der Hervorhebung werden somit keine weiteren Informationen gegeben, die für die Anlage einer ersten Repräsentation im mentalen Lexikon genutzt werden könnten. Enthält der Text Erläuterungen zu diesem Begriff, müssen diese von der lesenden Person selbstständig identifiziert und zugeordnet werden. Ob ein Begriff hervorgehoben ist oder nicht, sollte für diese Aufgabe per se keine Rolle spielen. Das Hervorheben würde demnach allein zur Aufmerksamkeitssteuerung dienen. Wie bereits erwähnt, ist das Markieren von Wörtern eine gängige Strategie, die Lernende bei der Textarbeit nutzen. Interessanterweise setzte ein Teil der Proband:innen diese Strategie unaufgefordert beim Lesen der Sachtexte ein, d. h. ein Teil der Proband:innen markierte für sie relevante Begriffe in den Sachtexten farblich. Vermutlich war das eine Folge der Ankündigung der Untersuchungsleitung, dass im Laufe der Unterrichtsstunde Fragen zum Text bearbeitet werden. Diese zusätzliche Aufmerksamkeitssteuerung durch die Hervorhebung der Wörter in der Kontextbedingung könnte die signifikant bessere Produktionsleistung der Proband:innen in der Bedingung *Sachtext mit Hervorhebung* im Vergleich *zu Sachtext im Original* erklären. Es scheint, dass die visuelle Hervorhebung der Begriffe zu einer stärkeren Fokussierung auf die unbekannten Fachbegriffe und somit zu einer stabileren Repräsentation des Wortes im mentalen Lexikon führt. Da der Effekt zwischen beiden Bedingungen in der Modalität Wiedererkennen das Signifikanzniveau knapp verfehlt ($p = 0{,}060$), sollte in weiteren Analysen untersucht werden, ob das Wiedererkennen von Fachbegriffen von der visuellen Hervorhebung des Textes profitiert, wie die deskriptiven Ergebnisse in dieser Modalität tendenziell zeigen.

Die Ergebnisse der Untersuchung sind ein erster Wegweiser für weitere Studien im Bereich Wortlernen und Lesen. Ein kritischer Punkt dieser Studie sind die gewählten Zielitems. Inwieweit diese den Schüler:innen tatsächlich unbekannt waren, kann nicht mit Sicherheit gesagt werden. Es steht zu vermuten, dass Begriffe wie Demokratie, Opposition und Globalisierung Schüler:innen der 8. bzw. 9. Klassen bekannt und bereits mit einem Alltagskonzept verbunden sind. Dafür würde sprechen, dass der Begriff Demokratie zu TZP 2 zu 100 % korrekt in allen Einführungskontexten wiedererkannt und zu 50 % (Kontext 1) bzw. 100 % (Kontext 2 und 3) produziert wurde (vgl. Tab. 6 im Anhang). In zukünftigen Studien mit diesem Design wäre es daher ratsam, die Schüler:innen nach den Tests explizit zu fragen, ob sie die abgefragten Begriffe bereits kannten. Auch scheint es, dass die unterschiedliche Silbenanzahl einen Einfluss auf die Leistungen genommen hat. So wurde das Item Richtlinienkompetenz zu TZP 2 in keinem Einführungskontext korrekt produziert. Da die für die Studie ausgewählten Zielitems jedoch in allen Einführungskontexten gleichermaßen in den Modalitäten Wiedererkennen und Produktion getestet wurden, dürfte das Ergebnis zum Einfluss der Einführungskontexte davon unberührt bleiben.

Mit Blick auf die Wortschatzarbeit im Unterricht verweisen die Ergebnisse der Untersuchung darauf, dass relevante bzw. unbekannte Fachbegriffe im Rahmen von Sachtexten in einem zusätzlichen Informationsfeld explizit aufgegriffen

Tab. 6 Übersicht der korrekten Antworten in der Modalität Wiederkennen und Produktion für die drei Kontextbedingungen zu den beiden Testzeitpunkten differenziert für jedes Zielitem

	Items	TZP 1			TZP 1		
		Kontextbedingung			Kontextbedingung		
		Original	Markierung	Infokasten	Original	Markierung	Infokasten
1	Legitimation	62,5%	100%	100%	62,5%	100%	100%
	Richtlinienkompetenz	75%	87,5%	100%	62,5%	87,5%	75%
	Misstrauensvotum	62,5%	62,5%	100%	62,5%	62,5%	87,5%
2	Nullsummenspiel	37,5%	75%	87,5%	37,5%	75%	87,5%
	Strukturwandel	75%	75%	87,5%	50%	75%	62,5%
	Globalisierung	75%	100%	100%	75%	100%	100%
3	Opposition	87,5%	87,5%	87,5%	50%	87,5%	62,5%
	Demokratie	100%	87,5%	87,5%	100%	100%	100%
	Willensbildung	62,5%	75%	87,5%	50%	50%	75%
	Wiedererkennungsleistung	**82,4%**			**75,5%**		
	Items	Original	Markierung	Infokasten	Original	Markierung	Infokasten
1	Legitimation	0%	37,5%	75%	0%	37,5%	62,5%
	Richtlinienkompetenz	12,5%	12,5%	75%	0%	0%	0%
	Misstrauensvotum	62,5%	62,5%	87,5%	12,5%	12,5%	25%
2	Nullsummenspiel	0%	25%	50%	12,5%	12,5%	37,5%
	Strukturwandel	37,5%	37,5%	75%	12,5%	0%	25%
	Globalisierung	12,5%	62,5%	87,5%	0%	12,5%	62,5%
3	Opposition	37,5%	62,5%	75%	12,5%	37,5%	50%
	Demokratie	50%	100%	100%	50%	75%	75%
	Willensbildung	0%	37,5%	25%	0%	12,5%	12,5%
	Produktionsleistung	**48,1%**			**24,1%**		

und erläutert werden sollten. Eine einfache Hervorhebung der Begriffe trägt zwar zur Fokussierung auf diese bei, jedoch kann aufgrund der durch die zusätzliche Erläuterung explizit gegebene lexikalisch-semantische Information eine stabilere Repräsentation eines Begriffs im mentalen Lexikon angelegt werden. Dies soll jedoch nicht als Argument oder gar Plädoyer dafür verstanden werden, dass Wortschatzarbeit im Unterricht sich allein auf die Vorgabe von „Wort-Definitionen" beschränken soll – ganz im Gegenteil. Vor dem Hintergrund, dass ein neues Wort bei der Übernahme in das mentale Lexikon in ein bestehendes Netzwerk eingegliedert werden muss, ist die Auseinandersetzung und die Beschäftigung mit dem Wort essentiell. So plädieren Brandt und Gogolin (2016) in ihrem Phasenmodell zur Wortschatzförderung dafür, dass Lernende die Gelegenheit haben

müssen, Wortbedeutungen und relevante Merkmale der Wortform sich selbstständig und im Austausch mit anderen zu erarbeiten. Im Unterricht kann dies bspw.
durch das Anlegen von „Schlüsselwort-Tabellen" oder das Führen eines Glos-
sars realisiert werden (vgl. Tajmel & Hägi-Mead, 2017). Dies ließe sich mit der
Arbeit bzw. dem Lesen eines Sachtextes verbinden, indem die Schüler:innen für
wichtige bzw. neue Fachbegriffe ein eigenes Informationsfeld erstellen. Ob die
Schüler:innen hierbei Begriffe bearbeiten, die von der Lehrkraft im Zuge der
Unterrichtsplanung als wichtig bzw. neu eingestuft wurden oder ob sich hierbei
auf von den Schüler:innen als wichtig oder neu identifizierte Begriffe konzentriert
wird, obliegt der Lehrkraft.

Anhang

Sachtext 1

Riedel, H. (2016). Politik & Co. – Rheinland-Pfalz, Sozialkunde für das
Gymnasium. Bamberg: CC. Buchner, S. 199–200.

Wie mächtig ist der Bundeskanzler?
Der Bundeskanzler wird häufig als mächtigster politischer Akteur in Deutschland bezeichnet. Dies liegt daran, dass er sowohl gegenüber dem Parlament eine
besondere Rolle einnimmt als auch innerhalb der Bundesregierung über eine Sonderrolle verfügt. So wird innerhalb der Bundesregierung nur der Bundeskanzler
direkt vom Bundestag gewählt. Alle anderen Mitglieder der Regierung werden auf seinen Vorschlag hin vom Bundespräsidenten ernannt. Damit verfügt er
über eine besondere demokratische Legitimation. Innerhalb der Bundesregierung
besitzt der Bundeskanzler die Richtlinienkompetenz. Das bedeutet, dass er die
Grundlinien der Politik, also die allgemeine politischen Ausrichtung der Regie-
rungspolitik, bestimmen kann. Gegen den Willen des Kanzlers kann innerhalb der
Regierung keine Entscheidung getroffen werden. Das Kabinett kann ihn nicht einfach überstimmen. Wie der Bundeskanzler diese Richtlinienkompetenz ausfüllen
kann, hängt entscheidend von seiner Persönlichkeit, seiner Beliebtheit innerhalb
der Bevölkerung und seinem Regierungsstil ab. Seine Macht ist natürlich dann
beschränkt, wenn es mit einer Koalition aus verschiedenen Parteien regiert, da er
auf andere Parteien einen geringeren Einfluss besitzt.

Auch gegenüber dem Parlament verfügt er über eine Sonderrolle. Wenn der
Bundeskanzler den Eindruck hat, dass die Mehrheit der Abgeordneten im Parlament seine Politik nicht mehr unterstützt, dann kann er im Deutschen Bundestag

die Vertrauensfrage stellen. Wird er nicht mehr von der Mehrheit der Abgeordneten unterstützt, so kann er Neuwahlen herbeiführen. Viele Ab-geordnete fürchten bei Neuwahlen um ihre Wiederwahl und werden so den Kanzler eher Unter-Stützen. Aber wehrlos ist das Parlament beileibe nicht. Das Parlament verfügt über ein starkes Machtmittel: das konstruktive Misstrauensvotum. Über das konstruktive Misstrauensvotum kann das Parlament den Kanzler und damit die gesamte Regierung abwählen. Das Parlament muss dazu allerdings einen neuen Kanzler wählen, weswegen das Misstrauensvotum „konstruktiv" – durch die Wahl eines Nachfolgers – und nicht „destruktiv" – durch die reine Abwahl eines Kanzlers – ist.

Sachtext 2

Riedel, H. (2016). Politik & Co. – Rheinland-Pfalz, Sozialkunde für das Gymnasium. Bamberg: CC. Buchner, S. 155.

Keine Angst vor der Globalisierung?
Die Globalisierung hat nicht alle Probleme der Welt gelöst. Sie hat im einen oder anderen Fall zu wirtschaftlichem Abstieg, zu mehr Unsicherheit, zu mehr Stress und zu Unzufriedenheit geführt. Sie hat aber in den letzten fünfzig Jahren den Lebensstandard der Massen insgesamt verbessert. Die meisten Menschen leben länger und gesünder als jemals zuvor in der Weltgeschichte. Der großen Mehrheit geht es materiell wesentlich besser als ihren Vorfahren. Das gilt ganz besonders für Deutschland. Trotzdem glauben viele, dass es ihnen schlechter geht als in früheren Jahren – sie haben zwar nicht in absoluten Größen weniger, aber ihr Abstand zur Spitze ist gewachsen, ihre Besitzstände sind in Gefahr, und sie ziehen den bekannten Status quo der unbekannten Zukunft vor.
Globalisierung ist kein Nullsummenspiel, bei dem der eine nur das gewinnen kann, was der andere verliert. Sie hebt die Boote insgesamt, aber eben nicht alle mit einer Welle. Deshalb ist die Feststellung richtig, dass sich in den letzten Jahren die Schere zwischen Arm und Reich weiter geöffnet hat. Aber in Asien und Lateinamerika haben gerade die Länder aufgeholt, die sich globalisiert haben. Afrika ist zurückgefallen, denn der Kontinent ist in weiten Teilen von der Globalisierung abgeschnitten. […] Stellenverluste sind nämlich nicht deren Folge, sondern die Folge eines stetigen Strukturwandels, den keine Macht der Welt aufhalten kann. Auch die Globalisierung verhindert nicht, dass Menschen ihre Jobs verlieren. Sie hilft jedoch nachhaltiger als jede Alternative, neue Jobs zu schaffen. Richtig ist, dass sie das Tempo der Veränderungen beschleunigt hat. Das ist aber nicht neu. Der Strukturwandel war schon immer eine feste Konstante der Mehrheitsgeschichte. Mal läuft es schneller, mal läuft es langsamer, immer aber vernichtet es alte Arbeitsplätze und schafft neue.

Sachtext 3

Riedel, H. (2006). Politik & Co. – Rheinland-Pfalz, Sozialkunde für das Gymnasium. Bamberg: CC. Buchner, S. 181.

Die Aufgaben der Parteien.

Die politischen Parteien wirken an der politischen Willensbildung des Volkes vornehmlich durch die Beteiligung an den Wahlen mit, die ohne die Parteien nicht durchgeführt werden könnten. Sie stellen, sofern sie die Regierung stützen, die Verbindung zwischen Volk und politischer Führung her und erhalten sie aufrecht. Als Parteien der Minderheit bilden sie die politische Opposition und machen sie wirksam. Sie sind als Mittler beteiligt am Prozess der Bildung der öffentlichen Meinung. Sie sammeln die auf die politische Macht und ihre Ausübung gerichteten Meinungen, Interessen und Bestrebungen, gleichen sie in sich aus, formen sie und versuchen, ihnen auch im Bereich der staatlichen Willensbildung Geltung zu verschaffen. In der modernen Demokratie üben die politischen Parteien entscheidenden Einfluss auf die Besetzung der obersten Staatsämter aus. Sie beeinflussen die Bildung des Staatswillens, indem sie in das System der staatlichen Institutionen und Ämter hineinwirken, und zwar insbesondere durch Einflussnahme auf die Beschlüsse und Maßnahmen von Parlament und Regierung.

Ohne die politischen Parteien können aber in der modernen Demokratie Wahlen nicht durchgeführt werden. Vornehmlich durch die Wahlen entscheiden die Aktivbürger über den Wert des Programms einer politischen Partei und über ihren Einfluss auf die Bildung des Staatswillen. Die Aktivbürger können diese Entscheidung nicht sinnvoll treffen, ohne dass ihnen zuvor in einem Wahlkampf die Programme und Ziele der verschiedenen Parteien dargelegt werden. Erst durch einen Wahlkampf werden viele Wähler bestimmt, zur Wahl zu gehen und ihre Entscheidungen zu treffen. Das Gericht hat mehrfach betont, dass die politischen Parteien vornehmlich Wahlvorbereitungsorganisationen sind und dass sie an der politischen Willensbildung des Volkes vor allem durch Beteiligung an den Parlamentswahlen mitwirken.

Literatur

Aitchison, J. (1997). *Wörter im Kopf: Eine Einführung in das mentale Lexikon.* Tübingen: Niemeyer.
Apeltauer, E. (2008). Wortschatzentwicklung und Wortschatzarbeit. In B. Ahrenholz & I. Oomen-Welke (Hrsg.), *Deutsch als Zweitsprache* (S. 239–252). Baltmannsweiler: Schneider Hohengehren.

Baayen, R. H. (2008). *Analyzing linguistic data: A practical introduction to statistics using R/Harald Baayen.* Cambridge: Cambridge University Press.

Barr, D. J., Levy, R., Scheepers, C., & Tily, H. J. (2013). Random effects structure for confirmatory hypothesis testing: Keep it maximal. *Journal of Memory and Language, 68*(3), 255–278.

Bates, D., Mächler, M., Bolker, B., & Walker, S. (2015). Fitting Linear Mixed-Effects Models Using lme4. *Journal of Statistical Software, 67*(1), 1–48.

Brandt, H., & Gogolin, I. (2016). *Sprachförderlicher Fachunterricht. Erfahrungen und Beispiele.* Münster/ New York: Waxmann.

Busse, V. (2019). Umgang mit Mehrsprachigkeit und sprachsensibler Unterricht aus pädagogischer Sicht: Ein einführender Überblick. In M. Butler & J. Goschler (Hrsg.), *Sprachsensibler Fachunterricht: Chancen und Herausforderungen aus interdisziplinärer Perspektive* (S. 1–33). Wiesbaden: VS Verlag.

Carey, S. (1987). The child s word learner. In M. Halle, G. Miller, & J. Bresnan (Hrsg.), *Linguistic theory and psychological reality* (S. 264–293). Cambridge; MA: MIT Press.

Carey, S., & Bartlett, E. (1978). Acquiring a Single New Word. *Papers and Reports on Child Language Development, 15*, 17–29.

Dannenbauer, F. (1997). *Mentales Lexikon und Wortfindungsprobleme. Die Sprachheilarbeit, 42*, 4–21.

Dickinson, D. K. (1984). First impressions: Children's knowledge of words gained from a single exposure. *Applied Psycholinguistics, 5*, 359–373.

Dittmann, J. (2002). Wörter im Geist. Das mentale Lexikon. In J. Dittmann & C. Schmidt (Hrsg.), *Über Wörter: Grundkurs Linguistik* (S. 283–310). Freiburg im Breisgau: Rombach.

Dollaghan, C. (1985). Child meets word: 'Fast Mapping' in preschool children. *Journal of Speech and Hearing Research, 28*, 449–454.

Harden, T. (2014). Wo sind die Wörter im Kopf und wie greift man darauf zu? In E. Hentschel & T. Harden (Hrsg.), *Einführung in die germanistische Linguistik* (S. 15–29). Bern: Lang.

Heibeck, T., & Markman, E. (1987). Word learning in children: An examination of fast mapping. *Child Development, 58*, 1021–1034.

Holtmann, E. (2014). *Politik-Lexikon.* München: R. Oldenbourg Verlag.

Jaeger, T. F. (2008). Categorical data analysis: Away from ANOVAs (transformation or not) and towards logit mixed models. *Journal of Memory and Language, 59*(4), 434–446.

Karas, M. (2016). Zum Einfluss unterschiedlicher Einführungskontexte auf die Fast-Mapping-Leistungen von Vorschulkindern mit Deutsch als Zweitsprache. In I. Barkow & C. Müller (Hrsg.), *Frühe sprachliche und literale Bildung* (S. 11–26). Tübingen: Narr Francke Attempto.

Kauschke, C., Nutsch, C., & Schrauf, J. (2012). Verarbeitung von konkreten und abstrakten Wörtern bei Kindern im Schulalter. *Zeitschrift für Entwicklungspsychologie und Pädagogische Psychologie, 44*, 2–11.

Kilian, J. (2019). Adaptive Wortschatzarbeit. In C. Hochstadt & R. Olsen (Hrsg.), *Handbuch Deutschunterricht und Inklusion* (S. 353–369). Weinheim und Basel: Beltz.

Kilian, J. (2011a). Wortschatzerwerb aus entwicklungspsychologischer, linguistischer und sprach-didaktischer Perspektive. In I. Pohl & W. Ulrich (Hrsg.), *Wortschatzarbeit* (S. 85–106). Schneider Verlag Hohengehren.

Kilian, J. (2011b). Kritische Wortschatzarbeit. In I. Pohl & W. Ulrich (Hrsg.), *Wortschatzarbeit* (S. 330–347). Schneider Verlag Hohengehren.

Kilian, J. (2011c). Wortschatzerweiterung und Wortschatzvertiefung. In I. Pohl & W. Ulrich (Hrsg.), *Wortschatzarbeit* (S. 133–142). Schneider Verlag Hohengehren.

Kultusministerkonferenz. (2022a). *Bildungsstandards für das Fach Deutsch Primarbereich.* Abgerufen von https://www.kmk.org/fileadmin/Dateien/veroeffentlichungen_besc hluesse/2022/2022_06_23-Bista-Primarbereich-Deutsch.pdf [2.10.2022]

Kultusministerkonferenz. (2022b). *Bildungsstandards für das Fach Deutsch Erster Schulabschluss (ESA) und Mittlerer Schulabschluss (MSA).* Abgerufen von https://www.kmk. org/fileadmin/veroeffentlichungen_beschluesse/2022/2022_06_23-Bista-Primarbereich-Deutsch.pdf [2.10.2022]

Leisen, J. (2013). *Handbuch Sprachförderung im Fach. Sprachsensibler Fachunterricht in der Praxis.* Stuttgart: Klett.

Leisen, J. (2012). Der Umgang mit Sachtexten im Fachunterricht. *leseforum.ch. Online-Plattform für Literalität, 2012 (3),* 1–15. Abgerufen von http://leseforum.ch/Leisen_ 2012_3.cfm [2.10.2022]

Luger, V. (2006). *Versprecher: Voraussetzungen – Entstehung – Interpretation des mentalen Lexikons.* Saarbrücken: VDM Dr. Müller.

Michalak, M., Lemke, V., & Goeke, M. (2015). *Sprache im Fachunterricht: Eine Einführung in Deutsch als Zweitsprache und sprachbewussten Unterricht.* Tübingen: Narr Francke Attempto.

Nagy, W. E., Herman, P. A., & Anderson, R. C. (1985). Learning words from context. *Reading Research Quarterly, 20*(2), 233–253.

Nagy, W. E., Anderson, R. C., & Herman, P. A. (1987). Learning Word Meanings from Context during Normal Reading. *American Educational Research Journal, 24*(2), 237–277.

Neveling, C. (2004). *Wörterlernen mit Wörternetzen: Eine Untersuchung zu Wörternetzen als Lernstrategie und als Forschungsverfahren.* Tübingen: Narr.

Nodari, C. & Steinmann, C. (2008). *Fachdingsda. Fächerorientierter Grundwortschatz für das 5.-9. Schuljahr.* Buchs: Lehrmittelverlag des Kantons Aargau.

R Development Core Team. (2012). *R: A Language and Environment for Statistical Computing.* Vienna: R foundation for Statistical Computing. Abgerufen von http://www.R-pro ject.org./ [2.10.2022]

Papafragou, A., Trueswell, J. C., & Gleitman, L. R. (2022). *The Oxford Handbook of the Mental Lexicon.* Oxford: Oxford University Press.

Pohl, I., & Ulrich, W. (2011). *Wortschatzarbeit.* Baltmannsweiler: Schneider Verlag Hohengehren.

Riedel, H. (2006). *Politik & Co. – Rheinland-Pfalz, Sozialkunde für das Gymnasium.* Bamberg: CC. Buchner, S. 181.

Riedel, H. (2016). *Politik & Co. – Rheinland-Pfalz, Sozialkunde für das Gymnasium.* Bamberg: CC. Buchner, S. 199–200.

Rice, M. L., & Woodsmall, L. (1988). Lessons from Television: Children's Word Learning When Viewing. *Child Development, 59*(2), 420–429.

Rothweiler, M. (1999). Neue Ergebnisse zum fast mapping bei sprachnormalen und bei sprachentwicklungsgestörten Kindern. In M. Rothweiler & J. Meibauer (Hrsg.), *Das Lexikon im Spracherwerb* (S. 252–295). Tübingen: Francke.

Rothweiler, M. (2001). *Wortschatz und Störungen des lexikalische Erwerbs bei spezifisch sprachentwicklungsgestörten Kndern.* Heidelberg: Winter.

Rothweiler, M. & Kauschke, C. (2007). Lexikalischer Erwerb. In H. Schöler & A. Welling (Hrsg.), *Sonderpädagogik der Sprache* (S. 42–57). Göttingen: Hogrefe.

Rothweiler, M. & Meibauer, J. (1999). Das Lexikon im Spracherwerb – Ein Überblick. In M. Rothweiler & J. Meibauer (Hrsg.), *Das Lexikon im Spracherwerb* (S. 9–31). Tübingen: Francke.

Schleppegrell, M. J. (2004). *The language of schooling. A functional linguistics perspective.* Mahwah, NJ: Erlbaum.

Schmölzer-Eibinger, S., Dorner, M., Langer, E., & Helten-Pacher, E. (2013). *Sprachförderung im Fachunterricht in sprachlich heterogenen Klassen.* Stuttgart: Klett.

Tajmel, T. & Hägi-Mead, S. (2017). Sprachbewusste Unterrichtsplanung: Prinzipien, Methoden und Beispiele für die Umsetzung. Münster: Waxmann.

Ulrich, W. (2011). Das Verhältnis von allgemeiner Sprachkompetenz und Wortschatzkompetenz. In I. Pohl & W. Ulrich (Hrsg.), *Wortschatzarbeit* (S. 127–132). Baltmannsweiler: Schneider Hohengehren.

Schulbücher

Baack, K., Göbel, R., Maier, A., Marx, U., Remé, R., & Seitz, H.-J. (2013). *NATURA 1 – Biologie für Gymnasien.* Stuttgart: Klett.

Jägersküpper, K., Jebbink, K., Kempf, D., Otto, K-H., Schmalor, H., & Strebe, S. (2019). *Seydlitz Geographie 1.* Gymnasium Nordrhein-Westfalen. Braunschweig: Westermann.

Michaelis, C., & Thyen, A. (Hrsg.). (2013). *Wege – Werte – Wirklichkeiten. 5/6.* München: Oldenbourg Schulbuchverlag.

Klimatext. Eine Interventionsstudie zur Förderung bildungssprachlicher Textkompetenzen in hybriden Lernsettings

Mareike Fuhlrott

1   Einleitung

„Ich wusste nicht was ich sonst noch schreiben soll. Ich finde man hätte die Aufgabenstellung noch ausführlicher gestalten können. Ich wusste nicht ob ich hätte noch mehr schreiben sollen oder welche Punkte ich nennen sollte.:/"
(Schüler:innen-Kommentar zu einer Schulbuchaufgabe nach dem Lösen, 6. Klasse, Gymnasium. Fragebogenerhebung, 1, 26).

Um Schulbuchaufgaben zu bearbeiten, benötigt es fachliche, fachsprachliche und bildungssprachliche Kompetenzen, die oft vorausgesetzt, aber selten in Aufgabenstellungen expliziert werden. Aus schreibdidaktischer Perspektive besteht weitestgehend Konsens darüber, dass der Einsatz expliziter Schreibaufgaben im Fachunterricht der Ausbildung der Sprachhandlungskompetenz dient (Steinhoff, 2019; Becker-Mrotzek & Lemke, 2022), entsprechende Aufgaben jedoch selten etablierter Teil der Aufgabenkultur(en) der Fächer sind. Die Forderung nach mehr Schreibaufgaben im Fachunterricht einerseits und das gleichzeitige Fehlen dieser andererseits hängen nicht zuletzt mit dem Stellenwert des Schreibens im Fach zusammen. Studien zeigen, dass in den Sachfächern wenig geschrieben wird (Thürmann et al., 2015; Decker & Hensel, 2020; Sturm & Beerenwinkel, 2020). Lupschina geht auf diesen Erkenntnissen aufbauend 2021 während der Corona-Pandemie in einem Blogbeitrag unter dem Thema *Geschichte digital* auf etablierte Aufgaben des Fachunterrichts ein und ergänzt, dass der Konzeption

M. Fuhlrott (✉)
Universität Siegen, Germanistik, Siegen, Deutschland
E-Mail: mareike.fuhlrott@uni-siegen.de

J. Goschler et al. (Hrsg.), *Empirische Zugänge zu Bildungssprache und bildungssprachlichen Kompetenzen*, Sprachsensibilität in Bildungsprozessen, https://doi.org/10.1007/978-3-658-43737-4_8

fachlicher Aufgaben die Idee der „Omnipräsenz der Lehrkraft" innewohnt, was zu einer Dominanz von „(Ein-Satz-)Aufgaben in normierter Befehlsform […]" mit unklaren Operatoren führt. Diese Aufgaben werden jedoch nicht nur im Präsenzunterricht mit Lehrkraft, sondern auch im (digitalen) Distanzunterricht ohne Lehrkraft eingesetzt. Aus schreibdidaktischer Perspektive ist empirisch ungeklärt, wie diese *(Ein-Satz-)Aufgaben* gestaltet sind, was sie zu dem macht, was sie sind und wie Schüler:innen mit ihnen umgehen.

Das folgende Beispiel aus dem Physiklehrwerk Dorn/Bader Physik 1, NRW (Müller, 2019) zeigt eine entsprechende Aufgabe mit dem Operator *erklären*:

> „Erkläre, warum der Eisbär (Bild **B1**) zum Symbol des Klimawandels geworden ist." (S. 33, Aufgabe 1, Hervorhebungen i. O.).

Die Erkläre-warum-Aufgabe aus dem Physik-Lehrwerk kann sowohl mündlich als auch schriftlich, mit unterschiedlichen Erwartungen an das Lösungsprodukt (z. B. Stichpunkte/Fließtext), im Unterricht oder als Hausaufgabe eingesetzt werden.

Diese sprachbezogene Offenheit macht die Aufgabe einerseits flexibel; es obliegt somit aber andererseits der Lehrkraft, die Aufgabe mit einer schreibförderlichen Kontur zu versehen, wenn schreibbezogene Kompetenzen regelmäßig im Fachunterricht gefördert werden wollen. Dies stellt hohe Anforderungen an Lehrkräfte in Bezug auf Zeit und Profession. Es könnte jedoch gerade für die Differenzierung von Unterricht sinnvoll sein, sprachliche Hilfen an Schulbuchaufgaben zu binden (Bramann & Kühberger, 2021).

Welcher Stellenwert sprachlichen Unterstützungsangeboten für Schüler:innen in Aufgaben bislang zukommt und ob eine schreibfördernde Optimierung von Schulbuchaufgaben nicht nur dem sprachlichen, sondern auch dem fachlichen Lernen dienlich sein kann, stellt das Erkenntnisinteresse der Mixed-Methods-Studie *Sachfachliche Schreib-Lernaufgaben* (Fuhlrott, 2023) mit der Teilstudie *Klimatext* dar, deren Pilotierung in diesem Beitrag beschrieben wird.

Die Studie *Sachfachliche-Schreib-Lernaufgaben* gliedert sich in zwei Studienteile. Einer Qualitativen Inhaltsanalyse mit Quantifizierung und einer auf der Inhaltsanalyse aufbauenden Interventionsstudie mit dem Projektnamen *Klimatext*. Inhaltsanalytisch wurden im Rahmen des ersten Studienteils 1357 Schulbuchaufgaben aus den Fächern Wirtschaft-Politik und Physik der Erprobungsstufe des Gymnasiums (NRW) mithilfe eines deduktiv-induktiven Kategoriensystems untersucht, Häufigkeiten beschrieben und fachverbindende Aufgabenmerkmale typisiert. Erhoben wurden das Vorhandensein/Nicht-Vorhandensein direkter medialer Instruktionsmerkmale zum Lesen und Schreiben, der Anteil einer expliziten Adressat:innenorientierung in expliziten Schreibaufgaben und der Anteil sprachlicher Hilfen.

Die Ergebnisse der Qualitativen Inhaltsanalyse zeigen bislang, dass rund 80 % aller Aufgaben nicht-sequenzierte Aufgaben darstellen, die den beschriebenen *(Ein-Satz-)Aufgaben* ähnlich sind, und explizite Schreibaufgaben mit sprachlichen Hilfen selten sind oder gar nicht in der Stichprobe vorkommen. Mit der Interventionsstudie *Klimatext* wird im Anschluss an die Aufgabenanalyse das Lernpotenzial entsprechender Aufgaben und optimierter Varianten untersucht.

Das Lernsetting der Intervention ist als hybride Lernumgebung konzipiert, welche die Entwicklung digitaler Lehrwerke berücksichtigt. Innerhalb des hybriden Arrangements sollen Chancen von digitalen und analogen Elementen für das kognitiv-sprachliche Lernen in der Erprobungsstufe kombiniert werden. Dabei orientieren sich die Entscheidungen für Elemente des Arrangements an dem Weg des schüler:innenseitigen Aufgabenlösens. Dieser beginnt beim Vorwissen der Lernenden, geht über das Lesen und Verstehen der Aufgabe und des Schulbuchtextes, weiter über das schriftliche Aufgabenlösen und die Überprüfung des eigenen Ergebnisses und endet idealerweise im fachlichen und sprachlichen Lernzuwachs.

Ausgerichtet auf das kognitiv-sprachliche Verstehen finden die Planung und der Transfer der Lerninhalte in das Gedächtnis über das Handschreiben statt, da dieses im Gegensatz zum Tastaturschreiben effektiver für das kognitive Lernen genutzt werden kann (van der Meer & van der Weel, 2017). Die geplante Aufgabenlösung wird anschließend von den Schüler:innen mit einem Tablet mit Tastatur geschrieben und überarbeitet, da sich die Nutzung nach aktuellem Forschungsstand positiv auf das erfolgreiche Überarbeiten und die Textqualität auswirkt (Anskeit, 2019; Philipp, 2020). Voraussetzung ist, dass Basiskompetenzen im Bereich des Tastaturschreibens bestehen.

Die Schreibumgebung ist so gestaltet, dass keine weiterführenden Bedienungshilfen, Online-Ressourcen oder KIs von den Schüler:innen für das Recherchieren oder Schreiben genutzt werden können, um externe Einflüsse auszuschließen. Da der Fachwissenserwerb einerseits und die Wirkung der Schreibaufgabe auf die kognitiv-sprachliche Performanz der Schüler:innen andererseits überprüft werden sollen, ist es wichtig, die Gruppen und Rahmenbedingungen konstant zu halten. Automatisierung wird in der Umsetzung des Lernarrangements für die Auswertung und Evaluation der Lernstände genutzt, sodass Teile der Lernergebnisse zeitnah eingesehen und Verstehenshürden während der Erhebung identifiziert und ggf. abgebaut werden können. Dies ist vor allem im Bereich des Lesens und der Textkomplexität wichtig, denn wenn das Vorwissen in einem ersten Schritt fehlt oder der Schulbuchtext in einem zweiten Schritt nicht verstanden wird, dann kann die Aufgabe in einem dritten Schritt nicht schriftlich gelöst werden.

Dies ist auch der Grund, warum ein analoges Lese-Setting genutzt wird, da empirische Befunde tendenziell dafür sprechen, dass bei aktueller Technologie und Anwendung analoge Sachtexte (noch?) besser verstanden werden als solche, die auf einem Bildschirm präsentiert werden (Clinton, 2019; Philipp, 2020). Neben dem Mediumseffekt ist auch die Anwendung von ordnenden Lesestrategien auf einem kleinen Bildschirm noch nicht ganz so leicht umsetzbar, wie dies mit einem Textmarker auf gedrucktem Papier möglich ist. Es fehlen Lesestrategien für digitale Texte und Lehrwerke im schulischen Kontext, die oftmals auf Tablets präsentiert werden (Bordin, i.V.).

Anzumerken ist jedoch, dass es überhaupt erst über die digitale Darstellung von Schulbuchtexten zunehmend möglich wird, Inhalte und Textstellen zu markieren oder zu kommentieren. Denn ausgeliehene, analoge Schulbücher und ihre Doppelseiten konnten lange Zeit ausschließlich in Kopie für entsprechende Zwecke aufbereitet werden. Auch das Hinzufügen und Ausblenden von Elementen oder das punktuelle Einbinden von weiterem Material und ergänzenden Anwendungen stellen lernförderliche Möglichkeiten von digitalen Lehrwerken dar.

Grundlegend werden drei Formen des digitalen Schulbuchs unterschieden, die verschieden stark an das gedruckte Schulbuch und konventionelle Aufgabenformate anlehnen: Erstens eine digitale Form des Printmediums mit Aufgabenformaten des Printmediums, zweitens eine hierauf aufbauende Form, die interaktive Medien und veränderbare Arbeitsblätter integriert und darüber hinaus das Schulbuch für die weiterführende Nutzung digitaler Angebote öffnet, sowie drittens Formate, die stärker Abstand von der konventionellen Form des Schulbuchs und entsprechenden Aufgabenformaten nehmen, neue, interaktive Aufgaben integrieren und mit automatisierten Lernstandserhebungen verbinden. Bei Letzterem avanciert das Schulbuch zum individuellen Lernbegleiter (Eickelmann & Jarsinski, 2018).

Das hybride Setting der Interventionsstudie *Klimatext* steht zwischen dem zweiten und dritten Ansatz. Genutzt wird eine fachverbindende Erarbeitungsaufgabe in der 6. Klasse des Gymnasiums, bei der begründete Zusammenhänge zwischen Ressourcenschonung und nachhaltigem Handeln von Schüler:innen schriftlich erklärt werden. Didaktisches Ziel ist es, deklaratives Wissen und sprachliches Wissen innerhalb der Ausbildung des systemischen Denkens und der Multiperspektivität im Rahmen einer Bildung für nachhaltige Entwicklung (BNE) zu fördern (Anders et al., 2021; MSW – NRW, 2019). Betrachtet man Material für das deklarative Lernen im Bereich BNE, dann fällt auf, dass viele

Aspekte für die Weiterentwicklung von Aufgaben bereits genutzt werden, wie die Ausrichtung auf eine fachverbindende Perspektive, die Berücksichtigung ganzheitlicher Ansätze, eine starke Berücksichtigung von Handlungsorientierung und realem Lebensweltbezug sowie die Förderung des systemischen und kritischen Denkens (UNESCO MGIEP, 2017).

Der Aspekt der Sprache für das Lernen im Sinne einer durchgängigen Sprachbildung auf Aufgabenebene scheint bislang jedoch weniger berücksichtigt zu werden. Hier möchte das Interventionsprojekt einen Beitrag leisten.

Im Folgenden wird das geplante Forschungsdesign vorgestellt. Anschließend werden Einblicke in die Pilotierung gegeben und die hieraus abgeleiteten Konsequenzen für eine Weiterentwicklung der Studie *Klimatext* skizziert.

2 Die Interventionsstudie *Klimatext*

In abgeschlossenen und laufenden Interventionsstudien zu sprachbildendem und sprachsensiblem Fachunterricht werden das genrebasierte und sprachhandlungsbezogene Lernen (etwa in den Projekten *BiSu*, Anskeit & Steinhoff, 2019 oder *SchriFT I* und *II*, Roll et al., 2019, 2022), die Durchführung sprachsensibler Unterrichtseinheiten (Wey, 2022) oder Implementationen in den Fachunterricht, wie digitale Tools, untersucht (etwa im Projekt *EdToolS*, Becker-Mrotzek, Woerfel & Michels; vgl. Becker-Mrotzek et al., 2020). Von Interesse sind oftmals einerseits Effekte ganzer Lernarrangements oder einzelner Variablen auf die Schreibprodukte der Schüler:innen und andererseits Effekte auf das fachliche Lernen. Einige (Teil-)Studien beziehen sich direkt oder indirekt auf Material aus Lehrwerken und setzen textprozedurale Hilfen ein, um Textkompetenzen von Schüler:innen zu fördern.

Der Ansatz der *Textprozeduren*, der ursprünglich aus der Schreibdidaktik (Feilke, 2010) stammt und für den Deutschunterricht (Rüßmann et al., 2016; Anskeit, 2019) und den Fachunterricht bereits in Studien in Bezug auf mündliche (Steinhoff et al., 2020) und schriftliche (Anskeit & Steinhoff, 2019) Kompetenzen überprüft wurde, wird zunehmend für die Konstruktion schreibförderlicher Aufgaben empfohlen. *Textprozeduren* sind konzeptionell schriftliche, bildungssprachliche Textroutinen, welche aus einem *Texthandlungsschemata* (z. B. *definieren*) und einem *Ausdruck* (*X bedeutet, dass man…*) bestehen. Texthandlungsschemata können in vielen Fällen mit Operatoren (*erklären, erläutern, erörtern* usw.) ausgedrückt werden (Feilke & Rezat, 2019; 2021; Steinhoff, 2019; Struger, 2018), wobei diese als Prompts dienen, um sprachliches Handeln zu orientieren und Formulierungsmöglichkeiten einzugrenzen. Auf Ausdrucksebene sind sie mit

Redemitteln vergleichbar, wie sie aus dem Fremdsprachenunterricht bekannt sind. Wie oben dargestellt, ist anzunehmen, dass entsprechende sprachliche Hilfen in fachlichen Schulbuchaufgaben selten genutzt werden, auch wenn Operatoren sprachhandlungsbezogene Anforderungen zeitgleich an Schüler:innen stellen (Feilke & Rezat, 2019).

Vor dem Hintergrund der Diskussion um epistemische Effekte und Wechselwirkungen von Lesen, Schreiben und Fachwissenserwerb (Philipp, 2020; 2021) und auf der Grundlage des aktuellen Forschungsstandes sollte der Anspruch an schreibförderliche Aufgaben für den Fachunterricht mindestens sein, dass eingesetzte Aufgaben ein Verstehen der fachlichen Inhalte nicht negativ beeinflussen, bestenfalls positiv begünstigen, und dabei Sprachhandlungskompetenzen im Fachunterricht fördern. Das Ziel, epistemische Effekte des Schreibens nachzuweisen, zeigt sich in vielen Studien als hoch angesetztes Ziel. Dies hängt nicht zuletzt mit den Herausforderungen der Testkonstruktion zusammen. Das Fachwissen in Interventionsstudien zu kontrollieren, erscheint jedoch auch in kleinerem Umfang sinnvoll. Denn neue Aufgabenformate machen für den Unterricht nur dann einen Sinn, wenn sie auch dem inhaltlichen Lernen dienen Überdies beeinflusst das Vorwissen die Lösungswahrscheinlichkeit einer Aufgabe.

In der Interventionsstudie *Klimatext* werden vor diesem Hintergrund die Förderung der Sprachhandlungskompetenz über das Lösen *kleiner* Aufgaben (Sturm & Beerenwinkel, 2020; Becker-Mrotzek & Lemke, 2022) und mögliche Potenziale für das sprachliche und fachliche Lernen untersucht, die mit praxistauglichen und direkt in das fachliche Lernen integrierten Aufgabenoptimierungen verbunden sind. Genutzt werden Schemaprofilierungen als Operatoren, die mit Ausdruckshilfen verbunden werden, sowie eine Sequenzierung der Aufgabenstellung mit expliziten schreibbezogenen Instruktionsmerkmalen. Dabei werden Gruppeneffekte mithilfe eines Pre-Posttest-Vergleichs erhoben. Es sind zwei Interventionszeitpunkte vorgesehen.

Da in der Unterrichtsforschung Kontrollgruppen häufig als Regelunterrichtsgruppen konstruiert sind und in der vorliegenden Studie beide Gruppen ein Arrangement durchlaufen, wobei ausschließlich die unabhängige Variable (UV) *Aufgabenstellung* variiert wird, liegt ein Zwei-Interventionsgruppendesign vor. Interventionsgruppe I1 erhält in beiden Interventionen eine auf der Aufgabenanalyse aufbauende idealtypisch konstruierte Schulbuchaufgabe, I2 die gleiche Aufgabenstellung, welche mit expliziten schreibförderlichen Merkmalen ergänzt wird. Für beide Gruppen ist eine Stichprobengröße von n = 43 geplant. Beide Gruppen nehmen an einem Pretest (t1) teil, der neben personenbezogenen Merkmalen und Kontrollvariablen (Leseverstehen, Formulierungskompetenz, fachliches und sprachliches Selbstkonzept, Schreibflüssigkeit, Umgang mit dem

Tab. 8.1 Übersicht über das geplante Design der Haupterhebung der Studie „Klimatext"

	Pretest (t1) + Tablet-Schulung	Intervention	Intervention	Posttest (t2)
I1	Fachwissen Kontrollvariablen	Idealtypische Schulbuchaufgabe	Idealtypische Schulbuchaufgabe AV^2: BS-Qualität	AV^1: Fachwissen Evaluation
I2	Fachwissen Kontrollvariablen	Schreibförderliche Optimierung	Schreibförderliche Optimierung AV^2: BS-Qualität	AV^1: Fachwissen Evaluation

Tablet und der Tastatur) das Fachwissen zum behandelten Thema erfasst und mit den Werten eines Posttests (t2) ins Verhältnis setzt (AV^1). Die Erhebung von Kontrollvariablen wird genutzt, um eine stratifizierte Zufallsstichprobe mit zwei leistungshomogenen Gruppen zu bilden. Die Umsetzung wird im Posttest evaluiert. Die folgende Tabelle, Tab. 8.1, zeigt das Design der geplanten Haupterhebung, deren Umsetzung vier Termine in sechs Wochen umfassen soll: Folgende Hypothesen werden überprüft:

H$_1$: Wenn Schulbuchaufgaben mit schreibförderlichen Merkmalen erweitert werden (UV), dann zeigt der Wert des Fachwissenstests (AV^1) der Interventionsgruppe I2 mindestens den gleichen Wert im Pre-Postest-Vergleich wie die Gruppe I1 (I2 $\geq$ I1).

H$_2$: Wenn Schulbuchaufgaben mit schreibförderlichen Merkmalen erweitert werden (UV), dann erhöht sich die bildungssprachliche Qualität (BS-Qualität) (AV^2) der Aufgabenlösung der Interventionsgruppe I2 in der Intervention 2 im Vergleich zur Gruppe I1 (I2 > I1).

Im Folgenden werden der Ablauf und ausgewählte Ergebnisse der ersten Erprobung in der Praxis vorgestellt, die zur Weiterentwicklung des Designs geführt haben.

3 Pilotierung

Die Pilotierung der Studie *Klimatext* wurde unter gelockerten Corona-Bedingungen im Mai 2022 an einem Gymnasium in NRW mit einer 6. Klasse durchgeführt (N = 26). Die Erhebung personenbezogener Daten wie Alter oder Geschlecht war nicht möglich. Das Design wurde mit einem Interventionszeitpunkt anonym pilotiert. Ziel der Pilotierung war es, die theoretischen Gedanken erstmals in der Praxis zu erproben und Herausforderungen und Chancen zu erfassen. Die Qualität wurde über eine begleitende Beobachtungs- und Fragebogenstudie im Rahmen einer Masterarbeit evaluiert (Freund, 2022).

Die Schüler:innen einer Klasse wurden in zwei leistungshomogene Interventionsgruppen eingeteilt. Die Gruppenzuteilung nahm die Lehrkraft anhand eines Kriterienrasters vor. Folgende Kriterien sollten bei der Zuteilung berücksichtigt werden: *Lesekompetenzen, Schreibkompetenzen, kognitive Leistungsfähigkeit, Vorwissen* im Themenfeld, *Motivation* und *Anstrengungsbereitschaft*. Aufgrund von Erkrankungen kam es zu neun Datenausfällen über drei Messzeitpunkte (missings = 9). 17 Schüler:innen nahmen an allen drei Messzeitpunkten teil (n = 17). Interventionsgruppe 1 (I1) umfasste acht Schüler:innen (n = 8), Interventionsgruppe 2 (I2) neun Schüler:innen (n = 9). Aufgrund der Stichprobengröße werden die Auswertungen im Folgenden deskriptiv dargestellt, da die Stichprobe für inferenzstatistische Verfahren zu klein ist. Die Daten beider Gruppen wurden gemeinsam in einem Klassenraum erhoben, womit alle Schüler:innen das Erhebungsdesign identisch durchliefen. Ausschließlich die unabhängige Variable, die Schulbuchaufgabe, wurde in der Intervention variiert (MZP 2). Die gemessene abhängige Variable in der Pilotierung war die bildungssprachliche Qualität der Aufgabenlösung aus der Intervention. In Bezug auf das Fachwissen sollte zunächst eine Annäherung an die Itemschwierigkeit erzielt und das Vorwissen der Schüler:innen zu *Nachhaltigkeit* erfasst werden.

Die Durchführung orientierte sich an einer vorab festgelegten Phasierung mit Zeitangaben und Regeln für die durchführende Forscherin. Abweichungen wurden dokumentiert. Insgesamt umfasste das Erhebungsdesign der Pilotierung zwei Doppelstunden und eine Einzelstunde mit verschiedenen Studienteilen, die der Tabelle, Tab. 8.2, entnommen werden können:

Es wurden drei Messzeitpunkte (MZP) durchgeführt. Messzeitpunkt 1 (MZP 1) und Messzeitpunkt 2 (MZP 2) fanden an zwei aufeinanderfolgenden Tagen statt, Messzeitpunkt 3 (MZP 3) mit einem Abstand von einer Woche, um innerhalb der gegebenen Möglichkeiten die Wirkung auf das Langzeitgedächtnis zu berücksichtigen. Die gesamte Erhebung der Daten wurde im Feld online mit der Möglichkeit der Echtzeitübertragung der Ergebnisse durchgeführt. Das Setting versetzte die Schüler:innen in die authentische Situation, Forscher:innen als Expert:innen bei der Entwicklung von Schulbuchaufgaben zu unterstützen, womit das Lernen und Schreiben situiert wurde (Steinhoff, 2018).

Tab. 8.2 Übersicht über die Messzeitpunkte der Pilotierung der Studie „Klimatext"

Messzeitpunkt (MZP)	Studienteil	Datum
1 (MZP 1) Tablet-Schulung / Pretest (t1)	Tablet-Schulung *Tablet-Profis*	09.05.22 (Doppelstunde – Teil 1)
	Fachwissensüberprüfung *Quiz 1* zum Thema *Nachhaltigkeit* / Evaluation	09.05.22 (Doppelstunde – Teil 2)
2 (MZP 2) Fachlicher Einstieg / Intervention	Fachlicher Einstieg *Nachhaltigkeit* – Erklärvideo / Plenargespräch	10.05.22 (Doppelstunde – Teil 1)
	Erklärvideo *Aufgaben bearbeiten* & schriftliches Lösen der Schulbuchaufgabe mit Operator *erklären* / Evaluation	10.05.22 (Doppelstunde – Teil 2)
3 (MZP 3) Posttest (t2)	Fachwissensüberprüfung *Quiz 2* / Evaluation	17.05.22 (Einzelstunde)

Für die Schüler:innen war das Arbeiten mit Tablets im Unterricht eine neue Erfahrung. Alle Schüler:innen brachten Vorerfahrungen mit digitalen Endgeräten aus der Distanzlehre des Corona-Lockdowns mit. Das Tablet wurde jedoch zunächst nicht als neuer Lernbegleiter, sondern als Freizeitgegenstand im Unterricht betrachtet. Um Ablenkung zu reduzieren, wurden die Tablets zunehmend in einen Lock-Modus gesetzt. Die Beobachtungsstudie konnte nachweisen, dass dennoch alle Schüler:innen zu allen drei Messzeitpunkten in aktiven Arbeitsphasen sehr konzentriert und engagiert ihre Aufgaben lösten.

3.1 Messzeitpunkt 1 (MZP 1) – Tablet-Schulung / Pretest (t1)

Der erste Messzeitpunkt (MZP 1) umfasste zwei Teile, die in eine Doppelstunde integriert wurden. Zum einen eine Tablet-Schulung (*Tablet-Profis*) mit der Erhebung der Schreibflüssigkeit und zwei Erklären-Schreibaufgaben, zum anderen wurde das fachliche Vorwissen über das Thema *Nachhaltigkeit* im Rahmen eines Pretests erhoben (*Quiz 1*).

Tablet-Schulung
Die Tablet-Schulung sollte sicherstellen, dass alle Schüler:innen mit den Aufgabenformaten, Skalen und der Tastatur ausreichend umgehen können, um

Störfaktoren in diesem Bereich auszuschließen. Alle Anwendungen der Erhe-bung wurden auf dem Homescreen des Tablets als Apps hinterlegt, sodass diese intuitiv anwählbar waren. Die Schüler:innen zeigten, dass sie ein gutes Vorver-ständnis mitbrachten, viele Schulungsschritte schnell lösten und unterschiedliche Skalen und Antwortmöglichkeiten verstanden. Eingesetzt wurden Nominalskalen, Likert-Skalen und offene Textfelder für Antwortmöglichkeiten.

Ebenso wie der Umgang mit den Skalen gelang den Schüler:innen der Umgang mit der Hardware und das Bedienen der Tastatur. Die meisten Schü-ler:innen konnten mit einem Zwei- bis Drei-Finger-System ausreichend flüssig Text produzieren und kannten grundlegende Tastaturbefehle für die Groß- und Kleinschreibung, Getrennt- und Zusammenschreibung und das Überarbeiten. Eine digitale Affinität war gegeben.

Um einen Eindruck von der Tippgenauigkeit und Tippgeschwindigkeit erhal-ten zu können, wurden zwei Übungen eingesetzt, die aus der Forschung zur Schreibflüssigkeit im Bereich Handschreiben entlehnt sind und auf die Transkrip-tionsflüssigkeit abzielen. Die Schüler:innen schrieben einerseits im Rahmen der Tablet-Schulung einen Satz mit neun Wörtern und drei Satzzeichen in einer vorge-gebenen Zeit fehlerfrei ab (*Sentence Copying)* und wiederholten andererseits das Alphabet möglichst oft und fehlerfrei in einer Minute (*Alphabet Task*) (Odersky, 2018).

Insgesamt konnten 20 Punkte erreicht werden, wobei Wörter orthographisch korrekt mit Spatien und Satzzeichen in ein Textfeld übertragen wurden. Inter-ventionsgruppe I1 erreichte einen Durchschnittswert ($\bar{x}$) von 19,75, Interventi-onsgruppe I2 einen Wert von 19,67 Punkten. I1 zeigte demnach einen marginal höheren Wert, wobei die Gruppen eine vergleichbare Stärke aufwiesen.

In der anschließenden Aufgabe, bei der die Schüler:innen das Alphabet mit der Tastatur möglichst schnell und häufig in einer Minute tippen sollten, wurden alle korrekt verfassten Zeichen ohne Leerzeichen gezählt. Der Vergleich zeigt, dass die zweite Interventionsgruppe mit 68,22 durchschnittlich 13,79 mehr Zeichen pro Minute bei dieser Aufgabe produzieren konnte als die erste Interventions-gruppe, welche durchschnittlich 54,50 Zeichen und damit rund 20 % weniger schrieb.

Die Tablet-Schulung schloss mit zwei Erkläre-Schreibaufgaben ab, womit einerseits Hinweise auf grundständige Formulierungskompetenzen erhoben wur-den und andererseits schüler:innenseitige Präkonzepte des Erklärens, da diese Fähigkeiten elementar waren, um an der Intervention teilnehmen zu können.

Die erste Aufgabe forderte die Schüler:innen dazu auf, prägnant zu erklären, warum man Obst essen sollte. Die Aufgabe war so konzipiert, dass möglichst alle

Schüler:innen über das nötige Weltwissen verfügten und die Lösung eine sprachliche Darstellung eines Zusammenhangs, etwa über Kausal- oder Konditionalsätze, einforderte. Darüber hinaus konnte über die Antworten nachvollzogen werden, ob die Schüler:innen die Fähigkeit mitbrachten, konzeptionell schriftliche Antworten zu verfassen. Hierfür wurden die Aufgabenlösungen nach bildungssprachlichen Mitteln des Verallgemeinerns (Feilke, 2012) untersucht, wie generisches Passiv/Präsens oder die Verwendung der 3. Person/Indefinitpronomen. Eine gute Lösung konnte kriterial maximal vier Punkte erreichen, wenn diese objektiv formuliert war (1), sprachlich (1) und inhaltlich (1) ein Zusammenhang zwischen dem Essen von Obst und der Gesundheit hergestellt wurde und idealerweise ein illustratives Beispiel (Exemplifizierung) oder ein weiterführendes begründendes Argument für diesen Zusammenhang (1) enthielt. Die Kriterien für eine gute Lösung wurden den Schüler:innen vorab nicht transparent gemacht.

Ausgenommen einer Lösung aus Gruppe 1, die als Verweigerung gewertet werden kann und aus der Rechnung herausgenommen wurde, stellten die Schüler:innen beider Gruppen einen objektiven inhaltlichen Zusammenhang her. Alle Schüler:innen der Gruppe 1 und acht von neun der Gruppe 2 nutzen für ihre Lösung angemessene bildungssprachliche Mittel des Verallgemeinerns. Vier Schüler:innen der Gruppe 1 und ein/eine Schüler:in der Gruppe 2 nutzten weiterführende Begründungen bzw. Exemplifizierungen. Die folgenden Beispiele zeigen hierzu authentische Schüler:innenlösungen:

„Man sollte Obst essen weil es gesund ist und viele Vitamine hat."

(87, Gruppe 1: Beispiel für eine Lösung, die sprachlich und inhaltlich die Mindestanforderungen erfüllt und kein Beispiel oder eine Begründung enthält.)

„Man sollte Obst essen da es sehr viele Vitamine beinhaltet, und gesund ist. In Obst findet man z. B. VitaminC oder VitaminB."

(108, Gruppe 2: Beispiel für eine Lösung, welche sprachlich und inhaltlich die Mindestanforderungen erfüllt und ein weiterführendes Beispiel oder eine weiterführende Begründung enthält).

„Obst sollte man essen weil im Obst viele wichtige Nähestoffe sind. Wenn man einen Vitaminmangel hat kann man sogar ‚Scorbut' bekommen. Das ist eine Krankheit an der schon viele Piraten ihr Leben gelassen haben. Ausserdem stärken die Vitamine das Immunsystem, diese hilft uns dabei nicht Krank zu werden."

(105, Gruppe 1: Beispiel für eine Lösung, bei der ein objektiver sprachlicher und inhaltlicher Zusammenhang mit einer weiterführenden Begründung und einem weiterführenden Beispiel hergestellt wird.)

Im Gruppenvergleich zeigte die Interventionsgruppe 1 durchschnittlich qualitativ etwas bessere Lösungen. Interventionsgruppe I1 erreichte einen Durchschnittswert ($\overline{x}$) von 3,56, Interventionsgruppe I2 einen Wert von 3,00. Auch hier blieben die Gruppen bei Werten, welche eine Gruppen-Vergleichbarkeit für die Intervention weiterhin zuließen.

Im Anschluss lösten die Schüler:innen eine weitere Aufgabe, bei der sie erklärten, was eine *gute Erklärung* ausmacht. Hierfür wurde den Schüler:innen die Ausdrucksprozedur *Eine gute Erklärung ist...* in der Aufgabenstellung vorgeschlagen. Für die Vorbereitung der Intervention waren zwei Erkenntnisinteressen leitend. Erstens sollte der Umgang mit einer Formulierungshilfe erhoben werden, zweitens sollten Präkonzepte des Erklärens erfasst werden. In beiden Gruppen konnten jeweils bis auf eine/n Proband:in alle Schüler:innen die Formulierungshilfe in ihre Lösung integrieren. Die Präkonzepte wurden inhaltsanalytisch induktiv kategorisiert. In beiden Gruppen bestand ein ausreichendes pragmatisch-funktionales Vorverständnis des Erklärens. Der Operator war bekannt.

Insgesamt zeigten beide Gruppen gute Grundvoraussetzungen, um an der Intervention teilzunehmen. Interventionsgruppe I1 zeigte zwar einen Nachteil in der *Alphabet Task*; im fehlerfreien Abtippen und dem Verfassen von kurzen Lösungen zu gestellten Erkläre-Aufgaben, konnte I1 jedoch etwas bessere Werte erzielen als I2. Beide Gruppen waren gleichsam in der Lage, eine Formulierungshilfe in die eigene Aufgabenlösung zu integrieren. Im Anschluss an die Tablet-Schulung fand die Überprüfung des fachlichen Vorwissens statt, welches für das Lösen der Schulbuchaufgabe in der Intervention relevant war.

Pretest / Fachwissensüberprüfung

Um die Wechselwirkung von schreibbezogenen Aufgabenmerkmalen und kognitiver Verarbeitung (einschl. Vorwissen) zu überprüfen, enthält das Hauptdesign das Fachwissen als abhängige Variable und wird über einen Pre-Posttest-Vergleich gemessen. Ziel beim Einsatz in der Pilotierung war es, einen Vortest zur Itemschwierigkeit im Rahmen der Testkonstruktion durchzuführen (Bühner, 2021). Der Pretest (t1) zum fachlichen Wissen enthielt sechs Fragen im Single-Choice-Format mit je drei Antwortmöglichkeiten und einem Punkt pro richtiger Antwort, welches Basiswissen zum Thema *Nachhaltigkeit* abfragte. Die Items bezogen sich auf eine Begriffsbestimmung zu *Nachhaltigkeit*, *Klimawandel* und *Treibhausgas*, auf die Auswahl einer *klimafreundlichen Energiequelle* sowie auf die Auswahl einer *klimaunfreundlichen Fortbewegungsmöglichkeit* und *Alltagspraktik*, um Energie zu sparen. Es konnten maximal sechs Punkte erreicht werden. Beide Gruppen erzielten ähnlich hohe Werte, wobei auch hier die Durchschnittswerte ($\overline{x}$) der Interventionsgruppe 1 (I1) etwas höher ausfielen ($\overline{x} = 5{,}63$)

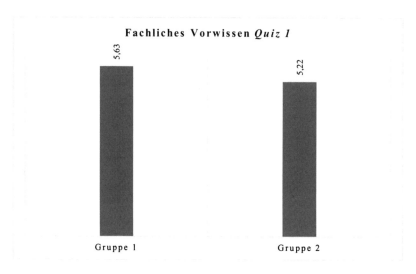

Abb. 8.1 Fachliches Vorwissen. Durchschnittliche Ergebnisse aus Quiz 1 im Gruppenvergleich (MZP1)

als die der Interventionsgruppe 2 (I2) ($\overline{x} = 5{,}22$). Zusammengefasst brachten beide Gruppen ein gutes bis sehr gutes fachliches Basiswissen mit. Der Gruppenvergleich kann der folgenden Abbildung, Abb. 8.1, entnommen werden:

Im Anschluss an die Erhebungen nahmen die Schüler:innen an einer Evaluation teil. Die Skalen für die Evaluation folgten über alle drei Messzeitpunkte einer Konstruktionsidee. Erfragt wurden die Einschätzung der Schwierigkeit der Tablet-Schulung und deren Inhalte, die Einschätzung der Schwierigkeit des fachlichen Wissenstests sowie die Einschätzung der gegebenen Zeit zur Aufgabenbearbeitung. Darüber hinaus wurde nach dem Interesse gefragt, Aufgaben im Unterricht mit dem Tablet zu lösen. Sowohl die Tablet-Schulung und deren Inhalte als auch das *Quiz 1* wurden als (eher) angemessen bis leicht beurteilt, die gegebene Zeit war für alle Schüler:innen ausreichend, die Aufmerksamkeit bei der aktiven Aufgabenbearbeitung in Einzelarbeit war hoch. Einen Tag später wurde die Intervention durchgeführt, welche den Einfluss von Aufgabenmerkmalen auf die bildungssprachliche Qualität der Aufgabenlösungen testete.

3.2   Messzeitpunkt 2 (MZP 2) – Fachlicher Einstieg / Intervention

Der fachliche Einstieg und die Schreibaufgabe der Intervention wurden in einer Doppelstunde durchgeführt, die sich aus einer Einheit mit Plenarunterricht und einer Einheit mit einer Einzelarbeitsphase zusammensetzte. Im Anschluss fand eine Evaluation statt.

Fachlicher Einstieg
Für den fachlichen Einstieg wurde ein Erklärvideo des Bundesumweltministeriums zum Thema *Nachhaltigkeit* gezeigt (Bundesumweltministerium, 2021) und mit den Schüler:innen in einem Unterrichtsgespräch besprochen. Die Schüler:innen brachten ihr Vorwissen und ihre Lebensweltbezüge engagiert ein. Das gezeigte Video nahm inhaltlich kein deklaratives Wissen der folgenden Schulbuchaufgabe vorweg. Begriffe, welche für das Aufgabenlösen in der Intervention relevant waren und über das Lesen des Schulbuchtextes erschlossen werden konnten, wurden nicht erläutert. Die Schüler:innen beider Gruppen bewerteten das Video im Anschluss als für sie durchschnittlich verständlich. An die fachliche Einführung schloss die Intervention an.

Intervention
Als Einstieg in die Intervention erhielten die Schüler:innen eine *Forscher:innentasche* mit einem Stift, einem Block, einem Textmarker, dem Schulbuchtext zur Aufgabe und einer Motivationskarte (I1) bzw. einer Tippkarte, welche die (Quasi-)Operatoren in der Aufgabenstellung schreibbezogen erklärte (I2). Um sicherzustellen, dass die Schritte der Aufgabenbearbeitung allen Schüler:innen gleichermaßen bekannt sind, wurde ein Video zum Thema *Aufgaben bearbeiten* gezeigt, welches die Schritte vom Lesen der Aufgabenstellung bis zum Verfassen der Lösung mit Illustrationen zweimal zeigte. Neben den Schritten, die Aufgabenstellung und den Schulbuchtext zu lesen, wurden die Schüler:innen auf die Lesetechniken *Textstellen markieren* und *Notizen anfertigen* hingewiesen. Die Schritte wurden nach dem Video von der Durchführenden real einmal modelliert. Somit sollte in Verbindung mit dem ausgeteilten Material eine den zeitlichen Möglichkeiten entsprechende lesefreundliche Lernumgebung geschaffen werden. Dies wurde vorab auch dadurch berücksichtigt, dass der Schulbuchtext einmal als Originaltext für die Intervention genutzt werden konnte und einmal in einer optimierten Version, bei welcher der zu lesende Text auf ein bildungssprachlich mittleres Niveau mit einer verbesserten Kohärenz angepasst wurde (Schneider, Gilg et al., 2019; Wild & Schilcher, 2019). Basierend auf den Daten des Vortags (MZP 1) wurde der Originaltext in der Intervention ausgegeben.

Die Schüler:innen hatten 25 min Zeit, um die folgende Erarbeitungsaufgabe aus dem Lehrwerk *TEAM Wirtschaft – Politik NRW G9*, 5/6 (Mattes & Herzig, 2019, S. 233, Aufgabe 2) schriftlich zu lösen, welche fachübergreifendes Wissen zum Thema Nachhaltigkeit behandelte:

> „Erkläre den Zusammenhang zwischen Nachhaltigkeit und dem schonenden Umgang mit Rohstoffen."

I1 erhielt die idealtypische Schulbuchaufgabe, I2 die gleiche Aufgabe, welche bildungssprachlich schreibförderlich ergänzt wurde:

> „Erkläre den Zusammenhang zwischen Nachhaltigkeit und dem schonenden Umgang mit Rohstoffen.
>
> Schreibe einen zusammenhängenden Text.
>
> Definiere in deinem Text zuerst ‚Nachhaltigkeit'.
>
> Hierfür kannst du zum Beispiel schreiben:
>
> Nachhaltigkeit bedeutet, dass…
>
> oder.
>
> Unter Nachhaltigkeit versteht man, dass…
>
> Stelle dann einen Zusammenhang zwischen einem schonenden Umgang mit Rohstoffen und Nachhaltigkeit her.
>
> Hierfür kannst du zum Beispiel schreiben:
>
> Wenn man…, dann…
>
> Erkläre so, dass jemand, der den Text nicht kennt, deine Erklärung verstehen kann.
>
> Lies die Tippkarte und nutze die Tipps, um deinen Text besser zu machen!"

Die Aufgabe der Interventionsgruppe I2 forderte konkret zum Schreiben eines zusammenhängenden Textes auf, enthielt Texthandlungsschemata in Aufforderungsform über Operatoren mit einschlägigen bildungssprachlichen Ausdrucksmitteln (*textprozedurale Hilfen*) sowie eine Adressat:innenorientierung. Die Aufgabe war sequenziert angelegt.

Die Schüler:innen konnten Notizen mit Stift und Papier anfertigen und gaben schließlich ihre Aufgabenlösungen mit der Tastatur in das Tablet ein. Die gegebene Zeit in Relation zur Aufgabenschwierigkeit wurde von den Schüler:innen beider Gruppen durchschnittlich als ausreichend bewertet, obwohl die Aufgabe der zweiten Interventionsgruppe mehr Lesezeit in Anspruch nahm.

Die Lesedauer und der sprachliche Schwierigkeitsgrad des Schulbuchtextes wurden vor der Erhebung mit dem *Regensburger Analysetool für Texte* (*RATTE 2.0*, Wild & Pissarek o. J.) eingeschätzt. Der Text wurde (ohne die Berücksichtigung des Layouts) von dem Programm als *schwierig* kategorisiert (LIX 49,11; gSmog $=$ 8,95; WST4: 9,19). Die technisch geschätzte Lesedauer des informierenden Sachtextes für eine/n durchschnittliche/n Schüler:in gab das Programm mit rund vier Minuten aus. Der Text enthielt 498 Wörter, 294 Types und 580 Token (TTR $=$ 0,54), verteilt auf 28 Sätze mit einem durchschnittlichen Umfang von 17,93 Wörtern/Satz.

Auf einer vierstufigen Likert-Skala, über welche die Schüler:innen die Verständlichkeit des Schulbuchtextes beurteilen sollten, wobei das erste Item mit *stimmt nicht* den Text als unverständlich und das vierte mit *stimmt* den Text als verständlich auswies, beurteilten die Schüler:innen der Interventionsgruppe I1 die Verständlichkeit des Textes durchschnittlich mit einem Wert von 3,13. Die Schüler:innen der Interventionsgruppe I2 beurteilten diesen mit 3,56 (Freund, 2022). Somit kamen beide Gruppen nach ihrer Selbsteinschätzung vergleichbar gut mit dem Text zurecht. I2 zeigte eine leicht bessere Selbsteinschätzung. Die ungewohnte Tippkarte, die zuvor nicht in den Unterricht eingeführt werden konnte, wurde von der Gruppe I2 kaum benutzt. Ebenso wenig wurden von beiden Gruppen Notizen angefertigt und Stellen im Text markiert.

Im Folgenden werden zunächst die *fachliche Qualität* der Aufgabenlösungen und anschließend die *Quantität* und *bildungssprachliche Qualität* der Aufgabenlösungen vorgestellt.

Fachliche Qualität der Aufgabenlösungen
Neben der Beurteilung der sprachlichen Qualität der Aufgabenlösungen wurde die Fachlichkeit der Aufgabenlösungen beurteilt. Diese Beurteilung orientierte sich inhaltlich an der prototypischen Aufgabenlösung im Lehrer:innenband zum Schulbuch und kann als Minimalstandard beschrieben werden:

> „Nachhaltigkeit bedeutet, mit den Ressourcen zu haushalten, damit sie auch in Zukunft noch zur Verfügung stehen. Die Menschen heute müssen auch an das Leben der Menschen in der Zukunft denken." (Herzig, 2019, S. 220).

Eine fachlich den Mindestanforderungen entsprechende Aufgabenlösung beinhaltete mindestens die Inhaltsaspekte *Ressourcenschonung* (1) und *zukunftsfähiges Handeln* (1). Insgesamt konnten maximal zwei Punkte erreicht werden. Beide Gruppen schnitten auch bei dieser Erhebung ähnlich ab. Interventionsgruppe I2 erreichte durchschnittlich $\bar{x} = 1{,}50$ Punkte, Interventionsgruppe I2 $\bar{x} = 1{,}56$ Punkte. Die Interventionsgruppe I2 konnte 0,06 Punkte mehr erreichen.

Auf eine Auswertung zur Qualität der Fachsprachlichkeit wurde an dieser Stelle verzichtet, da die Aufgabe fachübergreifendes Potenzial besaß. Im Folgenden werden zunächst die Textlänge, anschließend die bildungssprachliche Qualität der Aufgabenlösungen verglichen.

Quantität

Die Textlänge (Quantität) kann als ein Kriterium bei der Beurteilung von Textqualität berücksichtigt werden (Grabowski et al., 2014), worauf in der vorliegenden Auswertung verzichtet wurde, da die Tippgeschwindigkeit als Störvariable ausgeschlossen werden sollte. Bereits zu Messzeitpunkt 1 zeigten die Schüler:innen der Interventionsgruppe I2 diesbezüglich einen Vorsprung. Für die Auswertung der Textlänge wurden semantisch gehaltvolle Zeichen der Schüler:innen gezählt, welche zusammenhängende Sätze unabhängig ihres Inhalts bildeten. Gelöscht wurden überflüssige Satzzeichen und Emoticons.

Interventionsgruppe I1 produzierte durchschnittlich $\bar{x} = 385{,}75$ Zeichen, Interventionsgruppe 2 $\bar{x} = 460{,}89$ Zeichen. Die Differenz lag somit bei rund 75 Zeichen und 16 %. Der Gruppenunterschied aus der Alphabet Task mit rund 20 % konnte sich demnach etwas reduzieren, blieb aber überwiegend konstant. Die Schüler:innen der Interventionsgruppe I2 schrieben auch in der Intervention mehr Zeichen als die Schüler:innen der Gruppe I1. Die Textlänge kann vor diesem Hintergrund nicht gesichert auf die unabhängige Variable zurückgeführt werden.

Bildungssprachliche Qualität

In der Pilotierung war das Erkenntnisinteresse auf die bildungssprachliche Qualität der Aufgabenlösung als abhängige Variable ausgerichtet. Die Aufgabenlösungen der Schüler:innen wurden kriterial-analytisch über deduktive Kategorien ausgewertet. Das Kategoriensystem wurde dafür zunächst an schriftlichen Aufgabenlösungen von Studierenden zu den Aufgabenstellungen der Pilotierung erprobt (Expert:innentexte) und über eine Intercoderreliabilitätsprüfung mit zwei unabhängigen Rater:innen evaluiert ($\kappa = .77$).

Zur Erhebung der bildungssprachlichen Qualität wurden drei ausgewählte Ebenen untersucht: (I) Die *konzeptionell schriftliche Anlage* der Aufgabenlösung (ks), (II) das *Vorhandensein* (1) und *Nicht-Vorhandensein* (0) der *Handlungsschemata* (HS) *Definieren* (D), *einen Zusammenhang herstellen* (Z) und *Exemplifizieren* (EX) sowie (III), das Vorhandensein einschlägiger *Ausdrucksschema* (AS), die entweder *parallel* (1) oder *nicht parallel* (0) zu den gegebenen Ausdruckshilfen aus der I2-Aufgabenstellung auftraten. Die Auswertungen II und III lehnen an Textprozedurenratings an (Steinhoff et al., 2020; Anskeit & Steinhoff, 2019). Kategorie I wurde mit einer evaluativen Inhaltsanalyse (Kuckartz & Rädiker,

Tab. 8.3 Ergebnisse der Analyse der bildungssprachlichen Textqualität der Aufgabenlösungen aus der Intervention

Kategorie	Subkategorie	Ausprägungen	I1 (n = 8)	I2 (n = 9)
I Konzeptionell schriftliche Anlage (ks)	Verallgemeinern	größtenteils (2); teils, teils (1); nicht ks (0)	$\bar{x} = 1,00$	$\bar{x} = 1,44$
II Handlungsschema (HS)	*Definieren* (D)	vorhanden (1); nicht vorhanden (0)	$\bar{x} = 0,38$	$\bar{x} = 0,77$
	Einen Zusammenhang herstellen (Z)		$\bar{x} = 0,76$	$\bar{x} = 0,66$
	Exemplifizieren (EX)		$\bar{x} = 0,38$	$\bar{x} = 0,77$
III Ausdrucksschema (AS)	*Nachhaltigkeit bedeutet, dass…* (D) oder *Unter Nachhaltigkeit versteht man, dass…* (D)	parallel (1); nicht parallel (0)	$\bar{x} = 0,00$	$\bar{x} = 0,66$
	Wenn man…, dann… (Z)		$\bar{x} = 0,00$	$\bar{x} = 0,00$

2022) eingeschätzt, wobei die bildungssprachliche Anlage der Aufgabenlösung im Sinne eines verallgemeinernden Sprachgebrauchs (Feilke, 2012) über die drei Graduierungsstufen *größtenteils konzeptionell schriftsprachlich (2), teils, teils (1), nicht konzeptionell schriftsprachlich (0)* bewertet wurde. Die durchschnittlichen Ergebnisse des Gruppenvergleichs können der folgenden Tabelle, Tab. 8.3, entnommen werden:

Die deskriptiven Pilotierungsergebnisse geben zusammengefasst erste Hinweise darauf, dass genutzte Aufgabenmerkmale das Schreiben der Aufgabenlösung bildungssprachlich kontextualisieren. So konnten in sieben von neun Lösungen der Gruppe I2 eine Definition von *Nachhaltigkeit* als Handlungsschema erfasst werden ($\bar{x} = 0,77$), während in den Lösungen von I1 drei Definitionen in acht Texten vorlagen ($\bar{x} = 0,38$). Identisch gestaltete sich dies für das Handlungsschema des Exemplifizierens, welches nicht über die Aufgabenstellung angeleitet wurde. Bei der Definition von *Nachhaltigkeit* griffen sechs von neun Schüler:innen der Interventionsgruppe I2 auf eine parallele Ausdrucksprozedur aus der Aufgabenstellung zurück ($\bar{x} = 0,66$). Eine solche konnte in den Texten der Gruppe I1 nicht erhoben werden ($\bar{x} = 0,00$). Zwei Schüler:innen nutzen jedoch nahe sprachliche Konstruktionen („Nachhaltigkeit bedeutet mit

Ressourcen zu haushalten", Gruppe 1, 16). Das Herstellen eines Zusammenhangs konnte als Handlungsschema etwas häufiger in Texten der Gruppe I1 erhoben werden ($\overline{x} = 0,76$ vs. $\overline{x} = 0,66$), wobei ausschließlich nicht parallele, teils umgangssprachliche Konstruktionen verwendet wurden. Die bildungssprachliche Qualität der Aufgabelösungen war insgesamt in der Gruppe I2 mit der optimierten Aufgabe höher.

3.3　Messzeitpunkt 3 (MZP 3) – Posttest (t2)

Eine Woche nach der Intervention wurde der Posttest *Quiz 2* (t2) durchgeführt, der dem Pretest in Bezug auf Themen und Skalen gleich war. Auch hier war das Anliegen, eine Annäherung an die Itemschwierigkeit zu erhalten. Ähnlich dem Pretest zeigte die Interventionsgruppe I1 ($\overline{x} = 5,75$) in Bezug auf das Fachwissen leicht höhere Werte als die Interventionsgruppe I2 ($\overline{x} = 5,33$). Beide Gruppen blieben aber konstant (sehr) gut und konnten sich nur marginal verbessern, wobei die Differenz zwischen den Gruppen bestehen blieb, wie die folgende Abbildung, Abb. 8.2, zeigt:

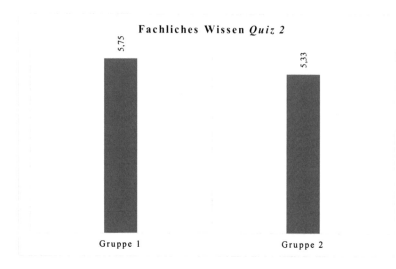

Abb. 8.2 Fachliches Wissen. Ergebnisse aus Quiz 2 im Gruppenvergleich (MZP 3)

4 Zusammenfassung

Über die Pilotierung der Interventionsstudie *Klimatext* wurden viele Aspekte des theoretischen Designs erprobt und evaluiert. Die Schüler:innen der 6. Klasse konnten mit dem Material und den gestellten Aufgaben zielführend arbeiten. Die Gruppenzuteilung gelang zufriedenstellend. Im Bereich des fachlichen Wissens können die Items der Tests, welche Basiswissen im Bereich *Nachhaltigkeit* abfragten, für die Schüler:innen tendenziell als *leicht* beurteilt werden. Hierdurch konnte jedoch ausgeschlossen werden, dass fehlendes Fachwissen das Aufgaben-lösen behinderte. Als Störfaktoren ausgeschlossen werden konnten darüber hinaus Herausforderungen im Umgang mit den Tablets und der Tastatur sowie Verste-hensschwierigkeiten beim Lesen des Schulbuchtextes. Der eingesetzte Operator war den Schüler:innen bekannt. Tabelle, Tab. 8.4, fasst die zentralen Ergebnisse im Gruppenvergleich zusammen:

Die vorläufigen Ergebnisse der Auswertung der Aufgabenlösungen aus der Intervention zeigen, dass die Aufgabenlösungen der Interventionsgruppe I2 mit der optimierten Aufgabe eine konzeptionell schriftsprachlichere Anlage aufwei-sen als die Lösungen der Gruppe I1, welche die idealtypische Schulbuchaufgabe nutzten. Dabei griffen die Schüler:innen der Gruppe I2 vor allem auf die Aus-druckshilfen und das Schema des *Definierens* aus der Aufgabenstellung zurück, um in ihren Text einzusteigen. Die Schüler:innen der Gruppe I1 stellten zwar häufiger einen sprachlichen Zusammenhang her, verwendeten hierfür jedoch mehr umgangssprachliche Konstruktionen. Die Ergebnisse der Pilotierung geben Hinweise darauf, dass schreibförderliche Aufgabenoptimierungen von Schulbuch-aufgaben in hybriden Settings dazu geeignet erscheinen, Aufgaben sprachlich so zu kontextualisieren, dass Schüler:innen bildungssprachliche Kompetenzen im Fachunterricht über das Lösen *kleiner Aufgaben* trainieren können.

Zum Abschluss sollen die Erkenntnisse aus der Pilotierung zusammengefasst vorgestellt werden, welche in die Entwicklungen des Hauptdesigns einfließen:

a) Ein Vorwissen und ein Verständnis zu *Treibhausgasen* bestanden einerseits selten und konnten andererseits nicht ausreichend über das Lesen des Schul-buchtextes erlangt werden. Hier soll das Verständnis durch weiteres Material und ein Experiment gefördert werden.

b) Die Nützlichkeit des Videos zum Thema *Aufgaben bearbeiten* wurde von den Schüler:innen der 6. Klasse des Gymnasiums als gering eingeschätzt. Die Dar-stellungsform *Erklärvideo* wurde aufgrund des Vorwissens als nicht geeignet

Tab. 8.4 Zusammenfassung der Ergebnisse aus der Pilotierung der Studie "Klimatext", Gruppenvergleich (MZP 1, MZP 2 & MZP 3)

Messzeitpunkt (MZP)	Erhebungsaspekt	Gruppe I1 Idealtypische Aufgabe	Gruppe I2 Optimierte Aufgabe
MZP 1			
Tablet Schulung	Digitale Affinität	gegeben	gegeben
	Sentence Copying	19,75/20,00 Punkten	19,67/20,00 Punkten
	Alphabet Task	54,50 Zeichen	68,22 Zeichen
	Erkläre-Aufgabe	3,56/4,00 Punkten	3,00/4,00 Punkten
Pretest (t1) /Quiz 1	Vorwissen	5,63/6 Punkten	5,22/6 Punkten
MZP 2			
Intervention	Fachliche Qualität	1,50/2 Punkten	1,56/2 Punkten
	Textlänge	385,75 Zeichen	460,89 Zeichen
	Bildungssprachliche Qualität der Aufgabenlösung	1,00 (ks)	1,44 (ks)
		0,38 (HS-D)	0,77 (HS-D)
		0,76 (HS-Z)	0,66 (HS-Z)
		0,38 (HS-EX)	0,77 (HS-EX)
		0,00 (AS-D)	0,66 (AS-D)
		0,00 (AS-Z)	0,00 (AS-Z)
MZP 3			
Posttest (t2) / Quiz 2	Fachwissen	5,75/6,00 Punkten	5,33/6,00 Punkten

bewertet und soll daher in der Haupterhebung durch ein Plakat ersetzt werden. Es ist geplant, dass das reale Modellieren mit lautem Denken mehr Raum erhält.

c) Die *Tippkarte*, welche die Gruppe I2 mit der schreibförderlichen Aufgabe erhielt, wurde kaum genutzt. Daher soll die Nutzung in einer Trainingseinheit eingeführt werden.

d) Es wird mehr Zeit für das Schreiben und Überarbeiten gegeben.

Bis April 2023 konnte der Fachwissenstest über vier Versionen mit mehr als 140 Schüler:innen entwickelt und erprobt werden (Cronbach's $\alpha = .74$). Die Ergebnisse zeigen, dass ähnlich der Pilotierung die Herkunft und Bedeutung von

Treibhausgasen für den Klimawandel eine deutlich größere Wissenslücke darstellt als beispielsweise das Wissen über nachhaltiges Alltagshandeln. Für die Haupterhebung ist daher vorgesehen, genau diese Wissenslücke im Rahmen einer nachhaltigen Bildung zu schließen.

Literatur

Anders, Y. et al (2021). *Nachhaltigkeit im Bildungswesen – Was jetzt getan werden muss. Gutachten.* Waxmann. Verfügbar unter https://www.pedocs.de/volltexte/2021/21350/

Anskeit, N. (2019). *Schreibarrangements in der Primarstufe: Eine empirische Untersuchung zum Einfluss der Schreibaufgabe und des Schreibmediums auf Texte und Schreibprozesse in der 4. Klasse.* Waxmann.

Anskeit, N. & Steinhoff, T. (2019). Schreiben und fachliches Lernen im Sachunterricht. In L. Decker & K. Schindler (Hrsg.), *Von (Erst- und Zweit-)Spracherwerb bis zu (ein- und mehrsprachigen) Textkompetenzen* (S. 63–76). Gilles & Francke.

Becker-Mrotzek, M. & Lemke, V. (2022). Gute Schreibaufgaben für alle Fächer. In V. Busse, N. Müller & L. Siekmann (Hrsg.), *Schreiben fachübergreifend fördern: Grundlagen und Anregungen für Schule, Unterricht und Lehrkräftebildung* (S. 73–95). Klett, Kallmeyer.

Becker-Mrotzek, M., Woerfel, T., & Hachmeister, S. (2020). Potentiale digitaler Schreibwerkzeuge für das epistemische Schreiben im Fachunterricht der Sekundarstufe. In K. Kaspar, M. Becker-Mrotzek, S. Hofhues, J. König & D. Schmeinck (Hrsg.), *Bildung, Schule, Digitalisierung* (S. 271–277). Waxmann.

Bordin, E. (i.V.). Geographieunterricht als Raum für multimodale Lesekompetenz – Eine Mixed-Methods-Studie zur Wirksamkeit des Lesearrangements Matrixnotizen in der Sekundarstufe II. SLLD-B (Erscheint vor. 2024).

Bramann, C. & Kühberger, C. (2021). Differenzierung in Geschichtsschulbüchern. Wege und Herausforderungen für einen inklusiven Geschichtsunterricht. In O. Musenberg, R. Koßmann, M. Ruhlandt, K. Schmidt & S. Uslu (Hrsg.), *Historische Bildung inklusiv. Zur Rekonstruktion, Vermittlung und Aneignung vielfältiger Vergangenheiten* (S. 313–333). Transcript

Bühner, M. (2021). *Einführung in die Test- und Fragebogenkonstruktion* (4. Aufl.). Pearson Studium – Psychologie. Pearson.

Bundesumweltministerium. (2021). *Erklärvideo Nachhaltigkeit.* Verfügbar unter https://www.bmuv.de/media/erklaerfilm-zur-nachhaltigkeit/

Clinton, V. (2019). Reading from paper compared to screens: A systematic review and meta-analysis. *Journal of Research in Reading, 42*(2), 288–325.

Decker, L., Guschker, B., Hensel, S., & Schindler, K. (2021). *Wissenschaftliches Schreiben lernen in der Sekundarstufe II: Fachdebatte und Praxisprojekte.* Wbv.

Decker, L., & Hensel, S. (2020). Schreiben im Fachunterricht der Sekundarstufe II. *Das Projekt SiFu. Journal für LehrerInnenbildung, 2,* 34–41.

Eickelmann, B. & Jarsinski, S. (2018). Digitale Schulbücher – Fluch oder Segen? Aspekte für die Sekundarstufe I. *Schulmagazin 5–10, 86 (2),* 7–11.

Feilke, H. (2010). „Aller guten Dinge sind drei!" Überlegungen zu Textroutinen und literalen Prozeduren. In I. Bons, T. Gloning, & D. Kaltwasser (Hrsg.), *Fest-Platte für Gerd Fritz* (S. 1–23).

Feilke, H. (2012). Bildungssprachliche Kompetenzen – fördern und entwickeln. *Praxis Deutsch, 233*, 4–13.

Feilke, H., & Rezat, S. (2019). Operatoren „to go". *Prozedurenorientierter Schreibunterricht. Basisartikel. Praxis Deutsch, 46*(274), 4–13.

Feilke, H., & Rezat, S. (2021). Erklärtexte lesen und schreiben. *Basisartikel. Praxis Deutsch, 48*(285), 4–13.

Freund, M. S. (2022). *Lernaufgaben im Fachunterricht* (Masterarbeit). Unveröffentlichtes Manuskript. Universität Siegen.

Fuhlrott, M. (2023). Zum Schreib- und Lernpotenzial sachfachlicher Schulbuchaufgaben – Eine Mixed-Methods-Studie in der Erprobungsstufe des Gymnasiums. In V. Lemke, N. Kruse, T. Steinhoff & A. Sturm (Hrsg.), *Schreibunterricht. Studien und Diskurse zum Verschriften und Vertexten* (S. 223–240). Waxmann.

Grabowski, J., Becker-Mrotzek, M., Knopp, M., Jost, J., & Weinzierl, C. (2014). Comparing and combining different approaches to the assessment of text quality. In D. Knorr, C. Heine, & J. Engberg (Hrsg.), *Methods in writing process research* (S. 147–165).

Kuckartz, U. & Rädiker, S. (2022). *Qualitative Inhaltsanalyse: Methoden, Praxis, Computerunterstützung* (5. Aufl.). Beltz Juventa.

Lupschina, R. (2021). Einen schlafenden Riesen wecken – Von der Autonomie, Geschichte zu schreiben. Blog *Historischer Augenblick – Geschichte digital* vom 27.04.2021. Abgerufen von https://www.historischer-augenblick.de/geschichtelernen [16.02.23].

Ministerium für Schule und Weiterbildung (MSW – NRW). (2019). *Leitlinie Bildung für nachhaltige Entwicklung.* Schule in NRW/9052. Düsseldorf. Verfügbar unter http://lobid. org/resources/HT020122874

Odersky, E. (2018). *Handschrift und Automatisierung des Handschreibens: Eine Evaluation von Kinderschriften im 4. Schuljahr.* Metzler.

Philipp, M. (2020). Wer schreiben kann, ist klar im Vorteil. Das Schreiben schulisch sinnvoll für die Förderung von Leseverstehen und Fachlernen nutzen. *Schulmanagement, 4*, 28–31.

Philipp, M. (2021). *Lesen – Schreiben – Lernen: Prozesse, Strategien und Prinzipien des generativen Lernens.* Weinheim/Basel: Beltz. https://content-select.com/portal/media/view/ 60114b92-6060-48c6-94f4-5a8cb0dd2d03

Roll, H. et al (Hrsg.). (2022). *Schreibförderung im Fachunterricht der Sekundarstufe I: Interventionsstudien zu Textsorten in den Fächern Geschichte, Physik, Technik, Politik, Deutsch und Türkisch,* Mehrsprachigkeit/52. Waxmann.

Roll, H. et al (Hrsg.). (2019). *Schreiben im Fachunterricht der Sekundarstufe I unter Einbeziehung des Türkischen: Empirische Befunde aus den Fächern Geschichte, Physik, Technik, Politik, Deutsch und Türkisch,* Mehrsprachigkeit/48. Waxmann.

Rüßmann, L., Steinhoff, T., Marx, N., & Wenk, A. K. (2016). Schreibförderung durch Sprachförderung? Zur Wirksamkeit sprachlich profilierter Schreibarrangements in der mehrsprachigen Sekundarstufe I unterschiedlicher Schulformen. *Didaktik Deutsch, 21*(40), 41–59.

Schneider, H., Gilg, E., Dittmar, M., & Schmellentin, C. (2019). Prinzipien der Verständlichkeit in Schulbüchern der Biologie auf der Sekundarstufe 1. In B. Ahrenholz, S. Jeuk, B.

Lütke & J. Paetsch (Hrsg.), *Fachunterricht, Sprachbildung und Sprachkompetenzen* (S. 61–86). De Gruyter.

Steinhoff, T. (2018). Schreibarrangements. Impulse für einen lernförderlichen Schreibunterricht. *Der Deutschunterricht, 70 (3)*, 2–10.

Steinhoff, T. (2019). Konzeptualisierung bildungssprachlicher Kompetenzen. Anregungen aus der pragmatischen und funktionalen Linguistik und Sprachdidaktik. *Zeitschrift für Angewandte Linguistik, 71*, 327–352.

Steinhoff, T., Borgmeier, H., Brosowski, T. & Marx, N. (2020). Förderung des mündlichen bildungssprachlichen Handelns in den Sachfächern der Sekundarstufe I. In C. Titz, S. Weber, H. Wagner, A. Ropeter, S. Geyer & M. Hasselhorn (Hrsg.), *Sprach- und Schriftsprachförderung wirksam gestalten: Innovative Konzepte und Forschungsimpulse* (S. 135–155). Kohlhammer.

Struger, J. (2018). Textsorten als Handlungsmuster – ein funktional-pragmatischer Zugang. *ide: Informationen zur deutschdidaktik, 42*, 74–84.

Sturm, A. & Beerenwinkel, A. (2020). Schreibendes Lernen im naturwissenschaftlichen Unterricht – Grenzen und Möglichkeiten, *leseforum.ch, 2020 (2)*. Verfügbar unter https://www.leseforum.ch/sysModules/obxLeseforum/Artikel/695/2020_2_de_sturm_beerenwinkel.pdf

Thürmann, E., Pertzel, E., & Schütte, A. U. (2015). Der schlafende Riese: Versuch eines Weckrufs zum Schreiben im Fachunterricht. In S. Schmölzer-Eibinger & E. Thürmann (Hrsg.) *Schreiben als Medium des Lernens* (S. 17–45). Waxmann.

Organisation der Vereinten Nationen für Erziehung, Wissenschaft und Kultur. (2017). *Schulbücher für Nachhaltige Entwicklung (BNE)* (Übersetzung der englischen Ausgabe ins Deutsch im Jahr 2019: UNESCO MGIEP 2017).

van der Meer, A. & van der Weel, F. R. (2017). Only Three Fingers Write, but the Whole Brain Works: A High-Density EEG Study Showing Advantages of Drawing Over Typing for Learning. *Frontiers in Psychology, 8.*

Wey, S. (2022). *Wie Sprache dem Verstehen hilft: Ergebnisse einer Interventionsstudie zu sprachsensiblem Geographieunterricht*. Springer Nature.

Wild, J. & Schilcher, A. (2019). Das Regensburger Analysetool für Texte – RATTE. In A. Peter-Wehner & F. Kirchner (Hrsg.), *Sprachschätze. Materialsammlung* (S. 1–4). o. V.

Wild, J. & Pissarek, M. (o. J.). *RATTE 2.0. Regensburger Analysetool für Texte*. Verfügbar unter http://ratte.lesedidaktik.net/

Schulbücher

Herzig, K. (2019). *TEAM Wirtschaft – Politik NRW G9, 5/6:* Lehrerband. Westermann.

Mattes, W. & Herzig, K. (2019). *TEAM Wirtschaft – Politik NRW G9, 5/6*: Arbeitsbuch. Westermann.

Müller, R. (2019). *Dorn/Bader – Physik Gymnasium*, 1, Schülerband. Westermann.

Nominale Strukturen als Indikatoren für bildungssprachliche Kompetenz? Konzeptionelle Überlegungen zu einem förderdiagnostischen Instrument für die Sekundarstufe I

Jana Gamper

1   Einleitung

Sprache, so die gängige Annahme, sei Bedingung für Lernen im Allgemeinen und fachliches Lernen im Speziellen. Besonders im Kontext des schulischen Lernens wird dabei bildungssprachlichen Kompetenzen eine Schlüsselrolle zugesprochen: Sie entscheiden (zumindest hypothetisch) mit darüber, ob und wie erfolgreich sich Schüler:innen fachliche Inhalte aneignen, was wiederum Bedingung für eine erfolgreiche Partizipation an den schulisch induzierten Fachdiskursen ist. Spezifische sprachliche Kompetenzen sind unter Umständen gar mit ein Faktor, wenn es um individuelle Bildungserfolge geht.

Auch wenn belastbare Erkenntnisse zum Zusammenhang von Sprache und Bildungserfolg ausstehen, ist unumstritten, dass unterrichtsrelevante sprachliche Kompetenzen von Schüler:innen teils immens divergieren. Varianz finden wir insbesondere im sog. ‚bildungssprachlichen‘ Register, dem eine zentrale Funktion für fachliches Lernen zugesprochen wird (vgl. Gogolin & Duarte, 2016). Trotz zahlreicher Förderkonzepte (bspw. der *Durchgängigen Sprachbildung* oder des *Sprachsensiblen Fachunterrichts*) sind sowohl die empirischen Erkenntnisse zum Erwerb bildungssprachlicher Kompetenzen lückenhaft (vgl. Pohl, 2016) als auch die Verfügbarkeit diagnostischer Instrumente, die auf die Erfassung von erwerbsbedingten Sprachausbauprozessen fußen, vergleichsweise eingeschränkt

J. Gamper (✉)
Institut für Germanistik, JLU Gießen, Gießen, Deutschland
E-Mail: jana.gamper@germanistik.uni-giessen.de

J. Goschler et al. (Hrsg.), *Empirische Zugänge zu Bildungssprache und bildungssprachlichen Kompetenzen,* Sprachsensibilität in Bildungsprozessen, https://doi.org/10.1007/978-3-658-43737-4_9

(vgl. Fornol & Hövelbrinks, 2019). Während für den Primarbereich inzwischen neben standardisierten Tools (z. B. *BiSpra 2–4*, vgl. Heppt et al., 2020) auch informellere Verfahren vorliegen (z. B. die *RaBi-Skala*, vgl. Tietze et al., 2016), finden sich insbesondere für die Sekundarstufe und damit für den Lernort, an dem bildungssprachliche Kompetenzen fachübergreifend an Relevanz gewinnen, kaum förderdiagnostische Verfahren (vgl. Fornol & Hövelbrinks, 2019, S. 514).

Der vorliegende konzeptionelle Beitrag diskutiert vor dem Hintergrund dieser Lücke Bedingungen für die Entwicklung eines erwerbstheoretisch sowie empirisch fundierten Diagnoseverfahrens zur Erfassung bildungssprachlicher Kompetenzen in der Sekundarstufe I. Ausgehend von einer Verortung des Konstrukts *Bildungssprache* wird auf Basis von einschlägigen Erwerbsmodellen und empirischen Studienergebnissen dafür plädiert, nominale Strukturen und dabei insbesondere ausgebaute Nominalphrasen (NPs) sowie Nominalisierungen als Indikatoren für Sprachausbauprozesse für individuelle Ausbauniveaus im formellen Register (vgl. Maas, 2010, 2015) heranzuziehen (Abschn. 2). Abschn. 3 diskutiert auf Basis dieses Plädoyers Bedingungen, Voraussetzungen und Herausforderungen für die Entwicklung eines Diagnoseverfahrens. Die Überlegungen münden schließlich in Abschn. 4 in die Skizzierung eines Forschungsprogramms, das die Entwicklung eines Lernertextkorpus zum Kern macht, und schließen mit einem darauf aufbauenden Ausblick (Abschn. 5).

2   Zum Konstrukt Bildungssprache – eine Annäherung

Das Konstrukt *Bildungssprache* hat in den letzten 20 Jahren einen beispiellosen Aufstieg erfahren und ist im Kontext des schulischen Lernens zu einer „Art Leitkonzept" geworden (Roth, 2017, S. 37). Unter Bildungssprache wird dabei oftmals ein spezifisches Register verstanden, das eng an Prinzipien der konzeptionellen Schriftlichkeit angelehnt ist und dessen primäre Funktion in der Wissensvermittlung und -aneignung liegt (vgl. etwa Gogolin & Duarte, 2016), die nicht auf das schulische Lernen allein begrenzt ist. Aufgabe der Schule sei vielmehr, eine „Epistemisierungstendenz" (Pohl, 2016, S. 62) anzubahnen,[1] die sich von persönlichen Erfahrungen und Wahrnehmungen löst und sich auf einen

---

[1] Der Terminus *Bildungssprache* ist nicht unumstritten und wird insbesondere von Pohl (2016) wie auch Steinhoff (2019) aufgrund einer unscharfen Konstruktdefinition sowie aufgrund eines Rückgriffs auf sprachstrukturelle ‚Merkmalslisten' vermieden. Morek und Heller (2012) betrachten das Konstrukt weniger als Register, sondern gehen von sog. bildungssprachlichen Praktiken aus, die zur Wissensvermittlung und -aneignung notwendig sind.

multiperspektivischen sowie abstrakten Wissensrahmen zubewegt. Eine schulisch induzierte Epistemisierungstendenz fußt oftmals auf Operatoren wie *Beschreiben*, *Berichten*, *Zusammenfassen* oder *Argumentieren*, die wiederum kognitive Funktionen abbilden, die mit Aspekten wie Dezentrierung und Abstrahierung einhergehen. Diese kognitiven Funktionen „evozieren sprachliche Formen im Erwerb *und umgekehrt*" (Pohl, 2016, S. 62 [Herv.i.O.]), wobei die entsprechenden Strukturen mit Maas (2010) als *literat* bezeichnet werden können.

Maas differenziert einerseits zwischen dem intimen und dem informellen Register, die er zu den „situativ gebundenen kommunikativen Praktiken" zählt (Maas, 2015, S. 3), und dem schriftkulturell geprägten formellen Register andererseits, das „der (maximal) kontextfreien Darstellung von Sachverhalten" dient und „auf einen generalisierten Anderen" (Maas, 2010, S. 32) abzielt. Erstere Registertypen umfassen überwiegend *orate* Strukturen, die aus einem kontextuellen Miteinander entstehen. Literate Strukturen in dekontextualisierten Handlungskontexten bilden sich hingegen zum einen in unpersönlichen Ausdrücken ab (z. B. Indefinitpronomen, generische Subjekte, Passiv- und Infinitivkonstruktionen). Die Dekontextualisierung prädestiniert zum anderen konzeptionell schriftsprachliche Kontexte, die wiederum in stark verdichtenden Konstruktionen münden (z. B. komplexe Nominalphrasen, Komposita, Nominalisierungen).

Das Erschließen des formellen Registers erschöpft sich jedoch nicht im Beherrschen literater Strukturen. Vielmehr geht bspw. Steinhoff (2019) im Rahmen seines heuristischen sowie funktional motivierten Modells bildungssprachlicher Kompetenz von drei interagierenden Bereichen aus. Neben der Beherrschung kulturell bedingter epistemischer sowie sozialsymbolischer Funktionen von Bildungssprache umfasst bildungssprachliche Kompetenz spezifische Handlungen in unterschiedlichen Modi sowie spezifische Handlungsmuster und Praktiken. Die Aneignung solcher Handlungsmuster sei wiederum von individuellen Ressourcen abhängig, zu denen Steinhoff kognitive, motivationale sowie volitionale Faktoren zählt. Bildungssprachlich kompetente Personen sind somit in der Lage, mithilfe kulturell spezifischer Werkzeuge und Instrumente (rezeptiv und/oder produktiv) an Wissensdiskursen zu partizipieren. Für die schulische Praxis bedeutet Steinhoffs (2019) Ansatz, dass sich der Aufbau bildungssprachlicher Kompetenzen nicht in der Vermittlung formalsprachlicher Mittel erschöpfen darf, sondern dass sich Schüler:innen domänenspezifische Praktiken aneignen müssen, bei denen transparent ist, *wofür* sie gebraucht werden.

Während Pohl (2016) und Steinhoff (2019) das Konstrukt Bildungssprache samt bildungssprachlicher Kompetenz funktional motiviert angehen und danach fragen, welchen übergeordneten Zweck es erfüllt, richtet Maas (2010) – ebenfalls funktional motiviert – den Blick deutlich stärker auf die formal-sprachliche

Seite des Konstrukts. Der vermeintliche Widerspruch dieser Zugänge lässt sich lösen, wenn bedacht wird, dass übergeordnete Lernziele wie Partizipation an Wissensdiskursen und Diskurspraktiken (vgl. Steinhoff, 2019) als zentrale Funktion des formellen Registers auch mit der rezeptiven wie produktiven Beherrschung spezifischer sprachlicher Strukturen einhergehen müssen. Im Sinne einer Bidirektionalität von Formen und Funktionen ist die Beherrschung spezifischer sprachlicher Merkmale damit sowohl das *Ergebnis* einer Partizipation an (zunächst schulischen) Wissensdiskursen als auch *Bedingung* dafür.

Mit Blick auf die Frage nach Sprachausbauprozessen innerhalb des formellen Registers werden oftmals lückenhafte Erkenntnisse aus der Spracherwerbsforschung als Grund für das Fehlen valider Instrumente zur Erfassung bildungssprachlicher Kompetenzen v. a. für die Sekundarstufe beklagt (vgl. Fornol & Hövelbrinks, 2019, S. 514; Pohl, 2016, S. 73). Trotz der Lückenhaftigkeit empirisch fundierter Erwerbserkenntnisse lassen sich einige grundlegende Erkenntnisse zur Frage nach Aneignungsverläufen und individueller Varianz im Kontext des formellen Registers finden. Primär ist zunächst der Befund, dass nominalen Strukturen im Allgemeinen und komplexen Nominalphrasen sowie Nominalisierungen im Besonderen eine wichtige Rolle im Erwerbsverlauf zukommt. Unabhängig vom sprachbiographischen Hintergrund und somit gleichermaßen im L1- wie auch L2-Erwerb[2] zeigt sich, dass nominale Strukturen zunehmend die sprachlichen Profile von Lerner:innen prägen. Im Erwerbsverlauf zeigen sich dabei schon recht früh (in der Primarstufe, vgl. Webersik, 2015) einfache Formen der Attribution mithilfe von attributiven Adjektiven (z. B. **wichtige** *Dokumente, mit einer* **guten** *Grafik*)[3] und Relativsätzen (z. B. *Es gibt Computer,* **die man nicht mitnehmen kann**). Ausgehend hiervon kommen im Laufe der Sekundarstufe I (in nennenswertem Umfang sowie jeweils systematisch) weitere Attributionstypen wie Präpositionalphrasen (z. B. *die Notizen* **in der Handfläche**), der postnominale Genitiv (z. B. *weil Smartphone die ganze Welt* **des Wissens** *in*

---

[2] Mit L2-Lerner:nnen sind in den jeweiligen Studien sehr unterschiedliche Lerner:innen gemeint (z. B. mehrsprachige Schüler:innen (vgl. Schellhardt/Schroeder 2015) oder Seiteneinsteiger:innen (vgl. Siekmeyer 2013), deren Sprachausbauprozesse oftmals mit denen monolingualer Peers kontrastiert werden. In der englischsprachigen Forschung stehen hingegen erwachsene Fremdsprachlerner:innen im Fokus (vgl. z. B. Kuyken und Vedder 2019; Vyatkina 2013; Vyatkina et al. 2015). Die Grenzen der Vergleichbarkeit dieser Studien sind aufgrund der unterschiedlichen Lernkontexte offensichtlich. Weil es an dieser Stelle jedoch um lernkontextunabhängige wiederkehrende empirische Befunde geht, wird als Oberbegriff ‚L2' verwendet.

[3] Bei den Beispielen handelt es sich um authentische Lerner:innenbeispiele, die aus dem Textkorpus von Gamper (2022) entnommen sind. Die vorliegenden Beispiele entstammen Texten der Jahrgangsstufen 8 und 10.

die Hände **Ihres Kindes** *legen*) sowie (zum Ende der Sekundarstufe I hin) Partizipialattribute (*deinen* **gespeicherten** *Text*; *je nach* **verwendeter** *Version*) hinzu. Nominalisierungen (z. B. *Ein Computer hat eine* **Datenverarbeitung;** *Gelegenheit zum* **Betrügen**) scheinen (als vermeintlich komplexeste Form) um die Jahrgangsstufe 9 oder 10 herum systematisch aufzutreten (vgl. Gamper, 2022). Spezifische Formen der Attribution wie *wie-* und *als*-Phrasen oder Appositionen (z. B. *ein Programm* **wie Google**; *das* **Programm Gmail**) treten grundsätzlich selten und nicht systematisch auf.

Dem sukzessiven Hinzukommen nominaler Strukturen im Sprachausbauprozess gehen, und auch das ist ein wiederkehrender Befund, verbale Strukturen voraus. So zeigen u. a. Feilke (1996) sowie Augst et al. (2007), dass Schüler:innen zunächst in hohem Maße Gebrauch von komplexen hypotaktischen Strukturen machen, bevor sie von einer Informations*reihung* zu einer Informations*verdichtung* gelangen, die wiederum mit nominalen Strukturen vollzogen wird. Der auf die Aneignung und den Gebrauch nominaler Strukturen hin ausgerichtete Sprachausbauprozess, zu dessen Vorläufern verbale Strukturen gehören, legt die Hypothese nahe, dass Lerner:innen Propositionen zunächst mithilfe von satzwertigen Einheiten ausdrücken, bevor sie in der Lage sind, sie phrasal zu realisieren. Hennig (2020) geht hierbei von einem Umverpacken von Propositionen von verbalen zu nominalen Strukturen aus, ohne dass damit gemeint ist, dass Lerner:innen einem kognitiven Umverpackungs- oder gar Übersetzungsprozess folgen. Vielmehr erlaubt – funktional betrachtet – der Gebrauch nominaler Strukturen den Ausdruck von Dekontextualisierung, Entpersonalisierung sowie Informationsverdichtung. Sowohl Fornol (2020) als auch Hövelbrinks (2014) können hierzu zeigen, dass sich informationsverdichtende Tendenzen bereits zu Beginn des Grundschulbesuchs auf verbaler Ebene durch den Gebrauch parataktischer Strukturen mittels doppelter Prädikation (z. B. *dann haben die […] eine Klammer* **genommen** *und da an den Fischen* **drangemacht**, vgl. Hövelbrinks, 2014, S. 165) anbahnt. Generell zeigen Studien, die in der Primarstufe oder im Bereich der Vorschule angesiedelt sind (v. a. Fornol, 2020; Hövelbrinks, 2014; Tietze et al., 2016; Webersik, 2015), dass Schüler:innen vergleichsweise selten nominale Strukturen in Form von ausgebauten NPs oder Nominalisierungen nutzen (bzw. allenfalls ausgebaute NPs mit attributiven Adjektiven verwenden, vgl. etwa Webersik, 2015, S. 297), sondern stattdessen auf verbale Ausbaustrukturen bzw. verbale lexikalische Ausdrucksmuster (bspw. Präfixverben, vgl. Heppt et al., 2020) zurückgreifen.

Der Shift von eher verbal hin zu nominal ausgedrückten Propositionen lässt sich, wie erwähnt, auch bei L2-Lerner:innen erkennen (vgl. Biber et al., 2011). Insbesondere im Rahmen des CAF-Frameworks (*complexity, accuracy, fluency*) wird deshalb gefordert, nominale Strukturen als Indikatoren (hier bspw. die durchschnittliche NP-Länge, Anzahl komplexer NPs pro Satz) für individuelle Sprachstände fortgeschrittener Lerner:innen hinzuzuziehen und die Aussagekraft von Parametern wie t-units, durchschnittlicher Satzlänge und Satzgefügen, die jeweils syntaktische und nicht nominale Komplexitätsmaße erfassen, in formellen und schriftsprachlich orientierten Kontexten zu hinterfragen (vgl. u. a. Biber et al., 2011; Kyle & Crossley, 2018; Larsson & Kaatari, 2020). Mit einer solchen Forderung geht zugleich die Annahme einher, dass sich Sprachstände auf Basis einzelner Strukturen, denen eine Indikatorfunktion zugesprochen wird, erfassen lassen.

Dass komplexen NPs sowie Nominalisierungen eine Schlüsselrolle im Kontext des formellen Registers zugesprochen wird, liegt im Umstand begründet, dass die beiden Strukturbereiche sowohl als Mittel der Informationsverdichtung als auch Generalisierung und Entpersonalisierung fungieren. Ausgehend vom Befund, dass komplexe (und hier v. a. mehrfach attribuierte) NPs es ermöglichen, mehrere Propositionen pro Satz zu kodieren, liegt die Informationsverdichtung als primäre Funktion nahe. Dies gilt auch für Nominalisierungen, da sie es ermöglichen, verbal-syntaktisch ausdrückbare Propositionen mittels eines lexikalischen Kopfes zu realisieren (z. B. *Um das Problem zu erklären* → *Zur Erklärung des Problems*, vgl. Hennig, 2020, S. 126). Dass beide Strukturen auch als Mittel der Generalisierung fungieren, liegt zum einen im Umstand begründet, dass nominale Ausdrücke per se ermöglichen, Sachverhalte und Gegenstände statt verbal kodierte Handlungen und Handelnde in den Fokus zu rücken. Die Kodierung von Informationen mithilfe von nominalen Strukturen ist damit eine Form der Reperspektivierung, die eine entpersonalisierte und generalisierende Darstellung von Inhalten ermöglicht. Nominalisierungen werden hierbei als Mittel der Kondensierung vorhergehender Informationen eingesetzt (vgl. Fang et al., 2006), mit deren Hilfe die „Entfaltung abstrakter Handlungszusammenhänge" (Gamper, 2022, S. 17) möglich ist. Informationsstrukturell betrachtet wird somit mit nominalen Strukturen der Fokus auf Sachverhalte und Gegenstände gerückt, von denen ausgehend eine Argumentationsstruktur entfaltet wird (z. B. *Sie benutzen ein Computer um zu Surfen, Shoppen, Spielen oder etwas zu Schreiben.* **Diese Funktionen hat ein Computer und viele mehr**, vgl. Gamper, 2022, S. 17). Nominalisierungen erfüllen vor diesem Hintergrund eine Mehrfachfunktion, weil sie die primären Funktionen des formellen Registers ausdrücken können.

Neben der zentralen Rolle nominaler Strukturen im Sprachausbau sowie der daraus ableitbaren Forderung, diese als Indikator für fortgeschrittene Kompetenzprofile hinzuzuziehen, findet sich ein weiterer robuster empirischer Befund in Bezug auf Aneignungsprozesse im Kontext des formellen Registers. Unabhängig vom Lernkontext wird ein hoher Grad der inter- wie auch intraindividuellen Variabilität ausgemacht (vgl. Boneß, 2011; Gamper, 2022; Kreyer & Schaub, 2018; Petersen, 2014; Siekmeyer, 2013; Vyatkina, 2013; Vyatkina et al. 2015). Variabilität bedeutet dabei, dass sich auch bei Kontrolle von Faktoren wie Erwerbsalter und -dauer, Schulformen, dem sprachbiographischen Hintergrund (im Sinne von ein- vs. mehrsprachigen Lerner:innen), dem Bildungshintergrund oder der Aufgabenstellung teils große quantitative wie auch qualitative Unterschiede zeigen, wenn es um den Gebrauch nominaler Strukturen geht. Einige Lerner:innen machen vielfältigen Gebrauch von unterschiedlichen Attribuierungstypen beim NP-Ausbau, andere nutzen Attribute sowie Nominalisierungen kaum bis gar nicht oder nur bestimmte Formen der Attribution (vgl. Gamper, 2022). Ein möglicher Erklärungsansatz für diese interindividuelle Varianz lässt sich mithilfe der BLC-Theorie nach Hulstijn (2015, 2019) formulieren. Hulstijn unterscheidet zwischen der *basic/shared* sowie der *extended/higher language cognition* (BLC vs. HLC). Die BLC-Domäne, die zum Teil auch als *core* oder *basic grammar* konzeptualisiert wird, umfasst die Fähigkeit, hochfrequente Lexeme, Strukturen in (alltags- und mündlichkeitsnahen) sprachlichen Handlungen automatisiert zu verwenden. Hulstijn geht davon aus, dass es im Bereich der BLC-Domäne kaum Kompetenzunterschiede zwischen L1- und frühen L2-Sprecher:innen gibt und sich *nativeness* dadurch auszeichnet, dass Sprecher:innen innerhalb der BLC-Domäne über nahezu identische sprachliche Wissens- und Kompetenzstände verfügen. Dies zeigt sich beispielsweise durch wiederkehrende *ceiling*-Effekte in Studien, die basalgrammatische Phänomene untersuchen. Die HLC-Domäne umfasst hingegen formelle(re) sowie schriftlichkeitsnahe Handlungskontexte, die niedrigfrequente (bzw. periphere) Lexeme und Strukturen erfordern. Die Beherrschung sprachlicher Merkmale innerhalb der HLC-Domäne ist Hulstijn zufolge hochgradig von individuellen Faktoren abhängig, zu denen zum Beispiel der Grad der Literalität, die individuelle Relevanz von Text(en) im privaten sowie professionellen Gebrauch, aber auch Faktoren wie *verbal memory* zählen können. Weil Text und Textualität unterschiedlich relevant für Individuen sein können, werden die zugrunde liegenden sprachlichen Strukturen nicht von allen Sprecher:innen gleichermaßen beherrscht geschweige denn automatisiert verwendet. Für L1- wie auch L2-Sprecher:innen handelt es sich also um *non-shared language cognition*. Interindividuelle Unterschiede sind innerhalb der HLC-Domäne also ‚normal‘.

Hulstijns Ansatz überzeugt aus vielerlei Hinsicht: Zum einen fußt das theoretische Konstrukt auf einem umfassenden empirischen Fundament, insbesondere was die BLC-Domäne angeht. Zum anderen ist es zwar anschlussfähig an vorhandene Ansätze, darunter die deutlich bekanntere BICS-/CALP-Differenzierung nach Cummins (1979), die Domänen sind jedoch eindeutiger operationalisierbar und, wie erwähnt, empirisch umfassend verifiziert. Zwar eint beide Ansätze, dass zwischen mündlichkeits- und schriftlichkeitsnahen Domänen differenziert wird. Während jedoch Cummins' Überlegungen vor allem darauf abzielen, BICS im Sinne einer Vorbedingung für die Aneignung von CALP insbesondere in Bezug auf L2-Lerner:innen zu konzeptualisieren, basieren Hulstijns Erkenntnisse losgelöst von vermeintlichen gruppenspezifischen Kompetenzen von L1- und L2-Lerner:innen. Hulstijns Ansatz überwindet zum einen den Irrglauben, dass alle L1-Sprecher:innen gleichermaßen kompetent seien und schlägt ein radikal neues Konzept von *nativeness* vor, was sich von sprachbiographischen Merkmalen wie L1 oder L2 vollständig löst. Der Ansatz richtet vielmehr den Blick auf individuelle Faktoren, die sich jeweils unterschiedlich innerhalb der BLC- und HLC-Domäne niederschlagen: Innerhalb der BLC-Domäne beeinflussen sprachbiographische Merkmale die individuellen Kompetenzniveaus nicht, weil durch soziale Interaktion Sprecher:innen in ähnlicher Weise mit hochfrequenten Strukturen, Lexemen und sprachlichen Handlungen konfrontiert sind. Die Verfügbarkeit von HLC-Strukturen ist hingegen massiv von individuellen Faktoren abhängig, einfach weil schriftlichkeitsnahe Handlungen individuell höchst unterschiedlich relevant und damit auch unterschiedlich oft verfügbar sind. Hulstijns Ansatz ermöglicht eine Operationalisierung der zu erwerbenden Gegenstände und ist zudem anschlussfähig an aktuelle spracherwerbstheoretische sowie gebrauchsbasierte Ansätze, die sprachliche Kompetenzen als Resultat des komplexen Ineinandergreifens unterschiedlichster Faktoren verstehen (wie es z. B. die *Complex Dynamic Systems Theory* vorschlägt, vgl. de Bot 2017). Die BLC-Theorie verdeutlicht weiterhin, wie zentral eine differenzierte Diagnostik zur Erfassung von Sprachständen im Kontext formeller Register ist. Die genaue Beschreibung und Erfassung sprachlicher Profile ist ein zentrales Element, um passgenau und individualisiert Fördermaßnahmen zu ergreifen.

3 Diagnostik im formellen Register: Bedingungen und Voraussetzungen

Die bisherigen Ausführungen haben deutlich gemacht, dass Sprachausbauprozesse im formellen Register auf den Erwerb und den Gebrauch nominaler Strukturen (v. a. komplexer NPs und Nominalisierungen) hin ausgerichtet sind und dass wir innerhalb dieses Bereichs eine hohe interindividuelle Varianz finden. Mit Blick auf die Entwicklung eines förderdiagnostischen Instruments gehen diese Befunde mit Bedingungen und Voraussetzungen einher, die sich einerseits auf die Annahme beziehen, nominale Strukturen könnten Indikatoren für bildungssprachliche Kompetenzen darstellen, und andererseits Fragen der Norm in Bezug auf bildungssprachliche Kompetenz berühren.

a Indikatoren und Stellvertreter in der Förderdiagnostik
Bestimmte sprachliche Strukturen als Indikatoren für übergreifende Kompetenzen zugrunde zu legen, ist im Bereich der Sprachstandsdiagnose relativ gängig. So arbeitet beispielsweise die Profilanalyse nach Grießhaber (2013) mit der Verbstellung als Stellvertreter für die Ermittlung eines interimsspezifischen L2-Profils und nimmt dabei eine Korrelation zwischen Erwerbsstufen in der Verbstellung und anderen sprachlichen Bereichen an (etwa Kasusflexion, Verbalflexion, dem Wortschatzumfang oder textstrukturierenden Elementen). Auch umfassendere profilanalytische Verfahren wie *Tulpenbeet* (vgl. Reich et al., 2008) und *Bumerang* (vgl. Reich et al., 2009), die neben kerngrammatischen Strukturen (z. B. Verbstellung, Nominalflexion) auch nominale Strukturen wie expandierte NPs und Nominalisierungen sowie textspezifische Merkmale wie Strukturierung und Adressierung erfassen, nutzen oberflächennahe Phänomene (auch auf der Ebene der ‚Textpragmatik') stellvertretend für allgemeine und/oder bildungssprachliche Kompetenzen. Die Stellvertreteridee ist auch standardisierten Sprachstandstests inhärent. So basiert bspw. *BiSpra* 2–4 (Heppt et al., 2020) u. a. auf Konnektoren und Präfixverben als Indikatoren für (rezeptive) bildungssprachliche Kompetenzen in der Grundschule.

Als Alternative zu Verfahren, die oberflächennahe Indikatoren in den Fokus rücken, finden sich auch Ansätze, die in Bezug auf das formelle Register textlinguistische Kriterien wie Kohäsion, Kohärenz sowie Aufgabenbewältigung in den Blick nehmen. So ermittelt bspw. *Schuldeutsch* (Haberzettl, 2015) mithilfe eines Punktebewertungssystem textsortenspezifische Stärken und Schwächen für drei Aufgabentypen (Brief, Argumentation, Bericht) für die Jahrgangsstufe 7. Das Verfahren verzichtet explizit darauf, ausschließlich grammatische Strukturen zu erfassen und begründet dies damit, dass diese nicht aussagekräftig seien, weil sie bereits beherrscht würden (vgl. Haberzettl, 2015, S. 50). Gemeint sind mit diesen Strukturen jedoch basale grammatische Muster wie die Verbstellung oder die Subjekt-Verb-Kongruenz und eben nicht – vermeintlich aussagekräftigere – literate Strukturen aus dem Bereich der nominalen Syntax. Ob grammatische Strukturen somit tatsächlich keine Aussagekraft haben, bleibt offen. Gleiches gilt für *Tulpenbeet* und *Bumerang*, die zwar textspezifische Merkmale miterfassen, jedoch nicht in Relation zu grammatischen Strukturen setzen.

Aktuell liegen nur wenige Studien vor, die sich der Frage widmen, ob oberflächennahe grammatische Strukturen mit textspezifischen Merkmalen korrelieren. So arbeitet Fornol (2020) für Grundschüler:innen heraus, dass eine hohe Anzahl sog.

bildungssprachlicher Mittel nicht zwangsweise mit ihrer sicheren Beherrschung einhergeht: Mithilfe einer qualitativen Analyse lässt sich zeigen, dass Schüler:innen bspw. zwar Fachkomposita und Präfixverben verwenden, diese jedoch nicht immer angemessen zur Darstellung des fachlichen Gegenstandes einsetzen (z. B. *In dem Faulturm* **versammelt** *sich der ganze Klärschlamm*, vgl. Fornol, 2020, S. 282 [Herv.i.O.]). Fornol (2020) folgert daraus, dass die Vermittlung bildungssprachlicher Mittel im Unterricht deutlich stärker funktional erfolgen müsse. Die von Fornol (2020) aufgeworfene Frage nach der Angemessenheit ist, gerade wenn oberflächennahe Strukturen als Indikatoren einen diagnostischen Aussagewert haben sollen, zentral. Im Rahmen eines förderdiagnostischen Ansatzes muss also nicht nur erfasst werden, ob, sondern auch inwiefern eine Struktur funktionsangemessen verwendet wird.

Inhärent ist der Frage nach der Angemessenheit auch ein Erwerbskriterium. Um förderdiagnostisch und prozessorientiert einsetzbar zu sein (vgl. Kleinbub, 2019), muss ein Verfahren individuelle Kompetenzniveaus sichtbar machen, bei denen definiert werden muss, wann sie als erreicht (oder erworben) gelten. Oftmals in der Erwerbsforschung vorkommende Korrektheitsraten (z. B. 60 % oder 90 %) beziehen sich dabei auf basalgrammatische Strukturen (z. B. Pluralbildung), bei denen wenig Spielraum hinsichtlich der Korrektheit möglich ist. Ein solches Kriterium ist im Rahmen des formellen Registers, wo kognitive Funktionen eine Reihe formaler Realisierungsoptionen ermöglichen, nur bedingt sinnvoll. Kritisch zu betrachten sind auch Ansätze, die ein oftmals willkürlich gesetztes Mindestvorkommen fordern (z. B. drei Token in der Profilanalyse nach Grießhaber, vgl. kritisch dazu Gamper 2023). Einen gänzlich anderen Weg wählt die *Processability Theory* (vgl. Pienemann, 1998) in Form des Emergenzkriteriums. Das heißt, dass ein einmaliges Vorkommen einer Zielstruktur ausreicht, damit diese im Erwerb als ‚im Aufbau befindlich' klassifiziert wird. Mit Blick auf den Gebrauch von Chunks oder gefestigten Mustern scheint hier zwar das Kriterium der Selbstständigkeit herausfordernd zu sein. Zugleich erscheint Emergenz als Erwerbskriterium als Zugang nützlich, insbesondere wenn eine Verbindung mit Vorkommenshäufigkeiten angestrebt wird. Ein einmaliges Vorkommen ließe sich dabei als Indikator nutzen, um eine Struktur als ‚im Aufbau befindlich' zu interpretieren. Das mehrmalige (angemessene) Vorkommen einer Struktur ließe sich wiederum als ‚im Gebrauch befindlich' und damit als weitgehend stabil interpretieren. Wie oft eine Struktur im Gebrauch vorkommen muss, ist letztlich eine empirische Frage (s. Abschn. 4).[4]

---

[4] Zu bedenken ist bei der Operationalisierung dessen, was ‚mehrmalig' bedeutet, der Umstand, dass ein gelungener Text sich nicht zwangsweise durch den häufigen Gebrauch komplexer NPs und Nominalisierungen auszeichnen muss. Vielmehr besteht bei zu häufigem

Ein solch eng gefasster Zugang zur Frage, wann eine Struktur als ‚erworben' gelten kann, erfordert ein Setting, das die Realisierung der Zielstruktur überhaupt ermöglicht. Items und Aufgaben müssen so konzipiert sein, dass die Wahrscheinlichkeit zur Realisierung der jeweiligen Zielstrukturen hoch ist (vgl. zur zentralen Rolle von Aufgaben im Schreibprozess Bachmann & Becker-Mrotzek, 2017). Auch wenn geschlossene (Test-)Verfahren hier die Wahrscheinlichkeit von Vermeidungen reduzieren, lässt sich mit ihnen das für das formelle Register zentrale Kriterium der Angemessenheit nur schwer berücksichtigen. Offenere elizitierende Verfahren, die freie Textproduktionen ermöglichen, müssen wiederum gewährleisten, dass die Nutzung nominaler Strukturen für Schüler:innen naheliegt.[5]

Zusammengenommen zeigt sich, dass die Konzeption eines Diagnosetools, das sich auf nominale Strukturen als Indikatoren für bildungssprachliche (Teil-)Kompetenzen stützt, mit einer Reihe von Bedingungen einhergeht. Die Fokussierung auf nominale Strukturen ist dabei nicht nur erwerbstheoretisch plausibel und empirisch belegbar, sondern auch aus Gründen der Praktikabilität und Zeitökonomie sinnvoll. Mit Blick auf die erwerbstheoretische sowie empirische Fundierung muss die Emergenz komplexer NPs und Nominalisierungen als Ergebnis eines abstrakteren (kognitiven) Ausbauprozesses verstanden werden, sodass der Terminus *Indikator* wörtlich zu nehmen ist: Nominale Strukturen indizieren über die Strukturen hinausgehende Fähigkeiten und Teilkompetenzen. Was bleibt, ist der Faktor der individuellen Varianz bei diesen Teilkompetenzen. Dies stellt eine Herausforderung für Normwerte und Normierungsbemühungen dar.

b Normen und Normierung

Förderdiagnostische Verfahren müssen valide Auskünfte zu potenziellen Förderbedarfen geben müssen. Eine solche Zielsetzung erfordert eine Vergleichsgrundlage in Form einer Normierung. Vielen v. a. standardisierten Verfahren liegen hierbei individuelle sowie soziale Normen wie das Erwerbsalter (z.B bei *LiSe-DaZ*, vgl. Schulz & Tracy, 2011 oder bei *BiSpra* 2–4, vgl. Heppt et al., 2020) oder der sprachbiographische Hintergrund zugrunde (z. B. Ein- vs. Mehrsprachigkeit). Vor dem Hintergrund der überzeugenden Überlegungen im Rahmen der BLC-Theorie (vgl. Hulstijn, 2015, 2019) sind solche klassischen norm-orientierten Zugänge als Vergleichsfolie im Rahmen des formellen Registers nicht zielführend. Zur Erinnerung: Basierend auf weitreichenden empirischen Erkenntnissen geht Hulstijn (2015)

Gebrauch entsprechender Strukturen die Gefahr, dass Ausführungen in hohem Maße nominalstilistisch geprägt sind und dadurch nur noch schwer rezipier- und verarbeitbar würden.

[5] Ein Setting, das schriftliche Produkte fordert, ist durch die Präferenz medial schriftlicher Handlungskontexte in der Sekundarstufe I begründet.

davon aus, dass Kompetenzen innerhalb der HLC-Domäne aufgrund unterschiedlicher (und vermeintlich interagierender) Faktoren, die die individuelle Relevanz von Schrift und Schriftlichkeit betreffen, stark divergieren. Anders als im Bereich der BLC-Domäne, die alltagsnahe und (dadurch) hochfrequente Strukturen, Lexeme und Wendungen umfasst, kann im HLC-Bereich nicht von einer überindividuellen Norm ausgegangen werden, die aus diagnostischer Sicht als Vergleichsfolie dienlich sein könnte. Angesichts dieser Annahme sowie der in Abschn. 2 skizzierten empirischen Befunde ist es nicht plausibel anzunehmen, es gäbe im Rahmen des formellen Registers alters- oder jahrgangsstufenspezifische Normen. Auch Faktoren wie Unterrichtsinhalte oder Lehrpläne sind für eine Normierung nicht geeignet. Zum einen variieren Unterrichtsinhalte und -gegenstände in Abhängigkeit von Schulformen (und auch Bundesländern) teils enorm. Auch innerhalb einzelner Schulformen kann der Vermittlungsansatz von Lehrkräften stark variieren. Hätten der Unterrichtsgegenstand oder Lehrplaninhalte allein einen entscheidenden Einfluss auf Sprachausbauprozesse, sollten sich bildungssprachliche Kompetenzen innerhalb von einzelnen Klassen und Jahrgangsstufen zudem kaum unterscheiden. Dass dies nicht der Fall ist, lässt sich mit einer Reihe von aktuellen empirischen Studien zeigen (vgl. etwa Gamper, 2022), die eher auf große interindividuelle Varianz *trotz* einheitlicher Unterrichtsinhalte hindeuten. Weiss et al. (2022) zeigen zudem, dass sich der lehrkräfteseitige (mündliche) Input vom schüler:innenseitigen Output zu unterscheiden scheint, insbesondere was Strukturen innerhalb des formellen Registers angeht. Unterricht muss deshalb als *ein* möglicher, jedoch nicht alleiniger und entscheidender Faktor im Bereich der sprachlichen Entwicklung betrachtet werden.

Zielführender ist damit ein kriterial-basierter bzw. sog. *criterion-referenced* Ansatz (vgl. etwa Lok et al., 2016), bei dem spezifische Kriterien (oder Kompetenzniveaus) samt zugehöriger Deskriptoren formuliert werden. Der Ansatz löst sich von Faktoren wie dem Erwerbsalter oder (desr v. a. für L2-Lerner:innen wichtigen Faktors) der Erwerbsdauer (*length of exposure*) und richtet den Blick auf Entwicklungsprozesse als solche. Der Rückgriff auf kriterial-basierte Werte ist im Bildungsbereich nicht unüblich und findet sich zum Beispiel auch bei einem von Webersik (2015) entwickelten Diagnoseverfahren sowie in der *RaBi*-Skala (vgl. Tietze et al., 2016). Beide Ansätze nutzen eine empirisch fundierte Skalierung zur Identifikation von bildungssprachlichen Kompetenzniveaus bei Grundschüler:innen (Jgst. 3) respektive Vorschüler:innen. Webersik (2015) entwickelt dazu auf Grundlage unterschiedlicher dekontextualisierender Nacherzählungen (n = 150) ein komplexes Faktoren- und Kategorisierungssystem, auf dessen Basis sie vier Skalen identifiziert. Die höchste Skala 1 (,*elaborierte Sprachverwendung*') umfasst dabei insbesondere verbale Strukturen (z. B. Satzverbindungen und Satzgefüge, Modalverbkonstruktionen, Präfixverben, Passivkonstruktionen), aber auch vereinzelte nominale Strukturen wie ausgebaute NPs mit attributivem Adjektiv. Schüler:innen in Skala 2 zeigen Unsicherheiten im lexikalisch-semantischen Bereich (z. B. in Bezug auf inhaltlich angemessene und präzise Nomen, Verben und Fachbegriffe), formal-grammatische Unsicherheiten (Skala 3) sowie spezifische Fehlerschwerpunkte in der Nominalflexion (Skala 4), wobei hiermit v. a. fehlerhafte Strukturen im Bereich von Genus- und Kasusflexion gemeint sind. Kriterial-basierte Skalen mit einem Fokus auf nominalen Strukturen wären somit anschlussfähig an vorhandene diagnostische Verfahren (bspw. auch an das kriterien-basierte Diagnoseverfahren zur Erfassung von Textkompetenz bei Oleschko, 2014), die bisher v. a. verbale Ausbaustufen in medial mündlichen Handlungen der Primarstufe erfassen.

Aufbauend auf den in Abschn. 2 skizzierten theoretischen Vorannahmen sowie empirischen Befunden lassen sich hypothetisch folgende Kompetenzniveaus annehmen:

1. Lerner:innen erweitern NPs zunächst nicht, sondern drücken Propositionen überwiegend mittels verbal-syntaktischer Strukturen (z. B. Hypotaxen, doppelte Prädikation) aus.
2. Erste Erweiterungen stellen einfach attribuierte NPs dar. Zu den frühen Attributen zählen attributive Adjektive sowie Relativsätze und, kurz darauf, Präpositionalphrasen. Der NP-Ausbau ist noch mit formalen Unsicherheiten (fehlerhafte Strukturen in der Nominalflexion) verbunden.
3. Ist das Prinzip des NP-Ausbaus mithilfe der in (2) beschriebenen Attributstypen etabliert und formal gefestigt, folgen niedrigfrequentere Formen der Attribution, allen voran (postnominale) Genitivattribute sowie erste Nominalisierungen. Letztere sind noch mit formalen Unsicherheiten verbunden und werden funktional nicht immer angemessen verwendet.
4. Im letzten Schritt festigen Lerner:innen ihre Fähigkeiten im formal und funktional angemessenen Gebrauch von Nominalisierungen und weiten ihr Repertoire in Bezug auf Attributstypen um einfache sowie erweiterte Partizipialattribute aus.

Die hier auf Basis von Boneß (2011), Feilke (1996), Gamper (2022), Petersen (2014), Siekmeyer (2013) und Schellhardt und Schroeder (2015) rekonstruierte Erwerbsprogression bedarf zwar weiterer empirischer Evidenz, einer daraus resultierenden Ausdifferenzierung sowie insbesondere einer Ergänzung um wenndann-Relationen zwischen formalsprachlichen Indikatoren sowie textlinguistischen Parametern und Faktoren wie Aufgabenbewältigung. Sie kann jedoch als erste Orientierung genutzt werden, um kriterial-basierte Niveaus und Deskriptoren zu entwickeln.

4   Auf dem Weg zum Forschungsprogramm

Aus den bisherigen Vorüberlegungen lässt sich folgende Konzeption für ein förderdiagnostisches Verfahren im Bereich des formellen Registers für die Sekundarstufe I konzeptualisieren: Das Verfahren muss (1) produktiv schriftsprachliche und an schulspezifischen Operatoren angelehnte Handlungen elizitieren. Die so entstandenen Produkte müssen (2) in Hinblick auf Attributstypen, Nominalisierungen und ihre jeweiligen Vorkommenshäufigkeiten analysiert werden. Diese Analyse muss (3) vor dem Hintergrund erwerbstheoretisch und empirisch fundierter kriterial-basierter Kompetenzniveaus interpretiert werden. Diese Interpretation muss (4) förderdiagnostisch im Sinne eines prozessorientierten Förderansatzes genutzt werden. Um einen solchen förderdiagnostischen Ansatz konkretisieren zu können, bedarf es Forschungsaktivitäten, die im Bereich der Grundlagenforschung angesiedelt und eng verknüpft mit der Prüfung von Gütekriterien sind.

Um einen indikatorgestützten Ansatz diagnostisch anwenden zu können, bedarf es zunächst (idealerweise) korpusgestützter Analysen, die wenn-dann-Relationen und Ko-Okkurrenzen zwischen dem Gebrauch (bestimmter) nominaler Strukturen und anderen sprachlichen Ebenen, insbesondere mit Faktoren wie der Textkohärenz und -kohäsion und der Bewältigung der Aufgabenstellung, identifizieren. So ließe sich die Hypothese aufstellen, dass Lerner:innen, die aus einem breiteren Spektrum von Attributstypen schöpfen sowie (vereinzelt) Nominalisierungen verwenden, diese auch in hohem Grad angemessen einsetzen, weitgehend kohärente Texte verfassen und in der Lage sind, die Aufgabenstellung angemessen umzusetzen. Umgekehrt ließe sich annehmen, dass diejenigen Lerner:innen, die ‚einfachere' Formen der Attribution (z. B. v. a. attributive Adjektive) gebrauchen und deren Texte kaum Nominalisierungen enthalten, dazu tendieren, die skizzierten Fähigkeiten noch nicht vollständig ausgebaut zu haben. Eine korpusgestützte Analyse solch potenzieller Zusammenhänge wäre ein erster Zugang zur Überprüfung der Indikatorannahme und könnte zudem zeigen, ob bestimmte Attributstypen oder Cluster (z. B. früh im Erwerb auftretende vs. später auftretende Attribute, s. Abschn. 3) identifizierbar sind, deren gemeinsames Auftreten das Vorhandensein der oben beschriebenen weiteren Teilkompetenzen prädiziert. Solche lernerkorpusgestützten Erkenntnisse lassen sich in einem zweiten Schritt im Sinne der Überprüfung von Reliabilität sowie (externer) Validität zu anderen diagnostischen Verfahren sowie externen Faktoren wie der Deutschnote oder Rater:innenurteilen in Relation setzen.

Notwendig ist damit die Entwicklung und Bereitstellung eines Lernertextkorpus, das neben umfassenden Metadaten unterschiedliche Operatoren und

Aufgabenstellungen umfasst. Sinnvoll ist, mit Blick auf die Entwicklung skalierter Kompetenzniveaus (vgl. Hartig, 2007), die Konzeption mehrerer Aufgaben, die sich bspw. in Bezug auf ihren Schwierigkeitsgrad unterscheiden (vgl. zur Modellierung von Aufgabentypen Heine et al. 2018). Damit lassen sich diejenigen Aufgaben und Operatoren identifizieren, die das größte Elizitationspotential für nominale Strukturen enthalten. Entsprechende Aufgaben lassen sich dann als Stimuli im Rahmen des Diagnosetools nutzen. Metadaten, die über etablierte sprachbiographische Merkmale wie Ein- vs. Mehrsprachigkeit oder den sozioökonomischen Status hinausgehen und Aspekte wie individuelles Leseverhalten und Relevanz von Text und Schriftlichkeit in Alltag und Freizeit berücksichtigen, sind wiederum deshalb notwendig, um Faktoren zu identifizieren, die die erwartete individuelle Varianz (in Teilen) erklären können. Entsprechende Erkenntnisse lassen sich wiederum förderdiagnostisch zur Formulierung von Entwicklungsprognosen hinzuziehen.

Ein Lernertextkorpus im vorgeschlagenen Sinne lässt sich schließlich nutzen, um Kompetenzniveaus (bspw. nach dem Vorbild von Webersik, 2015) zu identifizieren. Es ist zudem geeignet, um zu prüfen, ob Emergenz als Erwerbskriterium ausreicht, um den Aufbau spezifischer Kompetenzen angemessen erfassen zu können oder ob quantitative Faktoren wie Mindestvorkommenshäufigkeiten bestimmter Attribute oder Attributscluster aussagekräftiger sind.

Die Entwicklung, Aufbereitung und Analyse eines Lernertextkorpus unter Berücksichtigung der vorgestellten Parameter bildet das Fundament für die Entwicklung eines förderdiagnostischen Verfahrens. Das Verfahren selbst muss in einem zweiten Schritt in Hinblick auf Güte und dabei sowohl in Bezug auf die Hauptgütekriterien Validität, Reliabilität und Objektivität als auch in Bezug auf das für schulische Zwecke zentrale Nebengütekriterium der (Durchführungs- und Auswertungs-)Ökonomie geprüft bzw. von vornherein so konzipiert sein, dass es realistisch im schulischen Alltag einsetzbar ist.

Das Kriterium der Ökonomie ist aus schulpraktischer Sicht zentral. Denn: So überzeugend das bspw. von Webersik (2015) entwickelte Diagnoseverfahren für die Primarstufe ist, ist es unwahrscheinlich, dass Lehrkräfte es ohne externe Unterstützung nutzen können. Neben der umfassenden individuellen Elizitation von drei Nacherzählungen müssen die videographierten Daten transkribiert und analysiert werden. Allein für die Transkription rechnet Webersik mit 90 min pro Erzählung und pro Kind (2015, S. 330). Angesichts des mehrstündigen Aufwandes ist leider zu bezweifeln, dass das Verfahren im schulischen Alltag etablierbar ist. Vielmehr bedarf es externer Expert:innen, die die Diagnostik durchführen und die Ergebnisse an die Lehrkräfte zurückspielen. Diese Problematik bringen auch andere (auch standardisierte) Verfahren mit (z. B. LiSe-DaZ). Eingesetzt werden sie deshalb meist zu Forschungszwecken und weniger zur prozessbegleitenden Diagnostik. Dies ist keinesfalls eine Kritik an den Verfahren, sondern ein aus der schulischen Praxis resultierendes Problem. Zusätzliche (zeitliche wie auch personelle) Ressourcen fehlen oftmals, um umfassende Diagnoseverfahren einzusetzen, wodurch empirisch fundierte Instrumente oftmals durch subjektive Einschätzungen ersetzt werden. Ein im obigen Sinne skizzierter Ansatz würde deshalb mit der Fokussierung auf spezifische formalsprachliche Indikatoren einen pragmatischen Mittelweg bilden. Vorbild hierfür kann vom Verfahrenstyp her die Profilanalyse nach Grießhaber (2013) sein. So zahlreich die Bedenken und so drängend eine empirische Validierung des Verfahrens sind (vgl. Gamper 2023), ist nicht zu verkennen, dass es in der Lage ist, kriterial-basiert individuelle Entwicklungsstände zu erfassen, für zentrale Strukturen des Deutschen im L2-Erwerb zu sensibilisieren und den Blick für individuelle Unterschiede zu eröffnen. Kommt die Profilanalyse für schriftliche Texte zum Einsatz, ist sie zudem in hohem Maße ökonomisch. Die oben skizzierten potenziellen Entwicklungstendenzen könnten somit als Profilstufen innerhalb des formellen Registers verstanden und mithilfe eines Profilbogens für alle Lerner:innen (und selbstredend nicht ausschließlich für L2-Lerner:innen) eingesetzt werden. Damit ein solcher profilanalytischer Zugang gelingt, bedarf es jedoch zunächst der skizzierten Anstrengungen im Bereich der Lernerkorpus- sowie Grundlagenforschung.

5   Zusammenfassung

Ziel des Beitrags war es aufzuzeigen, dass nominale Strukturen in Form von ausgebauten NPs und Nominalisierungen sowohl aus erwerbstheoretischer wie auch empirischer Sicht im Sprachausbau im formellen Register eine Schlüssel- und Stellvertreterrolle in Bezug auf bildungssprachliche Kompetenz darstellen. Aufbauend auf dieser Annahme wurden Voraussetzungen und Bedingungen zur Entwicklung eines förderdiagnostischen Verfahrens für die Sekundarstufe I diskutiert. Diese betreffen allen voran die Stellvertreteridee als solche sowie insbesondere Fragen der Normierung. Die konzeptionelle Ausleuchtung der Idee, nominale Strukturen als Indikatoren für bildungssprachliche Kompetenz förderdiagnostisch nutzbar zu machen, hat gezeigt, dass es intensiver Aktivitäten im Bereich der grundlegenden Erwerbsforschung in Form von (idealerweise) lernerkorpusanalytischen Studien bedarf, mit deren Hilfe die Stellvertreterannahme validiert, ein Erwerbskriterium identifiziert sowie kriterial-basierte Kompetenzniveaus als Basis eines förderdiagnostischen Verfahrens formuliert werden können. Diese Parameter sind einerseits kompatibel mit bereits vorhandenen, jedoch für die Sekundarstufe I oder für den Gegenstandsbereich nicht ohne weiteres übertragbaren Diagnoseansätzen (vgl. Oleschko, 2014; Tietze et al., 2016; Webersik, 2015). Der Vorschlag, lernerkorpusgestützte Grundlagenerkenntnisse für die Identifikation von Kompetenzniveaus zu nutzen, ist zudem anschlussfähig an Zugänge, die ebenfalls lernerkorpusanalytische Forschungsaktivitäten zur Erforschung von Unterrichtsdiskursen und Operationalisierung des Konstrukts Bildungssprache anvisieren (vgl. etwa Pohl, 2016).

Dass der Beitrag konzeptionell und an vielen Stellen hypothesengenerierend (was bspw. die Interdependenz nominaler Strukturen und makrostruktureller Textmerkmale angeht) angelegt ist, offenbart ein noch immer eklatantes Desiderat der Spracherwerbsforschung, das unmittelbare Konsequenzen für die Entwicklung förderdiagnostischer Verfahren hat. Während für den Vorschul- und Primarbereich inzwischen eine Reihe von fundierten und umfassenden Erkenntnissen (vgl. Augst et al., 2007; Fornol, 2020; Heppt et al., 2020; Hövelbrinks, 2014; Webersik, 2015) für Ausbauprozesse im formellen Register sowie darauf aufbauende Vorschläge für Diagnoseverfahren vorliegen, finden sich für die Sekundarstufe bisher nur einzelne Studienerkenntnisse (z. B. Boneß, 2011; Feilke, 1996; Gamper, 2022; Petersen, 2014; Schellhardt & Schroeder, 2015; Siekmeyer, 2013), die jeweils sehr unterschiedliche Lernkontexte und Lerner:innen betrachten. Die Generalisierung dieser Erkenntnisse ist, gerade weil größere Datensammlungen fehlen, mit Hürden verbunden. Die notwendige Entwicklung umfassender (längstschnittlicher) Lernerkorpora, die neben umfassenden Metadaten auch Faktoren wie die Aufgabenstellung systematisch kontrollieren, ist besonders drängend, wenn bedacht wird, dass in der Sekundarstufe der Löwenanteil des Sprachausbaus im formellen Register stattfinden sollte. Erkenntnisse aus dem Primarbereich lassen sich hierbei fruchtbar machen, wenn sie als notwendige Vorläuferprozesse betrachtet und mit den noch ausstehenden Erkenntnissen aus der Sekundarstufe im Sinne eines umfassenden Erwerbsmodells verknüpft werden. Vor diesem Hintergrund ließe sich, aufbauend auf dem Prinzip eines kriterien-basierten Diagnoseinstruments, ein jahrgangsstufenumspannendes Verfahren entwickeln.

Die Fokussierung auf oberflächennahe Strukturen, die umfassendere bildungssprachliche Kompetenzen indizieren sollen, mag eine ähnliche Kritik hervorrufen wie sie bspw. die Profilanalyse nach Grießhaber (2013) erfahren hat. Den Vorwurf, dass größere sprachliche Profile nicht auf Basis einer einzelnen und sehr eng gefassten grammatischen Struktur erfassbar sind (vgl. etwa De Carlo & Gamper, 2015), konnte das Verfahren bisher nicht ausräumen. Dabei ist zu bedenken, dass dieser Vorwurf vor allem ein empirischer ist: Ob spezifische Strukturen, die sich aus theoretischer Sicht als Indikatoren für umfassendere sprachliche Ausbauprozesse eignen, ein Indikatorpotenzial aufweisen, bedarf allen voran einer empirisch umfassenden Fundierung und Validierung. Der Vorwurf der Verkürzung ließe sich ausräumen, wenn Ko-Okkurrenzen und wenn-dann-Relationen zwischen der Indikatorstruktur und anderen sprachlichen Kompetenzen mittels einer größeren Datenbasis sichtbar gemacht werden könnten. Dass es vor dem Hintergrund der schulischen Praxis und der vorherrschenden alltäglichen Belastung von Lehrkräften unumgänglich ist, ein Diagnoseverfahren zu entwickeln, was intensiv auf die Validität von Indikatorstrukturen baut, sollte offensichtlich sein: Lehrkräfte brauchen für ihren Alltag praktikable (im Sinne von in den Unterricht integrierbare) sowie in der Durchführung und Auswertung ökonomische förderdiagnostische Instrumente, damit überhaupt diagnostiziert wird. Damit Lehrkräfte also ein realistisch nutzbares Verfahren erhalten können, mit dem sie relativ zuverlässig individuelle Kompetenzen erfassen und unterschiedliche Niveaus ihrer Schüler:innen systematisch sichtbar machen können, ist eine Reduktion des Zielgegenstandes unumgänglich. Gerade weil bildungssprachlichen Kompetenzen eine Schlüsselrolle in Bezug auf Bildungserfolge zugesprochen wird, steht die lernerkorpusgestützte Erwerbsforschung somit besonders in der Pflicht, Erkenntnisse zu generieren, die die Entwicklung eines validen förderdiagnostischen Verfahrens ermöglichen.

Literatur

Augst, G., Disselhoff, K., Henrich, A., Pohl, T., & Völzing, P.-L. (2007). *Text – Sorten – Kompetenz. Eine Longitudinalstudie zur Entwicklung der Textkompetenz im Grundschulalter*. Lang.

Bachmann, T. & Becker-Motzek, M. (2017). Schreibkompetenz und Textproduktion modellieren. In M. Becker-Motzek, J. Grabowski & T. Steinhoff (Hrsg.), *Forschungshandbuch empirische Schreibdidaktik* (S. 25–54). Waxmann.

Biber, D., Gray, B., & Poonpon, K. (2011). Should We Use Characteristics of Conversation to Measure Grammatical Complexity in L2 Writing Development? *TESOL Quarterly, 45*(1), 5–35.

Boneß, A. (2011). *Orate and literate structures in spoken and written language. A comparison of monolingual and bilingual pupils*. Osnabrück: Universität Osnabrück. Verfügbar unter http://repositorium.uni-osnabrueck.de/handle/urn:Nbn:De:Gbv:700-2012040210095

Cummins, J. (1979). Cognitive/Academic Language Proficiency, Linguistic Interdependence, the Optimum Age Question and Some Other Matters. *Working papers on bilingualism, 19*, 197–205.

De Bot, K. (2017). Complexity Theory and Dynamic Systems Theory. *Language Learning & Language Teaching, 48*, 51–58. https://doi.org/10.1075/lllt.48.03deb.

De Carlo, S. & Gamper, J. (2015). Die Ermittlung grammatischer Kompetenzen anhand der Profilanalyse: Ergebnisse aus zwei Förderprojekten. In K.-M. Köpcke & A. Ziegler (Hrsg.), *Deutsche Grammatik in Kontakt. Deutsch als Zweitsprache in Schule und Unterricht* (S. 103–135). De Gruyter.

Feilke, H. (1996). From syntactical to textual strategies of argumentation. Syntactical development in written argumentative texts by students aged 10 to 22. *Argumentation, 10 (2),* 197–212.

Fang, Z., Schleppegrell, M. J., & Cox, B. E. (2006). Understanding the language demands of schooling: Nouns in academic registers. *Journal of Literacy Research, 38*(3), 247–273.

Fornol, S. L. (2020). *Bildungssprachliche Mittel. Eine Analyse von Schülertexten aus dem Sachunterricht der Primarstufe.* Verfügbar unter https://www.pedocs.de/volltexte/2020/18413/pdf/Fornol_2020_Bildungssprachliche_Mittel.pdf

Fornol, S. L. & Hövelbrinks, B. (2019). Bildungssprache. In S. Jeuk & J. Settinieri (Hrsg.), *Sprachstandsdiagnostik Deutsch als Zweitsprache. Ein Handbuch* (S. 487–521). De Gruyter.

Gamper, J. (2022). Ausbau nominaler Strukturen in der Sekundarstufe I. Eine textkorpusanalytische Studie. *KorDaF, 2*(2), 13–42.

Gamper, J. (2023). Die Profilanalyse für Neuzugewanderte: Ein ambivalenter Blick aus der Schulpraxis. *Deutsch als Fremdsprache,* 2/2023, 107–111. https://doi.org/10.37307/j.2198-2430.2023.02.05.

Gogolin, I., & Duarte, J. (2016). Bildungssprache. In J. Kilian, B. Brouër, & D. Lüttenberg (Hrsg.), *Handbuch Sprache in der Bildung* (S. 478–499). De Gruyter.

Grießhaber, W. (2013). *Die Profilanalyse für Deutsch als Diagnoseinstrument zur Sprachförderung.* Duisburg-Essen. Verfügbar unter http://www.uni-due.de/imperia/md/content/pro daz/griesshaber_profilanalyse_deutsch.pdf

Haberzettl, S. (2015). Schreibkompetenz bei Kindern mit DaZ und DaM. In H. Klages & G. Pagonis (Hrsg.), *Linguistisch fundierte Sprachförderung und Sprachdidaktik* (S. 47–70). de Gruyter.

Hartig, J. (2007). Skalierung und Definition von Kompetenzniveaus. In B. Beck & E. Klieme (Hrsg.), *Sprachliche Kompetenzen. Konzepte und Messung DESI-Studie* (S. 83–99). Beltz.

Heine, L., Domenech, M., Otto, L., Neumann, A., Krelle, M., Leiss, D., Höttecke, D., Ehmke, T. & Schwippert, K. (2018). Modellierung sprachlicher Anforderungen in Testaufgaben verschiedener Unterrichtsfächer: Theoretische und empirische Grundlagen. *Zeitschrift für Angewandte Linguistik,* 69 (2), 69–96. https://doi.org/10.1515/zfal-2018-0017.

Hennig, M. (2020). *Nominalstil. Möglichkeiten, Grenzen, Perspektiven.* Narr Francke Attempto.

Heppt, B., Köhne-Fuetterer, J., Eglinsky, J., Volodina, A., Stanat, P. & Weinert, S. (2020). *BiSpra 2–4. Test zur Erfassung bildungssprachlicher Kompetenzen bei Grundschulkindern der Jahrgangsstufen 2–4.* Waxmann.

Hövelbrinks, B. (2014). *Bildungssprachliche Kompetenz von einsprachig und mehrsprachig aufwachsenden Kindern. Eine vergleichende Studie in naturwissenschaftlicher Lernumgebung des ersten Schuljahres.* Juventa.

Hulstijn, J. H. (2015). *Language Proficiency in Native and Non-native Speakers. Theory and Research.* Benjamins.

Hulstijn, J. H. (2019). An Individual-Differences Framework for Comparing Nonnative With Native Speakers: Perspectives From BLC Theory. *Language Learning, 69 (1)*, 157–183. Verfügbar unter https://doi.org/10.1111/lang.12317

Kreyer, R., & Schaub, S. (2018). The development of phrasal complexity in German intermediate learners of English. *IJLCR, 4*(1), 82–111.

Kleinbub, I. (2019). Kompetenzmodellierung. In S. Jeuk & J. Settinieri (Hrsg.), *Sprachdiagnostik Deutsch als Zweitsprache. Ein Handbuch* (S. 47–70). De Gruyter.

Kyle, K., & Crossley, S. A. (2018). Measuring Syntactic Complexity in L2 Writing Using Fine-Grained Clausal and Phrasal Indices. *The Modern Language Journal, 102*(2), 333–349.

Larsson, T. & Kaatari, H. (2020). Syntactic complexity across registers: Investigating (in)formality in second-language writing. *Journal of English for Academic Purposes, 45 (1)*. Verfügbar unter https://doi.org/10.1016/j.jeap.2020.100850

Lok, B., McNaught, C., & Young, K. (2016). Criterion-referenced and norm-referenced assessments: Compatibility and complementarity. *Assessment and Evaluation in Higher Education, 41*(3), 450–465.

Maas, U. (2010). Literat und orat. Grundbegriffe geschriebener und gesprochener Sprache. *Grazer Linguistische Studien, 73*, 21–150.

Maas, U. (2015). Sprachausbau in der Zweitsprache. In K.-M. Köpcke & A. Ziegler (Hrsg.), *Deutsche Grammatik in Kontakt. Deutsch als Zweitsprache in Schule und Unterricht* (S. 1–24). De Gruyter.

Morek, M., & Heller, V. (2012). Bildungssprache – Kommunikative, epistemische, soziale und interaktive Aspekte ihres Gebrauchs. *Zeitschrift für angewandte Linguistik, 57*, 67–101.

Oleschko, S. (2014). Lernaufgaben und Sprachfähigkeit bei hierarchischer Wissensstrukturierung. Zur Bedeutung der sprachlichen Merkmale von Lernaufgaben im gesellschaftswissenschaftlichen Lernprozess. In B. Ralle, S. Prediger, M. Hammann, & M. Rothgangel (Hrsg.), *Lernaufgaben entwickeln, bearbeiten und überprüfen. Ergebnisse und Perspektiven der fachdidaktischen Forschung* (S. 85–94). Waxmann.

Petersen, I. (2014). *Schreibfähigkeit und Mehrsprachigkeit*. De Gruyter Mouton.

Pienemann, M. (1998). *Language processing and second language development: Processability Theory*. Benjamins.

Pohl, T. (2016). Die Epistemisierung des Unterrichtsdiskurses – Ein Forschungsrahmen. In E. Tschirner, O. Bärenfänger, & J. Möhring (Hrsg.), *Deutsch als fremde Bildungssprache. Das Spannungsfeld von Fachwissen, sprachlicher Kompetenz, Diagnostik und Didaktik* (S. 55–80). Stauffenburg Verlag.

Reich, H.H., Roth, H. J., & Döll, M. (2009). Auswertungshinweise 'First Catch Bumerang'. Deutsche Sprachversion. Auswertungsbogen und Auswertungshinweise. In D. Lengyel, H. Reich, H.-J. Roth & M. Döll (Hrsg). *Von der Sprachdiagnose zur Sprachförderung* (S. 209–241). Waxmann.

Reich, H., Roth, H-J., & Gantefort, C. (2008). Der Sturz ins Tulpenbeet. Deutsche Sprachversion. Auswertungsbogen und Auswertungshinweise. In T. Klinger, K. Schwippert, & B. Leiblein (Hrsg), *Evaluation im Modellprogramm FörMig* (S. 209–237). Waxmann.

Roth, H.-J. (2017). Bildungssprache. Eine historisch-systematische Perspektive zur Bedeutung der Sprache in der Ausbildung von Lehrerinnen und Lehrern. In B. Jostes, D. Caspari, & B. Lütke (Hrsg.), *Sprachen – Bilden –Chancen: Sprachbildung in Didaktik und Lehrkräftebildung* (S. 47–58). Waxmann.

Schellhardt, C. & Schroeder, C. (2015). Nominalphrasen in deutschen und türkischen Texten mehrsprachiger SchülerInnen. In K.-M. Köpcke & A. Ziegler (Hrsg.), *Deutsche Grammatik in Kontakt. Deutsch als Zweitsprache in Schule und Unterricht* (S. 103–135). De Gruyter.

Schulz, P., & Tracy, R. (2011). *LiSe-DaZ – Linguistische Sprachstanderhebung – Deutsch als Zweitsprache*. Hogrefe.

Schleppegrell, M. J. (2004). *The Language of Schooling. A Functional Linguistics Perspective*. Erlbaum

Siekmeyer, A. (2013). *Sprachlicher Ausbau in gesprochenen und geschriebenen Texten: Zum Gebrauch komplexer Nominalphrasen als Merkmale literater Strukturen bei Jugendlichen mit Deutsch als Erst- und Zweitsprache in verschiedenen Schulformen*. Saarbrücken. Verfügbar unter https://publikationen.sulb.uni-saarland.de/handle/20.500.11880/23682

Steinhoff, T. (2019). Konzeptualisierung bildungssprachlicher Kompetenzen. Anregungen aus der pragmatischen und funktionalen Linguistik und Sprachdidaktik. *Zeitschrift für Angewandte Linguistik, 71*, 327–352.

Tietze, S., Rank, A., & Wildemann, A. (2016). *Erfassung bildungssprachlicher Kompetenzen von Kindern im Vorschulalter. Grundlagen und Entwicklung einer Ratingskala* (RaBi). Verfügbar unter DOI: 10.25656/01:12076

Vyatkina, N. (2013). Specific Syntactic Complexity: Developmental Profiling of Individuals Based on an Annotated Learner Corpus. *Modern Language Journal, 97 (1)*, 11–30.

Vyatkina, N., Hirschmann, H. & Golcher, F. (2015). Syntactic modification at early stages of L2 German writing development: A longitudinal learner corpus study. *Journal of Second Language Writing, 29*(1), 28–50.

Webersik, J. (2015). *Gesprochene Schulsprache in der Primarstufe. Ein empirisches Verfahren zur Evaluation von Fördereffekten im Bereich Deutsch als Zweitsprache*. De Gruyter.

Weiss, Z., Lange-Schubert, K., Geist, B., & Meurers, D. (2022). Sprachliche Komplexität im Unterricht. Eine computerlinguistische Analyse der gesprochenen Sprache von Lehrenden und Lernenden im naturwissenschaftlichen Unterricht in der Primar- und Sekundarstufe. *Zeitschrift für germanistische Linguistik, 50 (1)*, 159–201. Verfügbar unter https://doi.org/10.1515/zgl-2022-2052.

Diagnostik bildungssprachlicher Kompetenzen mit BiSpra 2–4: Grundlagen der Testentwicklung und empirische Befunde zu einsprachigen und mehrsprachigen Lernenden

Birgit Heppt und Anna Volodina

1 Einleitung

Bildungssprachliche Kompetenzen gelten als wichtige Voraussetzung für schulischen Erfolg (z. B. Bailey, 2007; Gogolin, 2009). Diese Annahme wird durch eine wachsende Zahl nationaler und internationaler Studien gestützt (z. B. Heppt et al., 2021; Meneses et al., 2018; Volodina, Heppt & Weinert, 2021). Sie belegen den engen Zusammenhang zwischen verschiedenen Facetten bildungssprachlicher Fähigkeiten und Fertigkeiten mit fachlichen Leistungen und zeigen, dass bildungssprachliche Kompetenzen über eher allgemeine sprachliche Fähigkeiten hinaus bedeutsam zur Erklärung und Vorhersage schulischer Leistungen beitragen (zusammenfassend Heppt & Schröter, 2023). Zudem lassen sich Leistungsnachteile von mehrsprachig aufwachsenden Schüler:innen gegenüber einsprachig aufwachsenden Lernenden im fachlichen Kompetenzerwerb zum Teil durch deren oftmals geringere bildungssprachlichen Kompetenzen erklären (Heppt, Henschel, et al., 2020; Taboada, 2012). Eine adäquate und effektive Förderung bildungssprachlicher Fähigkeiten und Fertigkeiten ist somit eine wichtige Grundlage, um

B. Heppt (✉)
Institut für Erziehungswissenschaften, Humboldt-Universität zu Berlin, Berlin, Deutschland
E-Mail: birgit.heppt@hu-berlin.de

A. Volodina
Institut zur Qualitätsentwicklung im Bildungswesen (IQB), Humboldt-Universität zu Berlin, Berlin, Deutschland
E-Mail: anna.volodina@iqb.hu-berlin.de

J. Goschler et al. (Hrsg.), *Empirische Zugänge zu Bildungssprache und bildungssprachlichen Kompetenzen,* Sprachsensibilität in Bildungsprozessen, https://doi.org/10.1007/978-3-658-43737-4_10

239

mehrsprachige Lernende auch beim fachlichen Kompetenzerwerb zu unterstützen und herkunftsbedingte Kompetenzunterschiede auszugleichen.

Ausgangspunkt für die zielgerichtete Auswahl von Fördermaterialien und -strategien bildet die Bestimmung des Sprachstandes der Lernenden. Aber auch, um die Effektivität von Maßnahmen zur Förderung bildungssprachlicher Fähigkeiten und Fertigkeiten zu überprüfen, ist eine valide Sprachdiagnostik erforderlich. Standardisierte Tests, die auf Grundlage einer psychologischen Testtheorie entwickelt wurden und den Gütekriterien psychometrischer Tests genügen, sind für das Deutsche bislang allerdings kaum verfügbar (siehe aber das Core Academic Language Skills Instrument [CALS-I] für das Englische und Spanische; Barr et al., 2019). Zwar wurde in den vergangenen Jahren eine Reihe von Instrumenten entwickelt, mit denen sich bildungssprachliche Fähigkeiten und Fertigkeiten von Heranwachsenden bestimmen lassen (für Überblicke über vorhandene Verfahren, siehe Binanzer, Seifert & Wecker, in Druck; Fornol & Hövelbrinks, 2019). Häufig handelt es sich hierbei aber um Verfahren, mit denen Sprachproduktionen von Lernenden anhand von Ratingskalen oder Kodiersystemen hinsichtlich ihres bildungssprachlichen Niveaus eingeschätzt werden sollen (Gantefort & Roth, 2010; Tietze, et al., 2016). Diese Instrumente zeichnen sich durch ihre hohe Authentizität zur Erfassung sprachlicher Kompetenzen in Lehr-Lern-Situationen aus. Allerdings sind sie in der Durchführung und Auswertung sehr aufwendig und bieten sich daher nur eingeschränkt für den Einsatz in der Praxis oder im Rahmen quantitativ-empirischer Evaluationsstudien an.

Benötigt werden daher standardisierte Verfahren, die sich sowohl für Forschungszwecke als auch für den Einsatz in der Praxis eignen. Da Sprachtests, die für einsprachige Lernende konzipiert wurden, nicht ohne Weiteres bei mehrsprachigen Lernenden eingesetzt werden können (z. B. Neugebauer & Becker-Mrotzek, 2013; Paetsch & Heppt, 2023; Tracy, et al., 2018), sollten neu entwickelte Tests idealerweise die Spracherwerbssituation mehrsprachiger Lernender berücksichtigen, um auch für diese Heranwachsenden eine valide Diagnostik ihrer bildungssprachlichen Fähigkeiten und Fertigkeiten zu ermöglichen. Vor diesem Hintergrund wurde der *Test zur Erfassung bildungssprachlicher Kompetenzen bei Grundschulkindern der Jahrgangsstufen 2 bis 4* (*BiSpra 2–4*; Heppt, Köhne-Fuetterer, et al., 2020) entwickelt, ein standardisiertes und normiertes Verfahren, mit dem sich verschiedene Aspekte des Verständnisses von Bildungssprache bei einsprachigen und mehrsprachigen Grundschulkindern erfassen lassen. Im vorliegenden Beitrag werden zunächst zentrale empirische Befunde zum Erwerb und zur Entwicklung bildungssprachlicher Kompetenzen bei einsprachig und mehrsprachig aufwachsenden Lernenden dargestellt, bevor die theoretischen Entwicklungsgrundlagen des Tests beschrieben werden. Im empirischen

Teil des Beitrags wird anschließend die Bedeutung der Spracherwerbsbiographie der Kinder und ihres sozioökonomischen und bildungsbezogenen familiären Hintergrunds für das Verständnis von Bildungssprache untersucht. Deskriptive Vergleiche auf Ebene der Einzelitems bzw. auf Basis inhaltlich gruppierter Items liefern zudem Anhaltspunkte darüber, welche bildungssprachlichen Wörter und Konnektoren bzw. Konnektorentypen sich für Schüler:innen mit unterschiedlichen Spracherwerbsbiographien als besonders schwierig erweisen.

2   Erwerb und Entwicklung von Bildungssprache bei einsprachigen und mehrsprachigen Lernenden

Grundsätzlich ist es Aufgabe der Bildungsinstitutionen, Lernende beim Aufbau der sprachlichen Kompetenzen zu unterstützen, die sie für eine erfolgreiche Teilhabe am Unterricht und für den fachlichen Kompetenzerwerb benötigen. Dies gilt umso mehr, als die Voraussetzungen, sich bildungssprachliche Kompetenzen außerhalb des Unterrichts anzueignen, nicht für alle Lernenden in gleichem Maße gegeben sind. So ist davon auszugehen, dass mehrsprachige Lernende im Vergleich zu ihren monolingual deutschsprachigen Mitschüler:innen in ihrem familiären Umfeld oftmals weniger Möglichkeiten haben, bildungssprachliche Kompetenzen in der Unterrichtssprache zu entwickeln. Hierbei spielen die Spracherwerbsbiographien der Schüler:innen sowie der sozioökonomische und bildungsbezogene familiäre Hintergrund eine wichtige Rolle (vgl. z. B. Heppt, Köhne-Fuetterer, et al., 2020; Heppt & Schröter, 2023).

Unterschiede zwischen einsprachig und mehrsprachig aufwachsenden Schüler:innen bestehen zum einen in ihren Spracherwerbsbiographien, etwa hinsichtlich des Alters bei Erwerbsbeginn (*Age of Onset*) und der Kontaktdauer mit dem Deutschen (Schulz, 2013). Auf Basis dieser Merkmale lassen sich mehrsprachig aufwachsende Kinder danach unterscheiden, ob sie (1) in ihren Familien simultan Deutsch und eine oder mehrere andere Sprachen erwerben oder ob sie (2) in ihren Familien zunächst eine oder mehrere andere Sprachen erlernen und erst später – und damit sukzessiv – mit dem Erwerb des Deutschen beginnen. Während es sich bei der erstgenannten Gruppe somit um *simultan bilinguale Kinder* handelt, bei denen ein *doppelter Erstspracherwerb* vorliegt, umfasst die zweite Gruppe *sukzessiv bilinguale Kinder*, die mit *Deutsch als Zweitsprache* aufwachsen. Zur besseren Unterscheidung werden die beiden Gruppen nachfolgend als *(simultan) bilingual aufwachsende Kinder* bzw. als *Kinder, die (sukzessiv) mit Deutsch als Zweitsprache aufwachsen*, bezeichnet. Zwar gibt es keinen genauen Zeitpunkt, ab dem der Spracherwerb nicht mehr simultan sondern sukzessiv erfolgt, jedoch legt die einschlägige Forschung nahe, dass der Übergang zwischen dem dritten und sechsten Lebensjahr liegen dürfte (Chilla, 2020; Grosjean, 2020; Schulz, 2013; Schulz & Tracy, 2011). Einer vergleichsweise strengen Auslegung dieses Kriteriums zufolge wachsen Kinder somit simultan bilingual auf, wenn sie innerhalb der ersten drei Lebensjahre in ihren Familien *simultan* Deutsch und eine oder mehrere andere Sprachen erlernen. Beginnen sie mit dem Erwerb des Deutschen erst ab dem Alter von etwa drei Jahren oder später, so wachsen sie mit Deutsch als Zweitsprache auf. Während simultan bilingual aufwachsenden Kindern im Vergleich zu ihren monolingual deutschsprachig aufwachsenden Peers weniger Lernzeit zum Erwerb des Deutschen zur Verfügung stehen dürfte, verfügen sie im Vergleich zu Kindern, die mit Deutsch als Zweitsprache aufwachsen, wiederum über eine längere Kontaktdauer mit dem Deutschen. Dies dürfte mit vergleichsweise besseren Voraussetzungen zum Erwerb des Deutschen einhergehen.

Unterschiede in den sprachlichen Lerngelegenheiten lassen sich aber nicht nur durch unterschiedliche Spracherwerbsbiographien erklären. Von zentraler Bedeutung sind überdies die sozioökonomischen und bildungsbezogenen Ressourcen der Familien. So bietet sich Kindern in Familien mit hohem sozioökonomischem Status und mit hohem elterlichen Bildungsniveau in der Regel ein sowohl quantitativ wie qualitativ anregungsreicheres Sprachangebot als Kindern aus Familien mit geringerem sozioökonomischem Status (z. B. Golinkoff et al., 2018; Hoff, 2003). Da das sprachliche Anregungsniveau zu Hause wiederum substanziell mit dem sprachlichen Kompetenzerwerb der Kinder assoziiert ist, bleiben Kinder aus Familien mit geringem sozioökonomischem Status in ihren (bildungs-) sprachlichen Kompetenzen häufig hinter Kindern aus privilegierten Familien zurück (z. B. Hoff, 2003; Uccelli et al., 2019; Weinert & Ebert, 2013). Angesichts der engen Kopplung zwischen Migrationshintergrund und sozioökonomischem Status wachsen viele mehrsprachige Kinder in Deutschland in sozioökonomisch benachteiligten Familien auf (z. B. Autorengruppe Bildungsberichterstattung, 2022; Henschel, et al., 2022). Oftmals dürften sie daher auch aufgrund der sozioökonomischen Lage ihrer Familien über ungünstigere Voraussetzungen zum Erwerb von Bildungssprache verfügen als ihre monolingual deutschsprachig aufwachsenden Peers.

Zwar berichten nicht alle Studien Unterschiede im bildungssprachlichen Kompetenzniveau zwischen einsprachigen und mehrsprachigen Kindern (Fornol, 2018; Rank et al., 2018); die Mehrzahl der Studien deutet aber darauf hin, dass mehrsprachig aufwachsende Kinder und Jugendliche im Durchschnitt über geringere bildungssprachliche Kompetenzen verfügen als monolingual deutschsprachige Schüler:innen (z. B. Eckhardt, 2008; Heppt, 2016; Uesseler, et al., 2013). Sowohl

einsprachige als auch mehrsprachige Schüler:innen verbessern ihre bildungssprachlichen Kompetenzen im Laufe der Grundschulzeit, die Kompetenznachteile
der mehrsprachigen Lernenden können jedoch in der Regel nicht ausgeglichen
werden und vergrößern sich zum Teil sogar (z. B. Heppt & Stanat, 2020; Volodina et al., 2020). Zu berücksichtigen ist hierbei, dass die Kompetenznachteile
in den genannten Studien kleiner ausfallen oder nicht mehr nachweisbar sind,
wenn Merkmale des sozioökonomischen und bildungsbezogenen familiären Hintergrunds in den Analysen statistisch kontrolliert werden. Die Unterschiede in
bildungssprachlichen Kompetenzen zwischen einsprachigen und mehrsprachigen
Lernenden beruhen somit wesentlich auf Unterschieden im sozioökonomischen
Status und dem Bildungsniveau der Eltern (zusammenfassend Heppt & Schröter,
2023). Einschränkend ist allerdings anzumerken, dass der sprachlichen Heterogenität innerhalb der Gruppe der mehrsprachig aufwachsenden Schüler:innen
in bisherigen Analysen kaum Rechnung getragen wurde. So wurde eine weitere Differenzierung der mehrsprachigen Schüler:innen in Abhängigkeit von der
Kontaktdauer mit dem Deutschen nur selten vorgenommen (z. B. Heppt &
Stanat, 2020). Denkbar wäre, dass bei Kindern, die mit Deutsch als Zweitsprache aufwachsen, aufgrund ihrer reduzierten Lerngelegenheiten zum Erwerb der
deutschen Bildungssprache besonders ausgeprägte Leistungsnachteile gegenüber
monolingual deutschsprachigen Lernenden bestehen.

Unabhängig von diesen Gruppenunterschieden zeigt sich aber, dass bildungssprachliche Anforderungen für Lernende im Allgemeinen mit größeren
Schwierigkeiten einhergehen als eher alltagssprachliche Anforderungen (zusam-
menfassend Heppt, 2016). Typische Komponenten der Bildungssprache, deren
Beherrschung sich sowohl bei einsprachigen als auch bei mehrsprachigen Schü-
ler:innen über die Grundschule hinaus noch entwickelt, sind das Verständnis von
im Alltag vergleichsweise wenig gebräuchlichen Konnektoren mit spezifischen
Bedeutungen (z. B. Cain & Nash, 2011; Tskhovrebova et al., 2022; Volodina &
Weinert, 2020) sowie das Verständnis allgemeiner bildungssprachlicher Begriffe
(Runge, 2013; Volodina et al., 2020). Letztere sind häufig abstrakt und mehrdeu-
tig und werden fächerübergreifend verwendet, um Arbeitsaufträge zu benennen
oder Unterrichtsinhalte zu vermitteln (z. B. Fitzgerald et al., 2022). Als besonders schwierig haben sich konzessive Konnektoren erwiesen (z. B. *trotzdem*,
nichtsdestotrotz; Dragon et al., 2015; Knoepke et al., 2017). Zu den anspruchsvollen bildungssprachlichen Begriffen wiederum zählen insbesondere morphologisch
komplexe Derivationen (z. B. *Anweisung, Übergang*; Köhne et al., 2015; Runge,
2013).

3   Beschreibung von *BiSpra 2–4*: Theoretische Grundlagen und empirische Befunde

Für die Entwicklung von *BiSpra 2–4* waren mehrere Grundannahmen und Ziele wesentlich (vgl. Heppt, Köhne-Fuetterer, et al., 2020; Heppt et al., 2021). Um eine möglichst differenzierte Erfassung bildungssprachlicher Kompetenzen bei Kindern im Grundschulalter zu ermöglichen, sollte das Instrument mehrere Aspekte von Bildungssprache abdecken. Anknüpfend an sprachpsychologische Modelle zur Beschreibung sprachlicher Fähigkeiten und Fertigkeiten sollten hierbei sowohl die in funktionalen Kompetenzmodellen beschriebenen integrativen Kompetenzen berücksichtigt werden, als auch einzelne sprachliche Fähigkeiten und Fertigkeiten, auf die sich Sprachkomponentenmodelle beziehen (Weinert, 2010). Als integrativ werden Kompetenzen im Lesen, Schreiben, Hörverstehen und Sprechen bezeichnet. Sie sind erforderlich, um authentische sprachliche Anforderungen des Unterrichts zu bewältigen und setzen sich aus einzelnen sprachlichen Fähigkeiten und Fertigkeiten zusammen, etwa aus lexikalisch-semantischen, grammatischen oder pragmatischen Fähigkeiten (vgl. auch Ehlich, et al., 2008). Die ausgewählten sprachlichen Teilbereiche sollten sich im Laufe der Grundschulzeit noch entwickeln (vgl. Abschn. 2) und mit standardisierten Testaufgaben zuverlässig zu bestimmen sein. Zudem sollte sich das Testinstrument für den Einsatz ab der 2. Jahrgangsstufe eignen und bildungssprachliche Kompetenzen möglichst unabhängig von individuellen Lese- und Schreibfähigkeiten erfassen.

BiSpra 2–4 bezieht sich daher auf rezeptive Kompetenzen in drei Teilbereichen von Bildungssprache. Als integratives Sprachmaß wurde das Verständnis bildungssprachlich anspruchsvoller Hörtexte (*BiSpra-Text*) ausgewählt. Zum einen lässt sich so das Verständnis von Bildungssprache auch bei eingeschränkten Lese- und Schreibfähigkeiten gut erfassen; zum anderen ermöglicht das Hörverstehen gegenüber Kompetenzen im Schreiben oder Sprechen eine vergleichsweise ökonomische und objektive Testdurchführung, -auswertung und -interpretation (Heppt et al., 2021). Zwei weitere Untertests beziehen sich auf ausgewählte Sprachkomponenten. Während mit dem Verständnis von Satzverbindungen mit Konnektoren (*BiSpra-Satz*) sowohl lexikalisch-semantische als auch syntaktische bildungssprachliche Fähigkeiten und Fertigkeiten erfasst werden, stehen beim Verständnis allgemeiner, fächerübergreifend verwendeter bildungssprachlicher Begriffe (*BiSpra-Wort*) lexikalisch-semantische bildungssprachliche Fähigkeiten und Fertigkeiten im Vordergrund. Um auch für mehrsprachige Kinder eine möglichst differenzierte und aussagekräftige Beschreibung ihrer bildungssprachlichen

Fähigkeiten und Fertigkeiten zu ermöglichen, wurden für jeden der drei Untertests getrennte Vergleichswerte für monolingual deutschsprachig aufwachsende Kinder, für bilingual aufwachsende Kinder und für sukzessiv mit Deutsch als Zweitsprache aufwachsende Kinder bereitgestellt.

Die drei Untertests werden nachfolgend kurz beschrieben. Eine ausführliche Darstellung sowie weitere Literaturhinweise zu den theoretischen und praktischen Grundlagen der Aufgabenentwicklung finden sich im Testhandbuch von *BiSpra 2– 4* (Heppt, Köhne-Fuetterer, et al., 2020).

3.1 Kurzbeschreibung der drei Untertests von *BiSpra 2–4*

BiSpra-Text. Zur Erfassung des bildungssprachlichen Textverständnisses dienen kurze, bildungssprachlich geprägte Hörtexte sowie dazugehörige, sprachlich einfache Ja/Nein-Fragen. Die Hörtexte enthalten lexikalische (z. B. Nominalisierungen, allgemeine bildungssprachliche Begriffe) und grammatische Merkmale (z. B. lange und syntaktisch anspruchsvolle Nebensätze, unpersönliche Konstruktionen), die als Charakteristika von Bildungssprache gelten. Überdies wurden Begriffe berücksichtigt, die in Testaufgaben zur Operationalisierung der Bildungsstandards auftreten und von denen daher anzunehmen ist, dass sie für den schulischen Kompetenzerwerb von Bedeutung sind.

Bei den Texten handelt es sich um Phantasiegeschichten, die von drei Kindern und ihrem außerirdischen Freund Sambelo berichten. Die Geschichten sind allen Kindern gleichermaßen unbekannt; zudem enthalten sie Pseudowörter, deren Bedeutung aus dem Kontext abgeleitet werden muss. Effekte des inhaltlichen Vorwissens auf die Testleistung werden somit minimiert (vgl. auch Schuth et al., 2015).

Für die Klassenstufen 2, 3 und 4 liegen schwierigkeitsangepasste Testversionen mit zum Teil überlappenden Aufgaben vor. Je Klassenstufe umfasst *BiSpra-Text* acht Hörtexte mit 38 bis 44 Items. Texte und Items werden von CD vorgespielt und die Durchführungsdauer beträgt inkl. Instruktionen ca. 40 min. Die interne Konsistenz Cronbachs Alpha als Maß für die Reliabilität (Zuverlässigkeit) liegt für die drei Klassenstufen und Sprachgruppen zwischen $\alpha = .75$ (mit Deutsch als Zweitsprache aufwachsende Kinder in Klassenstufe 2) und $\alpha = .90$ (monolingual deutschsprachig aufwachsende Kinder in Klassenstufe 2) und erreicht somit akzeptable bis sehr gute Werte.

BiSpra-Satz. Die Auswahl von Konnektoren, denen Grundschulkinder vermutlich eher im schulischen Kontext als in ihrem Alltag begegnen, erfolgte anhand der Korpora *DLex2* (Heister et al., 2011) und *ChildLex3* (Schroeder et al., 2015). Während *DLex2* Texte umfasst, die sich vor allem an Erwachsene richten, handelt es sich bei *ChildLex3* um ein Korpus von Kinderbüchern. Konnektoren, die im Korpus der Kindersprache nicht oder vergleichsweise selten auftreten, dürften Grundschulkindern aus ihrem Alltag daher weniger geläufig sein. Für die Aufgabenentwicklung wurden insbesondere solche Konnektoren berücksichtigt, die in *DLex2* häufiger auftraten als in *ChildLex3*. Dabei wurden verschiedene Arten von Konnektoren (z. B. kausale, temporale und konditionale Konnektoren) ausgewählt (vgl. Schuth et al., 2015).

BiSpra-Satz besteht aus 22 Items und wird in den Klassenstufen 2, 3 und 4 in derselben Version eingesetzt. Bei den Items handelt es sich jeweils um einen Satz (zum Teil auch zwei Sätze) mit einer Lücke sowie vier vorgegebenen Konnektoren. Aufgabe der Kinder ist es, den Konnektor auszuwählen, der den Satz sowohl semantisch als auch grammatisch korrekt vervollständigt. Je einer der drei Distraktoren ist dem Zielwort semantisch ähnlich, aber syntaktisch unpassend und zwei Distraktoren würden den Satz zwar syntaktisch korrekt vervollständigen, passen jedoch semantisch nicht. Die Items sind in den Aufgabenheften abgedruckt und werden zusätzlich von CD vorgespielt. Die Durchführungsdauer beträgt inkl. Instruktionen ca. 30 min. Cronbachs Alpha liegt für fast alle Gruppen in einem akzeptablen bis guten Bereich (.70 [bilingual aufwachsende Kinder in Klassenstufe 2] $\leq \alpha \leq$ .87 [bilingual aufwachsende Kinder in Klassenstufe 4]); lediglich für Kinder, die sukzessiv mit Deutsch als Zweitsprache aufwachsen, in Klassenstufe 2 fällt der Wert mit $\alpha = .67$ nicht zufriedenstellend aus.

BiSpra-Wort. Die Identifikation und Auswahl allgemein bildungssprachlicher Begriffe erfolgte in zwei Schritten. Im ersten Schritt wurde anhand einer Sammlung von mündlichen (z. B. videographierte Unterrichtsgespräche) und schriftlichen (z. B. Arbeitsblätter) Daten authentischer unterrichtsbezogener Sprache ein Korpus von ca. 700 000 Wörtern erstellt, das in der Schule verwendete Sprache umfasst. Anhand linguistischer und sprachpsychologischer Kriterien wurde aus diesem Korpus im zweiten Schritt eine Liste mit 118 allgemein bildungssprachlichen Wörtern gebildet. Hierbei handelte es sich insbesondere um

1) mehrdeutige oder abstrakte Wörter (z. B. *angeben, scheinen*);
2) Wörter, die für Instruktionen relevant sind (z. B. *erklären, Abbildung*);
3) Wörter, die die Bedeutung von ganzen Satzzusammenhängen beeinflussen können (z. B. *quasi, einigermaßen*) sowie
4) morphologisch oder morphosyntaktisch komplexe Wörter (z. B. derivierte Nomina wie *Anweisung*, Präfixverben wie *ersetzen* oder *belegen*; Köhne et al.,

2015). Diese allgemein bildungssprachlichen Wörter bildeten die Grundlage für die Aufgabenentwicklung.

BiSpra-Wort liegt in zwei schwierigkeitsangepassten Versionen vor, einer für die Jahrgangsstufe 2 und einer weiteren für die Jahrgangsstufen 3 und 4. Beide Versionen umfassen 23 größtenteils identische Items, wobei sich jedes Item aus einem oder mehreren Sätzen, in denen eine Lücke enthalten ist, sowie drei vorgegebenen bildungssprachlichen Wörtern zusammensetzt. Diese Lücke ist korrekt zu vervollständigen, indem die Kinder das semantisch und grammatisch passende bildungssprachliche Wort auswählen. Alle vorgegebenen Wörter ergeben einen grammatisch sinnvollen Satz, sind also im Testheft in korrekter Deklination oder Konjugation abgedruckt, und stammen aus der oben beschriebenen Liste. Tab. 1 zeigt die Zielwörter in der im Aufgabenheft verwendeten Form und veranschaulicht die Bedeutungszusammenhänge, in denen sie im Untertest *BiSpra-Wort* auftreten. Dabei wird auch ersichtlich, dass bei Partikelverben auf die Verwendung von Satzklammern verzichtet wurde und die Verben bis auf zwei Ausnahmen („überträgt", „nimmt an") im Infinitiv verwendet wurden. Die Items sind zum Mitlesen in den Aufgabenheften abgedruckt und werden zusätzlich von CD vorgespielt. Die Durchführungsdauer von *BiSpra-Wort* liegt inkl. Instruktionen bei ca. 35 min. In der Klassenstufe 2 ist Cronbachs Alpha für Kinder, die sukzessiv mit Deutsch als Zweitsprache ($\alpha = .48$) aufwachsen, und für simultan bilingual aufwachsende Kinder ($\alpha = .53$) nicht zufriedenstellend. Da sich der Test in diesen Gruppen somit nicht für individualdiagnostische Zwecke eignet, wurden in diesen Fällen keine Vergleichswerte zur Verfügung gestellt. Die Reliabilitätskennwerte steigen in den Klassenstufen 3 und 4 an und sind in Klassenstufe 4 für alle Sprachgruppen zufriedenstellend (.71 [bilingual aufwachsende Kinder] $\leq \alpha \leq .74$ [monolingual deutschsprachige Kinder]).

3.2   Empirische Befunde zu *BiSpra 2–4*

Die psychometrischen Kennwerte von *BiSpra 2–4* wurden in einer Reihe von empirischen Studien überprüft. Die unter 3.1 aufgeführten Angaben zur Reliabilität wurden anhand von Daten der Normierungsstudie bestimmt, auf denen auch die Analysen des vorliegenden Beitrags basieren. Sie deuten insgesamt darauf hin, dass für monolingual deutschsprachig aufwachsende Kinder sowie mit steigender Klassenstufe eine reliablere Schätzung der bildungssprachlichen Fähigkeiten und Fertigkeiten erzielt werden kann als für die beiden mehrsprachigen Gruppen sowie für jüngere Kinder (vgl. Heppt, Köhne-Fuetterer, et al., 2020). Dies dürfte

Tab. 1 Zielwörter von *BiSpra-Wort* und ihre Bedeutungszusammenhänge im Test

Item	Zielwort	Bedeutungszusammenhang in den Lückensätzen von *BiSpra-Wort*
BiSpra-Wort1	abgeben	Wärme abgeben
BiSpra-Wort5	anlegen	eine Tabelle anlegen
BiSpra-Wort6	überträgt	Wörter in eine Tabelle übertragen
BiSpra-Wort7	enthalten	die Wörter enthalten Buchstaben
BiSpra-Wort8	übersichtlich	übersichtlich aussehen
BiSpra-Wort11	nimmt an	Die Lehrerin nimmt an (im Sinne von „eine Vermutung haben")
BiSpra-Wort12	durchgehen	ein Arbeitsblatt gemeinsam durchgehen
BiSpra-Wort14	herrschen	Es herrschen kalte Temperaturen
BiSpra-Wort16	aufweisen	ein bestimmtes Merkmal aufweisen
BiSpra-Wort17	wiedergeben	eine Erklärung wiedergeben (im Sinne von „wiederholen")
BiSpra-Wort18	Anteil	einen Anteil bekommen
BiSpra-Wort19	eindeutig	ein eindeutiges Ergebnis
BiSpra-Wort20	Auslöser	der Auslöser für ein bestimmtes Ereignis (im Sinne von „Ursache")
BiSpra-Wort21	Verlust	über einen Verlust wütend sein
BiSpra-Wort22	Vereinbarung	eine Vereinbarung haben (im Sinne von „Abmachung")
BiSpra-Wort25	Bestandteile	Bestandteile eines Thermometers
BiSpra-Wort26	angeben	die Wohnungstemperatur angeben (im Sinne von „einen Wert benennen")
BiSpra-Wort27	unerlässlich	Hausaufgaben sind unerlässlich

zumindest teilweise in der höheren Aufgabenschwierigkeit für jüngere sowie für mehrsprachig aufwachsende Schüler:innen begründet liegen.

Von besonderer Bedeutung für die Beurteilung der Qualität und Nützlichkeit des Testinstruments sind zudem Analysen zur Validität. Diese geben Hinweise darauf, ob ein Test die interessierenden Konstrukte erfasst und ob sich theoretisch vermutete Zusammenhangsstrukturen empirisch bestätigen lassen (z. B. Hartig et al., 2012). Hinsichtlich der Konstruktvalidität zeigte sich erwartungskonform, dass die drei Untertests von *BiSpra 2–4* empirisch voneinander unterscheidbare, aber eng miteinander zusammenhängende Kompetenzfacetten abbilden (faktorielle Validität; Heppt et al., 2021). Die Leistungen in allen drei Untertests korrelieren zudem höher mit anderen sprachlichen Kompetenzmaßen als mit allgemeinen kognitiven Grundfähigkeiten, was darauf hindeutet, dass konvergente und divergente Validität gegeben sind (Heppt, Köhne-Fuetterer, et al., 2020). Auch die Annahmen zur Kriteriumsvalidität werden empirisch gestützt. So bestehen zwischen den drei Untertests von *BiSpra 2–4* und den (invers kodierten) Noten im Lesen, Schreiben, Rechnen und im Sachunterricht in den Jahrgangsstufen 2 bis 4 jeweils positive und signifikante Korrelationen. In einer Messwiederholungsstudie mit Schüler:innen der Jahrgangsstufen 2 und 3 (Messzeitpunkt 1) bzw. 3 und 4 (Messzeitpunkt 2) korrelierten die Testleistungen in *BiSpra-Text*, *BiSpra-Satz* und *BiSpra-Wort* zudem positiv und signifikant mit den zeitgleich und zeitversetzt (d. h. im darauffolgenden Schuljahr) erhobenen Testleistungen im Leseverständnis, in den arithmetischen Fertigkeiten und im mathematischen Problemlösen. Entsprechende Zusammenhänge bestanden auch bei Berücksichtigung eher allgemeiner Wortschatzkenntnisse und des Satzverständnisses, wobei sie für *BiSpra-Satz* und *BiSpra-Wort* besonders hoch und zahlreich ausfielen. Diese Befunde legen nahe, dass mit *BiSpra 2–4* spezifische sprachliche Kompetenzen erfasst werden, die für den schulischen Kompetenzerwerb besonders relevant sind und die sich durch herkömmliche Sprachtests nicht vollständig abbilden lassen (Heppt et al., 2021; für vertiefende Analysen zu *BiSpra-Wort* und *BiSpra-Satz*, siehe Schuth et al., 2017; Volodina et al., 2021).

Neben der Prüfung der Validität hatte eine Reihe von Studien die Analyse sprachlicher und sozioökonomischer bzw. bildungsbezogener Leistungsdisparitäten in *BiSpra 2–4* zum Ziel. Wie bereits in Abschn. 2 beschrieben, ergaben sich hierbei in allen drei Untertests Leistungsnachteile von mehrsprachigen Schüler:innen gegenüber ihren monolingual deutschsprachigen Mitschüler:innen (z. B. Heppt & Stanat, 2020; Volodina & Weinert, 2020; Volodina et al., 2020). Diese Leistungsnachteile ließen sich zumindest teilweise durch Unterschiede im sozioökonomischen und/oder bildungsbezogenen familiären Hintergrund erklären. Allerdings unterscheiden sich die Studien zum Teil in der Operationalisierung des sozioökonomischen Status und des Anregungsniveaus in der Familie sowie in den einbezogenen Kontrollvariablen, was eine Vergleichbarkeit erschwert. Überdies wurde meist nur zwischen monolingual deutschsprachigen und mehrsprachigen Schüler:innen unterschieden. Eine weitere Differenzierung innerhalb der Gruppe der mehrsprachigen Kinder in Abhängigkeit vom Erwerbsbeginn wurde nur vereinzelt vorgenommen (z. B. Heppt & Stanat, 2020). Systematische Analysen, die die Bedeutung der Spracherwerbsbiographie und des sozioökonomischen und bildungsbezogenen familiären Hintergrunds für die drei Untertests getrennt nach Klassenstufen betrachten, fehlen bislang. Sie würden aber ein differenzierteres Verständnis sowie eine nuancierte Interpretation der Testergebnisse mehrsprachiger Grundschulkinder ermöglichen.

4   Ziele und Fragestellungen

Im vorliegenden Beitrag soll überprüft werden, inwieweit sich Leistungsunterschiede zwischen monolingual deutschsprachig aufwachsenden Kindern, bilingual aufwachsenden Kindern und Kindern, die mit Deutsch als Zweitsprache aufwachsen, in *BiSpra-Text*, *BiSpra-Satz* und *BiSpra-Wort* in den Klassenstufen 2, 3 und 4 durch Merkmale ihres sozioökonomischen und bildungsbezogenen familiären Hintergrunds erklären lassen. Ein wesentliches Anliegen ist es hierbei, zu einer verbesserten Interpretation der in *BiSpra 2–4* erzielten Testwerte beizutragen. Um eine möglichst hohe Anschlussfähigkeit an den Test zu erzielen, basieren die Analysen daher auf der Normierungsstichprobe von *BiSpra 2–4* und beziehen die im Testhandbuch dargestellten gängigen Indikatoren des sozioökonomischen und bildungsbezogenen familiären Hintergrunds ein. Ergänzende deskriptive Analysen sollen zudem Anhaltspunkte dafür liefern, welche Konnektoren bzw. Konnektorentypen (temporal, kausal, konzessiv) und fächerübergreifend verwendeten bildungssprachlichen Wörter für Grundschulkinder besonders schwierig sind und ob sich hierbei Unterschiede zwischen den Sprachgruppen zeigen.

5   Methode

5.1   Stichprobe

Die nachfolgenden Analysen basieren auf der Normierungsstichprobe von *BiSpra 2–4*. Diese wurde in sechs Bundesländern durchgeführt und umfasst Daten von 3 625 Schüler:innen der Jahrgangsstufen 2 bis 4, für die valide Angaben zum Sprachgebrauch in den ersten drei Lebensjahren vorlagen. Von den Analysen ausgeschlossen wurden Kinder mit sonderpädagogischem Förderbedarf in den Bereichen Lernen, Hören, Sehen und/oder geistige Entwicklung, da für diese Kinder keine angepassten Testversionen entwickelt werden konnten (für weitere Informationen zur Stichprobenziehung, siehe Heppt, Köhne-Fuetterer et al., 2020).

Anhand der Elternangaben zum Sprachgebrauch in den ersten drei Lebensjahren wurden die Kinder einer der folgenden drei Gruppen zugeordnet:

- monolingual deutschsprachig aufwachsende Kinder (wenn sie in den ersten drei Lebensjahren nur Deutsch gelernt haben; $n = 1\,667$; 46 %);
- bilingual aufwachsende Kinder (wenn sie in den ersten drei Lebensjahren Deutsch und mindestens eine andere Sprache gelernt haben; $n = 1\,122$; 31 %);
- Kinder, die mit Deutsch als Zweitsprache aufwachsen (wenn sie in den ersten drei Lebensjahren eine oder mehrere andere Sprachen als Deutsch gelernt haben und erst später mit dem Erwerb des Deutschen begonnen haben; $n = 836$; 23 %).

Das Geschlechterverhältnis in der Normierungsstichprobe war nahezu ausgeglichen (1 835 Mädchen; 50.6 %). Zum Erhebungszeitpunkt waren die Kinder durchschnittlich 8.46 Jahre alt ($SD = 1.03$).

5.2   Erhebungen und erfasste Konstrukte

Die Erhebungen wurden im November und Dezember 2017 durch geschulte Testleiter:innen des IEA Data Processing and Research Center in Hamburg durchgeführt und fanden im Klassenverband statt. Um die Testzeit von max. 90 min (inkl. Instruktionen und Pause) nicht zu überschreiten, bearbeitete jedes Kind nur zwei der drei Untertests von *BiSpra 2–4*. Da die Aufgaben von CD vorgespielt wurden (siehe Abschn. 3.1), erhielten innerhalb einer Klasse alle Kinder dieselben Untertests. Informationen zum sozioökonomischen Status und dem elterlichen Bildungsniveau wurden mithilfe eines Elternfragebogens erhoben (Rücklaufquote: 76 %). Die Studienteilnahme war freiwillig und nur Kinder, deren Eltern ihr schriftliches Einverständnis zur Teilnahme ihres Kindes erteilt hatten, wurden in die Erhebungen einbezogen.

Sozioökonomischer und bildungsbezogener familiärer Hintergrund. Als Indikator für den sozioökonomischen Status diente der *Highest International Socio-Economic Index* (HISEI; Ganzeboom et al., 1992), also der höchste ISEI beider Elternteile. Dieser basiert auf einer Klassifikation von Berufen anhand des erforderlichen Bildungsniveaus, des Einkommens und des Berufsprestiges. Er kann Werte zwischen 10 (z. B. Reinigungskräfte) und 90 (z. B. Richter:innen) annehmen, wobei höhere Werte einem höheren sozioökonomischem Status entsprechen.

Zur Bestimmung des bildungsbezogenen familiären Hintergrunds dienten die Angaben der Eltern zu ihrem höchsten Bildungsabschluss. Diese wurden zunächst anhand der *International Standard Classification of Education* (ISCED-97; OECD, 1999) kodiert und auf dieser Grundlage wurde anschließend der PARED (OECD,

2009) als Schätzung der Anzahl der Bildungsjahre ermittelt. Der PARED variiert zwischen 4 (Grundschule) und 18 Jahren (Promotion). In unseren Analysen haben wir die höhere Anzahl an Bildungsjahren beider Elternteile berücksichtigt. Wenn für ISEI und/oder PARED nur Informationen für ein Elternteil vorlagen, wurde diese Angabe verwendet.

5.3   Statistische Analysen

Fehlende Werte auf den Variablen des sozioökonomischen und bildungsbezogenen familiären Hintergrunds wurden mit Stata 17 multipel imputiert (Raghunathan et al., 2001). Abhängige Variablen (d. h. die Untertests von *BiSpra 2–4*) wurden in das Imputationsmodell zwar einbezogen, jedoch wurden die imputierten Werte in den nachfolgenden Regressionsanalysen nicht berücksichtigt (*multiple imputation, then deletion*; von Hippel, 2007). Basierend auf dem maximalen Anteil fehlender Werte in den unabhängigen Variablen (32.61 % beim HISEI) wurden 35 Datensätze erzeugt. Die Regressionsanalysen wurden anschließend für alle 35 Datensätze separat durchgeführt und die Ergebnisse entsprechend der Regel von Rubin (1987) kombiniert.

6   Ergebnisse

6.1   Deskriptive Statistiken

In Tab. 2 sind Mittelwerte und Standardabweichungen sowie Minima und Maxima für die drei Untertests (*BiSpra-Text, BiSpra-Satz, BiSpra-Wort*) jeweils getrennt nach Spracherwerbsbiographie (monolingual deutschsprachig aufwachsend, bilingual aufwachsend, mit Deutsch als Zweitsprache aufwachsend) und Klassenstufe (2, 3 und 4) dargestellt. Die durchschnittlichen Testleistungen unterscheiden sich signifikant zwischen den Gruppen (Klassenstufe 2: $F(2, 829) = 62.74$, $p < .05$ für *BiSpra-Text*, $F(2, 809) = 48.46$, $p < .05$ für *BiSpra-Satz*, $F(2, 815) = 63.51$, $p < .05$ für *BiSpra-Wort*; Klassenstufe 3: $F(2, 778) = 55.91$, $p < .05$ für *BiSpra-Text*, $F(2, 826) = 48.16$, $p < .05$ für *BiSpra-Satz*, $F(2, 811) = 111.40$, $p < .05$ für *BiSpra-Wort*; Klassenstufe 4: $F(2, 743) = 67.54$, $p < .05$ für *BiSpra-Text*, $F(2, 838) = 70.15$, $p < .05$ für *BiSpra-Satz*, $F(2, 774) = 115.88$, $p < .05$ für *BiSpra-Wort*). Die Leistungen der monolingual deutschsprachigen Schüler:innen liegen jeweils signifikant über denjenigen der mehrsprachigen Schüler:innen. Auch zwischen simultan bilingual aufwachsenden Kindern und Kindern, die sukzessiv mit

Deutsch als Zweitsprache aufwachsen, bestehen zum Teil signifikante Leistungsunterschiede, die jeweils zugunsten der simultan bilingual aufwachsenden Kinder ausfallen. So erzielen bilingual aufwachsende Kinder in *BiSpra-Wort* in allen drei Klassenstufen sowie in *BiSpra-Satz* in den Klassenstufen 3 und 4 jeweils bessere Testleistungen als Kinder, die sukzessiv mit Deutsch als Zweitsprache aufwachsen.

Auch im sozioökonomischen und bildungsbezogenen familiären Hintergrund unterscheiden sich die drei Sprachgruppen zum Teil substanziell (siehe Tab. 3 für deskriptive Statistiken; Angaben zur Inferenzstatistik, siehe Heppt, Köhne-Fuetterer et al., 2020). So wachsen monolingual deutschsprachige Kinder jeweils in Familien mit höherem HISEI und höherem elterlichen Bildungsniveau auf als simultan bilingual aufwachsende Kinder und Kinder, die Deutsch als Zweitsprache sukzessiv erwerben. Während sich die beiden mehrsprachigen Gruppen nicht in ihrem familiären HISEI unterscheiden, verfügen die Eltern von bilingual aufwachsenden Kindern der Jahrgangsstufen 2 und 3 über ein höheres Bildungsniveau als die Eltern von Kindern, die Deutsch als Zweitsprache erwerben (vgl. Heppt, Köhne-Fuetterer et al. 2020).

6.2 Regressionsanalysen für *BiSpra-Text, BiSpra-Satz* und *BiSpra-Wort*

In den Tab. 4 bis 6 sind die Ergebnisse der multiplen linearen Regressionsanalysen zur Vorhersage der Leistungen in *BiSpra-Text* (Tab. 4), *BiSpra-Satz* (Tab. 5) und *BiSpra-Wort* (Tab. 6) dargestellt. Dabei wird jeweils zunächst nur der Effekt der Spracherwerbsbiographie betrachtet (Modelle 1a – 9a), während im nächsten Schritt zusätzlich die Variablen des sozioökonomischen und bildungsbezogenen familiären Hintergrunds als Prädiktoren aufgenommen werden (Modelle 1b – 9b). Sämtliche Analysen werden getrennt für die Klassenstufen 2, 3 und 4 durchgeführt.

Für alle Untertests und Klassenstufen ergeben sich übereinstimmende Befundmuster. Die Modelle 1a bis 9a replizieren die deskriptiven Ergebnisse und zeigen, dass bilingual aufwachsende Kinder und Kinder, die mit Deutsch als Zweitsprache aufwachsen, in den drei Untertests von *BiSpra 2–4* jeweils geringere Leistungen erzielen als monolingual deutschsprachig aufwachsende Kinder. Erwartungsgemäß reduzieren sich diese Effekte bei gleichzeitiger Berücksichtigung von HISEI und elterlichem Bildungsniveau, sie sind jedoch weiterhin statistisch signifikant (Modelle 1b – 9b). Demzufolge lassen sich die Leistungsnachteile von mehrsprachigen Lernenden im Verständnis von Bildungssprache

Tab. 2 Deskriptive Statistiken für die drei BiSpra-Untertests

Untertest	Sprachhintergrund	Klassenstufe 2				Klassenstufe 3				Klassenstufe 4			
		M	SD	Min	Max	M	SD	Min	Max	M	SD	Min	Max
BiSpra-Text													
	monolingual	25.73	7.83	0	37	28.80	6.76	10	42	33.37	7.04	0	44
	bilingual	20.88	6.42	1	36	24.34	6.41	8	39	27.95	6.87	3	43
	DaZ	19.70	5.76	0	35	23.36	6.12	0	39	27.08	6.13	8	40
BiSpra-Satz													
	monolingual	10.33	4.45	1	22	13.87	4.46	2	22	17.17	4.00	0	22
	bilingual	7.76	3.69	0	20	11.79	4.27	0	22	14.18	5.13	0	22
	DaZ	7.27	3.54	0	20	10.35	3.90	2	20	12.57	5.02	0	21
BiSpra-Wort													
	monolingual	12.02	3.82	0	22	13.87	3.82	4	23	16.42	3.66	5	23
	bilingual	10.01	3.26	0	19	10.97	3.70	0	21	12.98	3.96	4	23
	DaZ	8.71	3.10	0	19	9.38	3.12	0	18	11.45	4.08	0	21

Anmerkung. DaZ = Deutsch als Zweitsprache.

Tab. 3 Deskriptive Statistiken für sozioökonomischen Status und Bildungsniveau der Eltern

Klassenstufe	Sprachhintergrund	Sozioökonomischer Status		Bildungsniveau (Eltern)	
		M	*SD*	*M*	*SD*
Klassenstufe 2					
	monolingual	50.88	23.84	14.22	4.01
	bilingual	40.24	25.15	12.23	5.11
	DaZ	37.31	28.51	11.25	5.94
Klassenstufe 3					
	monolingual	49.60	22.68	14.16	3.86
	bilingual	40.51	24.06	12.36	4.85
	DaZ	37.25	25.53	11.18	5.37
Klassenstufe 4					
	monolingual	51.04	22.52	14.56	3.68
	bilingual	39.71	22.46	12.21	4.92
	DaZ	38.45	24.30	11.82	5.55

Anmerkungen. Die Angaben basieren auf imputierten Variablen. DaZ = Deutsch als Zweitsprache.

nur zum Teil auf Unterschiede im sozioökonomischen und bildungsbezogenen familiären Hintergrund zurückführen. Für die komponentenbezogenen Maße *BiSpra-Satz* und *BiSpra-Wort* deuten die standardisierten Regressionsgewichte auch unter Kontrolle von sozioökonomischem Status und elterlichem Bildungsniveau insgesamt mehrheitlich darauf hin, dass mit Deutsch als Zweitsprache aufwachsende Kinder nicht nur gegenüber monolingual deutschsprachigen Kindern, sondern auch gegenüber simultan bilingual aufwachsenden Kindern im Nachteil sind.

Während der HISEI jeweils signifikant zur Erklärung der Leistungsvarianz in den Untertests von *BiSpra 2–4* beiträgt, ist dies für das elterliche Bildungsniveau nicht durchgängig der Fall. Signifikante Effekte des elterlichen Bildungsniveaus zeigen sich insbesondere bei den sprachkomponentenbezogenen Aufgaben *BiSpra-Satz* und *BiSpra-Wort*. In sämtlichen Modellen wird durch die zusätzliche Berücksichtigung des sozioökonomischen (und bildungsbezogenen) familiären Hintergrunds eine signifikante Erhöhung des Anteils aufgeklärter Varianz erreicht. In den Modellen 1b bis 9b variiert dieser Anteil zwischen $R^2 = .19$

Tab. 4 Multiple lineare Regressionsmodelle zur Vorhersage des Verständnisses bildungssprachlich anspruchsvoller Hörtexte (*BiSpra-Text; N* = 2 359)

Prädiktoren	Klassenstufe 2						Klassenstufe 3						Klassenstufe 4					
	Modell 1a			Modell 1b			Modell 2a			Modell 2b			Modell 3a			Modell 3b		
	B	β	SE	B	β	SE	B	β	SE	B	β	SE	B	β	SE	B	β	SE
Sprachhintergrund[1]																		
bilingual	4.85*	.30	.56	3.62*	.22	.56	4.46*	.29	.55	3.59*	.23	.54	5.42*	.35	.57	3.83*	.24	.57
DaZ	6.03*	.34	.61	4.43*	.25	.63	5.44*	.32	.60	4.10*	.24	.60	6.29*	.36	.64	4.62*	.26	.64
HISEI				0.09*	.26	.02				0.08*	.25	.02				0.09*	.25	.02
Bildungsniveau (Eltern)				0.10	.06	.07				0.14	.08	.07				0.23*	.13	.08
R²	.13			.22			.13			.21			.15			.26		
ΔR² (F for ΔR²)				.09 (23.80*)						.08 (19.59*)						.11 (27.46*)		

Anmerkungen. Stichprobengröße: Klassenstufe 2 = 832, Klassenstufe 3 = 781, Klassenstufe 4 = 746. DaZ = Deutsch als Zweitsprache. HISEI = Highest International Socio-Economic Index of Occupational Status.
[1] Vergleichsgruppe: monolingual deutschsprachig aufwachsende Kinder.
*p < .05.

Tab. 5 Multiple lineare Regressionsmodelle zur Vorhersage des Verständnisses von Satzverbindungen mit Konnektoren (*BiSpra-Satz*; N = 2 482)

Prädiktoren	Klassenstufe 2						Klassenstufe 3						Klassenstufe 4					
	Modell 4a			Modell 4b			Modell 5a			Modell 5b			Modell 6a			Modell 6b		
	B	β	SE	B	β	SE	B	β	SE	B	β	SE	B	β	SE	B	β	SE
Sprachhintergrund[1]																		
bilingual	−2.57*	.28	.32	−1.82*	.20	.32	−2.09*	.21	.35	−1.41*	.14	.35	−2.99*	.28	.37	−2.27*	.21	.38
DaZ	−3.06*	.30	.37	−2.00*	.20	.37	−3.53*	.33	.37	−2.59*	.24	.39	−4.60*	.38	.42	−3.80*	.31	.43
HISEI				0.05*	.24	.01				0.04*	.21	.01				0.03*	.13	.01
Bildungsniveau (Eltern)				0.14*	.14	.04				0.13*	.12	.05				0.14*	.12	.06
R^2	.11			.22			.10			.19			.14			.19		
ΔR^2 (F for ΔR^2)				.11 (28.38*)						.09 (22.83*)						.05 (12.87*)		

Anmerkungen. Stichprobengröße: Klassenstufe 2 = 812, Klassenstufe 3 = 829, Klassenstufe 4 = 841. DaZ = Deutsch als Zweitsprache. HISEI = Highest International Socio-Economic Index of Occupational
[1]Vergleichsgruppe: monolingual deutschsprachig aufwachsende Kinder.
*$p < .05$.

Tab. 6 Multiple lineare Regressionsmodelle zur Vorhersage des Verständnisses allgemeiner, fächerübergreifend verwendeter bildungssprachlicher Begriffe (*BiSpra-Wort*; $N = 2\,409$)

Prädiktoren	Klassenstufe 2						Klassenstufe 3						Klassenstufe 4					
	Modell 7a			Modell 7b			Modell 8a			Modell 8b			Modell 9a			Modell 9b		
	B	β	SE	B	β	SE	B	β	SE	B	β	SE	B	β	SE	B	β	SE
Sprachhintergrund[1]																		
bilingual	–2.01*	.25	.29	–1.54*	.19	.29	–2.89*	.32	.30	–2.31*	.26	.30	–3.44*	.37	.32	–2.85*	.30	.32
DaZ	–3.31*	.38	.31	–2.74*	.31	.31	–4.49*	.47	.32	–3.64*	.38	.33	–4.97*	.47	.36	–4.22*	.40	.36
HISEI				0.04*	.21	.01				0.04*	.22	.01				0.04*	.19	.01
Bildungsniveau (Eltern)				0.06	.07	.04				0.10*	.10	.04				0.11*	.10	.04
R^2	.13			.19			.22			.29			.23			.29		
ΔR^2 (*F for* ΔR^2)				.06 (15.02*)						.07 (19.89*)						.06 (16.27*)		

Anmerkungen. Stichprobengröße: Klassenstufe 2= 818, Klassenstufe 3 = 814, Klassenstufe 4 = 777. DaZ = Deutsch als Zweitsprache. HISEI = Highest International Socio-Economic Index of Occupational Status.

[1]Vergleichsgruppe: monolingual deutschsprachig aufwachsende Kinder.

*$p < .05$.

und $R^2 = .29$, was darauf hindeutet, dass für die Erklärung rezeptiver bildungssprachlicher Fähigkeiten und Fertigkeiten im Grundschulalter weitere, hier nicht berücksichtigte Variablen von Bedeutung sind.

6.3　Deskriptive Analyse der Aufgabenschwierigkeiten von BiSpra-Satz und BiSpra-Wort

Um Hinweise darauf zu erhalten, welche Konnektoren bzw. Konnektorentypen sich als vergleichsweise schwierig erweisen und ob hierbei Unterschiede zwischen den Sprachgruppen bestehen, wurden die Konnektoren zunächst als temporal (z. B. *vorher, sobald*), kausal (z. B. *somit, aufgrund*) oder konzessiv (z. B. *trotz, dennoch*) klassifiziert. Die beiden Konnektoren, die sich keinem dieser drei Typen zuordnen ließen (*falls, indem*), wurden in den Analysen nicht berücksichtigt. Betrachtet man die durchschnittliche Anzahl richtig gelöster Aufgaben je Klassenstufe und Sprachgruppe, so ergeben sich jenseits der oben bereits beschriebenen Niveauunterschiede über die Gruppen hinweg sehr ähnliche Befundmuster. Dabei erweisen sich die kausalen Konnektoren in deskriptiven Analysen jeweils als am schwierigsten. Allerdings lassen sich diese Unterschiede inferenzstatistisch nicht gegen den Zufall absichern. Zwischen temporalen und konzessiven Konnektoren bestehen hingegen auch deskriptiv keine Unterschiede (vgl. Abb. 1). Besonders schwierig sind in allen Sprachgruppen die kausalen Konnektoren *somit, folglich* und *demnach*, für die die Lösungswahrscheinlichkeiten zum Teil unter der Ratewahrscheinlichkeit von 25 % liegen (Tab. 7).

Für einen deskriptiven Vergleich der Aufgabenschwierigkeiten von *BiSpra-Wort* zwischen den Sprachgruppen wurden jene 18 Items betrachtet, die sowohl in der Testversion für die Jahrgangsstufe 2 als auch in der Testversion für die Jahrgangsstufen 3 und 4 enthalten sind und die sich somit über alle drei Klassenstufen hinweg miteinander vergleichen lassen. Zusätzlich zu dem oben geschilderten Befund, dass der Anteil richtig gelöster Aufgaben für alle drei Sprachgruppen über die Klassenstufen hinweg zunimmt und für monolingual deutschsprachig aufwachsende Lernende höher ist als für die beiden mehrsprachigen Gruppen, ergeben sich hierbei zwei bemerkenswerte Muster: (1) Zum einen gibt es einige vergleichsweise schwierige Wörter, deren Lösungswahrscheinlichkeiten für alle drei Sprachgruppen höchstens geringfügig oberhalb der Ratewahrscheinlichkeit von 33 % liegen und für die über die drei Klassenstufen hinweg allenfalls geringe Lernzuwächse zu verzeichnen sind. Hierbei handelt es sich um die Partikelverben *anlegen* und *aufweisen* und um das Adjektiv *unerlässlich* (Kursivdruck in Tab. 8). (2) Zum anderen erzielen monolingual deutschsprachig aufwachsende

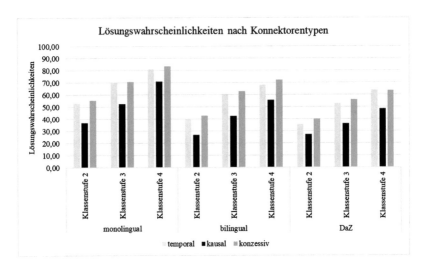

Abb. 1 Mittlere Anzahl richtig gelöster Aufgaben nach Konnektorentypen und Sprachgruppen. (*Anmerkung.* DaZ = Deutsch als Zweitsprache)

Kinder bei einigen Wörtern von der 2. zur 3. Jahrgangsstufe rein nominell deutlich größere Lernzuwächse als Kinder, die sukzessiv mit Deutsch als Zweitsprache aufwachsen, und als simultan bilingual aufwachsende Kinder. So erhöht sich beispielsweise der Anteil der monolingual deutschsprachigen Kinder, die das Partikelverb *angeben* verstehen (im Sinne von *einen Wert angeben*), von der 2. zur 3. Jahrgangsstufe um 23 Prozentpunkte. Bei Kindern, die mit Deutsch als Zweitsprache aufwachsen, und bei bilingual aufwachsenden Kindern beträgt der Zuwachs im selben Zeitraum hingegen nur 3 bzw. 7 Prozentpunkte (Fettdruck in Tab. 8).

7   Diskussion

Anknüpfend an bisherige Befunde zu bildungssprachlichen Kompetenzen von einsprachigen und mehrsprachigen Lernenden wurde im vorliegenden Beitrag die Bedeutung des sozioökonomischen und bildungsbezogenen familiären Hintergrunds für die Erklärung von Leistungsunterschieden zwischen Schüler:innen mit unterschiedlichen Spracherwerbsbiographien im Testinstrument *BiSpra 2–4* untersucht. Anhand von deskriptiven Analysen wurden zudem die Schwierigkeiten einzelner bildungssprachlicher Wörter sowie von Konnektoren und

Tab. 7 Lösungswahrscheinlichkeiten für die einzelnen Items von *BiSpra-Satz*

Item	Zielkonnektor	Klassenstufe 2			Klassenstufe 3			Klassenstufe 4		
		Sprachhintergrund			Sprachhintergrund			Sprachhintergrund		
		monolingual	bilingual	DaZ	monolingual	bilingual	DaZ	monolingual	bilingual	DaZ
		%	%	%	%	%	%	%	%	%
Temporale Konnektoren										
BiSpra-Satz2	vorher	69	55	47	88	79	73	91	84	85
BiSpra-Satz4	nachher	44	41	30	54	52	49	59	50	53
BiSpra-Satz8	seitdem	68	47	46	86	77	63	95	90	77
BiSpra-Satz15	nachdem	54	41	35	75	64	54	90	75	71
BiSpra-Satz18	seitdem	36	25	22	54	44	35	76	51	39
BiSpra-Satz22	sobald	48	34	34	61	48	43	76	60	58
Kausale Konnektoren										
BiSpra-Satz3	somit	25	19	17	40	31	28	56	47	40
BiSpra-Satz5	wegen	72	65	65	84	77	77	93	81	82
BiSpra-Satz10	da	37	24	25	51	46	38	74	57	46
BiSpra-Satz11	dadurch	46	31	23	71	59	48	90	79	64
BiSpra-Satz12	daher	45	27	31	66	49	39	86	68	58
BiSpra-Satz14	folglich	23	16	20	37	23	20	55	39	33
BiSpra-Satz16	aufgrund	29	23	25	39	30	28	66	49	41
BiSpra-Satz21	demnach	18	12	12	32	25	13	48	26	24

(Fortsetzung)

Tab. 7 (Fortsetzung)

Item	Zielkonnektor	Klassenstufe 2			Klassenstufe 3			Klassenstufe 4		
		Sprachhintergrund			Sprachhintergrund			Sprachhintergrund		
		monolingual	bilingual	DaZ	monolingual	bilingual	DaZ	monolingual	bilingual	DaZ
		%	%	%	%	%	%	%	%	%
Konzessive Konnektoren										
BiSpra-Satz1	trotzdem	59	55	52	77	69	69	92	81	76
BiSpra-Satz6	trotz	39	28	21	49	34	32	58	50	30
BiSpra-Satz9	obwohl	65	56	55	82	82	75	90	85	83
BiSpra-Satz13	trotzdem	73	59	50	79	81	76	89	76	82
BiSpra-Satz17	dennoch	44	30	29	62	47	33	83	66	46
BiSpra-Satz19	jedoch	53	30	33	76	65	52	90	76	65

Tab. 8 Lösungswahrscheinlichkeiten für die einzelnen Items von *BiSpra-Wort*

Item	Zielwort	Klassenstufe 2			Klassenstufe 3			Klassenstufe 4		
		Sprachhintergrund			Sprachhintergrund			Sprachhintergrund		
		monolingual	bilingual	DaZ	monolingual	bilingual	DaZ	monolingual	bilingual	DaZ
		%	%	%	%	%	%	%	%	%
BiSpra-Wort1	abgeben	52	42	41	66	47	40	79	58	45
BiSpra-Wort5	anlegen	38	26	24	44	26	25	55	36	31
BiSpra-Wort6	überträgt	38	29	27	56	48	42	77	63	52
BiSpra-Wort7	enthalten	53	43	32	79	68	47	85	69	69
BiSpra-Wort8	übersichtlich	48	38	34	61	48	50	71	58	49
BiSpra-Wort11	nimmt an	73	60	45	89	81	72	94	83	71
BiSpra-Wort12	durchgehen	42	43	29	64	55	42	69	62	56
BiSpra-Wort14	herrschen	**29**	**29**	**29**	**58**	**39**	**31**	72	55	39
BiSpra-Wort16	aufweisen	36	38	35	23	26	27	22	22	20
BiSpra-Wort17	wiedergeben	54	56	48	62	65	52	68	70	64
BiSpra-Wort18	Anteil	70	58	53	79	58	57	90	68	66
BiSpra-Wort19	eindeutig	58	48	35	82	67	59	94	81	71
BiSpra-Wort20	Auslöser	**58**	**47**	**41**	**79**	**57**	**41**	90	68	55
BiSpra-Wort21	Verlust	51	44	42	49	40	43	60	43	45
BiSpra-Wort22	Vereinbarung	61	38	28	80	58	39	90	74	68
BiSpra-Wort25	Bestandteile	40	28	33	75	56	44	87	69	62

(Fortsetzung)

Tab. 8 (Fortsetzung)

Item	Zielwort	Klassenstufe 2 Sprachhintergrund			Klassenstufe 3 Sprachhintergrund			Klassenstufe 4 Sprachhintergrund		
		monolingual	bilingual	DaZ	monolingual	bilingual	DaZ	monolingual	bilingual	DaZ
		%	%	%	%	%	%	%	%	%
BiSpra-Wort26	angeben	**37**	**28**	**26**	**60**	**35**	**26**	82	61	45
BiSpra-Wort27	unerlässlich	*32*	*31*	*26*	*37*	*26*	*26*	*48*	*26*	*28*

Anmerkungen. Berücksichtigt sind nur fächerübergreifend verwendete bildungssprachliche Wörter, die sowohl in der Testversion für die Jahrgangsstufe 2 als auch in der Testversion für die Jahrgangsstufen 3 und 4 enthalten sind. Kursiv gedruckte Werte: Wörter mit Lösungswahrscheinlichkeiten nahe der Ratewahrscheinlichkeit von 33 % für alle Sprachgruppen und Klassenstufen. Fett gedruckte Werte: Wörter mit besonders großem Lernzuwachs für monolingual deutschsprachige Kinder von der 2. zur 3. Jahrgangsstufe. Die Zielwörter waren immer in der korrekten Konjugation oder Deklination vorgegeben. Diese entspricht der hier dargestellten Form.

Konnektorentypen zwischen den Sprachgruppen und Klassenstufen miteinander verglichen. Die Analysen zeigen, dass sowohl simultan bilingual aufwachsende Schüler:innen als auch Schüler:innen, die sukzessiv mit Deutsch als Zweitsprache aufwachsen, in den Klassenstufen 2, 3 und 4 im Verständnis bildungssprachlich anspruchsvoller Texte (*BiSpra-Text*), im Verständnis von Satzverbindungen mit Konnektoren (*BiSpra-Satz*) und im Verständnis allgemeiner, fächerübergreifend verwendeter bildungssprachlicher Wörter (*BiSpra-Wort*) geringere Leistungen erzielen als ihre monolingual deutschsprachigen Mitschüler:innen. Zwar reduzieren sich die Leistungsnachteile unter Kontrolle des sozioökonomischen und bildungsbezogenen familiären Hintergrunds, sie bleiben jedoch weiterhin statistisch bedeutsam. Neben dem sozioökonomischem Status und dem Bildungsniveau der Eltern tragen somit noch weitere, hier nicht berücksichtigte Variablen zur Entstehung der Leistungsunterschiede zwischen einsprachigen und mehrsprachigen Schüler:innen bei. Denkbar wären neben weiteren Unterschieden im familiären Anregungsniveau, die wiederum mit dem sozioökonomischem Status der Familien verknüpft sind (z. B. Lehrl et al., 2020), auch Effekte der Lernumgebungen in Kita und Schule. So erzielen Kinder in leistungsstarken Lerngruppen in der Regel größere Lernzuwächse als in Lerngruppen mit geringerem Leistungsniveau (Becker et al., 2022; Schmerse, 2021). Dies dürfte unter anderem damit zusammenhängen, dass Lehrpersonen ihren Unterricht an das Leistungsniveau der Klasse anpassen (z. B. Becker et al., 2022). Dadurch könnte gerade in Klassen mit einem insgesamt geringeren bildungssprachlichen Kompetenzniveau die sprachliche Anregungsqualität im Unterricht geringer ausfallen als in Klassen, in denen viele Schüler:innen bereits über fortgeschrittene bildungssprachliche Kompetenzen verfügen.

Bei der Betrachtung des Verständnisses einzelner allgemeiner bildungssprachlicher Wörter und Konnektoren bzw. Konnektorentypen ergaben sich in deskriptiven Analysen sowohl Hinweise auf ähnliche Erwerbsverläufe zwischen den Sprachgruppen als auch auf Unterschiede. So waren kausale Konnektoren im Vergleich zu temporalen und konzessiven Konnektoren über Sprachgruppen und Klassenstufen hinweg tendenziell am schwierigsten. Während sich das Verständnis einiger allgemeiner bildungssprachlicher Wörter unabhängig von der jeweiligen Spracherwerbsbiographie in den Klassenstufen 2, 3 und 4 nur geringfügig voneinander unterscheidet, sind bei monolingual deutschsprachigen Kindern für bestimmte allgemeine bildungssprachliche Wörter zwischen den Jahrgangsstufen 2 und 3 ausgeprägtere Leistungsunterschiede zu beobachten als für bilingual aufwachsende Kinder und für Kinder, die mit Deutsch als Zweitsprache aufwachsen. Bei der Interpretation der Ergebnisse ist zu berücksichtigen, dass die Befunde nicht auf längsschnittlichen Analysen basieren, sondern auf einem

Vergleich unterschiedlicher Kohorten. Die Ergebnisse können somit nur Hinweise auf mögliche Entwicklungsveränderungen über die Zeit geben.

Bereits frühere Studien kamen zu dem Ergebnis, dass sich verschiedene Konnektorentypen in ihrer Schwierigkeit für Grundschulkinder unterscheiden (Dragon et al., 2015; Knoepke et al., 2017). Anders als in den vorliegenden Analysen erwiesen sich dabei aber jeweils konzessive Konnektoren (z. B. *trotzdem, obgleich*) als besonders schwierig (Dragon et al., 2015; Knoepke et al., 2017). Erklären lässt sich dies – ebenso wie der vergleichsweise späte Erwerb dieser Konnektoren – durch die erhöhten kognitiven Anforderungen, mit der die Verarbeitung von Sätzen mit konzessiven Konnektoren einhergeht (Evers-Vermeul & Sanders, 2009). So werden konzessive Konnektoren verwendet, um Aussagen miteinander zu verknüpfen, die eine logische Verbindung aufweisen (im Unterschied etwa zu den kognitiv einfacheren additiven Verbindungen) und dabei zugleich einen Kontrast beinhalten (im Unterschied zu positiven kausalen Verbindungen; Evers-Vermeul & Sanders, 2009). Dass abweichend davon in den vorliegenden Analysen kausale Konnektoren für alle betrachteten Klassenstufen und Sprachgruppen tendenziell am schwierigsten waren, könnte auf die Schwierigkeit einzelner Konnektoren zurückzuführen sein. So waren die kausalen Konnektoren *somit, folglich* und *demnach*, die sich in der Normierungsstudie von *BiSpra 2–4* als besonders herausfordernd erwiesen, in den Studien von Dragon et al. (2015) und Knoepke et al. (2017) nicht enthalten. Umgekehrt wurde der konzessive Konnektor *wenngleich*, der bei Dragon et al. (2015) nur eine Lösungswahrscheinlichkeit von 9 % erreichte und damit deutlich unter der Ratewahrscheinlichkeit von 25 % lag, in *BiSpra-Satz* nicht berücksichtigt.

Fazit

Mit *BiSpra 2–4* liegt ein standardisiertes, validiertes und normiertes Testinstrument vor, das der Erfassung des Verständnisses von Bildungssprache bei Grundschulkindern der Jahrgangsstufen 2 bis 4 dient. Um auch für mehrsprachige Kinder eine möglichst differenzierte und aussagekräftige Diagnostik zu ermöglichen, wurden getrennte Normwerte für monolingual deutschsprachige Kinder, für bilingual aufwachsende Kinder und für Kinder, die mit Deutsch als Zweitsprache aufwachsen, bereitgestellt. Die beobachteten Leistungsunterschiede zwischen diesen Gruppen, die auch unter Kontrolle des sozioökonomischen und bildungsbezogenen familiären Hintergrunds bestehen bleiben, unterstreichen die Notwendigkeit einer differenzierten Diagnostik, die den unterschiedlichen Spracherwerbsbedingungen Rechnung trägt. So ermöglichen die gruppenspezifischen Normwerte einen Vergleich individueller Testleistungen mit den Testergebnissen von Kindern mit ähnlichen Spracherwerbsbedingungen. Bildungssprachliche Fähigkeiten und Fertigkeiten, die vor dem Hintergrund der spezifischen Spracherwerbsbiographie als erwartungsgemäß oder sogar als besonders fortgeschritten einzuschätzen sind, können so identifiziert und wertgeschätzt werden. Gleichzeitig ist zu berücksichtigen, dass solide bildungssprachliche Kompetenzen die Teilhabe am Unterricht und den schulischen Kompetenzerwerb wesentlich bedingen. Idealerweise sollten daher alle Lernenden ähnliche Testleistungen erzielen, wie die im Durchschnitt leistungsstärkeren monolingual deutschsprachig aufwachsenden Kinder. Um einschätzen zu können, ob mehrsprachig aufwachsende Lernende gezielte Unterstützung beim Erwerb der schulischen Bildungssprache benötigen, erscheint daher ein zusätzlicher Vergleich mit den Normwerten der monolingual deutschsprachigen Schüler:innen grundsätzlich sinnvoll (vgl. Heppt, Köhne-Fuetterer, et al., 2020; Paetsch & Heppt, 2023).

Literatur

Autorengruppe Bildungsberichterstattung. (2022). *Bildung in Deutschland 2022. Ein indikatorengestützter Bericht mit einer Analyse zum Bildungspersonal.* Wbv.

Bailey, A. L. (Hrsg.). (2007). *The language demands of school. Putting academic English to the test.* Yale University Press.

Barr, C. D., Uccelli, P., & Phillips Galloway, E. (2019). Specifying the academic language skills that support text understanding in the middle grades: The design and validation of the Core Academic Language Skills Construct and Instrument. *Language Learning, 69*(4), 978–1021.

Becker, M., Kocaj, A., Jansen, M., Dumont, H., & Lüdtke, O. (2022). Class-average achievement and individual achievement development: Testing achievement composition and peer spillover effects using five German longitudinal studies. *Journal of Educational Psychology, 114*(1), 177–197.

Binanzer, A., Seifert, H., & Wecker, V. (in Druck). Bildungssprache: Eine Bestandsaufnahme empirischer Zugänge und Evidenzen. In M. Szurawitzki & P. Wolf-Farré (Hrsg.), *Handbuch Deutsch als Fach- und Fremdsprache* (S. 379–403). De Gruyter.

Cain, K., & Nash, H. M. (2011). The influence of connectives on young readers' processing and comprehension of text. *Journal of Educational Psychology, 103*(2), 429–441.

Chilla, S. (2020). Mehrsprachige Entwicklung. In S. Sachse, A.-K. Bockmann, & A. Buschmann (Hrsg.), *Sprachentwicklung: Entwicklung – Diagnostik – Förderung im Kleinkind- und Vorschulalter* (S. 109–130). Springer.

Dragon, N., Berendes, K., Weinert, S., Heppt, B., & Stanat, P. (2015). Ignorieren Grundschulkinder Konnektoren? — Untersuchung einer bildungssprachlichen Komponente. *Zeitschrift für Erziehungswissenschaft, 18*(4), 803–825.

Eckhardt, A. G. (2008). *Sprache als Barriere für den schulischen Erfolg. Potentielle Schwierigkeiten beim Erwerb schulbezogener Sprache für Kinder mit Migrationshintergrund.* Waxmann.

Ehlich, K., Bredel, U., & Reich, H. H. (2008). *Referenzrahmen zur altersspezifischen Sprachaneignung, 29/II.* Berlin: Bundesministerium für Bildung und Forschung (BMBF).

Evers-Vermeul, J., & Sanders, T. E. D. (2009). The emergence of Dutch connectives; how cumulative cognitive complexity explains the order of acquisition. *Journal of Child Language, 36*(4), 829–854.

Fitzgerald, J., Relyea, J. E., & Elmore, J. (2022). Academic vocabulary volume in elementary grades disciplinary textbooks. *Journal of Educational Psychology, 114*(6), 1257–1276.

Fornol, S. L. (2018). *Bildungssprachliche Mittel in Schülertexten aus dem Sachunterricht der Primarstufe.* Dissertation, Universität Koblenz-Landau.

Fornol, S. L. & Hövelbrinks, B. (2019). Bildungssprache. In S. Jeuk & J. Settinieri, (Hrsg.), *Sprachdiagnostik Deutsch als Zweitsprache. Ein Handbuch* (S. 497–521). De Gruyter Mouton.

Gantefort, C., & Roth, H.-J. (2010). Sprachdiagnostische Grundlagen für die Förderung bildungssprachlicher Fähigkeiten. *Zeitschrift für Erziehungswissenschaft, 13*, 573–591.

Ganzeboom, H. B. G., de Graaf, P. M., & Treiman, D. J. (1992). A standard international socio-economic index of occupational status. *Social Science Research, 21*(1), 1–56.

Gogolin, I. (2009). Zweisprachigkeit und die Entwicklung bildungssprachlicher Fähigkeiten. In I. Gogolin & U. Neumann (Hrsg.), *Streitfall Zweisprachigkeit – The bilingualism controversy* (S. 263–280). VS Verlag.

Golinkoff, R. M., Hoff, E., Rowe, M. L., Tamis-LeMonda, C. S., & Hirsh-Pasek, K. (2018). Language matters: Denying the existence of the 30-million-word gap has serious consequences. *Child Development, 90*(3), 985–992.

Grosjean, F. (2020). Individuelle Zwei- und Mehrsprachigkeit. In I. Gogolin, A. Hansen, S. McMonagle, & D. Rauch (Hrsg.), *Handbuch Mehrsprachigkeit und Bildung* (S. 13–21). Springer Fachmedien

Hartig, J., Frey, A., & Jude, N. (2012). Validität. In H. Moosbrugger & A. Kelava (Hrsg.), *Testtheorie und Fragebogenkonstruktion* (S. 143–171). Springer.

Heister, J., et al. (2011). DlexDB – Eine lexikalische Datenbank für die psychologische und linguistische Forschung. *Psychologische Rundschau, 62*(1), 10–20.

Henschel, S., Heppt, B., Rjosk, C., & Weirich, S. (2022). Zuwanderungsbezogene Disparitäten. In P. Stanat et al (Hrsg.), *IQB-Bildungstrend 2021. Kompetenzen in den Fächern Deutsch und Mathematik am Ende der 4. Jahrgangsstufe im dritten Ländervergleich* (S. 181–219). Waxmann.

Heppt, B. (2016). *Verständnis von Bildungssprache bei Kindern mit deutscher und nichtdeutscher Familiensprache* (Dissertation). Humboldt-Universität zu Berlin.

Heppt, B., Henschel, S., Hettmannsperger-Lippolt, R., Sontag, C., Gabler, K., Hardy, I., Stanat, P. & Mannel, S. (2020). Erfassung und Bedeutung des Fachwortschatzes im Sachunterricht der Grundschule. In C. Titz, S. Weber, H. Wagner, A. Ropeter, S. Geyer & M. Hasselhorn (Hrsg.), *Sprach- und Schriftsprachförderung wirksam gestalten: Innovative Konzepte und Forschungsimpulse* (S. 84–109). Kohlhammer.

Heppt, B., Köhne-Fuetterer, J., Eglinsky, J., Volodina, A., Stanat, P. & Weinert, S. (2020). *BiSpra 2–4. Test zur Erfassung bildungssprachlicher Kompetenzen bei Grundschulkindern der Jahrgangsstufen 2 bis 4.* Waxmann.

Heppt, B. & Schröter, P. (2023). Bildungssprache als übergeordnetes Ziel sprachlicher Bildung. In M. Becker-Mrotzek, I. Gogolin, H.-J. Roth, & P. Stanat (Hrsg.), *Grundlagen der sprachlichen Bildung* (S. 139–153). Waxmann.

Heppt, B. & Stanat, P. (2020). Development of academic language comprehension of German monolinguals and dual language learners. *Contemporary Educational Psychology, 62*(2), 101868.

Heppt, B., Volodina, A., Eglinsky, J., Stanat, P., & Weinert, S. (2021). Faktorielle und kriteriale Validität von BiSpra 2–4: Validierung eines Testinstruments zur Erfassungbildungssprachlicher Kompetenzen bei Grundschulkindern. *Diagnostica, 67*(1), 24–35.

Hoff, E. (2003). The specificity of environmental influence: Socioeconomic status affects early vocabulary development via maternal speech. *Child Development, 74*(5), 1368–1378.

Knoepke, J., Richter, T., Isberner, M.-J., Naumann, J., Neeb, Y. & Weinert, S. (2017). Processing of positive-causal and negative-causal coherence relations in primary school children and adults: A test of the cumulative cognitive complexity approach in German*. *Journal of Child Language, 44*(2), 297–328.

Köhne, J., Kronenwerth, S., Redder, A., Schuth, E. & Weinert, S. (2015). Bildungssprachlicher Wortschatz – linguistische und psychologische Fundierung und Itementwicklung. In A. Redder, J. Naumann, & R. Tracy (Hrsg.), *Forschungsinitiative Sprachdiagnostik und Sprachförderung (FiSS) – Ergebnisse* (S. 67–92). Waxmann.

Lehrl, S., Evangelou, M., & Sammons, P. (2020). The home learning environment and its role in shaping children's educational development. *School Effectiveness and School Improvement, 31*(1), 1–6.

Meneses, A., Uccelli, P., Santelices, M.V., Ruíz, M., Acevedo, D., Figueroa, J. (2018). Academic language as a predictor of reading comprehension in monolingual Spanish-speaking readers: Evidence from Chilean early adolescents. *Reading Research Quarterly, 53*(2), 223–247.

Neugebauer, U., & Becker-Mrotzek, M. (2013). *Die Qualität von Sprachstandsverfahren im Elementarbereich. Eine Analyse und Bewertung.* Köln: Mercator-Institut für Sprachförderung und Deutsch als Zweitsprache.

OECD. (1999). *Classifying educational programmes: Manual for ISCED-97 implementation in OECD countries.* OECD Publishing.

OECD. (2009). Appendices. In OECD (Hrsg.), *PISA 2006 technical report.* OECD Publishing.

Paetsch, J. & Heppt, B. (2023). Sprachdiagnostik. In M. Becker-Mrotzek, I. Gogolin, H.-J. Roth, & P. Stanat (Hrsg.), *Grundlagen der sprachlichen Bildung* (S. 119–135). Waxmann.

Raghunathan, T. E., Lepkowski, J. M., Van Hoewyk, J., & Solenberger, P. (2001). A multivariate technique for multiply imputing missing values using a sequence of regression models. *Survey Methodology, 27*(1), 85–96.

Rank, A., Hartinger, A., Wildemann, A., & Tietze, S. (2018). Bildungssprachliche Kompetenzen bei Vorschulkindern mit Deutsch als Erst- und Zweitsprache. *Zeitschrift für Grundschulforschung, 11*(1), 115–129.

Rubin, D. B. (1987). *Multiple imputation for nonresponse in surveys.*Wiley.

Runge, A. (2013). Die Nutzung von (bildungssprachlichen) Verben in naturwissenschaftlichen Aufgabenstellungen bei SchülerInnen der Jahrgangsstufen 4 und 5. In A. Redder &

S. Weinert (Hrsg.), *Sprachförderung und Sprachdiagnostik. Interdisziplinäre Perspektiven* (S. 152–173). Waxmann.

Schmerse, D. (2021). Peer effects on early language development in dual language learners. *Child Development, 92*(5), 2153–2169.

Schroeder, S., Würzner, K.-M., Heister, J., Geyken, A., & Kliegl, R. (2015). ChildLex: A lexical database of German read by children. *Behavior Research Methods, 47*(4), 1085–1094.

Schulz, P. (2013). Sprachdiagnostik bei mehrsprachigen Kindern. *Sprache – Stimme – Gehör, 37 (04)*, 191–195.

Schulz, P., & Tracy, R. (2011). *Linguistische Sprachstandserhebung – Deutsch als Zweitsprache (LiSe-DaZ).* Hogrefe.

Schuth, E., Heppt, B., Köhne, J., Weinert, S., & Stanat, P. (2015). Die Erfassung schulisch relevanter Sprachkompetenzen bei Grundschulkindern – Entwicklung eines Testinstruments. In A. Redder, J. Naumann, & R. Tracy (Hrsg.), *Forschungsinitiative Sprachdiagnostik und Sprachförderung (FISS) – Ergebnisse* (S. 93–112). Waxmann.

Schuth, E., Köhne, J., & Weinert, S. (2017). The influence of academic vocabulary knowledge on school performance. *Learning and Instruction, 49*, 157–165.

Taboada, A. (2012). Relationships of general vocabulary, science vocabulary, and student questioning with science comprehension in students with varying levels of English proficiency. *Instructional Science, 40*, 901–923.

Tietze, S., Rank, A., & Wildemann, A. (2016). *Erfassung bildungssprachlicher Kompetenzen von Kindern im Vorschulalter. Grundlagen und Entwicklung einer Ratingskala (RaBi).* Abgerufen von https://www.pedocs.de/volltexte/2016/12076/pdf/Tietze_Rank_Wildemann_2016_Erfassung_bildungssprachlicher_Kompetenzen.pdf [21.01.2023]

Tracy, R., Schulz, P., & Voet Cornelli, B. (2018). Sprachstandsfeststellung im Elementarbereich. In C. Titz, S. Geyer, A. Ropeter, H. Wagner, S. Weber & M. Hasselhorn (Hrsg.), *Konzepte zur Sprach- und Schriftsprachförderung entwickeln* (S. 101–116). Kohlhammer.

Tskhovrebova, E., Zufferey, S., & Gygax, P. (2022). Individual variations in the mastery of discourse connectives from teenage years to adulthood. *Language Learning, 72*, 412–455.

Uccelli, P., Demir-Lira, O. E., Rowe, M. L., Levine, S., & Goldin-Meadow, S. (2019). Children's early decontextualized talk predicts academic language proficiency in midadolescence. *Child Development, 90*(5), 1650–1663.

Uesseler, S., Runge, A., & Redder, A. (2013). "Bildungssprache" diagnostizieren. Entwicklung eines Instruments zur Erfassung von bildungssprachlichen Fähigkeiten bei Viert- und Fünftklässlern. In A. Redder & S. Weinert (Hrsg.), *Sprachförderung und Sprachdiagnostik. Interdisziplinäre Perspektiven* (S. 42–67). Waxmann.

Volodina, A., Heppt, B., & Weinert, S. (2021). Relations between the comprehension of connectives and school performance in primary school. *Learning and Instruction, 74*, 101430

Volodina, A., & Weinert, S. (2020). Comprehension of connectives: Development across primary school age and influencing factors. *Frontiers in Psychology, 11*, 814.

Volodina, A., Weinert, S., & Mursin, K. (2020). Development of academic vocabulary across primary school age: Differential growth and influential factors for German monolinguals and language minority learners. *Developmental Psychology, 56*(5), 922–936.

von Hippel, P. T. (2007). Regression with missing Ys: An improved strategy for analyzing multiply imputed data. *Sociological Methodology, 37*, 83–117.

Weinert, S. (2010). Erfassung sprachlicher Fähigkeiten. In E. Walther, F. Preckel, & S. Mecklenbräuer (Hrsg.), *Befragung von Kindern und Jugendlichen* (S. 227–262). Hogrefe.

Weinert, S., & Ebert, S. (2013). Spracherwerb im Vorschulalter: Soziale Disparitäten und Einflussvariablen auf Grammatikerwerb. *Zeitschrift für Erziehungswissenschaft, 16*, 303–332.

Fachsprachliche Ausdrucksmuster im Fach Physik als Bestandteile des bildungssprachlichen Registers – zur theoretischen Erfassung und empirischen Fundierung

Olaf Gätje, Miriam Langlotz, Rainer Müller, Niklas Reichel und Lena Schenk

1 Einleitung

Der enge Zusammenhang von sprachlichem und fachlichem Lernen ist gemeinhin unbestritten (vgl. z. B. Schleppegrell, 2004, S. 155; Fenwick & Nerland, 2014, S. 5; Rincke & Leisen, 2015). Dieser rückt in der aktuellen Debatte um das Konstrukt Bildungssprache zunehmend in den Vordergrund. Häufig stehen dabei die schüler*innenseitigen sprachlichen Fähigkeiten im Vordergrund. Jedoch plädieren bereits Morek und Heller (2012, S. 93) dafür, die Untersuchung auf alle Interaktionsbeteiligten zu erweitern, um einen Beitrag zur „Explizierung der

O. Gätje · M. Langlotz (✉)
Institut für Germanistik, Universität Kassel, Kassel, Deutschland
E-Mail: m.langlotz@uni-kassel.de

O. Gätje
E-Mail: gaetje@uni-kassel.de

R. Müller · N. Reichel · L. Schenk
TU Braunschweig, Braunschweig, Deutschland
E-Mail: rainer.mueller@tu-braunschweig.de

N. Reichel
E-Mail: n.reichel@tu-braunschweig.de

L. Schenk
E-Mail: le.schenk@tu-braunschweig.de

© Der/die Autor(en), exklusiv lizenziert an Springer Fachmedien Wiesbaden GmbH, ein Teil von Springer Nature 2024
J. Goschler et al. (Hrsg.), *Empirische Zugänge zu Bildungssprache und bildungssprachlichen Kompetenzen*, Sprachsensibilität in Bildungsprozessen, https://doi.org/10.1007/978-3-658-43737-4_11

273

sprachlich-kommunikativen Anforderungen an Schüler/innen" zu leisten. Der vorliegende Beitrag beschäftigt sich mit der Herausforderung der Sprachbewusstheit
bei angehenden Lehrer*innen für die spezifischen definitorischen und terminologischen Ausdrucksmuster ihres Faches. Der fachsprachliche Diskurs schulischer
Unterrichtsfächer erfordert den produktiven wie rezeptiven Umgang mit Termi-
nologien, fachspezifischen schulischen Textsorten und textuellen Handlungen,
wobei gerade im mathematisch-naturwissenschaftlichen das Fachvokabular die
Schüler*innen in besonderer Weise herausfordert und von diesen auch als herausfordernd wahrgenommen wird, sodass dem unterrichtlichen Umgang damit
der gezielten Aufmerksamkeit durch die Lehrkraft bedarf.

Schulbuchtexte nutzen diese Ausdrucksmuster in unterschiedlichem Maße und
bieten auch in unterschiedlichem Maße Unterstützung für das Textverständnis an.
Eine zentrale Aufgabe für Lehrer*innen ist es, solche Schulbuchtexte gezielt auf
sprachliche Herausforderungen untersuchen zu können, um zu entscheiden, ob
für den Verstehensprozess entlastende Verfahren angeboten werden sollten.

Daher ist es das Ziel des vorliegenden Beitrags, im Rahmen einer explorativen
Studie zu untersuchen, wie angehende Lehrkräfte fach- bzw. bildungssprachliche
Strukturen in Schulbüchern identifizieren und welche individuellen Zugriffswei-
sen auf sprachliche Herausforderungen vorliegen.

Die Studie ist im Rahmen des BMBF-Projekt *Mehr-Sprache*[2] entstanden.
Dabei handelt sich um ein Teilprojekt des Gesamtprojektes *TU4Teachers 2*, das
an der TU Braunschweig angesiedelt ist und im Rahmen der Qualitätsoffensive Lehrerbildung durch das BMBF gefördert wird. Für die Studie haben wir
Proband*innen ausgewählt, die zum Teil das Projektseminar, das im folgenden
Kapitel erläutert wird, besucht haben und zum Teil solche, die das entsprechende Seminar nicht besucht haben, um den Einfluss des Projektseminars auf
die individuellen Zugänge zu Bildungssprache mit erfassen zu können.

2   Mehr-Sprache^2 Projekt[1]

Das Projekt *Mehr-Sprache^2* war ein hochschuldidaktisches Projekt der germanistischen Sprachdidaktik und der Physikdidaktik an der Technischen Universität Braunschweig in Kooperation mit der Universität Kassel, dessen primäres Ziel der Aufbau professioneller Handlungskompetenz im Umgang mit Bildungssprache durch ein Blended-Learning-Seminar bei Lehramtsstudierenden der Fächer Deutsch und Physik ist.

Als Teil von *Mehr-Sprache^2* entstand ein Seminar zum Themenbereich *Bildungssprache und sprachsensibler Unterricht*, welches in Kooperation beider Fachdisziplinen entwickelt wurde und seit dem Sommersemester 2021 gemeinsam durchgeführt wird. Das zentrale Ziel des Seminars war dabei die Qualifikation angehender Lehrkräfte beider Fachdisziplinen für den sprachsensiblen Fachunterricht im Allgemeinen und die Sensibilisierung für fachspezifische Hürden sowie der sprachsensiblen Gestaltung von schulischem Fachunterricht im Speziellen: So sei exemplarisch für das Fach Physik die Formelsprache angeführt, die als bildungssprachliches Mittel von Lernenden erworben werden muss.

Im Seminar erfolgte zunächst eine erste Annäherung an die Beschreibung von Sprache im Allgemeinen und die Herausarbeitung von sprachlichen Registern. Der Umgang mit sprachlichen Schwierigkeiten sowohl im schriftlichen als auch im mündlichen Bereich wurde ebenso thematisiert, wie die konkrete Benennung von potenziell problematischen Satzkonstruktionen, Termini und Textprozeduren. Darauf folgte die konkrete Aufbereitung eines fachspezifischen Themas hinsichtlich fachwissenschaftlicher wie auch sprach- und fachdidaktischer Komponenten: So wurde durch Physikstudierende im Wintersemester 2021/2022 das Thema *Blitz und Donner* zuerst auf Basis von Schulbuchauszügen und fachwissenschaftlichen Texten fachdidaktisch erschlossen und zielgruppenorientiert aufbereitet. In einem weiteren Schritt wurde das im Seminarkontext vermittelte Wissen zu sprachsensiblem Fachunterricht auf das durch die Studierenden fachdidaktisch reduzierte Thema *Blitz und Donner* übertragen, indem das aufbereitete Material der Studierenden auf die darin befindlichen potenziellen sprachlichen Herausforderungen für den Lernprozess hin untersucht und bewertet wurde. Diese Arbeitsergebnisse wiederum bildeten den Ausgangspunkt für die von den Studierenden in Gruppen

[1] Mehr-Sprache 2 ist ein Teilprojekt des im Rahmen der Qualitätsoffensive Lehrerbildung an der TU Braunschweig geförderten Projekts TU4Teachers II. Das diesem Artikel zugrunde liegende Vorhaben wird im Rahmen der gemeinsamen „Qualitätsoffensive Lehrerbildung" von Bund und Ländern mit Mitteln des Bundesministeriums für Bildung und Forschung unter dem Förderkennzeichen 01JA1909 gefördert. Die Verantwortung für den Inhalt dieser Veröffentlichung liegt bei den Autor*innen.

erstellten Drehbücher für Erklärvideos, in denen die sprachsensible Aufbereitung der jeweiligen Themen demonstriert wurde.

3   Bildungssprache und Fachsprache Physik

Der vorliegende Beitrag thematisiert die Fähigkeiten angehender Physikleher:innen, bestimmte fachsprachliche Elemente in Lehrwerken des Faches Physik identifizieren zu können, die für den Lernprozess der Schüler:innen herausfordernd sein können. Nun sind schulische Lehrwerke nicht nur durch die Fachsprache der dem jeweiligen Unterrichtsfach zuzuordnenden Wissenschaftsdisziplin geprägt, sondern auch durch das bildungssprachliche Register. Das Verhältnis von Bildungssprache und einer wissenschaftlichen Fachsprache ist schwierig zu beschreiben, nicht zuletzt, weil bis dato eine allgemein anerkannte Vorstellung davon, was genau Bildungssprache ist, fehlt. Ortner (vgl. 2009, S. 2232) konstatiert, dass die Funktion der Bildungssprache darin bestehe, die relevanten Inhalte zwischen den Handlungsdomänen einer arbeitsteiligen Gesellschaft zirkulieren zu lassen, sowie zwischen Fach- und Alltagssprache zu vermitteln (vgl. ebd.; ähnlich Habermas, 1981, S. 346). Dieser eher sprachsystematischen bzw. registerlinguistischen Modellierung von Bildungssprache stellen Morek und Heller (vgl. 2012, S. 83) einen interaktionstheoretischen und praxisbezogenen Ansatz gegenüber. Bevor das in der vorliegenden Arbeit zugrunde gelegte Konzept von Bildungssprache kurz dargestellt wird, kommen wir zunächst auf wissenschaftliche Fachsprachen zu sprechen und beschränken uns dabei auf naturwissenschaftliche Fachsprachen – insbesondere auf die Fachsprache der Physik –, da sich diese auf mehreren Ebenen der Sprachbeschreibung von sozialwissenschaftlichen auf der einen und geisteswissenschaftlichen Fachsprachen auf der anderen Seite aufgrund ihrer unterschiedlichen Erkenntnisgegenstände unterscheiden lassen (siehe hierzu Schleppegrell, 2004, S. 114 ff.; Wignell, 1998). Fachsprachen werden häufig stark verkürzt als Inventar von Fachwörtern bzw. Termini verstanden, die sich durch „eine relative Exaktheit innerhalb definitorischer Systeme auszeichnen" (Roelcke, 1999, S. 608), wobei empirische Studien zeigen, dass diese Exaktheit und Eineindeutigkeit wissenschaftlicher Fachtermini im Wesentlichen durch pragmatische Faktoren bedingt ist (vgl. ebd., S. 599). Gerade im Bereich Schule gilt aber nach wie vor, wie der Physikdidaktiker Rincke bemerkt, „dass die ‚Beherrschung' von Fachbegriffen in je nach Domäne unterschiedlicher Strenge als zentrale Aufgabe des Lernens in dieser Domäne angesehen wurde. Lehr-, Stoff- oder Rahmenpläne normieren die Unterrichtsinhalte zu einem nicht unwesentlichen Teil dadurch, dass sie Fachwörter auflisten."

(2010, S. 240) In jüngeren Studien im englischsprachigen Raum wurde außerdem aufgezeigt, dass physikalische Fachtermini nicht nur bei Schüler*innen, sondern sogar bei Lehrpersonen als „generell problematisch" [im Orig.: "generally troublesome"] (Taibu & Ferrari-Bridgers 2020, S. 8) gelten und der Umgang mit ihnen sogar angstbesetzt sei (vgl. ebd.). Diese Erkenntnisse machen die Relevanz der Fachsprachenforschung im Kontext von Schule unmittelbar sinnfällig.

Wir beleuchten nun vor dem Hintergrund der – wie aufgezeigt – politisch gewollten Bedeutung von Fachvokabular für den Unterricht im Fach Physik zunächst genauer, wie das Inventar von Fachwörtern linguistisch zu charakterisieren ist. Das physikalische Fachvokabular weist eine Reihe von morphologischen und morphosyntaktischen Strukturmerkmalen auf, deren Verwendung in dieser Fachsprache nicht exklusiv ist, die durch die Häufigkeit ihres Vorkommens den Charakter dieser Fachsprache aber prägen. In einer von Rincke und Leisen (2015, S. 9) vorgelegten Aufzählung typischer Gestaltmerkmale im Fachvokabular des Faches Physik werden u. a. sog. Mehrwortkomplexe genannt, für die beispielhaft der Ausdruck *Differenzverstärker mit hochohmigem Eingangswiderstand* angeführt wird. Bei solchen Mehrwortgruppen handelt es um ein- oder mehrfach attribuierte Nominal- und Präpositionalgruppen unterschiedlicher struktureller Komplexität. Möslein (1981) spricht in diesem Zusammenhang von „Fertigteilen" (vgl. dazu Gätje & Langlotz, 2020), deren Verwendung sprachökonomisch sei, weil mit ihnen die in einem Nebensatz verbalisierten Propositionen zu einer lexikalischen Einheit semantisch verdichtet werden, die im mentalen Lexikon wiederum besser verfügbar gehalten werden könne. Gerade in naturwissenschaftlichen Fächern wird bei der Bildung von Taxonomien auf den Konstruktionstyp Nomen mit vorangestelltem Adjektivattribut oder Partizipialattribut zurückgegriffen (Veel, 1998, S. 119). Als Beispiel für eine solche konventionalisierte Nominalgruppe der Fachsprache Physik kann *gleichmäßig beschleunigte Bewegung* genannt werden. Die in Taxonomien verwendeten mehrgliedrigen Termini wiederum finden in fachwissenschaftlicher Kommunikation Verwendung. Wenn von Mehrworteinheiten gesprochen wird, dann sind damit auch komplexe verbale Ausdrucksmuster zur Repräsentation mathematischer oder physikalischer Sachverhalte gemeint, wobei auch in den Naturwissenschaften konventionalisierte formelsprachliche Symbole, mathematische Ideogramme, Abkürzungen für Maßeinheiten und natürlich nummerische Zeichen zum Einsatz kommen. Hierbei handelt es sich um eine Besonderheit naturwissenschaftlicher Disziplinen und ihre Fachsprachen: Die Verwendung operativer Schriften (Krämer, 2003, S. 161), zu denen unter anderem auch die „schriftlichen Zeichen der Mathematik und der Logik" (ebd.) gehören, erlaubt die Bearbeitung mathematisch-naturwissenschaftlicher Probleme im visuellen und zweidimensionalen Raum. Zu der Klasse dieser Ausdrücke zählen bspw. lexikalische nicht vollständig spezifizierte Mehrwortkonstruktionen wie *der Quotient aus x und y beträgt z.*

Wir fokussieren in dem vorliegenden Beitrag also generell physikalische Termini und richten unseren Fokus insbesondere auf konventionalisierter Mehrwortausdrücke sowie lexikalisch teilweise spezifizierte Mehrwortausdrücke mit lexikalischen Leerstellen, deren Verwendung in der Fachsprache Physik hochfrequent ist. Konkret thematisiert werden:

1. Termini des Faches Physik (z. B. *Kraft, Energie*)
2. Fachsprachliche Termini als Mehrworteinheiten (z. B. *gleichmäßig beschleunigte Bewegung*)
3. Verbalisierungen mathematischer Ideogramme und Sachverhalte (Formelsprache) (z. B. *der Quotient aus x und y beträgt z*)

Kommen wir im nächsten Schritt zu der Frage, ob und ggf. in welcher Weise die von uns thematisierten fachsprachlichen Termini und Mehrworteinheiten auch eine bildungssprachliche Dimension haben. Beiden Registern gemeinsam ist, dass sie in sprachlichen Äußerungen zum Einsatz kommen, die als tendenziell stark distanzsprachlich zu charakterisieren sind, zieht man zum Zweck der theoretischen Verortung die Unterscheidung zwischen Nähe- und Distanzsprachlichkeit von Koch und Oesterreicher (1985) heran (vgl. Wodzinski & Heinicke, 2018, S. 9). Es ist diese Distanzsprachlichkeit bzw. das Vorherrschen literater Strukturen (i. S. v. Maas 2010) in den beiden Registern, die der „primären Ausrichtung der Schule auf die Schriftkultur" (Maas 2010, S. 28) entspricht, und die sich wiederum insbesondere in schulischen Lehrwerken zeigt. Fachsprachliche wie bildungssprachliche Texte zeichnen sich tendenziell durch eine relativ hohe Informationsdichte und Elaboriertheit aus; die in solchen Texten verwendete Syntax ist zudem komplexer und integrierter strukturiert, als dies bei nähesprachlichen Äußerungen der Fall ist. Die genannten Merkmale von Distanzsprachlichkeit lassen sich aus den Funktionen erklären, die domänenübergreifende Bildungssprache einerseits und Fachsprache andererseits insbes. in Lehrwerken zu erfüllen haben. Die genannten Strukturmerkmale sind in schulischen Lehr-Lern-Prozessen funktional, da es mit ihnen nicht nur möglich wird, komplexe Sachverhalte für eine erfolgreiche Wissenskommunikation explizit zu gestalten, sondern solche Sachverhalte auch – bspw. in der Lektüre von Lehrwerken – kognitiv zu durchdringen (vgl. Morek & Heller, 2012).

4   Bildungssprache und Sprachbewusstheit bei angehenden Lehrkräften

Es wird häufig kritisiert, dass „der sprachlichen Seite fachlichen Lernens und Weitergebens kaum der nötige Stellenwert eingeräumt wird" (Nussbaumer und Sieber, 1994, S. 317; vgl. ebenfalls Morek & Heller, 2012, S. 73; Vollmer, 2010, S. 61). Dabei zeigen Studien durchaus, dass Lehrkräfte Sprachförderung in den naturwissenschaftlichen Fächern als wichtigen Bestandteil des Faches betrachten (vgl. Drumm, 2016, S. 82). Dass Sprachenlernen eine Angelegenheit des Physikunterrichts ist, „weil Fachlernen und Sprachlernen nicht voneinander" (Leisen, 2005, S. 9) zu trennen seien und sich gleichzeitig entwickelten, wird insbesondere von der Physikdidaktik erkannt und mit Blick auf die sprachlich-kommunikative Gestaltung des Physikunterrichts diskutiert.

Der Zugang zu den sprachlichen Herausforderungen eines Faches fällt jeweils sehr unterschiedlich sein. Es geht um mehr, als nur die Kenntnis einzelner Fachtermini sowie den Umgang mit grammatisch komplexen Sätzen: „Bestimmte fachliche Phänomene, Erkenntnisse, Strukturen oder Zusammenhänge lassen sich nur innerhalb ganz bestimmter sprachlicher Vorstellungen und Grenzen erfassen bzw. ausdrücken, wozu die jeweilige Fachcommunity in der Regel einen mehr oder minder von allen geteilten und verstandenen diskursiven Rahmen geschaffen hat. Diesen müssen sich die angehenden Lehrpersonen in der Ausbildung (ebenso wie später ihre Lernenden in der Schule) im Prinzip erst aneignen, um darüber zu verfügen (soziale Bestimmtheit von Sprache: vgl. Beacco, Coste, van de Ven [und] Vollmer, 2010)" (Sinn & Vollmer, 2019, S. 72).

Dazu gehört auch, dass die Wahl bestimmter grammatischer Konstruktionen im fachsprachlichen Diskurs teilweise nicht völlig frei ist, diese wird vielmehr durch konventionalisierte Ausdrucksmuster eingeschränkt (Fertigteile s. o.), zu denen die fachsprachlichen Mehrworteinheiten und formelsprachlichen Konstruktionen zählen. Diese Besonderheiten der naturwissenschaftlichen Fachsprache, ihre hohe Abstraktheit sowie ihre Entfernung zur Alltagssprache erfordern eine besondere Qualifizierung der Lehrkräfte (vgl. Kulgemeyer und Schecker z. B. 2009; 2012, S. 225). Erforderlich ist jedoch nicht nur, dass die Lehrkräfte die sprachlichen Strukturen selbst beherrschen, sondern zudem über die metasprachliche Fähigkeit verfügen, „signifikante Differenzen im Sprachgebrauch eines Fachs gegenüber jenem eines anderen Fachs reflektiert auszudrücken" (ebd.). Auch Rincke (2010) geht davon aus, dass ein Metadiskurs über die Frage, wie überhaupt gesprochen wird bzw. wie Alltags- und Fachsprache unterschieden werden können, im Unterricht das fachsprachliche Lernen von Schüler*innen fördern kann.

Damit stellen sich der Lehrkraft die Herausforderungen,

- die fachsprachliche Spezifik ihres Faches zu kennen
- Differenzen zwischen Alltags- und Fachsprache wahrzunehmen
- die Differenzen beschreiben zu können
- Herausforderungen für SuS antizipieren zu können
- Lösungsmöglichkeiten/sprachliche Entlastungen für Schüler*innen anzubieten.

Dass diese Herausforderung keineswegs selbstverständlich von Lehrkräften bewältigt werden können, stellen Semeon & Mutekwe (2021) als ein Ergebnis ihrer in Südafrika durchgeführte Studie fest. In besagter Studie wird der Frage nachgegangen, inwieweit es Physiklehrer*innen gelingt, Fachtermini angemessen zu erklären: "It was worrying to observe that physical science teachers experienced challenges with the language of the science classroom. [...] The failure by some teachers [Physiklehrer:innen, Anmerk. O.G./M.L.] to explain meanings of both science and non-science words during teaching could be the reason why some learners struggle to understand science." (Semeon und Mutekewe 2021, S. 8) Inwieweit diese Befunde auf das deutsche Schulsystem zu übertragen sind, soll und kann an dieser Stelle nicht geklärt werden. Lehrkräfte auf diese Herausforderungen des Physikunterrichts vorzubereiten sollte allerdings eine zentrale Aufgabe der universitären Ausbildung sein und war deshalb auch Ziel des oben dargestellten Seminars.

Erkenntnisgegenstände der folgenden explorativen Studie sind die Zugänge von angehenden Lehrkräften zu den spezifischen sprachlichen Anforderungen des Faches Physik (bezogen auf Termini, Mehrworteinheiten und Formelsprache) sowie deren Fähigkeiten zum metadiskursen Handeln bzw. Reflektieren, d. h. zu ihrem Sprechen über Fach- und Bildungssprache. Um unterschiedliche individuelle Vorstellungen sowie interindividuelle Unterschiede zu erfassen, wurde eine qualitative Studie mit explorativem Charakter entwickelt, in der wir unterschiedliche Zugänge von Proband*innen, die das oben erläuterte Projektseminar besucht haben und solche ohne diesen Hintergrund, untersuchen. In der Studie thematisieren wir außerdem die Frage, ob sich der Zugriff der Proband*innen auf fachsprachliche Strukturen durch ein Priming auf ebendiese Strukturen verändert.

Es geht uns gezielt darum, die individuellen Zugriffweisen zu erfassen, von denen auszugehen ist, dass sie handlungsleitend sind. Mittels der Durchführung von Leitfaden-Interviews soll eine Annäherung an diese möglich sein, da es solche Interviews ermöglichen, die „subjektive Sichtweise von Akteuren über vergangene Ereignisse, Zukunftspläne, Meinungen" (Bortz & Döring, 2006, S. 308) zu erheben.

5   Studie

5.1   Design, Probandenstruktur, Probandenvoraussetzungen

Nachfolgend werden die Konzeption der Erhebung (Kap. 5.1.1), die Durchführung der Datenerhebung (Kap. 5.1.2), die Aufbereitung der Daten (Kap. 5.1.3) und das Vorgehen bei der Datenauswertung (Kap. 5.1.4) vorgestellt. Abb. 1 bietet hierzu einen Überblick.

5.1.1   Konzeption der Erhebung

Nach Herausstellung des Erkenntnisinteresses wurden zwei theoriegeleitete Fragestellungen (zur Theoriegenese vgl. Kap. 3) entwickelt:

1. Sind Lehramtsstudierende für das Fach Physik in der Lage, musterhafte Strukturen der Fachsprache Physik im oben definierten Sinn zu identifizieren und adressatenorientiert zu erklären und wenn ja, unter welchen Bedingungen?
2. Wie ordnen Lehramtsstudierende deren Bedeutung innerhalb der bildungssprachlich geprägten Lehr-Lern-Kommunikation ein?

Für die Studie wurden vier Texte aus verschiedenen Themenbereichen aus Schulbüchern für die Jahrgangsstufen 7 bis 11 ausgewählt. Sie entstammen den Themenbereichen Sehfehler und Brille (Priming-Text; Bader & Oberholz, 2010, S. 22), Geschwindigkeit (Priming-Text; Bader & Oberholz, 2010, S. 109), Spannung und Leistung (Basistext; Bader & Oberholz, 2010, S. 216–217), Linsen (Aufbautext; Bader & Oberholz, 2008, S. 58–59, S. 62) und Gravitation (Aufbautext; Grehn & Krause, 2014, S. 70–71).

Ausgehend von diesen wurden die physikalischen Schulbuchtexte als Priming- und Studientexte ausgewählt, die über eine ersichtliche Menge an bildungs- und fachsprachlichen Ausdrucksmustern (s. u.) verfügten und die in der Studie untersucht werden sollten:

- Physikalische Einworttermini (z. B.: Brennpunkt, Sammellinse, Brechung, Achse, Keilwinkel, Gravitationskraft, Schwerpunkt)
- Terminologische Mehrworteinheiten: Wortkombinationen, die stereotyp in einer bestimmten Kombination als fachsprachliche Termini verwendet werden (z. B. achsenparallele Strahlen, parallele Lichtstrahlen, dicke Prismenteile, Verbindungslinie ihrer Schwerpunkte, Produkt der Massen m_1 und m_2, Abstand ihrer Schwerpunkte)

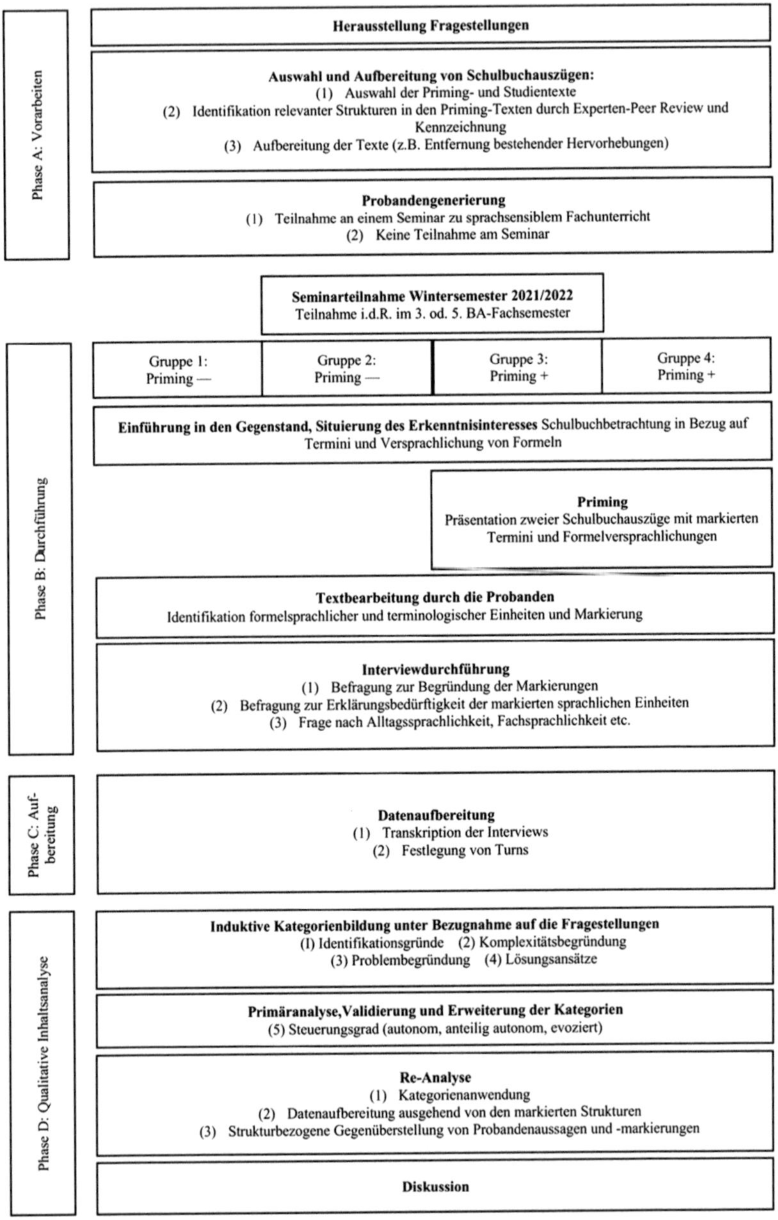

Phase A: Vorarbeiten

Herausstellung Fragestellungen

Auswahl und Aufbereitung von Schulbuchauszügen:
(1) Auswahl der Priming- und Studientexte
(2) Identifikation relevanter Strukturen in den Priming-Texten durch Experten-Peer Review und Kennzeichnung
(3) Aufbereitung der Texte (z.B. Entfernung bestehender Hervorhebungen)

Probandengenerierung
(1) Teilnahme an einem Seminar zu sprachsensiblem Fachunterricht
(2) Keine Teilnahme am Seminar

Seminarteilnahme Wintersemester 2021/2022
Teilnahme i.d.R. im 3. od. 5. BA-Fachsemester

| Gruppe 1: Priming — | Gruppe 2: Priming — | Gruppe 3: Priming + | Gruppe 4: Priming + |

Phase B: Durchführung

Einführung in den Gegenstand, Situierung des Erkenntnisinteresses Schulbuchbetrachtung in Bezug auf Termini und Versprachlichung von Formeln

Priming
Präsentation zweier Schulbuchauszüge mit markierten Termini und Formelversprachlichungen

Textbearbeitung durch die Probanden
Identifikation formelsprachlicher und terminologischer Einheiten und Markierung

Interviewdurchführung
(1) Befragung zur Begründung der Markierungen
(2) Befragung zur Erklärungsbedürftigkeit der markierten sprachlichen Einheiten
(3) Frage nach Alltagssprachlichkeit, Fachsprachlichkeit etc.

Phase C: Aufbereitung

Datenaufbereitung
(1) Transkription der Interviews
(2) Festlegung von Turns

Phase D: Qualitative Inhaltsanalyse

Induktive Kategorienbildung unter Bezugnahme auf die Fragestellungen
(1) Identifikationsgründe (2) Komplexitätsbegründung
(3) Problembegründung (4) Lösungsansätze

Primäranalyse, Validierung und Erweiterung der Kategorien
(5) Steuerungsgrad (autonom, anteilig autonom, evoziert)

Re-Analyse
(1) Kategorienanwendung
(2) Datenaufbereitung ausgehend von den markierten Strukturen
(3) Strukturbezogene Gegenüberstellung von Probandenaussagen und -markierungen

Diskussion

Abb. 1 Studiendesign

- Formelversprachlichungen: Physikalische Zusammenhänge, die üblicherweise durch eine Formel ausgedrückt werden, werden durch Worte beschrieben, die die Formel paraphrasieren (z. B. Die Gravitationskraft ist proportional zum Produkt der Massen m_1 und m_2 und umgekehrt proportional zum Quadrat des Abstands r ihrer Schwerpunkte)

Die Ausdrucksmuster wurden durch ein Experten-Peer-Review identifiziert. Vor dem Einsatz der Texte im Rahmen der Studie erfolgte eine Tilgung typographischer Auszeichnungen (Fettungen, Kursivierungen), um etwaige Beeinflussungen z. B. der Strukturidentifikation durch bereits bestehende Hervorhebungen zu verhindern.

Der Interview-Leitfaden war in drei Gesprächsphasen strukturiert:
In der ersten Phase des Interviews, die auf die Gegenstandsorientierung abzielte, wurden die Studierenden gebeten, innerhalb von zehn Minuten terminologische und formelsprachliche Einheiten im als PDF-Datei vorgelegten Text zu identifizieren und zu markieren.

Gegenstand der zweiten Phase war die Befragung zu den einzelnen markierten Strukturen, die aufgrund der Fokussierung auf Begründungen einem Explizitheitszwang unterliegt: Zunächst wurde nach der Begründung für die Markierung gefragt. In einem nächsten Schritt wurden die Proband*innen befragt, wie die markierten Strukturen verständlich erklärt bzw. paraphrasiert werden können.

In der dritten Phase wurden die Proband*innen nach ihrer Einschätzung der Bedeutung dieser Strukturen für das sprachliche und fachliche Lernen befragt.

Zunächst erfolgte ein Pretest mit einer Probandin, auf dessen Basis eine leichte Anpassung des Interviewleitfadens vorgenommen wurde. Deutlich wurde jedoch, dass die avisierte Interviewzeit von etwa einer Stunde signifikant überschritten wurde; resultierend daraus wurde die Anzahl der zu bearbeitenden Schulbuchauszüge reduziert. Die Interviews waren durch den oben erwähnten Interviewleitfaden zwar strukturiert, aber in Abhängigkeit von den Interaktionsverhalten der Proband*innen variierte auch das Verhalten der das Interview führenden Forschenden bspw. mit Blick auf das Frage- und Nachfrageverhalten.

5.1.2 Datenerhebung

Zur Untersuchung der genannten Fragestellungen wurden neun Einzelinterviews mit Studierenden des Physiklehramts im Juni und Juli 2021 durchgeführt. Zum Studienzeitpunkt befand sich der Großteil der Proband*innen im 3. bzw. 5. Bachelor-Fachsemester. Rekrutiert wurden vier Proband*innen aus dem in Kap. 2 vorgestellten Projektseminar zu sprachsensiblem Fachunterricht und vier weiteren Probanden, die nicht am Seminar teilgenommen hatten. Zudem wurde die Probandin, die am Pretest teilgenommen hatte, mit einbezogen. Die Interviews wurden jeweils durch die gleichen Forschenden geführt, die zu zweit mit jeweils einer Probandin/einem Probanden das Gespräch führten.

Zu Beginn der Studiendurchführung fanden durch die Interviewführung je eine Einführung in den Gegenstand und eine Situierung des Erkenntnisinteresses statt, die den Proband*innen einen Überblick über den Verlauf der Studie geben sollten.

Die Proband*innen wurden zunächst darüber informiert, dass im Vordergrund der Studie ihre Einschätzung zu den vorliegenden Schulbuchtexten steht und es somit um die Gestaltung bzw. mögliche Optimierung von Schulbüchern geht.

Je zwei der Proband*innen, die (nicht) am Seminar teilgenommen haben, erhielten zudem ein Priming, in dem mithilfe eines vorher aufbereiteten Schulbuchausschnittes die in der Studie fokussierten fachsprachlichen Strukturen exemplarisch präsentiert wurden mit dem Ziel der Sensibilisierung für solche Strukturen. Die je zwei anderen Proband*innen der beiden Gruppen erhielten kein Priming. Daraus ergeben sich für die Studie vier Gruppen:

1. Keine Seminarteilnahme, kein Priming (2 Proband*innen)
2. Seminarteilnahme, kein Priming (2 Proband*innen)
3. Seminarteilnahme, Priming (3 Proband*innen inkl. Pretest)
4. Keine Seminarteilnahme, Priming (2 Proband*innen)

Alle Proband*innen bearbeiteten zunächst am Computer zwei digitalisierte Schulbuchauszüge mit dem Auftrag, fachsprachliche und formelhafte Strukturen in einem PDF-Dokument zu markieren. Hierbei handelte es sich um einen für alle gleichen Basistext zu *Spannung und Leistung* sowie einen Aufbautext zur *Gravitation* oder zur *Optik*, von den Aufbautexten konnten die Proband*innen nach persönlicher Präferenz einen auswählen. Die markierten Texte wurden abgespeichert und in die Auswertung der Studie einbezogen.

5.1.3   Datenaufbereitung

Die Aufbereitung der Interviews erfolgte über ein orthographisch und dialektal bereinigtes Minimaltranskript, in dem Sprachpausen ab einer Länge von einer Sekunde und Verfahrensabstimmungen zwischen den Interviewenden gesondert kenntlich gemacht wurden. Daran schloss sich die Festlegung von Turns im Sinne Mayrings (2015) an.

Zudem wurden die Textmarkierungen ausgewertet, die die Proband*innen jeweils vor dem Interview vorgenommen hatten. Tab. 1 gibt einen Überblick, wie viele terminologischen Mehrworteinheiten, einzelne Termini und Ausdrücke durch die einzelnen Proband*innen markiert wurden:

Tab. 1 zeigt zunächst, dass der Seminarbesuch und das Priming nicht unbedingt zur Folge haben, dass eine hohe Anzahl der im Text vorhandenen fachsprachlichen Ausdrucksmuster erkannt wird.

Tab. 1 Überblick über die Anzahl der Markierungen bei terminologischen Mehrworteinheiten, einzelnen Termini und formalsprachlichen Ausdrücken

	Teilnahme Seminar	Priming	Anzahl markierte Mehrworteinheiten	Anzahl markierte Termini	Anzahl markierte Formelsprache	Sonstige Markierungen
Proband 1	Ja	Ja	14	17	6	6
Proband 2	Ja	Ja	7	19	4	6
Proband 3	Ja	Ja	12	21	3	8
Proband 4	Ja	Nein	5	18	3	8
Proband 5	Nein	Nein	9	20	6	4
Proband 6	Nein	Ja	1	7	0	2
Proband 7	Ja	Nein	5	3	3	2
Proband 8	Ja	Nein	1	7	0	2
Proband 9	Nein	Ja	10	14	1	12

5.1.4   Datenauswertung

Die Datenauswertung erfolgte mithilfe einer kategoriengeleiteten Herangehens-
weise als typischer Zugang der qualitativen Inhaltsanalyse. Die qualitative
Inhaltsanalyse wird genutzt als „ein datenreduzierendes Verfahren zur Erfassung
von Textbedeutungen. Ihr Anspruch besteht nicht darin, alle möglichen, sondern
immer nur ausgewählte Bedeutungsaspekte zu fokussieren, um einen komplexi-
tätsreduzierenden Überblick über Textbedeutungen zu gewähren" (Heins, 2015,
S. 303 f.).

Die Analyse der transkribierten Interviews wurde durch die weiter oben
formulierten zwei Fragestellungen orientiert. Das heißt, dass nur die Bedeutungsaspekte in den Interviews fokussiert wurden, die für die Beantwortung
dieser Fragen relevant sind. Als Kontexteinheit der Analyse wurden die Turns
(Gesprächsbeiträge) der Proband*innen festgelegt. Als Kodiereinheiten wurden
einzelne Propositionen innerhalb von Turns bestimmt. Die Kodiereinheiten wurden paraphrasiert und schließlich zu einem Kategoriensystem abstrahiert. Die auf
Basis der Forschungsfragen und der Ausführungen der Proband*innen zu den
markierten Phänomenstrukturen gebildeten Kategorien lauten wie folgt:

1. Identifizierung des sprachlichen Phänomens als Fach- oder Formelsprache
2. Identifizierung des sprachlichen Phänomens aufgrund von Auffälligkeit
3. Identifizierung des sprachlichen Phänomens als schülerseitige Herausforderung od. Chance
4. Identifizierung des sprachlichen Phänomens als fachsprachliches/textuelles
   Verständlichkeitsproblem im Lehrwerk
5. Identifizierung des sprachlichen Phänomens als Verstehensproblem für den
   Probanden/die Probandin
6. Identifizierung eines sprachlichen Phänomens als Problem und Angebot von
   Problemlösung

Die Festlegung der genannten Kategorien erfolgte in einem Raterverfahren
zwischen den an der Studie beteiligten Wissenschaftler*innen. Die Kategorien
wurden in einen Kodierleitfaden übertragen, dessen Anwendbarkeit durch eine
Probekodierung durch zwei an der Studie beteiligte Wissenschaftler*innen mit
anschließendem Abgleich der Kodierungen validiert wurde.

Da zu jedem in den Lehrwerkstexten markierten Phänomen im Wesentlichen
die gleichen Fragen gestellt wurden, gibt es verschiedene mögliche Zugänge zur
Präsentation der Daten:

1. Phänomenbezogen: Darstellung der Äußerungen, die jeweils zu einer spezifischen Textstelle getätigt wurden

2. Kategoriebezogen: Darstellung der Äußerungen, die jeweils exemplarisch für jede*n Proband*in eine bestimmte Kategorie repräsentieren (Ankerbeispiele)

5.1.4.1 Phänomenbezogene Auswertung

In Tab. 2 werden zunächst ausgehend von einer exemplarisch ausgewählten Textstelle die Äußerungen angeführt, die die verschiedenen Proband*innen dazu getätigt haben; außerdem werden die aus den und weiteren Äußerungen über verschiedene inhaltsanalytische Zwischenschritte gebildeten Kategorien genannt. Es wurde genau diese Textstelle ausgewählt, weil sie von fast allen Proband*innen als Ganzes oder in Teilen markiert wurde. Es handelt sich um die folgende Textstelle aus dem Lehrwerk *Dorn-Bader Physik Gymnasium, Bd. 2:*

> „Wir haben gesehen, dass die von einem Elektrogerät in der Zeit t gewandelte Energie W proportional zum Produkt aus der Spannung U, der Stromstärke I und der Zeit t ist." (Bader & Oberholz, 2010, S. 216).

Es handelt sich hierbei um die Versprachlichung eines mathematischen Zusammenhangs, der auch in Form einer Formel ausgedrückt werden kann. Neben den fachsprachlichen Einworttermini enthält die Formulierung auch die terminologische Mehrworteinheit „gewandelte Energie".

An diesem aus der Inhaltsanalyse exemplarisch ausgewählten Beispiel lassen sich folgende Beobachtungen festhalten:

– Die Proband*innen zeigen ein hochgradig variables „Markierverhalten": teilweise werden einzelne Termini, teilweise Termini und Mehrworteinheiten und teilweise ganze Sätze als formelsprachliche Einheiten markiert.
– Bei der Begründung ihrer Markierungen setzen einige der Proband*innen bei der Fachsprachlichkeit (Terminus/Formelsprachlichkeit), andere direkt bei der antizipierten Herausforderung für Schüler*innen bzw. der Verständlichkeit des Schulbuches an.
– Die Herausforderungen werden teilweise eher dem mathematischen Bereich (Proportionalität, Berechnung der Formel), teilweise dem physikalischen Bereich (Energiebegriff) zugeordnet.
– Die curriculare Herausforderung wird ebenfalls thematisiert. So seien die Termini „Produkt" und „proportional" zum einen aus dem Fach Mathematik und zum anderen aus niedrigeren Schulstufen bekannt.

Tab. 2 Markierungen und Äußerungen der Proband*innen, nach Turns aufgeschlüsselt

Proband[2] | Turn	Markierte Einheiten	Äußerung	Kategorie
Proband 1 (Turn 21)	„in der Zeit t gewandelte Energie W proportional zum Produkt aus der Spannung U, der Stromstärke I und der Zeit t"	Ja und da ist halt wieder diese Formelsprache. Eigentlich gehört dieses die von einem Elektrogerät da auch noch mit rein: „Die von einem Elektrogerät in der Zeit t gewandelte Energie ist proportional zum Produkt aus der Spannung U, der Stromstärke I und der Zeit t". Wär quasi der Satz, wenn man dieses "wir haben gesehen" weglässt. Was man ja auch quasi, wo man ja auch eigentlich vorher einzeln sagen könnte, ok, **W ist die in der Zeit t gewandelte Energie**. Punkt. Sie ist proportional, also man könnte es aufteilen, so, das heißt, es ist wieder diese Formelsprache	Identifizierung des sprachlichen Phänomens als Fach- oder Formelsprache
(Turn 27)		**Überhaupt muss man erstmal den Begriff proportional einführen.** […] ich weiß gar nicht genau, wann das in der Mathematik gemacht wird, wahrscheinlich irgendwie, wahrscheinlich im Rahmen der Prozentrechnung oder so. […] Das heißt, wenn ich so einen Text behandle, dann gehe ich davon aus oder dann, **dann weiß ich, muss ich wissen, dass meine Schüler das Konzept der Proportionalität kennen und auch wissen, was das mathematisch bedeutet, dass sie solche, solche Formelsprache schon mehrmals gemacht, also sowohl selbst gelesen und verstanden, als auch im Unterricht angewandt haben, das heißt ich, also, sowas bedenkt man halt bei der Planung.** Also würde ich sagen	Problemlösungen/ Handlungsmöglichkeiten der Lehrkraft
Proband 2 (Turn 43)	„Energie W" „Spannung U" „Stromstärke I" „Zeit t"	[H]ier hatte ich bei drei dann halt **als Terminologie Begriffe wie Spannung, Stromstärke, Zeit und Ähnliches genommen,** hätte ich hier eigentlich auch machen können. Ja	Identifizierung des sprachlichen Phänomens als Fach- oder Formelsprache

(Fortsetzung)

---

[2] Die Aussagen von Proband 6 stellten sich als nur schwer verwertbar heraus, da sie Deutsch als Fremdsprache erworben hat und sich teilweise Verständnisprobleme im Verlauf des Interviews abzeichneten.

Tab. 2 (Fortsetzung)

Proband I Turn	Markierte Einheiten	Äußerung	Kategorie
(Turn 43)		Ich finde, das sind einfach Dinge, die sollten – weiß nicht, wenn es jetzt siebte Klasse ist – doch, müsste schon durchgegangen sein. Die Begriffe werden eingeführt in der sechsten, wenn ich mich nicht irre, wenn ich das Curriculum im Kopf habe	Identifizierung des sprachlichen Phänomens als schülerseitige Herausforderung od. Chance
Proband 3 (Turn 30)	„gewandelte Energie W" „Proportional" „Produkt aus der Spannung U, der Stromstärke I und der Zeit t"	„Einmal, dass die Schüler wissen was Proportionalität ist und dann halt auch was Produkt bedeutet. Da ich aus eigener Erfahrung sagen kann, dass Schüler nicht unbedingt Produkt gleich mit Multiplikation verbinden. Also zumindest nicht alle Schüler. Viele Schüler definitiv, aber nicht alle. Und dass dann Proportionalität prinzipiell nicht gleich ist gleich bedeutet, sondern auch noch ein Proportionalitätsfaktor vorhanden sein kann, der jetzt in diesem Fall hier wegfällt, also 1 ist, nicht wegfällt, das den Schülern zu verdeutlichen. […] Und den Unterschied zu erklären […] finde ich wichtig."**	Identifizierung des sprachlichen Phänomens als schülerseitige Herausforderung od. Chance
Proband 4 (Turn 81)	„Zeit t" „Energie W" „Proportional" „Produkt" „Spannung U, Stromstärke I und der Zeit t"	**Vielleicht wäre es nochmal ganz hilfreich gewesen, wenn man… in Klammern nochmal die Formel aufgegriffen hätte. Das… Also es ist ja nicht… Ja, im Grunde fasst es ja nur nochmal zusammen, was vorher quasi behandelt wurde**	Identifizierung des sprachlichen Phänomens als fachsprachliches/ textuelles Verständlichkeitsproblem im Lehrwerk
Proband 5 (Turn 122)	„gewandelte Energie W proportional zum Produkt aus der Spannung U, der Stromstärke I und der Zeit t"	[W]eil Proportionalität auch immer eine Formel ausdrückt. **Also man könnte den Satz auch als Formel ausdrücken. Einfach also W und dann proportional ist ja immer diese Schlange und dann U mal I mal t. Und dann gibt's ja immer einen Proportionalitätsfaktor und dann könnte man da auch eine lineare Gleichung draus machen**	Identifizierung des sprachlichen Phänomens als Fach- oder Formelsprache
(Turn 126)		**Also das ist eigentlich so ein klassischer Satz in der Physik.** Also das sagt man richtig oft, das ist proportional zu dem und dem oder so	Identifizierung des sprachlichen Phänomens als Fach- oder Formelsprache

(Fortsetzung)

Tab. 2 (Fortsetzung)

Proband | Turn	Markierte Einheiten	Äußerung	Kategorie
Proband 7 (Turn 87)	„Energie W"	Ich hab das als erstes markiert, weil Energie W hat mich in dem Sinne verwirrt, **weil wir immer das E benutzen als Formelzeichen**	Identifizierung des sprachlichen Phänomens als Verstehensproblem für den Probanden/die Probandin
(Turn 91)		**Ich glaube, das könnte oft zwischen den Schülern zu Verwirrungen sorgen, wenn die sich vielleicht, wenn die nicht in einer Schule sind und sich privat vielleicht treffen sollten**	Identifizierung des sprachlichen Phänomens als schülerseitige Herausforderung od. Chance
Turn 91)		In der gleichen Stufe sind und jeder erzählt, ah ich hab heute Energie gehabt. **Ja, das war das Formelzeichen W. Nee, das war noch E. Ich glaube vielleicht sollte man dort irgendwie eine Einheitlichkeit, so wie bei den anderen**	Identifizierung des sprachlichen Phänomens als fachsprachliches/ textuelles Verständlichkeitsproblem im Lehrwerk
Proband 8 (Turn 53)	„Produkt" „Spannung" „Stromstärke"	Ja, Produkt habe ich jetzt einfach nur markiert, **da müsste der Schüler ja auch dann wissen, dass… Ein Produkt entsteht aus einer Multiplikation, klar, das… ähn… muss der Schüler ja auch erstmal wissen.** Deswegen hatte ich auch Quotient noch markiert, also die Division. Das ist ja auch nicht jedem Schüler… Also ich glaube, das hast Du auch in der fünften, sechsten Klasse, hat man das schon und… ich bezweifle, dass jeder Schüler in der achten Klasse dann noch weiß, dass das Produkt eben das Ergebnis einer Multiplikation ist oder dass Quotient einer Division. Da wäre es dann vielleicht auch vorteilhafter, wenn man das mit Multiplizieren ausdrückt. Also für die Multiplikation von U und I	Identifizierung des sprachlichen Phänomens als schülerseitige Herausforderung od. Chance
Proband 9 (Turn 64)	„gewandelte Energie W" „Proportional"	Ah, sehr lang und sehr viel Inhalt. **Also wenn man sich jetzt, also das ist hier ein bisschen so wie so eine Zusammenfassung, aber gefühlt fühlt sich das nach einem halben Roman**, also wenn man sich halt die tiefere Bedeutung von diesem ganzen Satz anguckt; also wir haben halt das Elektrogerät in der Zeit	Identifizierung des sprachlichen Phänomens als fachsprachliches/ textuelles Verständlichkeitsproblem im Lehrwerk

(Fortsetzung)

Tab. 2 (Fortsetzung)

Proband l Turn	Markierte Einheiten	Äußerung	Kategorie
		Finde ich auch wieder ein bisschen, dieses ganze es ist, **es ist zwar so eine Zusammenfassung, aber sie hat dann wieder auch sehr viel Inhalt und ich fand diese Passage hier natürlich auch ziemlich schwierig**	Identifizierung des sprachlichen Phänomens als schülerseitige Herausforderung od. Chance
(Turn 64)		**Was ist denn gewandelte Energie? Als Schüler in der achten Klasse hat man, glaub ich, noch nicht so wirklich den Ansatz was das ungefähr sein könnte.** Außer man ist noch nicht so wirklich den Ansatz was das ungefähr sein könnte. Außer man ist jetzt voll physikbegeistert und beschäftigt sich auch die ganze Zeit damit in der Freizeit	
		Aber was ist denn gewandelte Energie? Da wären wir halt wieder zu diesem Prozess mit was ist Energie und was Arbeit. Also was ist, was wird denn hier umgewandelt? Und was steht genau jetzt proportional dazu? Also welches Produkt ist denn proportional zu der gewandelten Energie?	Identifizierung des sprachlichen Phänomens als fachsprachliches/ textuelles Verständlichkeitsproblem im Lehrwerk

5.1.4.2 Kategorienbezogene Auswertung

Exemplarisch soll nun in Tab. 3 dargestellt werden, welche Aussagen die Proband*innen in der Kategorie *Identifizierung des sprachlichen Phänomens als Fach- oder Formelsprache* getätigt haben:

Durch die Ankerbeispiele werden verschiedene subjektive Zugänge zu fachsprachlichen Herausforderungen im Schulbuch deutlich. Viele Proband*innen orientieren sich an den Hürden für das Verstehen durch Schüler*innen. Sie markieren vor allem Strukturen, die eine abstrakte Bedeutung haben oder eine von der alltagssprachlichen Bedeutung abweichende. Des Weiteren wird die fachliche Spezifik als Grund angeführt sowie das Vorhandensein eines Formelzeichens für einen Begriff. Bei einigen Proband*innen zeigt sich die Einschätzung einer graduellen Abstufung zwischen Alltags- und Fachsprachlichkeit. Die Proband*innen argumentieren ebenfalls mit curricularen Herausforderungen, indem sie darauf verweisen, dass die Schüler*innen Bezüge zum Fach Mathematik herstellen bzw. Wissen aus niedrigeren Schulstufen abrufen müssten.

Tab. 3 Aussagen der Proband*innen in der Kategorie Identifikationsgründe, nach Turns aufgeschlüsselt

Proband | Turn	Aussage bezogen auf	Ankerbeispiel	Paraphrase
Proband 1 (Turn 42)	„mechanisch übertragene Energie"	Und dieses, **dieses Mechanische ist vielleicht ein bisschen was anderes als das, was man sich im allgemeinen Sprachgebrauch unter Mechanik vorstellt**	Ausdruck wird markiert, weil die fachsprachliche Bedeutung von der alltagssprachlichen Bedeutung abweicht
(Turn 2)	„Gewichtskraft"	**Gewichtskraft ist halt auch etwas, worunter sich Leute, die lange kein Physik hatten, nichts vorstellen können**	Ausdruck wird markiert, weil die fachsprachliche Bedeutung von der alltagssprachlichen Bedeutung abweicht
Proband 2 (Turn 11)	„Der zurückgelegte Weg S ist ein Vielfaches des Zylinderumfangs."	Es jetzt ein **Terminus, weil es einfach etwas beschreibt, was da jetzt gerade Sinn macht. […] Der zurückgelegte Weg s würde einfach keinen Sinn machen in einem anderen Sprachgebrauch und ist deshalb ein Terminus im Bereich der Physik**	Ausdruck wird markiert, weil die Formulierung „der zurückgelegte Weg S" ein Terminus ist, der nur in einem bestimmten fachlichen Kontext sinnvoll ist
Proband 3 (Turn 3)	„Handkurbel"	Hier in diesem oberen ersten Teil, habe ich an sich, meiner Meinung nach, **die Sachen markiert, die eventuell nicht ganz klar sind.** Sei es jetzt Handkurbel	Ausdrücke werden markiert, weil sie möglicherweise nicht ganz klar sind

(Fortsetzung)

Tab. 3 (Fortsetzung)

Proband I Turn	Aussage bezogen auf	Ankerbeispiel	Paraphrase
(Turn 3)	„Reibschnur" „Zylindermantel" „Reibungskraft" „Gewichtskraft"	**Ist jetzt eher umgangssprachlich als fachbegriffsmäßig** oder Reibschnur ist halt auch eher umgangssprachlich. Zylindermantel, Reibungskraft, Gewichtskraft, Gleichgewicht. Also, okay, **wobei Reibungskraft und Gewichtskraft sind beide Fachtermini meiner Meinung**	Ausdrücke werden markiert, weil sie Fachtermini sind
Proband 4 (Turn 44)	„Weg"	**Also Weg normal hätte man wahrscheinlich nicht markiert, aber mit dem Kürzel dahinter ist Weg ja immer ein anderes Wort** für – Strecke ist genau das Gleiche… Ja, es ist in dem Sinne auf jeden Fall ein Terminus, ja	Ausdruck wird markiert, weil es mit einem fachsprachlichen Kürzel adjazent verwendet wird
Proband 5 (Turn 3)	„drehbar gelagerter Zylinder"	Ich habe Begriffe markiert, wo ich denke, **dass die auf jeden Fall in der Schule Erklärungsbedarf haben. Wo man jetzt ja nicht wirklich direkt sagen würde, okay Pol ist jetzt so der krasse Fachbegriff, wie jetzt irgendwie Energie oder Spannung**	Ausdruck wird markiert, weil er in der Schule für erklärungsbedürftig eingeschätzt wird

(Fortsetzung)

Tab. 3 (Fortsetzung)

Proband | Turn	Aussage bezogen auf	Ankerbeispiel	Paraphrase
Proband 7 (Turn 68)	„Energie elektrisch zuführen"	So ich hatte tatsächlich überlegt, das zu markieren, Energie elektrisch zuführen. **Energie ist ja für die Schüler oft nichts Greifbares oder können sie sich vielleicht nicht vorstellen. Energie ist ja so ein großer Begriff.** Unten taucht zum Beispiel dann oder im anderen Absatz geht es ja auch um elektrische Energie, mechanische Energie	Ausdruck wird markiert, weil es eine abstrakte, für die Schüler schwer greifbare Bedeutung hat
Proband 8 (Turn 5)	„Kraft" „Gleichgewicht"	Ich hab auch allgemein Kraft markiert, **da meine ich im Endeffekt eh alle Kräfte,** aber ähm…. ja… ich glaube, **Gleichgewicht ist so eine Sache. Damit können die umgangssprachlich auf jeden Fall etwas anfangen, vielleicht nicht unbedingt im physikalischen Sinne immer, oder mathematischen Sinne, aber ähm… Gleichgewicht ist da glaube ich noch recht leicht zu fassen,** verglichen mit…	Ausdruck wird markiert, weil er im Vergleich zu anderen Ausdrücken nicht in der Umgangssprache verwendet wird

(Fortsetzung)

Tab. 3 (Fortsetzung)

Proband | Turn	Aussage bezogen auf	Ankerbeispiel	Paraphrase
(Turn 5)	„Reibungskraft" „Gewichtskraft"	**oder auch Gewichtskraft, das ist ja auch so eine Sache, die… Also man hat ja, bevor man über Reibung spricht in der Schule, eigentlich die Gravitationskraft. Und dann sollte ja Gewichtskraft schon behandelt worden sein,** deshalb hatte ich mich jetzt hier nur auf Reibungskraft festgelegt	Ausdruck wird markiert, weil er im Vorfeld eingeführt wurde
Proband 9 (Turn 3)	„drehbar gelagerter Zylinder"	**[W]eil man sich das, glaube ich, als Schüler erstmal schwer vorstellen kann, was da genau von einem gewollt ist.** Also drehbar gelagerten Zylinder finde ich so hintereinander dann doch recht schwierig so in dem Alter sich vorzustellen	Ausdruck wird markiert, weil es eine abstrakte, für die Schüler schwer greifbare Bedeutung hat
(Turn 3)	„Radius"	**Dann natürlich Radius als Fachbegriff und Fremdwort**	Ausdruck wird identifiziert, weil es sich um einen Terminus bzw. ein Fremdwort handelt

6   Diskussion und Fazit

Zu den vorliegenden Daten ist anzumerken, dass sie in hohem Maße komplex zu bearbeiten sind, da die wiederholt ähnlichen Aussagen zu den sukzessiv markierten Phänomenen teilweise nur schwer durch Kategorien abzubilden waren. Die Daten sind teilweise von tiefergehenden fachlichen Erklärungen geprägt. Daher ist noch einmal der explorative Charakter der Studie zu betonen. Der untersuchte Gegenstand zeigte sich zudem als für die Proband*innen teilweise nur schwer zu erfassen. Daher sind einige Interviews von deutlich mehr Nachfragen an die Proband*innen geprägt und einige Aussagen der Proband*innen mit gebotener

Vorsicht einzuordnen, bedingt durch die unterschiedlichen Steuerungsgrade bei der Elitiziation.

Aus den dargestellten Daten geht zunächst hervor, dass die Zugänge der 9 Proband*innen zur Identifikation fachsprachlicher Ausdrucksmuster höchst heterogen sind.

Bezogen auf die oben dargestellten Herausforderungen beim Umgang mit ein- oder mehrgliedrigen Termini und der Verbalisierung von mathematisch-physikalischen Formeln lässt sich konstatieren, dass es den Proband*innen in den Interviews in unterschiedlichem Maße gelingt, die fachliche Spezifik in bei der Identifizierung der musterhaften Strukturen im Interview zu formulieren. Am deutlichsten verweist Proband 2 auf die fachliche Spezifik, auch bei Probandin 1 (Tab. 2) und Probandin 9 finden sich Hinweise auf diesen Zugang. Genannte Proband*innen differenzieren dabei zwischen Fachsprachen unterschiedlicher Fächer (Physik, Mathematik) und zwischen fachsprachlicher Terminologie und bildungssprachlichen Phänomenen, wenn sie davon ausgehen, dass es so etwas wie „alltagssprachlich schwierige Begriffe" gibt, die sie von Fachbegriffen unterscheiden. Diese Proband*innen zeigen somit ein reflektiertes Verständnis für Registerdifferenzen (Bildungssprache vs. Fachsprache) und den sich daraus ergebenden Herausforderungen für den fachlichen Lehr-Lern-Prozess in der Institution Schule.

Die Differenzen zwischen Alltags- und Fachsprache werden ebenfalls von einigen Probanden herausgearbeitet. Aus Tab. 3 geht hervor, dass hier durchaus eine skalare Abstufung von Proband 5 angenommen wird. Die Differenzen zwischen Alltags- und Fachsprache werden vor allem bezogen auf die abstrakte Bedeutung physikalischer Begriffe beschrieben.

Aus den Belegen geht außerdem hervor, dass einige Proband*innen ebenfalls mögliche Herausforderungen der Schülerinnen und Schüler bei der Rezeption fachsprachlicher Termini in Lehrwerktexten antizipieren. Hier steht wieder die abstrakte Bedeutung sowie die Kenntnis der mathematischen Operationen im Vordergrund.

An den Aussagen zu dem Textbeispiel wird deutlich, dass unterschiedliche Einschätzungen vorgenommen werden, wo die fachsprachliche Spezifik liegt: bei einzelnen Termini, bei der mathematischen Herausforderung oder bei den physikalischen Hintergründen. Dies betrifft nicht nur die ausgewählte Textstelle, sondern lässt sich als generelles Ergebnis festhalten. Damit zeigt sich, dass die fach- und bildungssprachlichen Anforderungen des Faches Physik auch angehende Lehrkräfte vor die Herausforderung stellen, diese Anforderungen, die auf unterschiedlichen Ebenen liegen, zu erkennen. Denn die verwendeten Termini sind jeweils in einer bestimmten Relation zueinander zu betrachten (z. B. mathematisch), der jeweils in einem syntaktischen oder textlichen Zusammenhang erfasst wird, und kodieren gleichzeitig komplexe fachliche Konstrukte (z. B. gewandelte Energie → vorhergehender Prozess). Diese verschiedenen Ebenen (syntaktische Relation von Termini sowie spezifischen Formulierung fachlicher Phänomene) erfasst nur Probandin 9. Hierbei handelt es sich um eine Anforderung an die Sprachbewussheit der angehenden Lehrkräfte zugleich aber auch um eine didaktische Herausforderung die wissensvermittelnde Funktion solch komplexer bildungssprachlicher Konstruktionen, in die fachsprachliche Termini auch als Mehrworteinheiten integriert sind, für Schülerinnen und Schüler zugänglich zu machen. Es wäre wünschenswert, dass Studierende naturwissenschaftlicher Lehrämter im Studium die Gelegenheit erhalten, Sprachbewusstheit für die fachsprachlichen Anforderungen ihres Faches aufzubauen.

Ein besonderer Zugriff auf die musterhaften Strukturen (Termini als Mehrworteinheiten sowie Formelsprache) nehmen nur wenige Proband*innen vor und zwar vorrangig die geprimten. Unterschiede in den individuellen Zugriffsweise bezogen auf den Unterschied, ob die Proband*innen das Projektseminar besucht haben, lassen sich aus der bisherigen Datenaufbereitung nicht erkennen. Generell bringen die Proband*innen im Rahmen der Abschlussfrage, die sich auf die Bedeutung des sprachlichen Lernens für das fachliche Lernen bezog, unterschiedliche Einstellungen zum Ausdruck: z. T. sehen sie das sprachliche Lernen als integrierten Teil in das fachliche Lernen, z. T. betrachten sie beide Ebenen als trennbar und gehen davon aus, dass fachliches Lernen auch dem sprachlichen vorangehen kann oder unabhängig gestaltet werden kann.

Ein möglicher Grund für die geringen Effekte des Projektseminars ist der geringe zeitliche Umfang der Auseinandersetzung mit Sprache im Verhältnis zum gesamten Studium: Die angehenden Physiklehrkräfte haben sich im Kontext des Seminars zum ersten Mal mit den sprachlichen Anforderungen ihres Faches beschäftigt – der Aufbau von Sprachbewusstheit für die dargestellten komplexen Phänomene ist jedoch anspruchsvoll und es steht zu befürchten, dass lediglich eine punktuelle Thematisierung des Zusammenhangs von Sprache bzw. Fach- und Bildungssprache mit dem fachlichen Lernen nicht oder nur unzureichend zu der Ausbildung eines metasprachlichen Bewusstseins bei den Studierenden des Lehramtes führt.

Erforderlich wären mehr und tiefergehende Anlässe zur Sprachreflexion (mehr Materialarbeit, stärkerer Rückgriff auf eigene Sprachbiographie, stärker gesteuerte Anwendung erworbener linguistischer und sprachdidaktischer Grundlagen, Modelllernen etc.). Durch den gleichzeitig mediendidaktischen Anspruch des

Seminars, die Studierenden zur Erstellung von Erklärvideos zu befähigen, fehlte es in dem dargestellten Kontext an Zeit.

Ausgehend von den Erkenntnissen unserer explorativen Studie wäre weitergehend zu fragen, inwieweit Studierende des Deutsch- oder auch Englisch-Lehramts in höherem Maße von dem Seminar profitieren können, da diese idealerweise auf Vorwissen über die Relevanz von Sprache in der Wissenskommunikation zurückgreifen können.

Um signifikante Unterschiede des Lernzuwachses zu messen, müsste das Seminar eine repräsentative Interventionsstudie mit klassischem Prä-Post-Design und repräsentativer Stichprobe konzipiert und durchgeführt werden. Die vorgelegte qualitative Studie zeigt die vielschichtigen Anforderungen an die Wahrnehmung und Beschreibung der fach- bzw. bildungssprachlichen Besonderheiten, die gleichzeitig in Lehr-Lern-Prozessen berücksichtigt werden müssen – das gilt sowohl für schulisches als auch universitäres Lernen.

Literatur

Beacco, J.-C., Coste, D., van de Ven, P.-H., & Vollmer, H. J. (2010). *Language and school subjects. Linguistc dimensions of knowledge building in school curricula.* Strasbourg: Europäischer Rat.

Bortz, J. & Döring, N. (2006). Qualitative Methoden. In J. Bortz & N. Döring (Hrsg.), *Forschungsmethoden und Evaluation für Human- und Sozialwissenschaftler* (4. Aufl.) (S. 295–350). Berlin: Springer. Verfügbar unter https://doi.org/10.1007/978-3-540-33306-7_5

Drumm, S. (2016). *Sprachbildung im Biologieunterricht.* Berlin etc.: De Gruyter Mouton. Verfügbar unter https://doi.org/10.1515/9783110454239

Fenwick, T. & Nerland, M. (2014). Introduction. Sociomaterial professional knowing, work arrangements ad responsibility. New Times, new concepts? In T. Fenwick & M. Nerland (Hrsg.), *Reconceptionalising Professional Learning. Sociomaterial knowledges, practices and responsibilities* (S. 1–8). Abingdon-on-Thames: Routledge.

Gätje, O. & Langlotz, M. (2020). Der Ausbau literater Strukturen in Schulbüchern. Eine Untersuchung von Nominalgruppen in Schulbüchern der Fächer Deutsch und Physik im Vergleich. In M. Langlotz (Hrsg.), *Grammatikdidaktik. Theoretische und empirische Zugänge zu sprachlicher Heterogenität* (S. 325). Baltmannsweiler: Schneider Verlag Hohengehren.

Habermas, J. (1981). Umgangssprache, Bildungssprache, Wissenschaftssprache. In J. Habermas (Hrsg.), *Kleine Politische Schriften I-IV* (S. 340–363). Frankfurt/M.: Suhrkamp.

Heins, J. (2015). Qualitative Inhaltsanalyse. In J. M. Boelmann (Hrsg.), *Empirische Forschung in der Deutschdidaktik, 2: Erhebungs- und Auswertungsverfahren* (S. 303–323). Baltmannsweiler: Schneider Verlag Hohengehren.

Koch, P., & Oesterreicher, W. (1985). Sprache der Nähe – Sprache der Distanz. Mündlichkeit und Schriftlichkeit im Spannungsfeld von Nähe und Distanz. *Romanistisches Jahrbuch, 36*, 13–43.

Krämer, S. (2003). "Schriftbildlichkeit" oder: Über eine (fast) vergessene Dimension der Schrift. In H. Bredekamp & S. Krämer (Hrsg.), *Bild, Schrift, Zahl* (S. 157–176). München: Fink.

Kulgemeyer, C. & Schecker, H. (2009). Kommunikationskompetenz in der Physik. Zur Entwicklung eines domänenspezifischen Kommunikationsbegriffs. *Zeitschrift für Didaktik der Naturwissenschaften, 15.*

Kulgemeyer, C., & Schecker, H. (2012). Physikalische Kommunikationskompetenz. Empirische Validierung eines normativen Modells. *Zeitschrift für Didaktik der Naturwissenschaften, 18*, 29–54.

Leisen, J. (2005). Muss ich jetzt auch noch Sprache unterrichten? Sprache und Physikunterricht. *Naturwissenschaften im Unterricht Physik, 2005*(3), 4–9.

Leisen, J. (2011). *Handbuch Sprachförderung im Fach. Sprachsensibler Fachunterricht in der Praxis.* Bonn: Varus.

Mayring, P. (2015). *Qualitative Inhaltsanalyse* (12. Aufl.). Weinheim: Beltz.

Morek, M., & Heller, V. (2012). Bildungssprache. Kommunikative, epistemische, soziale und interaktive Aspekte des Gebrauchs. *Zeitschrift für Angewandte Linguistik, 2012*, 67–101.

Möslein, K. (1981). Einige Entwicklungstendenzen in der Syntax der wirtschaftlich-technischen Literatur seit dem Ende des 18. Jahrhunderts. In W. von Hahn (Hrsg.), *Fachsprachen* (S. 276–319). Darmstadt: Wissenschaftliche Buchgesellschaft.

Nussbaumer, M. & Sieber, P. (1994). Sprachfähigkeiten. Besser als ihr Ruf und nötiger denn je. In P. Sieber (Hrsg.), *Sprachfähigkeiten* (S. 303–342). Aarau: Sauerländer.

Ortner, H. (2009). Rhetorisch-stilistische Eigenschaften der Bildungssprache. In U. Fix, A. Gardt, & J. Knape (Hrsg.), *Rhetorik und Stilistik. Ein internationales Handbuch historischer und systematischer Forschung* (S. 2227–2240). Berlin: De Gruyter.

Rincke, K. (2010). Alltagssprache, Fachsprache und ihre besonderen Bedeutungen für das Lernen. *Zeitschrift für Didaktik der Naturwissenschaften, 16*, 235–260.

Rincke, K. & Leisen, J. (2015). Sprache im Physikunterricht. In K. Rincke & J. Leisen (Hrsg.), *Physikdidaktik. Theorie und Praxis* (S. 635–655). Berlin: Springer Spektrum.

Roelcke, T. (1999). Sprachwissenschaft und Wissenschaftssprache. In H. E. Wiegand (Hrsg.), *Sprache und Sprachen in den Wissenschaften: Geschichte und Gegenwart. Festschrift für Walter de Gruyter & Co. anläßlich einer 250jährigen Verlagstradition* (S. 595–618). Berlin: De Gruyter. Verfügbar unter https://doi.org/10.1515/9783110801323.595

Schleppegrell, M. J. (2004). *The Language of Schooling. A Functional Linguistics Perspective.* Abingdon-on-Thames: Routledge.

Semeon, N. & Mutekwe, E. (2021). Perceptions about the use of language in physical science classrooms: A discourse analysis. *South African Journal of Education, 41* (1), 1–11. Verfügbar unter https://doi.org/10.15700/saje.v41n1a1781

Sinn, C. & Vollmer, H. J. (2019). Diagnose von Sprachbewusstheit und Bildungssprache in der Lehrerinnen- und Lehrerausbildung. *Beiträge zur Lehrerinnen- und Lehrerbildung, 37 (1)*, 69–82. Verfügbar unter : https://doi.org/10.25656/01:19064

Taibu, R. & Ferrari-Bridgers, F. (2020). Physics Language Anxiety among Students in Intro-ductory Physics Course Full Text (PDF). *Eurasia Journal of Mathematics, Science and Technology Education, 16 (4)*. Verfügbar unter https://doi.org/10.29333/ejmste/111993

Veel, R. (1998). The Greening of School Science. Ecogenesis in Secondary Classrooms. In J. R. Martin & R. Veel (Hrsg.), *Reading Science. Critical and Functional Perspectives on Discourses of Science* (S. 114–151). London etc.: Routledge.

Vollmer, H. J. (2010). Bilingualer Sachfachunterricht als Inhalts- und als Sprachlernen. In G. Bach & S. Niemeier (Hrsg.), *Bilingualer Unterricht. Grundlagen, Methoden, Praxis. Perspektiven* (S. 47–70). Frankfurt/M.: Peter Lang.

Wignell, P. (1998). Technicality and Abstraction in Social Science. In J. R. Martin & R. Veel (Hrsg.), *Reading Science. Critical and Functional Perspectives on Discourses of Science* (S. 297–326). London etc.: Routledge.

Wodzinski, R. & Heinicke, S. (2018). Sprachbildung im Physikunterricht. Unterricht gestal-ten zwischen Fachsprache, Bildungssprache und Sprachförderung. *Naturwissenschaften im Unterricht Physik, 165/166 (29)*, 4–11.

Schulbücher

Bader, F. & Oberholz, H.-W. (2008). *Dorn-Bader Physik 9/10. Gymnasium.* Braunschweig: Westermann.

Bader, F. & Oberholz, H.-W. (2010). *Dorn-Bader Physik. Bd. 2. Gymnasium.* Braunschweig: Westermann.

Grehn, J., & Krause, J. (2014). *Metzler Physik Einführungsphase. Ausgabe Nordrhein-Westfalen.* Braunschweig: Schroedel.

Wissen über *Mehrsprachigkeit, Sprachliche Register* und *Sprachsensiblen Unterricht*

Zur DaZ-Kompetenzentwicklung von Lehramtsstudierenden durch fächerübergreifende Lernangebote

Anja Binanzer, Carolin Hagemeier und Heidi Seifert

1   Einleitung

Im Zuge des Ausbaus von didaktischen Konzepten und (hoch)schulischen Lern-angeboten im Bereich Deutsch als Zweitsprache (DaZ), Bildungssprache und Sprachbildung (z. B. *Durchgängige Sprachbildung* – Gogolin & Lange, 2011, *Sprachsensibler Fachunterricht* – Leisen, 2013, *Sprachbewusster Fachunterricht* – Michalak et al., 2015, *Sprachbildender Unterricht* – Petersen & Peuschel, 2020) wurde im letzten Jahrzehnt folgerichtig auch Professionsforschung zu DaZ-Kompetenzen von (angehenden) Lehrkräften durchgeführt (Baumann & Becker-Mrotzek, 2014; Bayrak, 2020; Becker-Mrotzek et al., 2012; Hammer et al., 2015; Jostes et al., 2016; Kempert et al., 2016; Paetsch et al., 2019; Petersen & Peuschel, 2020; Rautenstrauch, 2017; Stangen et al., 2020; Wall-ner, 2018; Witte, 2017). Dennoch bestehen nach wie vor Unklarheiten über

A. Binanzer (✉) · C. Hagemeier · H. Seifert
Leibniz Universität Hannover, Deutsches Seminar , Abteilung Linguistik , Hannover , Deutschland
E-Mail: anja.binanzer@germanistik.uni-hannover.de

C. Hagemeier
E-Mail: carolin.hagemeier@germanistik.uni-hannover.de

H. Seifert
E-Mail: heidi.seifert@germanistik.uni-hannover.de

© Der/die Autor(en), exklusiv lizenziert an Springer Fachmedien Wiesbaden GmbH, ein Teil von Springer Nature 2024
J. Goschler et al. (Hrsg.), *Empirische Zugänge zu Bildungssprache und bildungssprachlichen Kompetenzen,* Sprachsensibilität in Bildungsprozessen,
https://doi.org/10.1007/978-3-658-43737-4_12

die beruflichen Anforderungen an angehende Lehrkräfte im Hinblick auf die
Integration von Sprachbildung in den Fachunterricht sowie auf die im Lehramts-
studium zu erreichenden DaZ-Kompetenzen (vgl. Koch-Priewe, 2018, S. 17).
Vor dem Hintergrund, dass die Professionsforschung erst in jüngerer Zeit den
Versuch unternommen hat, DaZ-Kompetenzen zu definieren und zu operationa-
lisieren, ist dieser Befund wenig erstaunlich. Herausforderungen liegen hierbei
etwa darin, dass für zentrale Konstrukte von DaZ-Kompetenzen, wie etwa das
Konstrukt Bildungssprache, selbst noch Unklarheiten bestehen. So findet der
Begriff in den vergangenen Jahren zwar breite Verwendung und es wird aus
der Perspektive verschiedener Disziplinen (u. a. Linguistik und Erziehungswissenschaften) der Versuch unternommen, ihn theoretisch zu erfassen (u. a. Feilke,
2012; Morek & Heller, 2012; Steinhoff, 2019). Binanzer et al. (2024) stellen
in ihrer Bestandsaufnahme zu empirischen Zugängen zum Konstrukt Bildungssprache jedoch zusammenfassend fest, dass es bisher „weder theoretisch klar
definiert ist noch empirisch zufriedenstellend operationalisiert werden konnte".
Kritisiert wird insbesondere die Reduzierung von Bildungssprache auf formale
und zugleich unspezifische sprachliche Merkmalskataloge (z. B. Komposita oder
Passiv), die eine Abgrenzung von anderen sprachlichen Registern wie Fach- oder
Wissenschaftssprache erschweren.

Hinsichtlich der bisher vorliegenden Befunde zu DaZ-bezogenen Lernangeboten für (angehende) Lehrkräfte muss außerdem konstatiert werden, dass
diese inhaltlich und curricular große Unterschiede aufweisen (vgl. für Überblicke Baumann, 2017; Baumann & Becker-Mrotzek, 2014; Witte, 2017) und es
also an weiterer Forschung dazu fehlt, welche Lerneffekte durch die diversen
Lernangebote für unterschiedliche Zielgruppen erzielt werden können.

An der Leibniz Universität Hannover (LUH) evaluieren deshalb auch wir
unser in Form eines Blended-Learning-Seminars durchgeführtes Lernangebot
für Lehramtsstudierende aller Unterrichtsfächer und präsentieren in diesem
Beitrag die Ergebnisse zur DaZ-Kompetenzentwicklung von insgesamt 60 Semi-
narteilnehmer:innen aus vier Seminargruppen. Unser Lernangebot und unsere
Begleitforschung orientieren sich am DaZ-Kompetenzmodell (Köker et al., 2015;
Ohm, 2018) und am DaZKom-Test (Hammer et al., 2015), die zur Modellierung
und Erfassung von sprachbildungsbezogenen Kompetenzen von Lehramtsstudierenden entwickelt wurden. In Kap. 2 skizzieren wir deshalb zunächst sowohl
das DaZKom-Modell und den DaZKom-Test und stellen empirische Befunde
der daran anknüpfenden Professionsforschung vor. Daran anschließend präsentieren wir in Kap. 3 Ergebnisse unserer eigenen Begleitforschung zur DaZ-
Kompetenzentwicklung durch das Blended-Learning-Seminar *Schule der Vielfalt:*

Deutsch als Zweitsprache und sprachliche Bildung: eine quantitative Fragebogenstudie im Prä-Post-Design zur Wissensentwicklung in den drei Themenfeldern
Mehrsprachigkeit, Sprachliche Register und *Sprachsensibler Unterricht* und eine
qualitative Studie zum Themenfeld *Sprachliche Register,* die anhand studentischer
Analysen von Lehrwerktexten hinsichtlich ihrer bildungs-/fachsprachlichen Mittel sowohl Lernerfolge als auch Lernherausforderungen der Lehramtsstudierenden
nachzeichnet.

2   Kompetenzen und Professionswissen von Lehramtsstudierenden im Bereich Sprachbildung/DaZ

Mit dem DaZKom-Projekt (Universität Bielefeld und Lüneburg) wurden erste
Bestrebungen verfolgt, die inhaltlichen Dimensionen und die Entwicklung von
DaZ-Kompetenz für Fachlehrkräfte in Form eines Struktur- und Entwicklungs-
modells abzubilden. Inhaltlich knüpft das Modell an den „in der Register-
differenzierung beschriebenen Typ von Mehrsprachigkeit" nach Maas (2008:
53) an, der funktional auf die Ausdifferenzierung des Sprachgebrauchs nach
Registern bezogen ist. Den theoretischen Ausgangspunkt des Modells bilden
verschiedene kompetenztheoretische Ansätze wie beispielsweise das Modell
der Lehrer(innen)professionalität (auch COACTIV-Modell, Baumert & Kunter,
2006), das wiederum auf dem Kompetenzbegriff nach Weinert (2001) sowie
den Arbeiten von Shulman (1986) und Bromme (1992) basiert und das Professionswissen von Lehrkräften in eine kognitive Komponente (Wissen) und
eine motivational-affektive Komponente (Überzeugungen/Einstellungen/Beliefs)
unterteilt.

Die kognitive Facette professioneller Kompetenz ist im DaZKom-Modell als
dreidimensionales Konstrukt dargestellt: Die Dimension *Fachregister* (Fokus auf
Sprache) fokussiert die für den jeweiligen Fachunterricht typischen sprachlichen
Strukturen und deren Funktionen für das fachliche Lernen und verdeutlicht mit
den Subdimensionen *Grammatische Strukturen und Wortschatz* und *Semiotische
Systeme* (vgl. Ohm, 2018, S. 75), dass Lehrkräfte ein umfangreiches linguistisches Wissen über die Funktionsweise von Sprache und bildungssprachlichen
Registern benötigen, um Schüler:innen sprachlich fördern zu können. Mit der
Dimension *Mehrsprachigkeit* wird der Lernprozess in den Blick genommen,
indem das Bedingungsgefüge der mehrsprachigen Entwicklung mit den Subdimensionen *Zweitspracherwerb* und *Migration* Berücksichtigung findet (Ohm,
2018). Die Dimension *Didaktik* bildet mit den Subdimensionen *Diagnose* und

Förderung schließlich den Fokus auf den Lehrprozess ab und umfasst verschiedene Möglichkeiten der sprachlichen Unterstützung wie beispielsweise Techniken des Mikro- oder Makro-Scaffoldings sowie den Umgang mit Fehlern (Ohm, 2018).

Aufbauend auf dem DaZKom-Modell wurde der DaZKom-Test, ein Testinstrument zur Erfassung von sprachbildungsbezogenen Kompetenzen von Lehramtsstudierenden aller Fächer und für die Evaluation von universitären Lernangeboten, entwickelt und mittlerweile umfangreich empirisch validiert und in verschiedenen Untersuchungskontexten eingesetzt. In der von Hammer et al. (2015) durchgeführten Validierungsstudie konnte die Entwicklung der DaZ-Kompetenz von Lehramtsstudierenden zudem mit verschiedenen Hintergrundmerkmalen in Verbindung gebracht werden. Aus den Ergebnissen der studienfachbezogenen Analyse ist ersichtlich, dass Lehramtsstudierende der Germanistik bessere Testergebnisse erzielten als Studierende anderer Studienfächer (Hammer et al., 2015, S. 50). Die DaZ-Kompetenz korreliert zudem mit steigender Semesteranzahl und der Anzahl wahrgenommener DaZ-bezogener Lerngelegenheiten, was als Indiz dafür gewertet werden kann, dass DaZ-Kompetenz durch den Besuch entsprechender Lehrveranstaltungen im Studienverlauf veränderbar ist (Hammer et al., 2015).

Untermauert und inhaltlich erweitert wurden diese Erkenntnisse zu einflussnehmenden Variablen auf die Entwicklung von DaZ-Kompetenz u. a. durch Stangen et al. (2020) und Paetsch et al. (2019). Stangen et al. (2020) untersuchen die DaZ-Kompetenzentwicklung bei Hamburger Lehramtsstudierenden im Rahmen des Projekts ProfaLe („Professionelles Lehrerhandeln zur Förderung fachlichen Lernens unter sich verändernden gesellschaftlichen Bedingungen") mithilfe der Kurzversion des DaZKom-Tests. Festzuhalten ist zunächst, dass Kompetenzzuwächse bei allen Studierenden zu verzeichnen sind, wobei auch nach Teilnahme an dem Lehrangebot über die Hälfte der Studierenden auf der untersten Kompetenzstufe verbleibt (Stangen et al., 2020, S. 137). Bezüglich der untersuchten Hintergrundvariablen zeigt sich wie bei Hammer et al. (2015), dass die Anzahl der wahrgenommenen DaZ-bezogenen thematischen Lerngelegenheiten die am stärksten wirkende Einflussgröße auf die DaZ-Kompetenz ist (Hammer et al., 2015, S. 143). Als Erweiterung zu Hammer et al. (2015) identifizieren Stangen et al. (2020) weitere auf die Entwicklung der DaZ-Kompetenz einflussnehmende Variablen: So stellt etwa die Abiturnote der Studierenden neben den wahrgenommenen Lerngelegenheiten den zweitgrößten Prädiktor dar, zudem korrelierte die Variable *zusätzliches Sprachfach,* mit der nicht nur Germanistik-Studierende, sondern auch Studierende anderer Fremdsprachenphilologien (etwa Spanisch, Türkisch, Russisch) erfasst wurden, mit höheren Testergebnissen (Stangen et al.,

2020, S. 145). Keine signifikanten Einflüsse auf die DaZ-Kompetenzentwicklung gingen hingegen von den Variablen Geschlecht, *language score* (als lebensweltliche Mehrsprachigkeit) und dem Faktor Anstrengung aus (Stangen et al., 2020, S. 143). Überraschend scheint hier insbesondere der Befund, dass der *language score* kein Prädiktor für die DaZ-Kompetenz zu sein scheint, d. h. die Studierenden ihre (außer)schulischen sprachlichen Lernerfahrungen als persönliche Ressource anscheinend nicht für die DaZ-Kompetenzentwicklung nutzbar machen.

Die Entwicklung der DaZ-Kompetenz von Studierenden wurde ebenfalls im Rahmen des Projekts *Sprachen-Bilden-Chancen* als Teil der Evaluation der Berliner DaZ-Module untersucht. Ziel der Untersuchung war es, Prädiktoren des Kompetenzzuwachses im Bereich DaZ bei Lehramtsstudierenden zu identifizieren, für die Kompetenzmessung wurde der DaZKom-Test in der Berliner Kurzversion eingesetzt. Paetsch et al. (2019) untersuchen ebenfalls den Einfluss des Studienfaches und zeigen, dass Studierende der Fächer Deutsch sowie anderer Fremdsprachen bereits zu Messzeitpunkt 1, d. h. vor Teilnahme an dem DaZ-Modul, signifikant höhere DaZ-Kompetenzen vorweisen (Paetsch et al., 2019, S. 69), was möglicherweise auf Überschneidungen in den Curricula mit den Inhalten des DaZ-Moduls, zum Beispiel im Bereich der sprachwissenschaftlichen Grundlagen sowie der Strukturen und Besonderheiten der deutschen Sprache, zurückzuführen ist (Jostes et al., 2016, S. 25). Zu Messzeitpunkt 2 erzielen allerdings nur die Studierenden einer Fremdsprache und nicht des Faches Deutsch signifikant größere Lernzuwächse als Studierende der nicht-sprachlichen Fächer (Paetsch et al., 2019, S. 69 f.). Die Indikatoren zur Nutzung der universitären Lerngelegenheiten (Bewertung der Qualität der Veranstaltung/des Moduls und Lernmotivation), außeruniversitäre Lerngelegenheiten sowie das Interesse an dem Thema erwiesen sich hingegen nicht als prädiktiv für den Lernzuwachs (Paetsch et al., 2019, S. 73).

Durch die in den vorgestellten Studien im Prä-Post-Design nachgewiesenen Kompetenzzuwächse von Lehramtsstudierenden verdeutlichen die Forschungsergebnisse zusammenfassend, dass DaZ-Kompetenz durch entsprechende Professionalisierungsangebote im Studium grundsätzlich erlernbar ist. Dabei legen die Befunde nahe, dass die individuelle Kompetenzentwicklung von bestimmten Hintergrundmerkmalen wie der Fächerkombination (Germanistik bzw. zusätzliches Sprachfach) sowie der Abiturnote abhängt, wobei die DaZ-Kompetenzentwicklung am stärksten mit der Anzahl der im Studium wahrgenommenen DaZ-Lerngelegenheiten korreliert. Durch diese Erkenntnis wird die

Bedeutsamkeit bzw. Notwendigkeit, entsprechende Lehrveranstaltungen im Professionalisierungsprozess angehender Lehrkräfte in angemessener Anzahl bzw. Umfang zu integrieren, deutlich.

3   Evaluative Begleitforschung zum Seminar Schule der Vielfalt: Deutsch als Zweitsprache und sprachliche Bildung

Seit dem Wintersemester 2020/2021 wird an der LUH ein studiengangs- und fächerübergreifendes Blended-Learning-Seminar angeboten, das auf den Qualifizierungsbedarf angehender Lehrkräfte im Bereich DaZ/Sprachbildung antwortet. Dem integrativen Ansatz niedersächsischer Hochschulen entsprechend (vgl. Goschler & Montanari, 2017) geschieht die Vermittlung von Inhalten zum Themenbereich DaZ/Sprachbildung an der LUH nicht in eigenständigen Modulen, sondern eingebettet in den Bereich der Schlüsselkompetenzen. Das Seminar *Schule der Vielfalt: Deutsch als Zweitsprache und sprachliche Bildung* baut als vertiefendes Lehrangebot im Wahlpflichtbereich auf die für alle Lehramtsstudierenden obligatorische Einführungsvorlesung *Digitale Lernlandschaft: Inklusive Bildung* auf und richtet sich an Lehramtsstudierende aller Unterrichtsfächer im Fächerübergreifenden Bachelor (Lehramt für Gymnasien und Gesamtschulen), im Bachelor Technical Education (Lehramt für Berufsschulen) und im Bachelor für Sonderpädagogik. Mit den Lernmodulen *Mehrsprachigkeit, Sprachliche Register* und *Sprachsensibler Unterricht* orientiert sich das Seminarkonzept an den drei im DaZKom-Modell beschriebenen Dimensionen professioneller Kompetenz (vgl. Ohm, 2018). Das Blended-Learning-Format verbindet asynchrone E-Learning-Einheiten, in denen sich die Studierenden u. a. anhand von fachspezifischen Materialien mit Sprachbildung in ihrem eigenen Unterrichtsfach beschäftigen, mit Präsenz- bzw. synchronen Online-Sitzungen, in denen ausgehend von exemplarischen Bezügen zu den einzelnen Unterrichtsfächern das gemeinsame Ausloten fächerübergreifender Prinzipien von Sprachbildung im Zentrum steht (nähere Ausführungen zum Seminarkonzept s. Seifert et al., 2022).

Im Folgenden stellen wir Ergebnisse der zum Seminar durchgeführten evaluativen Begleitforschung vor, in der wir insgesamt untersuchen, wie sich a) Wissen, b) Überzeugungen und c) subjektives Kompetenzempfinden der Studierenden im Bereich DaZ/Sprachbildung durch die Teilnahme am Blended-Learning-Seminar verändern. In den drei fokussierten Konstrukten spiegelt sich die Differenzierung von Professionswissen in eine kognitive Komponente (Wissen) und eine motivational-affektive Komponente (Überzeugungen) wider, die dem COACTIV-Modell (Baumert & Kunter, 2006) zugrunde liegt. Darüber hinaus wird das subjektive Kompetenzempfinden (Haberland, 2022) der Studierenden als Selbsteinschätzung ihres grundlegenden theoretischen sowie praktisch anwendbaren Wissens im Bereich DaZ/Sprachbildung einbezogen.

In diesem Beitrag nehmen wir das Wissen der Studierenden als kognitive Facette der DaZ-Kompetenz in den Blick. Für die Untersuchung dieses Konstrukts sind die beiden folgenden Forschungsfragen leitend:

1. Wie entwickelt sich das Wissen der Studierenden im Bereich DaZ/Sprachbildung durch die Seminarteilnahme?
2. Gibt es bezogen auf die drei Themenfelder *Mehrsprachigkeit, Sprachliche Register* und *Sprachsensibler Unterricht* vor und nach der Seminarteilnahme Unterschiede im Wissen der Studierenden?

In der ersten Teilstudie stellen wir die Ergebnisse einer Fragebogenstudie zu allen drei Themenfeldern dar (Abschn. 3.1), die das Wissen zum Seminarbeginn und zum Seminarabschluss miteinander vergleichen. In der zweiten Teilstudie zum Themenfeld *Sprachliche Register* rekonstruieren wir anhand studentischer Analysen von Schulbuchtexten explorativ ihre sprachanalytischen Kompetenzen auf Wort-, Satz- und Textebene (Abschn. 3.2).

3.1 Quantitative Teilstudie

Testinstrumente
Um die o.g. Forschungsfragen zu beantworten, wurde eine Fragebogenstudie im Prä-Post-Design konzipiert. Auch wenn sich der Aufbau des Seminars inhaltlich eng an die im DaZKom-Modell beschriebenen Dimensionen anlehnt, erschien die Verwendung des DaZKom-Tests zu diesem Zweck nicht als sinnvoll. In bisherigen Studien, die den Test zur Analyse der DaZ-Kompetenzentwicklung von Lehramtsstudierenden einsetzen, werden umfangreichere DaZ-Module evaluiert, die aus mehreren Lehrveranstaltungen bestehen (Paetsch et al., 2019) oder eng mit Praxisphasen

und fachdidaktischen Begleitseminaren verzahnt sind (Stangen et al., 2020). Bei dem hier betrachteten Seminar handelt es sich hingegen um ein bislang fakultatives Lehrangebot mit einem geringen Umfang von zwei Semesterwochenstunden. Daher wurde ein eigenes Testinstrument entwickelt, das passgenau auf die Seminarinhalte abgestimmt und somit sensibler für Kompetenzzuwächse der Studierenden ist. Die Items wurden inhaltlich aus konsensualen Wissensbeständen im Bereich DaZ/Sprachbildung generiert, die im Seminar vermittelt werden (zu den vermittelten Inhalten s. detaillierter Abschn. 3.2).

Mithilfe der Software LimeSurvey wurde ein Online-Fragebogen erstellt und im Wintersemester 2021/2022 pilotiert. Die erste Version des Fragebogens enthielt zur Erhebung des Wissens 15 geschlossene Items in Form von kurzen Aussagesätzen mit den Antwortmöglichkeiten *richtig, falsch* und *weiß nicht*. Zudem wurden ebenfalls 15 geschlossene Items zur Erhebung von Überzeugungen eingesetzt, zu denen die Studierenden mittels einer fünfstufigen Likert-Skala (*stimme voll zu – stimme eher zu – neutral – stimme eher nicht zu – stimme nicht zu*) ihre Zustimmung bzw. Ablehnung ausdrücken sollten. Im Zuge der Auswertung der Pilotstudie (N = 34, Ergebnisse vgl. Seifert & Hagemeier 2023) wurde bei beiden Item-Typen Überarbeitungsbedarf deutlich, sodass der Fragebogen für die Hauptstudie angepasst wurde. Die Veränderungen bezogen sich auf die interne Konsistenz der Items (stärkere Differenzierung der Items), die Item-Anzahl pro Themenfeld (Erhöhung und Nivellierung der Anzahl) und die Schwierigkeit der Items (Vereinheitlichung des Schwierigkeitsniveaus). Die Items zum Konstrukt Wissen im überarbeiteten Fragebogen sind dem Anhang zu entnehmen.

Datenerhebung und -auswertung

Die ersten beiden Durchgänge der Hauptstudie wurden im Sommersemester 2022 und Wintersemester 2022/2023 durchgeführt. An den Erhebungen, die jeweils etwa 15 min dauerten, nahmen insgesamt 78 Studierende aus vier *Schule der Vielfalt: Deutsch als Zweitsprache und sprachliche Bildung*-Seminargruppen teil. In die Auswertung flossen nur die Daten derjenigen Studierenden ein, die den Fragebogen zu beiden Zeitpunkten beantworteten (N = 60). Die Teilnehmer:innen (39 weiblich, 20 männlich, 1 divers) waren im Durchschnitt 22,8 Jahre alt. Es handelt sich um Lehramtsstudierende mit verschiedenen Fächerkombinationen im Fächerübergreifenden Bachelor (N = 52) sowie Bachelor Technical Education (N = 5).[1] Insgesamt wurden 20 verschiedene Unterrichtsfächer angegeben, wobei fast drei Viertel der Teilnehmenden entweder Deutsch (N = 32) oder eine Fremdsprachenphilologie (N = 12)

---

[1] Drei Studierende machten keine Angabe zu ihrem Studiengang.

studieren. 30 % der Studierenden gaben an, selbst mehrsprachig aufgewachsen zu sein.

Die Datenauswertung erfolgte mit dem Statistikprogramm SPSS (Version 28). Dabei wurden zunächst die Antworten der Studierenden zu den oben aufgeführten Wissens-Items in die drei Kategorien *korrekte, unsichere* und *falsche Antwort* umcodiert, bevor das Antwortverhalten themenfeldbezogen zusammengefasst und Mittelwerte gebildet wurden. Zur Untersuchung der Wissensentwicklung der Studierenden durch die Seminarteilnahme (Forschungsfrage 1) wurden t-Tests für abhängige Stichproben berechnet, um Veränderungen von der Prä- zur Post-Erhebung auf Signifikanz zu testen. Zur Analyse von themenfeldbezogenen Unterschieden im Wissen vor und nach der Seminarteilnahme (Forschungsfrage 2) wurde für beide Erhebungszeitpunkte jeweils eine ANOVA berechnet.

Ergebnisse

Die Balkendiagramme in Abb. 1 veranschaulichen das Antwortverhalten der Studierenden bei der Prä- und Post-Erhebung insgesamt sowie bezogen auf die drei Themenfelder. Mit 52,4 % beantworten die Studierenden vor dem Seminar durchschnittlich über die Hälfte der insgesamt 21 Wissens-Items korrekt, während sie sich bei knapp einem Viertel der Items unsicher sind und ein weiteres Viertel der Items falsch ankreuzen. Nach der Seminarteilnahme liegen durchschnittlich knapp 70 % korrekte Antworten vor, wohingegen sich die unsicheren Antworten auf 10,9 % reduzieren und etwa jedes fünfte Item falsch beantwortet wird. Die Diagramme für die Themenfelder *Mehrsprachigkeit, Sprachliche Register* und *Sprachsensibler Unterricht* zeigen, dass im Prä-Post-Vergleich in allen drei Bereichen der Anteil korrekter Antworten zu- und der Anteil unsicherer Antworten abnimmt, diese Tendenz je nach Themenfeld aber unterschiedlich stark ist. In den Themenfeldern *Sprachliche Register* und *Sprachsensibler Unterricht* geht die Verringerung unsicherer Antworten auch mit einer Zunahme falscher Antworten einher, im Themenfeld *Mehrsprachigkeit* ist dies nicht der Fall.

Die inferenzstatistische Auswertung (vgl. Tab. 1) führt zu dem Ergebnis, dass der Großteil der genannten Prä-Post-Veränderungen im Wissen der Studierenden signifikant ist.

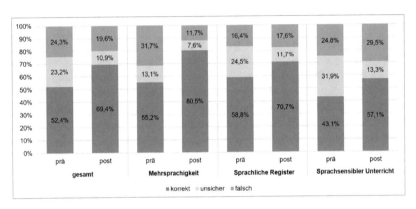

Abb. 1 Antwortverhalten im Prä-Post-Vergleich (Anteile in Prozent)

Themenfeldübergreifend sind alle Veränderungen im Antwortverhalten stark signifikant (Spalte *gesamt*). Bezogen auf die drei einzelnen Themenfelder zeigen sich ebenfalls größtenteils signifikante Veränderungen mit schwachen bis starken Effektstärken (Cohen's d). Bei den korrekten Antworten liegt der am stärksten signifikante Zuwachs (+25,3 Prozentpunkte) im Themenfeld *Mehrsprachigkeit* vor, hinsichtlich der Unsicherheit im Antwortverhalten ist die Abnahme im Themenfeld *Sprachsensibler Unterricht* (−18,6 Prozentpunkte) am stärksten signifikant. Die auffällige Zunahme der Quote falscher Antworten im Post-Test ist bezogen auf das Themenfeld *Sprachsensibler Unterricht* (+4,7 Prozentpunkte) nur schwach signifikant und bezogen auf das Themenfeld *Sprachliche Register* (+ 1,2 Prozentpunkte) nicht signifikant.

Neben den Prä-Post-Veränderungen lassen sich aus Abb. 1 zudem themenfeldbezogene Unterschiede im Wissensniveau vor und nach der Seminarteilnahme ablesen. Ausgehend von der Quote korrekter Antworten im Prä-Test scheinen die Studierenden im Themenfeld *Sprachliche Register* über das größte Vorwissen zu verfügen (58,8 % korrekt), wohingegen im Themenfeld *Sprachsensibler Unterricht* ein vergleichsweise geringes Maß an Vorwissen vorzuliegen scheint (43,1 % korrekt). In diesem Bereich zeichnet sich vor dem Seminarbesuch zudem die größte Unsicherheit im Antwortverhalten ab (31,9 % unsicher), im Themenfeld *Mehrsprachigkeit* werden hingegen die wenigsten Items mit *weiß nicht* beantwortet (13,1 %). Die berechneten ANOVAs ergeben für den Prä-Test signifikante Unterschiede zwischen den drei Themenfeldern bezogen auf die Anteile korrekter, unsicherer und falscher

Tab. 1 Inferenzstatische Analyse der Prä-Post-Daten (Anteile in Prozent)

	Gesamt			Mehrsprachigkeit			Sprachliche Register			Sprachsensibler Unterricht		
	korrekt	unsicher	falsch	korrekt	unsicher	falsch	korrekt	unsicher	falsch	korrekt	unsicher	falsch
M (prä)	52,4	23,2	24,3	55,2	13,1	31,7	58,8	24,5	16,4	43,1	31,9	24,8
SD	9,6	11,6	9,5	18,4	14,0	16,0	17,9	17,3	13,9	18,7	21,7	18,0
M (post)	69,4	10,9	19,6	80,5	7,6	11,7	70,7	11,7	17,6	57,1	13,3	29,5
SD	10,7	9,2	8,6	15,1	9,3	11,6	17,1	13,5	14,7	17,6	16,8	14,8
Δ	+17.0	−12,3	−4,7	+25,3	−5,5	−20,0	+11,9	−12,8	+1,2	+14,0	−18,6	+4,7
t-Test	***	***	***	***	**	***	***	***	n.s	***	***	*
Cohen's d	1,42	1,14	,45	1,25	,35	1,17	,64	,72	–	,63	,93	,25

t-Test: * p < 0.05 ** p < 0.01 *** p < 0.001Cohen's d: > .20 = schwach. > .50 = mittel. > .80 = stark.

Antworten.[2] Nach der Seminarteilnahme bestehen signifikante Unterschiede zwischen den drei Themenfeldern im Hinblick auf die Anteile korrekter und falscher Antworten, nicht jedoch bezogen auf den Anteil unsicherer Antworten.[3]

Diskussion

Mit Blick auf die erste Forschungsfrage zur Wissensentwicklung der Studierenden lassen die Ergebnisse darauf schließen, dass die Seminarteilnahme bei den Studierenden zu einem Wissenszuwachs im Bereich DaZ/Sprachbildung führt, der sich im Fragebogen vor allem in der signifikanten Zunahme von korrekten und Abnahme von unsicheren Antworten abbildet. Dass bei der Post-Erhebung in allen drei Themenfeldern signifikant mehr Items korrekt beantwortet werden, bestätigt bereits vorliegende Befunde, dass DaZ-bezogene Lerngelegenheiten tatsächlich zur Entwicklung der kognitiven Komponente von DaZ-Kompetenz bei angehenden Lehrkräften beitragen (vgl. u. a. Hammer et al., 2015, S. 50) und dies auch, wenn das Lernangebot als Blended-Learning-Seminar mit vergleichsweise hohen Selbststudienanteilen durchgeführt wird. Darüber hinaus zeigen sich in den drei Dimensionen der kognitiven Kompetenzfacette zum Teil unterschiedliche Tendenzen in der Wissensentwicklung. Der große Zuwachs korrekter Antworten im Bereich *Mehrsprachigkeit* hängt mit einem offenbar vergleichsweise sicheren, wenn auch teilweise falschen Vorwissen in diesem Themenfeld zusammen, das durch das Seminar in hohem Maße berichtigt und ausgebaut werden kann. Im Bereich *Sprachsensibler Unterricht,* in dem die starke Abnahme unsicherer Antworten im Post-Test mit einer Zunahme falscher Antworten einhergeht, kann der Seminar-Input offenbar Unsicherheiten aufseiten der Studierenden verringern, allerdings nur in geringerem Maße korrektes Wissen aufbauen. Dieses Ergebnis deutet auf die Notwendigkeit einer tiefergehenden Vermittlung von Inhalten in diesem Bereich hin.

Hinsichtlich der zweiten Forschungsfrage zu themenfeldbezogenen Unterschieden im Wissen vor und nach der Seminarteilnahme stützen die Ergebnisse die Annahme eines besonders hohen Vorwissens im Themenfeld *Sprachliche Register* von Studierenden des Unterrichtsfachs Deutsch oder einer Fremdsprachenphilologie – in der betrachteten Kohorte betrug ihr Anteil 73,3 %. Eine mögliche Erklärung dafür, dass das geringste Vorwissen im Bereich *Sprachsensibler Unterricht* vorliegt, ist der Umstand, dass sich die Teilnehmer:innen überwiegend am Anfang ihres Studiums, d. h. im zweiten bis fünften Bachelor-Semester, befinden und entsprechend

---

[2] Korrekt: $F(2, 177) = 12.09$, $p < .001$; unsicher: $F(2, 177) = 16.22$, $p < .001$; falsch: $F(2, 177) = 13.55$, $p < .001$.

[3] Korrekt: $F(2, 177) = 29.68$, $p < .001$: unsicher: $F(2, 177) = 2.82$, $p = .06$: falsch: $F(2, 177) = 26.00$, $p < .001$.

über wenig didaktisches Wissen verfügen, auf das sie aufbauen könnten. Vor dem Seminar zeigen sich signifikante themenfeldbezogene Unterschiede im Hinblick auf das Ausmaß an sicherem Vorwissen, unsicherem Antwortverhalten und Nicht-Wissen. Nach der Seminarteilnahme liegt in allen drei Themenfeldern ein ähnlich geringes Maß an unsicheren Antworten vor, was aber nicht mit einer Angleichung der Quoten korrekter Antworten einhergeht. Diese Ergebnisse unterstreichen, dass eine differenzierte Betrachtung der drei Dimensionen von Professionswissen im Bereich DaZ/Sprachbildung notwendig und sinnvoll ist.

Die vorgestellten Daten aus dem ersten Durchgang der Hauptstudie liefern somit detaillierte Erkenntnisse zum DaZ-bezogenen Wissen von Lehramtsstudierenden aller Unterrichtsfächer, legen die Wichtigkeit geeigneter Professionalisierungsangebote während des Studiums für den systematischen Ausbau dieses Wissens nahe und knüpfen so an den in Kap. 2 vorgestellten Forschungsdiskurs an. Aufgrund des neuentwickelten Testinstruments, das noch nicht in anderen Lehrkontexten empirisch validiert wurde, und der bisher geringen Anzahl an Teilnehmer:innen sind die beschriebenen Ergebnisse jedoch notwendigerweise limitiert. Abschließend sei außerdem darauf verwiesen, dass in die Studie keine Kontrollgruppe eingeschlossen wurde, sodass die gemessenen Wissenszuwächse nicht notwendigerweise ausschließlich auf die Teilnahme am Blended-Learning-Seminar zurückzuführen sind.

3.2 Qualitative Teilstudie Sprachliche Register

Unsere Prä-Post-Fragebogenstudie zeigt, dass die Lehramtsstudierenden im Themenfeld *Sprachliche Register* im Vergleich zu den anderen Themenfeldern zum Seminarbeginn das höchste Ausgangswissen aufweisen, in diesem Bereich aber auch der geringste Lernzuwachs (12 Prozentpunkte) zu verzeichnen ist. Um den Lernherausforderungen im Detail auf den Grund zu gehen, beleuchten wir deshalb von den Studierenden im Rahmen des Seminars angestellte Lehrwerksanalysen. Diese sind nicht nur hinsichtlich der im Fragebogen überprüften Wissens-Items aufschlussreich, sondern auch dahingehend, ob und wie das durch den Fragebogen überprüfte Wissen in sprachanalytische Kompetenzen transferiert wird.

Anknüpfend an das Ergebnis von Hammer et al. (2015, S. 50), dass Lehramtsstudierende des Unterrichtsfachs Deutsch einen höheren Lernerfolg erzielten als Studierende anderer Studienfächer (s. Kap. 2), geben wir Einblicke in die Analysefähigkeiten von Studierenden unterschiedlicher Unterrichtsfächer. Unsere Daten erlauben es außerdem, an eine Studie von Petersen und Peuschel (2020) anzuknüpfen, die untersuchten, wie Lehramtsstudierende (N = 16) Lehrbuchtexte der Sekundarstufe auf Wort-, Satz- und Textebene analysieren. Als Hauptergebnis stellen die Autorinnen heraus, dass die Lehramtsstudierenden sprachliche Herausforderungen in den Lehrwerkstexten vor allem auf der Wortebene erkennen und dabei insbesondere Fachwörter, d. h. Fachnomen und Fremdwörter als potenziell „schwierig" einstufen (Petersen & Peuschel, 2020, S. 226). Sprachliche Herausforderungen auf der Satzebene werden von den Studierenden deutlich seltener geäußert und dabei eher unspezifische Aspekte wie die Länge oder Struktur eines Satzes als mögliche Verstehensschwierigkeit eingestuft (Petersen & Peuschel, 2020, S. 228). Auf der Textebene schätzen die Studierenden insbesondere die Textlänge, das Layout sowie die Bezüge zwischen verschiedenen Elementen der Lehrwerksseiten als herausfordernd ein. Es zeigt sich zudem, dass die Studierenden bei der Diskussion/Einschätzung des sprachlichen Schwierigkeitsgrades der Lehrwerkstexte eher aus fachlich-inhaltsbezogener Perspektive unter Bezugnahme auf notwendiges Vor- bzw. Fachwissen der Lernenden argumentieren und trotz explizit sprachlicher Aufgabenstellung wenig die formale sprachliche Dimension der Lehrwerkstexte in den Blick nehmen (Petersen & Peuschel, 2020, S. 229).

Während es sich bei der Studie von Petersen und Peuschel um eine Laut-Denk-Studie handelt, in der die Studierenden gebeten wurden, sprachliche Herausforderungen eines Schulbuchtextes „auf Wort-, Satz- und Textebene zu analysieren und dabei ihre Gedanken laut denkend zu verbalisieren" (Petersen & Peuschel, 2020, S. 225), werten wir schriftlich angefertigte Analyseprodukte der Lehramtsstudierenden hinsichtlich ihrer sprachlichen Analysefähigkeiten auf den linguistischen Ebenen Lexikon, Morphologie, Syntax und Text aus.

Seminarinhalte

In den drei Seminarsitzungen des Moduls *Sprachliche Register* erarbeiten die Studierenden die Rolle von Sprache im Fachunterricht sowie funktionale und formale Merkmale von Bildungs- und Fachsprache, wobei die E-Learning-Einheiten folgende Schwerpunkte beinhalten:

Sprache im Fachunterricht	Bildungs-/Fachsprache
• Sprachformen und sprachliche Fertigkeiten im Unterricht • verbale und nonverbale Darstellungsformen • „Sprache im Fach" in den Bildungsstandards/Lehrplänen • Bildungs- und Fachsprache in der schulischen Praxis	• Alltags- vs. Bildungssprache • Mündlich- vs. Schriftlichkeit • Funktionen von Bildungs- und Fachsprache • bildungs- und fachsprachliche Merkmale in fachspezifischen Texten (Wort, Satz, Text)

Die Studierenden sollen u. a. dazu befähigt werden, Schulbuchtexte im Hinblick auf bildungs- und fachsprachliche Merkmale auf Wort-, Satz- und Textebene zu analysieren, wofür dafür benötigtes linguistisches Grundlagenwissen in Screencasts aufbereitet wird. Als Bildungs- und Fachsprache werden im Seminar nicht nur formal orientierte Kataloge sprachlicher Strukturen vermittelt (s. zur Kritik am Konstrukt Bildungssprache Kap. 1); als Literaturbasis dient das Lehrwerkkapitel „Merkmale der Sprache im Fachunterricht" von Schroeter-Brauss et al. (2018, S. 103–133), in dem die fraglichen sprachlichen Strukturen auch hinsichtlich ihrer spezifischen Funktionen (Spezifizierung, Generalisierung, Verdichtung …) kontextualisiert werden. Zusätzlich steht den Studierenden ein Merkblatt zu entsprechenden bildungs- und fachsprachlichen Merkmalen sowie eine Modellanalyse eines Lehrwerktextes aus dem Unterrichtsfach Chemie zur Verfügung.[4] Die Seminareinheiten zielen damit auf den Aufbau systemlinguistischen Wissens, das für Lehrwerkanalysen in entsprechende sprachanalytische Kompetenzen transferiert werden muss.

Datengrundlage

Die für die qualitative Studie herangezogenen Daten stammen von einem Teil der Studierenden, die auch an der quantitativen Studie teilnahmen. Die 18 analysierten Arbeitsblätter (Analysen von Lehrwerktexten) verteilen sich auf Studierende der Unterrichtsfächer Deutsch (N = 10), Wirtschaft (N = 4) und Biologie (N = 4), um die Analysefähigkeiten von Philologie- und Studierenden anderer Unterrichtsfächer miteinander vergleichen zu können.

Analysematerial und Aufgabenstellung

Bei den Schulbuchtexten handelt es sich um authentische Lehrwerksauszüge, die gegenwärtig im Deutsch-, Biologie- und Wirtschaftsunterricht der Sekundarstufe Verwendung finden, und die für unsere Analysezwecke nicht manipuliert wurden

---

[4] https://www.sprachbildung.uni-hannover.de/de/, Baustein 5: Sprache im Fach.

(etwa zugunsten einer besseren Vergleichbarkeit). Entsprechend unterscheidet sich a) die Anzahl der potenziell analysierbaren Beispiele zwischen den drei Texten, b) variiert innerhalb der Texte die Anzahl potenziell analysierbarer Beispiele auf lexikalischer, syntaktischer und textueller Ebene und c) sind in den drei Texten auf den Ebenen Wort, Satz und Text jeweils auch unterschiedliche bildungs-/fachsprachliche Mittel vorzufinden.

Die Analyseaufgabe lautete in Anlehnung an die Modellanalyse der E-Learning-Einheit im Wortlaut wie folgt: „Auf Stud.IP[5] finden Sie Vorlagen für Arbeitsblätter für verschiedene Fächer. Wählen Sie eines aus, das Ihrer Fachkombination entspricht oder einem Ihrer Fächer am nächsten kommt. Analysieren Sie die Auszüge aus Schulbüchern in Hinblick auf bildungs- und fachsprachliche Merkmale auf Wort-, Satz- und Textebene." Die Aufgabenstellung gibt weder eine Mindestanzahl an zu analysierenden Wörtern/Strukturen noch eine Bearbeitungsdauer vor. Den Studierenden war außerdem freigestellt, die Analysen in Einzel-, Partner- oder Gruppenarbeit vorzunehmen.

Ergebnisse

Die Analysen fallen insgesamt heterogen aus. Dies betrifft den Umfang, die Tiefe und die Korrektheit der Analysen. Um diese Aspekte systematisch darzustellen, enthalten die Tab. 2a–c Angaben dazu, wie viele lexikalische, syntaktische und textuelle bildungs- bzw. fachsprachliche Belege in den drei Lehrwerktexten potenziell hätten identifiziert werden können, basierend auf einer Analyse mittels der in den Arbeitsmaterialien der E-Learning-Einheiten zugrunde gelegten Kriterien.

Die Analysetiefe wird durch die Angabe erfasst, ob die Studierenden über die einfache Zuordnung zu einer der drei gefragten Kategorien Wort, Satz oder Text hinaus *Detailanalysen* (z. B. Ebene Wort: Fachwort; nominalisiertes Fachwort; Abkürzung; Fachwort Komposition; Fachwort Derivation; Fachwort Entlehnung/Fremdwort) explizit vornehmen. Schließlich wird in der Spalte *Analysefehler* angegeben, ob darunter auch falsche oder unspezifische Kategorisierungen bzw. Zuordnungen vorkommen. Die beiden letztgenannten Kategorien werden mit + (vorhanden) und – (nicht vorhanden) gekennzeichnet, da aufgrund der geringen Anzahl an Arbeitsblättern pro Fachgruppe, der unterschiedlichen Anzahl und der unterschiedlichen Typen an analysierten Belegen eine numerische Gegenüberstellung wenig sinnvoll erscheint. Auf die Beschaffenheit dieser Differenzen gehen wir in der folgenden explorativen Datenbeschreibung ein, indem wir ausgewählte Detailanalysen und Analysefehler vorstellen.

---

[5] Digitale Lernplattform an der LUH.

Tab. 2 Ergebnisse Arbeitsblätter a) Deutsch, b) Biologie, c) Wirtschaft (Angaben in absoluten Zahlen)

a) Deutsch: Sprache und Medien (Einecke & Nutz 2010: 31)

Wörter	335
Abbildungen	0

Wort	Belege (max. 45)	Detail-analyse	Analyse-fehler
D-01	20	-	
D-02	9	+	+
D-03	10	-	+
D-04	5	+	+
D-05	7	+	+
D-06	5	+	+
D-07	24	+	+
D-08	12	+	+
D-09	7	+	
D-10	16	+	+

Satz	Belege (max. 99)	Detail-analyse	Analyse-fehler
D-01	1	-	
D-02	6	+	+
D-03	1	+	
D-04	1	+	+
D-05	3	+	
D-06	4	+	+
D-07	34	+	+
D-08	13	+	
D-09	8	+	
D-10	12	+	

Text	Belege (max. 6)	Detail-analyse	Analyse-fehler
D-01	2	+	
D-02	3	+	
D-03	0	+	+
D-04	1	+	
D-05	1	-	
D-06	1	+	+
D-07	1	+	
D-08	3	+	
D-09	2	+	
D-10	1	+	

b) Biologie: An den Chromosomen erkennt man das Geschlecht (Eck et al. 2010: 195)

Wörter	229
Abbildungen	3

Wort	Belege (max. 42)	Detail-analyse	Analyse-fehler
B-01	16	+	+
B-02	17	+	
B-03	25	+	
B-04	13	+	+

Satz	Belege (max. 51)	Detail-analyse	Analyse-fehler
B-01	3	+	
B-02	20	+	
B-03	35	+	
B-04	13	+	+

Text	Belege (max. 9)	Detail-analyse	Analyse-fehler
B-01	1	+	
B-02	4	+	
B-03	2	+	
B-04	5	+	+

c) Wirtschaft: Reform des Sozialstaates (Jöckel 2015: 118)

Wörter	247
Abbildungen	2

Wort	Belege (max. 53)	Detail-analyse	Analyse-fehler
W-01	17	+	+
W-02	9	+	+
W-03	31	+	+
W-04	20	+	+

Satz	Belege (max. 46)	Detail-analyse	Analyse-fehler
W-01	9	+	+
W-02	4		
W-03	6	+	+
W-04	5	+	

Text	Belege (max. 8)	Detail-analyse	Analyse-fehler
W-01	3	+	+
W-02	1	+	
W-03	0	+	
W-04	0	+	

Im Unterrichtsfach Deutsch rangiert die Gesamtanzahl an analysierten Beispielen von 8–59 (von max. 150), in Wirtschaft von 14–37 (von max. 107), in Biologie von 19–62 (von max. 102). Dabei zeigt sich, dass sich die Studierenden in allen drei Studienfächern am stärksten auf die Analyse der lexikalischen bildungs-/fachsprachlichen Mittel konzentrieren, während syntaktische Spezifika weniger häufig herausgearbeitet werden.

Die meisten Studierenden analysieren – über alle drei Fächer hinweg – die identifizierten Beispiele auch im Detail. Auf lexikalischer Ebene werden in allen drei Fächern v. a. *Entlehnungen* bzw. *Fremdwörter* und auch *Komposita* zielsicher identifiziert und auch als solche bezeichnet. Dagegen werden Lexeme mit *Bedeutungsverschiebungen von Alltags- zu Fachwortsprache* kaum erkannt bzw. genannt. In den B- und W-Arbeitsblättern wird diese Kategorie z. B. jeweils nur in einem der vier Arbeitsblätter (W-04, B-01) unter Nennung von richtigen Beispielen (z. B. *Zelle, Markt*) angeführt.

Auf der Ebene Satz werden in allen drei Unterrichtsfächern v. a. *Passiv-, lassen-* und *man-Konstruktionen* als unpersönliche Ausdrucksweisen identifiziert, weniger häufiger *Infinitiv + zu-Konstruktionen* angeführt, letztere aber häufiger in den D-Arbeitsblättern (D-03, D-08, D-10) als in den B- und W-Arbeitsblättern (nur B-02). *Attribute* – in allen drei Schulbuchtexten das am häufigsten vorkommende typisch bildungs-/fachsprachliche Mittel auf der Satzebene – werden in allen vier W-Arbeitsblättern und in sieben D-Arbeitsblättern (D-01, D-04; D-06, D-07, D-08, D-09, D-10), aber nur in zwei B-Arbeitsblättern (B-02; B-03) angeführt. *Verben mit Präpositionen* werden in fünf von zehn D-Arbeitsblättern benannt (D-02, D-04, D-08, D-09, D-10), in den B- und W-Arbeitsblättern hingegen keine. *Trennbare Verben* werden wiederum nur in zwei der W-Arbeitsblätter beschrieben (W-01, W-03), die Biologie- und Deutschstudierenden benennen diese nicht.

Auf der Ebene Text ist für alle drei Fachgruppen auffällig, dass sie sich vornehmlich auf Textgestaltungsmerkmale auf der makrostrukturellen Ebene konzentrieren, wie *Zwischenüberschriften* oder das *Zusammenspiel von Textverweisen und Abbildungen* (letzteres ist nur für die B- und W-Arbeitsblätter relevant, da nur diese Texte Abbildungen enthalten). *Pronominaladverbien,* die in allen drei Lehrwerktexten vorkommen, werden als Referenzmarker bis auf eine Ausnahme (B-02) nur für die D-Texte herausgearbeitet (D-01, D-02, D-06, D-07, D-08).

Analysefehler treten in Arbeitsblättern aller drei Fächer auf. Dabei handelt es sich um Zuordnungen der identifizierten sprachlichen Mittel zu falschen Kategorien oder auch um unspezifische Kategorisierungen. Am häufigsten treten Unsicherheiten und Fehler in der Kategorie Satz auf. Einblicke geben die folgenden Beispiele für die lexikalische, syntaktische und textuelle Ebene.

B-01	Wort	• Fachwörter in Form von Komposita (zusammengesetzte Nomen und Adjektive) • *Brutschrank, Zellteilung, Zellkern, Nährlösung, Geschlechtschromosomen (Gonosomen), Körperchromosomen (Autosomen), Querbanden, Keimzellen*
D-02	Satz	• *können* **um***gesetzt werden*
D-05	Satz	• Unpersönlich: *... können produktiv umgesetzt werden* • Kausalsatz: *... von Redestrategien und rhetorischen Mitteln,* **um Wirkung und Zustimmung zu erreichen**
D-07	Satz	• *Aktuelle Tendenzen der deutschen Gegenwartssprache –* **vom Einfluss des Angloamerikanischen bis zu den Kommunikationsformen des Internetzeitalters** *– werden oft als Zeichen des Verfalls gesehen*
B-02	Text	• Verwendung von Proformen: *sie, das, es* • satzübergreifende Verweisformen: *dabei, dieser*

Beispiel (B-01) legt nahe, dass unter dem verwendeten grammatischen Terminus *Komposita* ausschließlich Nomen + Adjektiv-Verbindungen verstanden werden. Gleichzeitig befindet sich unter den angeführten Beispielen keine solche Wortbildung. Die D-Arbeitsblätter (D-02, D-05, D-07) lassen auf Unsicherheiten bei der syntaktischen Analyse und in der grammatischen Terminologie schließen: *um* wird in Beispiel (D-02) als Präposition, nicht als Verbpartikel analysiert. Im Arbeitsblatt (D-05) wird der Passivsatz nicht als solcher bezeichnet, stattdessen wird (nur) die bildungs-/fachsprachliche Funktion der Struktur benannt. Ein Finalsatz wird fälschlicherweise als Kausalsatz analysiert. In Beispiel (D-07) wird der attributive Einschub in die Kategorie Relativsatz eingeordnet. Das für die Textebene ausgewählte Beispiel (B-02) zeigt, dass die funktionale Analysekategorie Kohärenz überdehnt wird, indem Personalpronomen mit Pronominaladverbien gleichgesetzt werden. Gleichzeitig werden die Kategorien unspezifisch bezeichnet und auf unterschiedlichen Ebenen analysiert (Wortart vs. Funktion), obwohl die für Pronominaladverbien gegebene Beschreibung auch für Pronomen zutreffend wäre.

Konzeptionelle Überdehnungen der Konstrukte Bildungs- und Fachsprache lassen sich auch an Lösungsvorschlägen der Studierenden festmachen, die wir in unseren Analysen nicht als bildungs-/fachsprachliche Mittel kategorisiert haben (und die in Tab. 2 nicht erfasst sind).

W-03	Wort	• *Auf der* **Suche** *nach Alternativen zum Sozialstaat* …
W-04	Wort	• Komposita: *Sozialstaat, Sicherungssysteme, Versicherungsbeiträge, Kostendruck, Unternehmensverbände, Wohlfahrtsstaat, Staatsform, Lebensrisiken, Verkehrswesen,* **Wohnungsbau,** *Sozialversicherung*
W-04	Text	• Inhaltliche Kohärenz: **Diese** *Typen werden danach unterschieden, wie das Verhältnis von* …

In Beispiel (W-03) wird *Suche* als Fachwort mit Bedeutungsverschiebung analysiert, in Beispiel (W-04-Wort) wird *Wohnungsbau* zwar zunächst richtig als Kompositum bezeichnet; die Kategorisierung als bildungs-/fachsprachliches Fachwort ist u. E. dagegen diskussionswürdig. In (W-04-Text) wird ein Demonstrativartikel als Pronomen analysiert und daher in der Ebene Text als Kohärenzmarker beschrieben.

Diskussion

Unsere Daten bestätigen weitgehend die Ergebnisse von Petersen und Peuschel (2020), die bereits in ihrer Laut-Denk-Studie feststellten, dass sich die Studierenden bei der Analyse von Lehrwerktexten stark auf den lexikalischen Bereich konzentrieren, auf der textuellen Ebene v. a. auf Textgestaltungsmerkmale auf der makrostrukturellen Ebene eingehen und die syntaktische Ebene in geringstem Maß in den Blick nehmen. Dieser Befund trifft auf die Studierenden aller drei Fächergruppen zu.

Im Vergleich der von den Studierenden identifizierten und nicht identifizierten bildungs-/fachsprachlicher Mittel lassen sich jedoch konkrete Schlussfolgerungen ziehen, welche bildungs-/fachsprachlichen Strukturen die Studierenden mehr oder weniger in den Blick nehmen und demnach in Lernangeboten stärker fokussiert werden müssen. Im lexikalischen Bereich sind dies v. a. Lexeme mit *Bedeutungsverschiebungen von der Alltags- zur Fachwortsprache,* während *Entlehnungen* bzw. *Fremdwörter* und auch *Komposita* vergleichsweise zielsicher erkannt werden. Auf der Satzebene scheinen *Infinitiv + zu-Konstruktionen* als Mittel der unpersönlichen Ausdrucksweise Studierende vor größere Herausforderungen zu stellen als *Passiv-, lassen-* und *man-Konstruktionen.* Auch bei *Verben mit Präpositionen* und *trennbaren Verben* lassen unsere Daten Unsicherheiten vermuten. Auf der Textebene sind es ebenfalls sprachlich-formale Merkmale (*Pronominaladverbien*), die gegenüber makrostrukturellen Merkmalen seltener in den Analyseblick der Lehramtsstudierenden geraten.

Auch die Sichtung der Analysefehler konnte Unsicherheiten der Studierenden aufdecken. Diese treten in allen drei Fächern am häufigsten auf der Satzebene auf und bestehen aus Zuordnungen der identifizierten sprachlichen Mittel zu falschen Kategorien oder auch aus unspezifischen Kategorisierungen. Dabei hat sich auch gezeigt, dass insbesondere in der grammatischen Terminologie Unsicherheiten gegeben sind, aufgrund derer Fehlzuordnungen entstehen. Die hier vorgefundenen Analysefehler deuten darauf hin, dass das hinter den grammatischen Termini liegende kategorielle Wissen nicht hinreichend ausdifferenziert ist. In Kombination mit dem Befund, dass gerade auf Satzebene die wenigsten Strukturen analysiert werden, deutet dies auf Vermeidungsstrategien bei der Analyse aufgrund von nicht vorhandenem sprachlichen Wissen hin. Dies lässt übereinstimmend mit Petersen und Peuschel darauf schließen, dass die Aufmerksamkeit der Studierenden in entsprechenden Lernangeboten insbesondere auf sprachliche Herausforderungen in Lehrwerkstexten jenseits der Wortebene gelenkt und mehr syntaktisches Wissen vermittelt werden muss.

Aufschlussreich sind auch die vorgefundenen konzeptionellen Überdehnungen bildungs-/fachsprachlicher Kategorien. Die Studierenden wenden z. T. zwar grammatisches Analysewissen richtig an, indem sie z. B. Strukturen formal-grammatisch richtig analysieren, aber dabei zuweilen nicht mehr reflektieren, dass der sprachliche Kontext ausschlaggebend für die bildungs-/fachsprachliche Kategorisierung ist (z. B. Fehlinterpretation der Nominalisierung *Suche* als Fachwort).

Verschiedene Datenbelege machen schließlich auch deutlich, dass die formale und die funktionale Ebene von bildungs- und fachsprachlichen Mitteln in Lernangeboten systematisch und durchgängig veranschaulicht und eingeübt werden sollte.

4 Zusammenfassung und Ausblick

Mit Blick auf unsere Leitfrage zur Wissensentwicklung von Lehramtsstudierenden aller Unterrichtsfächer durch die Teilnahme an unserem Blended-Learning-Seminar *Schule der Vielfalt: Deutsch als Zweitsprache und sprachliche Bildung* an der LUH lassen sich zwei zentrale Ergebnisse (unter Vorbehalt der bisher kleinen Stichprobe) herausstellen:

1. Die Daten unserer quantitativen Fragebogenstudie im Prä-Post-Design lassen darauf schließen, dass die Seminarteilnahme bei allen Lehramtsstudierenden zu einem Wissenszuwachs in den Themenfeldern *Mehrsprachigkeit, Sprachliche Register* und *Sprachsensibler Fachunterricht* führt und somit DaZ-bezogene Lerngelegenheiten zur Entwicklung der kognitiven Komponente

von DaZ-Kompetenz bei angehenden Lehrkräften beitragen. Der Wissenszuwachs bildet sich in der Fragebogenstudie in der signifikanten Zunahme von korrekten und Abnahme von unsicheren Antworten ab.

2. Unsere qualitative Studie zu studentischen Analysen von Lehrwerktexten auf der Wort-, Satz- und Textebene zeigt in der Tendenz, dass Input, Umfang und Form des Blended-Learning-Seminars zum Themenbereich *Sprachliche Register* geeignet ist, um Lehramtsstudierende (vornehmlich philologischer Unterrichtsfächer) zur Analyse bildungs-/fachsprachlicher Merkmale von Lehrwerktexten zumindest auf lexikalischer und makrostruktureller textueller Ebene zu befähigen. Damit Lehramtsstudierende bildungs-/fachsprachliche Spezifika auf formal-grammatischer Ebene zielsicher analysieren können, bedarf es dagegen offenbar mehr Lerngelegenheiten, d. h. dieses Wissen scheint im Rahmen eines Selbststudienmoduls im Umfang von drei Seminareinheiten nicht hinreichend vermittelbar zu sein, auch nicht für Deutsch- bzw. Studierende anderer Philologien, die bereits über solides linguistisches Grundlagenwissen verfügen sollten.

Die Lernzuwächse des Blended-Learning-Seminars ähneln somit den Ergebnissen bereits untersuchter DaZ-Lernangebote (vgl. Kap. 2): Zum einen scheint der Seminarbesuch zu einem Wissenszuwachs zu führen, was grundsätzlich allerdings wenig überraschend ist und unserer Grunderwartung an wahrgenommene Lernangebote entspricht. Zum anderen zeigen sich in der qualitativen Studie sehr leichte Tendenzen, dass Studierende mit philologischen Unterrichtsfächern differenziertere sprachanalytische Kompetenzen aufweisen – vor dem Hintergrund ihres wahrscheinlich höheren sprachlichen Vorwissens zu Seminarbeginn und aufgrund ihres grundsätzlich hohen Interesses an sprachlichen Fächern ein ebenfalls kaum überraschendes Ergebnis.

Um gruppenbezogene Analysen mit höherer Aussagekraft durchführen zu können, ist die Fortsetzung der Begleitforschung geplant. Dadurch kann der Frage nachgegangen werden, inwiefern sich die von Stangen et al. (2020) und Paetsch et al. (2019) berichteten Einflussfaktoren wie Studienfach, Lernmotivation, Abiturnote, bisherige außeruniversitäre Lehrerfahrungen oder sprachbiographischer Hintergrund auf den Lernerfolg unseres Blended-Learning-Seminars auswirken. Aus den gruppenbezogenen Analysen erhoffen wir uns außerdem, in einem weiteren Schritt hochschuldidaktische Implikationen zur Weiterentwicklung unseres Lernangebots – beispielsweise eine perspektivische Ausdifferenzierung des Seminars für verschiedene Fächergruppen – ableiten zu können. Darüber hinaus soll der Blick bei einer breiteren Datengrundlage vom hier fokussierten Wissen als kognitiver Kompetenzfacette auf mögliche Korrelationen zwischen dem Wissen, den Überzeugungen als motivational-affektiver Kompetenzfacette und dem subjektiven Kompetenzempfinden der Studierenden geweitet werden. Daten einer Kontrollgruppe würden es schließlich auch erlauben, die Kompetenzzuwächse zweifelsfrei auf unser Lernangebot zurückführen zu können.

Abschließend sei noch einmal darauf verwiesen, dass sich die hier ermittelte positive DaZ-Kompetenzentwicklung auf ein fakultatives Lernangebot mit einem geringen Umfang von zwei Semesterwochenstunden bezieht, das trotz der nachweislichen Lernzuwächse insgesamt nur ansatzweise das Wissen vermitteln kann, das für die adäquate Umsetzung von Sprachbildung im Fachunterricht bzw. die DaZ-Förderung benötigt wird. Für eine umfassende Qualifizierung angehender Lehrkräfte bedarf es daher nicht zuletzt einer Erhöhung der von allen Lehramtsstudierenden verpflichtend zu besuchenden Lernangebote und deren curricularer Verankerung in den lehramtsbezogenen Prüfungsordnungen.

Danksagung Wir danken Janna Schulz für die Unterstützung bei der Auswertung der Daten für die qualitative Studie.

Literatur

Baumann, B. (2017). Deutsch als Zweitsprache in der Lehrerbildung: Ein deutschlandweiter Überblick. In M. Becker-Mrotzek, P. Rosenberg, C. Schroeder, & A. Witte (Hrsg.), *Deutsch als Zweitsprache in der Lehrerbildung* (S. 9–26). Waxmann.

Baumann, B., & Becker-Mrotzek, M. (2014). *Sprachförderung und Deutsch als Zweitsprache an deutschen Schulen: Was leistet die Lehrerbildung? Überblick, Analyse und Handlungsempfehlungen*. Mercator-Institut für Sprachförderung und Deutsch als Zweitsprache.

Baumert, J., & Kunter, M. (2006). Stichwort: Professionelle Kompetenz von Lehrkräften. *Zeitschrift für Erziehungswissenschaft, 9*(4), 469–520.

Bayrak, C. (2020). *Vom Experiment zum Protokoll. Versuchsprotokolle schreiben lernen und lehren*. Waxmann.

Becker-Mrotzek, M., Hentschel, B., Hippmann, K., & Linnemann, M. (2012). *Sprachförderung in deutschen Schulen – die Sicht der Lehrerinnen und Lehrer. Ergebnisse einer Umfrage unter Lehrerinnen und Lehrern*. Mercator-Institut für Sprachförderung.

Binanzer, A., Seifert, H., & Wecker, V. (2024). Bildungssprache: Eine Bestandsaufnahme empirischer Zugänge und Evidenzen. In M. Szurawitzki & P. Wolf-Farré (Hrsg.), *Handbuch Deutsch als Fach- und Fremdsprache* (S. 379–403). De Gruyter.

Bromme, R. (1992). *Der Lehrer als Experte. Zur Psychologie des professionellen Lehrerwissens*. Huber.

Feilke, H. (2012). Bildungssprachliche Kompetenzen – fördern und entwickeln. *Praxis Deutsch, 233*, 4–13.

Gogolin, I., & Lange, I. (2011). Bildungssprache und Durchgängige Sprachbildung. In S. Fürstenau & M. Gomolla (Hrsg.), *Migration und schulischer Wandel: Mehrsprachigkeit* (S. 107–127). Springer.

Goschler, J. & Montanari, E. (2017). Deutsch als Zweitsprache in der Lehramtsausbildung: Ein integratives Modell. In M. Becker-Mrotzek, P. Rosenberg, C. Schroeder, & A. Witte (Hrsg.), *DaZ in der Lehrerbildung – Modelle und Handlungsfelder* (S. 25–33). Waxmann.

Haberland, S. (2022). Mehrsprachigkeitsdidaktische Bausteine in der ersten Ausbildungsphase zukünftiger Französischlehrkräfte – Einblicke in Konzeption und empirische Erprobung. In C. Koch & M. Rückl (Hrsg.), *Au carrefour de langues et de cultures. Mehrsprachigkeit und Mehrkulturalität im Französischunterricht* (S. 147–174). Ibidem.

Hammer, S. et al (2015). Kompetenz von Lehramtsstudierenden in Deutsch als Zweitsprache. Validierung des GSL-Testinstruments. In S. Blömeke & O. Zlatkin-Troitschanskaia (Hrsg.), *Kompetenzen von Studierenden* (S. 32–54). Beltz Juventa.

Jostes, B. et al (2016). *Sprachbildung/Deutsch als Zweitsprache in der Berliner Lehrkräftebildung. Eine Bestandsaufnahme.* Berlin: Freie Universität Berlin. Abgerufen von https://refubium.fu-berlin.de/bitstream/handle/fub188/20860/160408SprachenBildenChancen InteraktivesPDF.pdf?sequence=1&isAllowed=y. Zugegriffen: 02. Mär. 2024.

Kempert, S., et al. (2016). Die Rolle der Sprache für zuwanderungsbezogene Ungleichheiten im Bildungserfolg. In C. Diehl, C. Hunkler, & C. Kristen (Hrsg.), *Ethnische Ungleichheiten im Bildungsverlauf* (S. 157–241). Springer.

Koch-Priewe, B. (2018). Das DaZKom-Projekt – ein Überblick. In T. Ehmke, S. Hammer, A. Köker, U. Ohm, & B. Koch-Priewe (Hrsg.), *Professionelle Kompetenzen angehender Lehrkräfte im Bereich Deutsch als Zweitsprache* (S. 7–38). Waxmann.

Köker, A. et al (2015). DaZKom – Ein Modell von Lehrerkompetenz im Bereich Deutsch als Zweitsprache. In B. Koch-Priewe, A. Köker, J. Seifried, & E. Wuttke (Hrsg.), *Kompetenzerwerb an Hochschulen: Modellierung und Messung. Zur Professionalisierung angehender Lehrerinnen und Lehrer sowie frühpädagogischer Fachkräfte* (S. 177–205). Klinkhardt.

Leisen, J. (2013). *Handbuch Sprachförderung im Fach. Sprachsensibler Fachunterricht in der Praxis.* Bonn: Varus.

Maas, U. (2008). *Sprache und Sprachen in der Migrationsgesellschaft.* Göttingen: V&R unipress mit Universitätsverlag Osnabrück.

Michalak, M., Lemke, V., & Goeke, M. (2015). *Sprache im Fachunterricht. Eine Einführung in Deutsch als Zweitsprache und sprachbewussten Fachunterricht.* Narr.

Morek, M., & Heller, V. (2012). Bildungssprache – Kommunikative, epistemische, soziale und interaktive Aspekte ihres Gebrauchs. *Zeitschrift für Angewandte Linguistik, 2012*(57), 67–101.

Ohm, U. (2018). Das Modell von DaZ-Kompetenz bei angehenden Lehrkräften. In T. Ehmke, S. Hammer, A. Köker, U. Ohm, & B. Koch-Priewe (Hrsg.), *Professionelle Kompetenzen angehender Lehrkräfte im Bereich Deutsch als Zweitsprache* (S. 73–91). Waxmann.

Paetsch, J., Darsow, A., Wagner, F. S., Hammer, S., & Ehmke, T. (2019). Prädiktoren des Kompetenzzuwachses im Bereich Deutsch als Zweitsprache bei Lehramtsstudierenden. *Unterrichtswissenschaft, 47,* 51–77.

Petersen, I. & Peuschel, K. (2020). „…ich bin ja keine Sprachstudentin…": Wissen über Sprache für den sprachbildenden Fachunterricht. In T. Heinz, B. Brouër, M. Janzen, & J. Kilian (Hrsg.), *Formen der (Re-)Präsentation fachlichen Wissens. Ansätze und Methoden* für die Lehrerinnen- und Lehrerbildung in den Fachdidaktiken und den Bildungswissenschaften (S. 217–240). Waxmann.

Rautenstrauch, H. (2017). *Erhebung des (Fach-)Sprachstandes bei Lehramtsstudierenden im Kontext des Faches Chemie.* Logos.

Schroeter-Brauss, S., Wecker, V., & Henrici, L. (2018). *Sprache im naturwissenschaftlichen Unterricht.* Waxmann.

Seifert, H., & Hagemeier, C. (2023). Bildungs- und Fachsprache vermitteln lernen – Konzeption und empirische Evaluation eines Seminars für Lehramtsstudierende aller Fächer. In K. Fleischhauer et al. (Hrsg.), *Mehrsprachigkeit ≠ L1+L2+...+Ln. Mehrsprachigkeit ist keine Formel, sondern ein gelebtes Modell. Dokumentation der 32. AKS-Arbeitstagung vom 2.-4. März 2022 an der Technischen Universität Darmstadt* (S. 242–252). AKS-Verlag.

Seifert, H., Hagemeier, C., & Binanzer, A. (2022). Sprachlich heterogene Schüler*innen, fachlich heterogene Lehramtsstudierende – mit E-Learning für sprachliche Vielfalt qualifizieren. In M. Jungwirth, N. Harsch, Y. Noltensmeier, M. Stein, & N. Willenberg (Hrsg.), *Diversität Digital Denken: The Wider View* (S. 439–443). WTM-Verlag.

Shulman, L. (1986). Those who understand: knowledge growth in teaching. *Educational Researcher, 15*(2), 4–14.

Sprachbildung Universität Hannover. (o. J.) *Sprachbildung im Fach.* Abgerufen von www.sprachbildung.uni-hannover.de. Zugegriffen: 02. Mär. 2024.

Stangen, I., Schroedler, T., & Lengyel, D. (2020). Kompetenzentwicklung für den Umgang mit Deutsch als Zweitsprache und Mehrsprachigkeit im Fachunterricht: Universitäre Lerngelegenheiten und Kompetenzmessung in der Lehrer(innen)bildung. *Zeitschrift für Erziehungswissenschaft Edition: Evidenzbasierung in der Lehrkräftebildung, 4,* 123–149.

Steinhoff, T. (2019). Konzeptualisierung bildungssprachlicher Kompetenzen. Anregungen aus der pragmatischen und funktionalen Linguistik und Sprachdidaktik. *Zeitschrift für Angewandte Linguistik, 71,* 327–352.

Wallner, F. (2018). Was macht Schulbuchtexte schwierig? Eine Studie zur lehrerseitigen Wahrnehmung der sprachlichen Anforderungen in Schulbuchtexten der Primarstufe und der Sekundarstufe I. In U. Dirks (Hrsg.), *DaF-, DaZ-, DaM-Bildungsräume. Sprech- und Textformen im Fokus.* Marburg: Philipps-Universität Marburg. Abgerufen von https://archiv.ub.uni-marburg.de/es/2018/0021. Zugegriffen: 02. Mär. 2024.

Weinert, F. (2001). Vergleichende Leistungsmessung in Schulen – eine umstrittene Selbstverständlichkeit. In F. Weinert (Hrsg.):, *Leistungsmessung in Schulen* (S. 17–31). Beltz.

Witte, A. (2017). Sprachbildung in der Lehrerausbildung. In M. Becker-Mrotzek & H.-J. Roth (Hrsg.), *Sprachliche Bildung – Grundlagen und Handlungsfelder* (S. 351–363). Waxmann.

Lehrwerke

Eck, M., Hegemann, B., Marx, U., & Spieß, C. (2010). *Natura 2. Biologie für Gymnasien.* Nordrhein-Westfalen G8 7.–9. Klasse. Stuttgart: Klett.

Einecke, G., & Nutz, M. (Hrsg.) (2010). *deutsch.kompetent. Niedersachsen* Stuttgart: Klett.

Jöckel, P. (2015). *Grundwissen Politik. Sekundarstufe II.* Berlin: Cornelsen.

Erratum zu: Passiv im Schulalter: Irritationen, Inkonsistenzen und Implikationen

Doreen Bryant und Benjamin Siegmund

Erratum zu:
Kapitel 6 in: J. Goschler et al. (Hrsg.), *Empirische Zugänge zu*
Bildungssprache und bildungssprachlichen Kompetenzen,
Sprachsensibilität in Bildungsprozessen,
https://doi.org/10.1007/978-3-658-43737-4_6

Chapter 6: Ein Rechtschreibfehler im Titel dieses Kapitels wurde nach der Erstveröffentlichung korrigiert. Dieses Kapitels [Nr. 6/ Passiv im Schulalter: Irritationen, Inkonsistenzen und Implikationen] wurde versehentlich vor Ausführung aller Korrekturen veröffentlicht. Es wurde deshalb nachträglich aktualisiert. Grundlegende Inhalte waren nicht betroffen. Aufgrund eines Versehens seitens Springer Nature wurden die Abbildungen. [Abb. 3a und Abb. 3b] dieses Kapitels ursprünglich mit Fehlern veröffentlicht. Die Abbildungen wurden inzwischen korrigiert und werden hier wiedergegeben.

Die aktualisierte Version dieses Kapitels finden Sie unter
https://doi.org/10.1007/978-3-658-43737-4_6

Printed in the United States
by Baker & Taylor Publisher Services